U0181301

国家出版基金项目
NATIONAL PUBLICATION FOUNDATION

"十三五"国家重点出版物出版规划项目·重大出版工程

高超声速出版工程

超燃冲压发动机计算燃烧学

孙明波　汪洪波　李佩波　赵国焱　著

科 学 出 版 社

北 京

内 容 简 介

本书围绕超燃冲压发动机燃烧流动过程数学物理模型与数值计算方法进行讨论。首先，介绍了描述超燃冲压发动机内流燃烧过程的基本模型与方法，包括超声速湍流流动模型、超声速气流中的液体射流雾化蒸发及颗粒燃烧模型、超声速湍流燃烧火焰面模型、超声速湍流燃烧概率密度函数方法等。其次，介绍了超声速流场计算常用的数值方法，包括空间离散方法、时间积分方法和湍流入口边界条件等。最后，分析了计算燃烧学应用于实际超燃冲压发动机模拟的大规模高效并行问题，并给出一些应用实例。

本书可供高等院校流体力学、航空宇航推进理论与工程等专业的高年级本科生、研究生阅读，也可供计算流体力学、计算燃烧学领域的研究人员参考。

图书在版编目(CIP)数据

超燃冲压发动机计算燃烧学／孙明波等著. —北京：
科学出版社，2021.9
高超声速出版工程 "十三五"国家重点出版物出版
规划项目 重大出版工程 国家出版基金项目
　ISBN 978－7－03－069394－5

　Ⅰ.①超… Ⅱ.①孙… Ⅲ.①冲压喷气发动机—燃烧
过程—数值计算 Ⅳ.①V235.21

中国版本图书馆 CIP 数据核字(2021)第 146742 号

责任编辑：徐杨峰／责任校对：谭宏宇
责任印制：黄晓鸣／封面设计：殷　靓

科 学 出 版 社 出版
北京东黄城根北街 16 号
邮政编码：100717
http://www.sciencep.com
南京展望文化发展有限公司排版
广东虎彩云印刷有限公司印刷
科学出版社发行　各地新华书店经销
*
2021 年 9 月第 一 版　开本：B5(720×1000)
2024 年 11 月第四次印刷　印张：22 3/4
字数：394 000
定价：200.00 元
(如有印装质量问题，我社负责调换)

高超声速出版工程

专家委员会

丛书序

飞得更快一直是人类飞行发展的主旋律。

1903年12月17日,莱特兄弟发明的飞机腾空而起,虽然飞得摇摇晃晃,犹如蹒跚学步的婴儿,但拉开了人类翱翔天空的华丽大幕;1949年2月24日,Bumper-WAC从美国新墨西哥州白沙发射场发射升空,上面级飞行马赫数超过5,实现人类历史上第一次高超声速飞行。从学会飞行,到跨入高超声速,人类用了不到五十年,蹒跚学步的婴儿似乎长成了大人,但实际上,迄今人类还没有实现真正意义的商业高超声速飞行,我们还不得不忍受洲际旅行需要十多个小时甚至更长飞行时间的煎熬。试想一下,如果我们将来可以在两小时内抵达全球任意城市,这个世界将会变成什么样? 这并不是遥不可及的梦!

今天,人类进入高超声速领域已经快70年了,无数科研人员为之奋斗了终生。从空气动力学、控制、材料、防隔热到动力、测控、系统集成等,在众多与高超声速飞行相关的学术和工程领域内,一代又一代科研和工程技术人员传承创新,为人类的进步努力奋斗,共同致力于达成人类飞得更快这一目标。量变导致质变,仿佛是天亮前的那一瞬,又好像是蝶即将破茧而出,几代人的奋斗把高超声速推到了嬗变前的临界点上,相信高超声速飞行的商业应用已为期不远!

高超声速飞行的应用和普及必将颠覆人类现在的生活方式,极大地拓展人类文明,并有力地促进人类社会、经济、科技和文化的发展。这一伟大的事业,需要更多的同行者和参与者!

书是人类进步的阶梯。

实现可靠的长时间高超声速飞行堪称人类在求知探索的路上最为艰苦卓绝的一次前行,将披荆斩棘走过的路夯实、巩固成阶梯,以便于后来者跟进、攀登,意义深远。

以一套丛书，将高超声速基础研究和工程技术方面取得的阶段性成果和宝贵经验固化下来，建立基础研究与高超声速技术应用之间的桥梁，为广大研究人员和工程技术人员提供一套科学、系统、全面的高超声速技术参考书，可以起到为人类文明探索、前进构建阶梯的作用。

2016 年，科学出版社就精心策划并着手启动了"高超声速出版工程"这一非常符合时宜的事业。我们围绕"高超声速"这一主题，邀请国内优势高校和主要科研院所，组织国内各领域知名专家，结合基础研究的学术成果和工程研究实践，系统梳理和总结，共同编写了"高超声速出版工程"丛书，丛书突出高超声速特色，体现学科交叉融合，确保丛书具有系统性、前瞻性、原创性、专业性、学术性、实用性和创新性。

这套丛书记载和传承了我国半个多世纪尤其是近十几年高超声速技术发展的科技成果，凝结了航天航空领域众多专家学者的智慧，既可供相关专业人员学习和参考，又可作为案头工具书。期望本套丛书能够为高超声速领域的人才培养、工程研制和基础研究提供有益的指导和帮助，更期望本套丛书能够吸引更多的新生力量关注高超声速技术的发展，并投身于这一领域，为我国高超声速事业的蓬勃发展做出力所能及的贡献。

是为序！

2017 年 10 月

前　言

　　超燃冲压发动机作为高超声速飞行器的核心和关键,近年来成为各航空航天大国研究和竞争的热点。长期以来,地面试验和飞行试验作为研究高超声速吸气式发动机的两种基本手段,为高超声速推进技术的发展积累了宝贵数据并发挥了不可替代的关键作用。然而,这两种手段也存在明显的局限性:一是存在研制周期长、耗费大、风险高的问题;二是所能获得的数据非常有限,无法支撑对强非定常、非线性燃烧流动过程的清晰认识;三是所能研究的工作范围和发动机尺度非常有限,无法全面实现发动机飞行性能的评估和验证。这些都大大制约了高超声速吸气式发动机技术的快速、持续进步。正如 Heiser 和 Pratt 在 *Hypersonic Airbreathing Propulsion* 一书中指出的:对于高超声速流动及高超声速吸气式发动机理解和控制的真正进步最终都依赖对于它们的分析或计算能力!

　　不同于理论相对成熟的气动问题,发动机的工作涉及强非线性的燃烧过程,目前理论分析方法或工程估算方法对此都无能为力,因此现阶段可用的有效手段就是数值计算。对于目前广泛研究的液体或固体燃料超燃冲压发动机,其内流道中发生的几个关键子过程可能包含超声速流动、雾化、蒸发、混合及化学反应等。要对超燃冲压发动机内部工作过程进行可靠数值仿真,必须充分考虑这些关键过程,构建合理的模型与方法,并形成高效鲁棒的模拟软件。

　　高超声速吸气式发动机区别于传统航空发动机的独有工作特点使其数值模拟变得难上加难。传统发动机的进气过程与燃料喷注燃烧过程基本处于解耦状态,进气过程模拟的误差与混合燃烧过程的误差不会相互干扰、放大,整体误差可控性较好。然而,吸气式高超声速推进系统中进气过程与混合燃烧过程强烈耦合,各子过程的模型误差和数值误差强烈干扰,如果不能有效控制将导致巨大的整体偏差,甚至得到完全错误的结果,从而对数值计算模型和方法提出严苛的要求和诸多全新的挑战。

本书作者针对超燃冲压发动机燃烧流动过程仿真开展了长期的基础研究和关键技术攻关,发展了一系列数值计算方法和模型,形成了一套计算软件并成功应用于超燃冲压发动机的分析与设计。本书将系统论述超燃冲压发动机计算燃烧学涉及的方法和模型,同时附上了比较丰富的算例验证和分析,旨在为读者提供一套行之有效的超燃冲压发动机数值计算方法和模型。

在本书编写过程中,熊大鹏、李非、王超、刘旭、刘佩、李亮、朱轲、关清帝、方昕昕、王旭、张锦成、汤涛、马光伟等研究生做了大量的资料收集整理和校对工作,在此表示感谢。此外,特别感谢国家自然科学基金(11925207、11522222、11472305、91541101、50906098、51406232、12002381)的长期资助。

由于超燃冲压发动机燃烧流动过程的复杂性,加之作者水平有限,书中难免出现不妥之处,敬请读者批评指正。

作　者

2020 年 12 月于长沙

高超声速出版工程

目 录

第4章　超声速湍流燃烧火焰面模型
156

第 7 章　超燃冲压发动机计算燃烧学应用

第1章

概　　论

1.1　超燃冲压发动机计算燃烧学概述

1.1.1　超燃冲压发动机简介

近年来,高超声速飞行器技术已成为世界各航空航天大国研究和关注的热点。过去几十年里,包括美国、俄罗斯、欧洲其他国家和澳大利亚在内的军事强国和地区一直在努力发展吸气式高超声速飞行器及其推进技术,最有代表性的是美国提出的 Hyper - X 计划[1]。2004 年,X - 43A 无人高超声速飞行器首次试飞,其飞行马赫数达到 9.6;尽管试验中有效飞行时间很短,但却测试了很多关键技术,为后续研究积累了宝贵经验。2013 年,X - 51A 飞行器试飞成功,其超燃冲压发动机在飞行马赫数 5.1 条件下运行了约 210 s。同时,国内关于高超声速飞行器技术的研究也正处于蓬勃发展阶段。

高超声速飞行器技术的核心是超燃冲压发动机技术。作为吸气式推进系统的主要形式,涡轮喷气/涡轮风扇发动机技术、亚燃冲压发动机技术已相对成熟。然而受涡轮叶片热强度的限制,涡轮喷气/涡轮风扇发动机的飞行马赫数上限只能达到 3 左右[2]。亚燃冲压发动机在进行高超声速飞行时,由于在燃烧室内将来流增压减速为亚声速,气流静温将超过燃烧室材料的耐温极限;同时高静温来流会造成喷入燃烧室的燃料产生强烈的热分解,该过程将吸收大量热能,导致燃烧能量释放效率低,发动机性能不高。受此限制,亚燃冲压发动机的飞行马赫数上限为 5 左右。为避免上述燃烧室入口高静温来流所带来的诸多问题,超燃冲压发动机让气流以超声速进入燃烧室,在超声速气流中组织燃烧,使发动机热力循环在较低的静温和静压状态下进行,克服了飞行马赫数 5 的限制,成为大气层内高超声速飞行的理想动力装置。

　　典型的超燃冲压发动机一般由进气道、隔离段、燃烧室和喷管组成,如图 1.1 所示。进气道的主要作用是捕获空气并通过激波压缩使其减速增压;隔离段的作用是削弱燃烧背压前传,在一定程度上将进气道流场与下游燃烧室解耦,这对于防止进气道不起动具有关键作用;燃烧室是超燃冲压发动机的核心部件,其中的燃烧释热过程对整个发动机性能有着决定性的影响;喷管的作用是将燃烧后的高焓气流膨胀加速,从而产生推力。进气道的唇口激波在发动机流道内与边界层相互作用,可能引起边界层分离并形成分离激波。进气道和隔离段内的主要流动特征是激波/边界层干扰和激波/激波干扰,而在燃烧室内这些干扰在湍流混合与燃烧的作用下进一步增强,因此超燃冲压发动机内流场由强烈的激波/剪切层/燃烧相互作用所主导[3]。

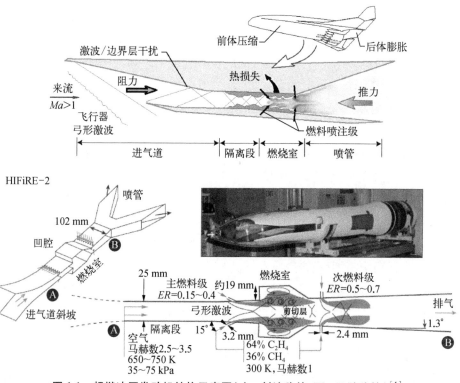

图 1.1　超燃冲压发动机结构示意图(上:射流稳焰;下:凹腔稳焰)[1]

　　超燃冲压发动机通过获取外部空气作为氧化剂,相对火箭发动机而言能提供更高的比冲,然而要在极其有限的时间/空间尺度内完成气流压缩、燃料混合、点火并实现高效稳定燃烧极其困难。发动机性能依赖于进气道的几何外形,空气被过多压缩会引起入口不起动,过少会导致推力下降和燃烧不稳定[4]。超声速燃烧室内的燃烧过程非常复杂,涉及湍流与化学反应之间的复杂相互作用[5]。湍流脉动可明显增强燃料与空气的掺混以及随后的火焰稳定,然而湍流耗散过大也可能导致熄火。与此同时,燃烧能通过使流动膨胀的方式增强湍流脉动强度,甚至引发燃烧振荡;温度升高又会增加反应流的分子黏性,进而对湍流起到一定的抑制作用。高度非线性的化学反应能明显增大组分梯度,进而改变其微观混合过程;反过来燃料与空气掺混状态也会在很大程度上影响化学反应的进行。因此深入理解超声速湍流流动、混合及燃烧过程,对超燃冲压发动机的设计和性能优化至关重要。

1.1.2　超燃冲压发动机计算燃烧学内涵

受实验费用和设备条件所限,很难获得超声速燃烧的丰富实验数据,特别是高马赫数超声速燃烧目前仅有少数实验设备,所以数值计算成为研究超燃冲压发动机内部流动和燃烧的一种有效手段。数值计算可以获得试验中无法观测的发动机内部燃烧流动细节并进行定量研究,是揭示燃烧流动机理不可或缺的手段,而且在某些情况下(如针对大尺度发动机的研究)是唯一可以采用的有效手段。与试验测量相比,数值计算具有方便快捷、节约成本、能够揭示物理机理、能够快速优化设计的优势。近年来,随着计算机技术和计算流体力学/计算燃烧学的飞速发展,超燃冲压发动机数值计算已逐步成为与地面试验、飞行试验同等重要的发动机技术研究手段。

对于目前广泛研究的液体燃料超燃冲压发动机,其内流道中发生的几个关键子过程主要包含超声速流动、雾化、蒸发、混合及化学反应等。要对超燃冲压发动机内部工作过程进行可靠数值仿真,必须充分考虑这些关键过程,构建合理的模型与方法,并形成鲁棒高效的模拟软件。

1.1.2.1　可压缩湍流流动模拟方法与模型

超燃冲压发动机内的燃烧是发生在高速可压缩气流中的化学反应,其中流动引起的压缩或膨胀可能与化学反应释热的影响处于同一量级[5],因此对于湍流流动过程的可靠模拟是超燃冲压发动机计算燃烧学的基础和前提。从连续湍流处理的角度,流动和燃烧过程的数值计算有三类基本方法:基于湍流模型的雷诺平均 N - S(Reynolds-averaged Navier-Stokes, RANS)模拟、直接数值模拟(direct numerical simulation, DNS)、大涡模拟(large eddy simulation, LES)。理论上,采用 DNS 方法可以获得最为精确的结果,但是受计算资源的限制,目前 DNS

还只能用于一些比较简单的问题,在可预见的数年内还难以直接用于发动机工程研究。所以,还需要以 RANS 和 LES 为主要手段,结合相应的模型以模化未求解尺度对湍流运动和燃烧过程的影响。

对于超燃冲压发动机内湍流流动的处理,目前主要还是基于 RANS[6]、LES[7] 及混合 RANS/LES[8] 方法,DNS[9] 的应用还非常少。其中,RANS 主要用于发动机或其部件宏观性能的快速分析和一些参数化研究,旨在为发动机的设计和分析提供初步指导;由于方法本身的局限性,很难找到一种在较宽范围内普遍适用的 RANS 模型。LES 主要用于发动机精细流场模拟或非定常工作过程分析,旨在揭示发动机内部的一些燃烧流动机理,同时也可提供比 RANS 更加可靠的预测结果。但是对诸如高雷诺数流动、壁面湍流流动等问题,LES 因其巨大的计算耗费而在工程应用上存在明显困难。超燃冲压发动机的内流场是典型的高雷诺数壁面湍流流动,采用高精度 LES 的一个重要问题就是解决近壁处理的困难。

近年来,很多学者提出了各种用于 LES 近壁处理的方法,特别是将 RANS 和 LES 相结合,采用 RANS 方法对近壁区域进行处理,而采用 LES 计算主流区域这一思想促成了多种混合 RANS/LES 方法的产生和发展,成为超燃冲压发动机 LES 模拟的主流方向。随着计算机技术快速发展,LES 及混合 RANS/LES 方法应用逐渐增加,并发挥出越来越重要的作用。

1.1.2.2 超声速两相流模拟方法与模型

超燃冲压发动机内的流动和喷雾燃烧涉及湍流、液体喷雾、激波、化学反应等复杂物理化学过程,并存在连续相湍流涡、离散相喷雾、燃烧场之间的多尺度强烈耦合[10]。这种多相、多尺度效应给数值仿真和建模提出了巨大挑战。对于两相模拟,目前主要有两种模拟体系:一种是欧拉-欧拉(Euler - Euler)体系,而另一种是欧拉-拉格朗日(Euler - Lagrange)体系。

在欧拉-欧拉两相流体系中,不同相流体(如液体和气体)均由欧拉控制方程进行求解。对于存在明确相界面的两相流问题,关键在于界面的建模。欧拉-欧拉体系两相模拟的方法又可分为两类:界面追踪(interface tracking)[11-15] 和界面捕捉(interface capturing)[16-20]。界面追踪类方法需要追踪求解界面的运动,主要包括界面跟踪(front tracking)法、水平集(level set)法、流体体积(volume of fluid)法以及一些混合方法。通过模拟和追踪气液界面的发展过程,界面追踪方法能够较为精细地捕捉到液体射流柱上的表面波发展过程以及射流柱的断裂破碎过程[21-25]。界面捕捉类方法假设在相界面处两相流体均匀分布,通过流体体积分数的梯度来识别相界面的位置。界面捕捉类方法不再需要直接求解相界面的运动过程,相界面由一个两相的混合区域表示,计算过程中被多个网格点捕捉,该方法的稳定性来自这种对界面进行捕捉时的数值耗散,因此也被称为耗散界面方法。

在欧拉-拉格朗日体系中,气相采用欧拉方法直接求解 N-S 方程,液相采用拉格朗日方法计算液滴在气相流场中的运动轨迹及液滴参数沿轨迹的变化,气相和液相之间通过源项进行质量、动量以及能量的交换。基于该方法能够非常方便地利用模型模拟液体射流的二次雾化及液滴或固体颗粒的输运及燃烧,因而在液体燃料射流雾化混合及燃烧数值研究中得到了广泛的应用[26-31]。然而,在欧拉-拉格朗日体系中,液体被拉格朗日粒子所代替,因此对液体行为的捕捉很大程度上受到液体所使用数学模型的影响。

1.1.2.3　超声速湍流燃烧模型

燃烧中的化学反应发生需要燃料与氧化剂在分子扩散特征尺度上充分混合,而 RANS 与 LES 网格无法解析该部分信息,所以如何准确模化未求解尺度上湍流混合、分子扩散和化学反应之间的相互作用是湍流燃烧数值模拟的关键。不同于单相、不可压缩湍流,发动机超声速燃烧室中湍流与化学反应存在更强烈的相互作用;其中流场可能出现激波,呈强烈的可压缩性,而激波会导致压强、温度和气流速度间断,影响火焰稳定性,从而给湍流燃烧建模提出诸多全新的挑战[32]。

湍流与化学反应相互作用建模长期以来都是湍流燃烧学术界研究的热点与难点问题。常见的湍流燃烧模型包括[5]火焰面模型(flamelet models)、条件矩封闭(conditional moment closure, CMC)模型、概率密度函数(probability density function, PDF)模型、线性涡模型(linear-eddy model, LEM)、一维湍流(one-dimensional-turbulence, ODT)模型、涡耗散(eddy-dissipation-concept, EDC)模型、部分搅拌反应器(partially-stirred-reactor, PaSR)模型、增厚火焰面模型(thickened-flame model)等,其中近年来研究和应用最为广泛的主流燃烧模型包括火焰面和 PDF 两类。对于不同燃烧模式和不同应用目的,这两类模型分别具有各自的优势和局限性。火焰面类模型主要的优点是简单、高效,缺点是对复杂燃烧模式的处理能力不足;PDF 类模型的主要优点是理论基础好,适用范围广,缺点是计算量大,数值处理较复杂。大量研究和分析已表明,高速/超声速燃烧包含的丰富物理过程对现有各种湍流燃烧模型都提出了极大的挑战并暴露出其局限性[5]。由于现有湍流燃烧模型的理论研究均源于相对较简单的低马赫数

($Ma \leqslant 0.3$)假设下的变密度不可压气相燃烧,所以如何把原先适用于低速流的湍流与化学反应相互作用模型推广至超声速流,是目前超声速湍流燃烧模型研究的重要方向与主要挑战[32]。

1.1.2.4　数值方法

在对超燃冲压发动机内复杂物理化学过程进行可靠建模的基础上,还需要结合恰当的网格和数值方法,特别是要考虑含激波、强剪切流场的各向异性网格生成及鲁棒数值求解。对于空间离散,要求格式既具有很好的激波捕捉特性又不要产生过大的数值耗散,特别是在 DNS 和 LES 计算中需要数值格式能同时很好地捕捉激波和湍流涡。对于时间积分,要求格式既具备足够的时间精度又有很高的推进效率,以适应高雷诺数复杂超声速燃烧流场的高效求解。

对于超燃冲压发动机燃烧流动过程的数值计算,目前主要都基于激波捕捉格式及其混合格式,商用软件或偏重工程计算的软件主要采用有限体积方法,而用于学术研究的软件多采用有限差分并结合高阶离散格式。由于超燃冲压发动机具有几何结构相对简单的特点,目前计算大多采用结构网格,三维计算的网格规模通常在 $10^6 \sim 10^8$ 量级,并呈现逐年增加的趋势。适用于真实发动机模拟的高精度、鲁棒数值方法及大规模高效并行技术仍需要进一步研究。

1.1.2.5　超燃冲压发动机数值模拟软件

针对超燃冲压发动机的数值模拟,最具有代表性的软件系统就是美国 NASA 与美国空军研究实验室(Air Force Research Laboratory, AFRL)共同开发的一套名为 VULCAN 的代码[33]。这套代码的终极目标是实现对包括超燃冲压发动机燃烧室在内的含激波的高速两相燃烧流动的准确预测,但从已有的进展来看,这一目标还未能实现。目前 VULCAN 还只是具备气态燃料燃烧过程模拟能力[34-37],而气液两相流动燃烧模型和方法还在逐步集成和测试中[38,39]。VULCAN 的开发者也指出,想要高效、实时、准确地模拟发动机内流中真实的超声速燃烧过程仍需要攻坚一系列模型和方法,还有很长的一段路要走[39]。VULCAN 代码开发者强调了发动机内流燃烧模拟的复杂性与核心难点,包含液态燃料的破碎雾化建模、射流穿透混合过程的准确预测、燃烧释热及热壅塞现象的准确模拟、部分预混燃烧和自点火效应等,这些难题都极大制约了软件系统的研究进展。

1.1.3　超声速湍流燃烧特点及数值计算困难

超声速燃烧过程包含激波、局部熄火、重点火等复杂的流动、化学过程和湍流与燃烧的相互作用等,因而存在如下一些显著特点。

强耦合性:超声速可压缩流动的一个特征是速度、密度、压力和温度之间的强耦合,密度的变化不仅由燃烧放热引起,还有可能由与高速关联的黏性加热、压缩或膨胀引起。在超声速流中,动能的增加甚至超过化学反应释热的量级,此时燃烧释热的影响可能不再是最主要的。

可压缩性:湍流流动的亚格子模型首先都是针对低速不可压缩流动建立发展起来的。对于超声速、高超声速复杂湍流流动,研究表明来流马赫数 $Ma \geqslant 3$ 时,Morkovin 假设(如果湍流脉动马赫数不大于 0.3,可压缩性对湍流的影响可忽略)不再成立,必须对亚格子模型进行可压缩性修正。同样许多实验室火焰都是低速的敞开环境中的火焰,此时马赫数很低,可压缩性效应可以忽略,但对于很多实际的火焰(例如气体涡轮机、冲压发动机内的火焰),流动可能达到较高的马赫数,另外声学作用十分重要,此时必须要考虑可压缩性。但在湍流模拟中,可压缩影响是一个重要而又很困难的课题。

自点火、熄火与重点火:超声速流动气流本身具有很高的焓值,局部的流动滞止区具有高静温,燃料/空气的混合物有可能在这种环境内点火延迟时间缩短,从而实现自点火。另外由于超声速流场中温度、燃料分布非均匀的特点,火焰在传播或扩散过程中会发生局部熄火以及熄火后的重点火现象。对于自燃、熄火与重点火的模拟一般需要借助详细的化学动力学机理,而且一旦出现这些偏离平衡态的复杂化学过程,目前建立的多个湍流燃烧模型将失去效用。

激波的影响:超声速流动最显著的特征是出现间断性质的激波。如果激波扫过火焰前锋,火焰前锋和激波引起的温度变化可能处于可比量级,同时化学反应加速,压力发生变化;激波扫过未燃混合气,可能会出现激波诱导燃烧的情况。这些情况下多种燃烧模型的假设都需要重新评估,计算结果也需要谨慎解释。

湍流与燃烧的相互作用:在高雷诺数的超声速湍流反应流中,湍流和燃烧存在强烈的相互作用。湍流对燃烧的影响主要体现在两个方面,一是通过湍流输运影响燃料与氧化剂的混合过程,二是通过引起温度及组分的脉动而影响化学动力学过程。燃烧对湍流的影响则主要表现为改变当地雷诺数,且同时存在两种相反的影响趋势:一是通过燃烧放热提高温度进而增大分子黏性,使当地雷诺数减小,对湍流产生"层流化"效应;二是燃烧也使得当地流体膨胀加速,从而增大雷诺数,对流动产生"湍流化"效应。因此,要准确模拟超声速燃烧流动过程,必须考虑湍流和燃烧的相互作用。

以上特点使得超声速燃烧的数值计算不同于亚声速燃烧,存在更多的困难,相应的数值方法和模型需要细致的评估及有针对性的改进。

1.2 超燃冲压发动机计算燃烧学研究现状

近年来,虽然针对超燃冲压发动机计算燃烧学开展了大量基础研究,但是针对实际发动机数值模拟的工作还比较少,大多还是围绕一些基础实验装置的方法模型验证和针对简化模型发动机及其部件的数值分析,主要包括气相的超声速同轴射流、横向射流、支板燃烧室、凹腔燃烧室及气液两相燃烧等[3]。

1.2.1 超声速同轴射流燃烧

最具代表性的超声速同轴射流燃烧算例是 Cheng 等[40]的氢气/空气超声速同轴射流。Cheng 等[40]进行了比较详细的非接触光学实验测量,为验证数值方法和模型提供了系列丰富的数据,包括温度及组分的一阶量和二阶量,诸多研究者针对此算例开展了数值计算。Deepu 等[41]及 Baurle 等[42]采用 RANS 结合有限速率或设定型 PDF 模型对该射流火焰进行了数值模拟,计算的温度及组分一阶量分布与实验测量基本相符,但是二阶量与实验相差较大。Wang 等[43]、Moule 等[44]和 Bouheraoua 等[45]采用 LES 对该射流火焰进行了数值模拟,分别结合了设定型 PDF 亚格子燃烧模型、PaSR 亚格子燃烧模型及层流有限速率模型。图 1.2 为 LES 计算的射流燃烧结构瞬时结果[44]。LES 模拟结果清晰地揭示出自点火过程是射流火焰稳定的主导机理,并发现了可压缩同轴射流喷入环境大气引起的压力扰动的重要性。总体来说,LES 模拟结果优于 RANS 结果且随着网格分辨率的提高而改善,然而对于射流某些位置的温度与组分分布预测仍然与实验值存在明显的差异。可能原因有以下几方面:一是实验设备安装和测量存在一些误差;二是计算条件与实验存在一定偏差,比如实验未给出射流边界层厚度及湍流强度等信息;三是目前采用的湍流燃烧模型不能准确描述该复杂的超声速湍流燃烧过程。

1.2.2 超声速气流中的横向射流燃烧

Ben - Yakar[46]利用高速纹影和 OH - PLIF 系统研究了模拟飞行马赫数 10 工况下的氢气横向射流火焰结构,OH 基主要分布在近壁区和下游射流迎风剪切层,尾迹内的浓度相对较低。针对 Ben - Yakar 的实验工况,Won 等[47-49]利

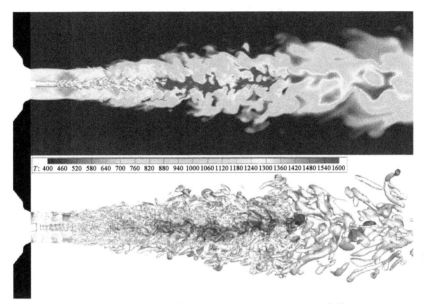

图 1.2　超声速同轴射流火焰结构 LES 计算结果[44]

（上：瞬态温度云图及氢气质量分数 0.05 等值面；下：Q 等值面及温度着色的 OH 基质量
分数 0.01 等值面）

用分离涡模拟并结合有限速率模型再现了高焓超声速气流中横向射流喷注形
成的三维非定常反应流场。结果表明大尺度拟序结构间歇性地从上游分离区
内产生，并沿着迎风剪切层向下游输运；流动滞止效应导致局部温度很高，OH
基主要分布在射流出口附近，下游浓度相对较低。此外，Liu 等[50]的大涡模拟
结果表明大尺度迎风剪切涡的拉伸和卷吸增大了燃料与空气的接触面积，进
而促进了混合和燃烧过程；以自点火为主的非预混燃烧更容易发生在贫燃条
件下。

　　针对不同射流/横向来流动压比 J，Gamba 等[51-53]的实验探讨了高焓超声速
气流中横向射流喷注燃烧。研究发现动压比 J 直接控制着下游的燃烧特性：高
J 工况存在两个不同的反应区，即近壁区和剪切层反应区；然而当动压比 J 较低
时，燃烧只发生在靠近壁面的边界层内。Candler 等[54]采用壁面模化的 LES 结
合演化可变流形方法对该横向射流火焰进行了数值分析，数值模拟成功捕捉到
了主导该射流燃烧的反应锋面和分布式反应区。此外，Saghafian 等[55]采用
RANS 和 LES 结合火焰面/进度变量模型对该横向射流火焰进行了数值分析，
LES 计算与实验测量的 OH 基分布对比如图 1.3 所示。两种方法均获得了与实

验比较一致的结果,但是 LES 与实验符合的更好一些。该研究表明,混合模型的准确性及燃烧模型的可压缩修正对于超燃的模拟至关重要。

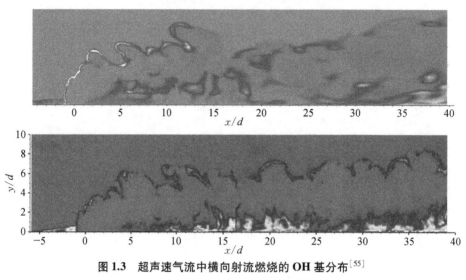

图 1.3 超声速气流中横向射流燃烧的 OH 基分布[55]

(上：LES 计算结果;下：PLIF 测量结果)

　　昆士兰大学的 HyShot 超燃冲压发动机也采用了壁面横向氢气射流的方案,并完成了地面试验和飞行试验,获得了比较丰富的数据。国内外学者对此也开展了大量计算分析[56,57]。Nordin - Bates 等[57]的 LES 计算很好地捕捉到了试验测量的压力和热流数据,并且发现超声速燃烧过程包括自点火区、非预混火焰区及自着火前锋;此外,由于激波诱导点火的存在,使得超声速火焰显著区别于亚声速湍流火焰。计算的典型流场结构如图 1.4 所示。

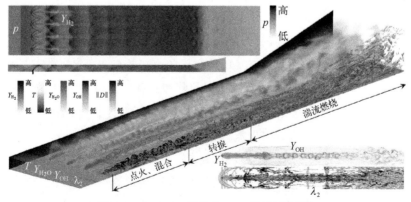

图 1.4 HyShot II 燃烧室 LES 模拟结果[57]

1.2.3　支板稳定的超声速燃烧

最具代表性的支板稳定超声速燃烧算例是德国宇航研究中心的 DLR 支板喷氢超声速燃烧[58]，实验中采用了 15 个小孔顺流喷注氢气，燃烧以抬举火焰的方式稳定在支板下游一段距离内。Oevermann[59] 采用 RANS 结合火焰面模型的方法对该燃烧室进行了数值模拟；虽然忽略了三维、无滑移及非单位路易斯数等效应，计算结果仍较好地捕捉到了复杂的湍流燃烧流动结构且与实验测量基本吻合，初步表明了高效火焰面模型对于超声速湍流燃烧的适用性。近年来，众多国内外学者针对该燃烧室开展了三维 LES 计算[60-64]，并分别结合了层流有限速率模型、火焰面模型或设定型 PDF 模型处理湍流燃烧。为了降低计算量，LES计算均采用简化处理，只模拟 2~3 个喷孔并采用周期性边界条件。尽管如此，LES 很好地揭示了湍流流动、混合及燃烧过程：火焰由支板后方的回流区所稳定，燃烧区分为诱导区（从支板后缘到火焰起始点）、过渡区（伴随大尺度拟序结构发展的对流混合区）及湍流火焰区。图 1.5 为 LES 计算的燃烧场结果[64]。此外，Fureby 等[65] 对 ONERA/JAXA 的支板燃烧室也进行了 LES 模拟，典型流场结构如图 1.6 所示；计算结果与实验测量的壁面压力、自发光火焰图像及 PLIF 图像均符合较好，表明 LES 可用于分析超声速燃烧的精细结构和火焰稳定机理。

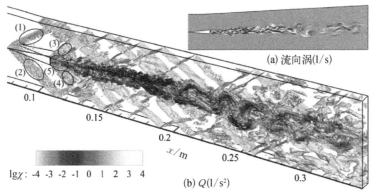

图 1.5　DLR 支板稳定超声速燃烧的 LES 计算结果[64]

1.2.4　凹腔稳定的超声速燃烧

凹腔是超燃冲压发动机内应用最广泛的一种火焰稳定器，国内外许多研究机构均开展了凹腔稳定超声速燃烧的实验研究，如国际合作的 HiFiRE‐2 发动机燃烧室[35,66]、CIAM/NASA 联合"Kholod"计划发动机燃烧室[67]、美国密歇根大学超声速燃烧室[68]、美国空军研究实验室的超声速燃烧室[69]、美国 Wright‐

图 1.6　ONH10 支板 LES 计算结果[65]

Patterson 空军基地超声速燃烧室[37]、中国空气动力研究与发展中心的超声速燃烧室[70]、中国科学院力学研究所的超声燃烧室[71]、国防科技大学的超声速燃烧室[72]等。这些实验为认识超声速燃烧机理及验证数值计算方法和模型提供了重要数据。

　　Bermejo－Moreno 等[73]采用壁面模化的 LES 揭示了 HIFiRE－2 燃烧室内精细流场结构及激波串的大尺度振荡过程,计算的典型流场结构如图 1.7 所示。Saghafian 等[74]也采用 LES 结合火焰面模型模拟了 HIFiRE－2 燃烧室,计算捕捉到了精细的燃烧流动结构,同时发现燃料射流与边界层相互作用对于近场混合与燃烧有重要影响。Yentsch 和 Gaitonde[75]也采用 LES 分析了 HIFiRE－2 燃烧室的模态转换过程。Koo 等[76]采用 LES 结合欧拉 PDF 模型模拟了密歇根大学超声速燃烧室,计算捕捉到了不同燃烧室来流总温引起的燃烧模态转变。Peterson 和 Hassan[77]采用混合 RANS/LES 方法结合层流有限速率模型计算了美国空军研究实验室的超声速燃烧室,燃烧释热分布随时间演化如图 1.8 所示;计

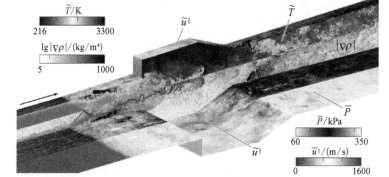

图 1.7　HIFiRE－2 超声速燃烧室 LES 计算结果[73]

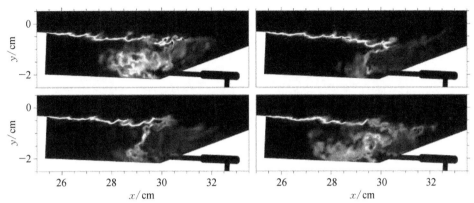

图 1.8　美国空军研究实验室的超声速燃烧室 LES 计算燃烧释热分布演化结果[77]

算的速度、组分及火焰结构均与实验测量符合较好;计算还很好地揭示了燃烧放热对流动结构的影响机理,在实验观测基础上大大深化了对超声速燃烧过程的认识。

1.2.5　超燃冲压发动机中的气液两相燃烧

由于喷雾燃烧流场较为复杂,数值模拟涉及的模型众多,气液相互耦合计算量较大,故相关数值模拟结果相对少见。近年来,Ladeinde[38,39,78,79]指出超声速气流中喷雾燃烧的数值模拟是非常重要但又较少被研究者涉及的领域。他连续两年在 AIAA 会议上撰文讨论超声速气流中喷雾燃烧的建模及数值实现等问题,并针对一个收缩扩张管道里的甲烷液滴喷注燃烧开展了数值验证,结果如图 1.9 所示。现有相关超声速燃烧室中喷雾燃烧的数值模拟大部分采用 RANS 方法开展,主要分析稳态燃烧流场的组分、温度、压力分布以及燃烧效率、总压损失等宏观性能参数。Kumaran 等[80,81]采用 RANS 方法对超声速燃烧室中煤油喷雾的无反应流场及反应流场进行了三维数值模拟,计算过程虽然未考虑液滴破碎过程,但通过对比射流出口有无喷雾模型发现考虑喷雾模型可以获得更符合实际的燃烧效率,且煤油液滴的混合过程对燃烧释热具有重要影响。杨顺华等[82]基于自主开发的数值模拟软件 AHL3D 对超燃冲压发动机中液体燃料雾化及燃烧过程进行了数值模拟,结果显示破碎与蒸发的时间尺度在 1 ms 以内,且大部分液滴均在凹腔附近蒸发完毕。Zhang 等[83]采用基于 RANS 的颗粒随机轨道模型及单步总包化学反应机理对双凹腔燃烧室中正癸烷射流的无反应流场及反应流场进行了对比分析。无反应计算流场合理捕捉到射流引起的强激波以及凹腔内的回流区,反应计算流场结果表明无热射流助燃时燃烧效率仅为20%,在热射流助燃下火焰得到增强,燃烧效率提高到88%。Niu 等[84]采用欧拉-拉格朗日随机轨道模拟,考虑了液滴的雾化蒸发过程,对双模态燃烧室内的煤油横向喷雾燃烧过程进行了模拟,湍流燃烧模型采用火焰面/进度变量模型,同时考虑了压力与温度脉动的修正,计算结果显示了与实验吻合较好的压力分布以及基本合理的马赫数分布。

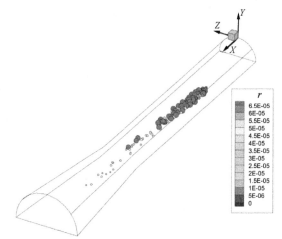

图1.9　收缩扩张管道里的甲烷液滴喷注燃烧特性[39]

　　部分研究者基于大涡模拟方法或非稳态 RANS 方法对超声速气流中喷雾燃烧开展了数值模拟研究。Genin 和 Menon[85]基于 LES 对超燃冲压发动机中碳氢燃料喷雾燃烧进行了研究,其典型结果如图 1.10 所示。结果显示燃烧室出口仅有 40% 的液滴被蒸发完毕,由此使得整体燃烧效率较低。Zhang 等[86]对双模态燃烧室中煤油喷雾燃烧过程进行了大涡模拟研究,通过对比不同煤油喷注当量比发现煤油液雾与甲烷引导火焰存在强烈的相互作用且液雾的穿透深度对燃烧特性具有决定性影响。刘刚等[87-89]针对多凹腔燃烧室中液体煤油射流开展了

图1.10　凹腔燃烧室喷雾燃烧流场液雾及温度瞬时分布特性[88]

较多的数值模拟研究,对比了单步总包反应与骨架反应机理对燃烧性能预测的影响,还分析了不同煤油喷注方式对燃烧效率的影响;非定常数值模拟结果显示煤油射流燃烧需要经历 22 ms 才达到稳态,且煤油射流表现出很强的不稳定特性,如图 1.11 所示。

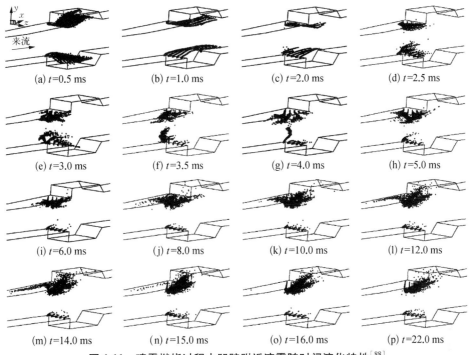

图 1.11　喷雾燃烧过程中凹腔附近液雾随时间演化特性[88]

　　最近,杨东超[90]基于 OpenFOAM 平台,利用火焰面模型和拉格朗日液滴追踪方法对双凹腔燃烧室中液体煤油燃料的燃烧过程进行了数值模拟,获得的燃烧区域分布与实验观测结果吻合较好。新加坡国立大学的 Huang 等[91]基于 OpenFOAM 开发了针对超声速气流中喷雾燃烧数值模拟的计算模块,并针对二维 DLR 燃烧室构型对同时喷注氢气和庚烷的燃烧流场进行了数值分析,计算获得的庚烷液滴及蒸发后的庚烷蒸汽分布如图 1.12 所示。任兆欣[92]指出完整模拟液体燃料射流的雾化、蒸发及燃烧过程具有很大的挑战性,并针对超声速液雾剪切层[93-95]及两相斜爆震[96,97]开展了大量的 DNS 研究,详细讨论了液滴、涡旋结构、激波和火核的相互作用过程。结果表明液滴蒸发的冷却效应对煤油热自燃及火焰传播与稳定具有重要影响。这些工作有助于加深对超声速气流中喷雾燃烧复杂过程里一系列子过程间相互作用机理的理解。

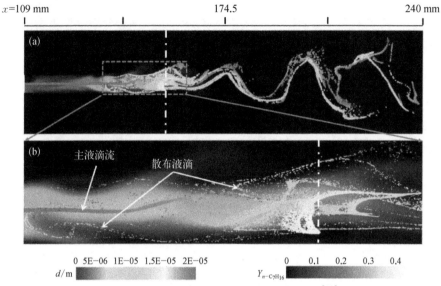

图 1.12   庚烷液滴及蒸发后的庚烷蒸汽分布[91]

1.3   可压缩反应流基本控制方程

超燃冲压发动机燃烧室中的燃烧组织涉及液体燃料射流雾化、液滴输运、液滴蒸发、气相混合及燃烧等多个子过程[98]。整个流场系统是一个多相、多组分、各子过程强耦合的复杂流动反应系统。本节主要给出基于欧拉框架的超声速气相反应流的基本控制方程,对于方程中涉及的源项处理与建模方法将在后续章节中逐一介绍。

在忽略彻体力及采用牛顿流体的假设条件下,考虑了离散液滴相源项以及化学反应源项的三维可压缩多组分气相控制方程可表述如下。

连续方程:

$$\frac{\partial \rho}{\partial t} + \frac{\partial (\rho u_j)}{\partial x_j} = \dot{S}_m \tag{1.1}$$

动量方程:

$$\frac{\partial (\rho u_i)}{\partial t} + \frac{\partial (\rho u_i u_j + p\delta_{ij})}{\partial x_j} = \frac{\partial \tau_{ij}}{\partial x_j} + \dot{S}_{p,i} \tag{1.2}$$

能量方程：

$$\frac{\partial E}{\partial t} + \frac{\partial \left[(E + p) u_j \right]}{\partial x_j} = \frac{\partial (q_j + u_i \tau_{ij})}{\partial x_j} + \dot{S}_E \tag{1.3}$$

组分方程：

$$\frac{\partial (\rho Y_s)}{\partial t} + \frac{\partial (\rho Y_s u_j)}{\partial x_j} = \frac{\partial}{\partial x_j}\left(\rho D_s \frac{\partial Y_s}{\partial x_j}\right) + \dot{S}_{Y_s} + \dot{\omega}_s \tag{1.4}$$

其中，t、ρ、p 分别表示时间、密度和压力；$u_j (j = 1, 2, 3)$ 为直角坐标系三个方向的速度；x_j 为三个方向的坐标值；Y_s、D_s 分别为第 s 组分的质量分数和扩散系数，组分编号 $s = 1, 2, 3, \cdots, N_s - 1$，$N_s$ 为组分总数。δ_{ij} 为 Kronecker 函数，则黏性应力 τ_{ij} 为

$$\tau_{ij} = 2\mu\left(S_{ij} - \frac{1}{3}S_{kk}\delta_{ij}\right) \tag{1.5}$$

其中，$S_{ij} = \frac{1}{2}\left(\frac{\partial u_i}{\partial x_j} + \frac{\partial u_j}{\partial x_i}\right)$；$\mu$ 为动力黏性系数，可由 Sutherland 公式计算：

$$\mu = \mu_0\left(\frac{T}{T_0}\right)^{3/2}\frac{T_0 + S_\mu}{T + S_\mu} \tag{1.6}$$

式中，$T_0 = 273.15 \text{ K}$；对于空气有 $\mu_0 = 1.716\,1 \times 10^{-5} \text{ N} \cdot \text{s/m}^2$；$S_\mu = 124.0 \text{ K}$。

总内能 E 的表达式为

$$E = \rho \sum_{s=1}^{N_s} Y_s h_s - p + \frac{1}{2}\rho u_k u_k \tag{1.7}$$

其中，h_s 为第 s 组分的焓值，其由显焓和生成焓两部分组成：

$$h_s = \int_{T_0}^{T} c_{p,s} \mathrm{d}T + h_s^0 \tag{1.8}$$

式中，T_0 为参考温度，通常取 $T_0 = 298.16 \text{ K}$；h_s^0 为参考温度下的生成焓；$c_{p,s}$ 表示第 s 组分的定压比热容。假设反应流为热完全气体时定压比热容 $c_{p,s}$ 可由基于温度的多项式拟合得到：

$$c_{p,s} = R_s(a_1 + a_2 T + a_3 T^2 + a_4 T^3 + a_5 T^4) \tag{1.9}$$

其中,R_s 为组分 s 的气体常数;a_1、a_2、a_3、a_4、a_5 表示相应组分的热力学函数温度系数。

假设多组分气相混合物达到局部热力学平衡,则多组分热完全气体的总压可由各组分分压求和得到,则有混合气体状态方程为

$$p = \rho T \sum_{s=1}^{N_s} \frac{Y_s R_u}{M_s} \tag{1.10}$$

式中,通用气体常数 $R_u = 8.314\ \text{J}/(\text{mol}\cdot\text{K})$;$M_s$ 为第 s 组分的摩尔质量。

忽略掉热辐射以及交叉扩散效应,热通量 q_j 可表示为

$$q_j = \kappa \frac{\partial T}{\partial x_j} + \rho \sum_{s=1}^{N_s} D_s h_s \frac{\partial Y_s}{\partial x_j} \tag{1.11}$$

其中,$D_s = \mu/\rho Sc$;施密特数 $Sc = 0.75$。热传导系数 κ 可由 Sutherland 公式求得

$$\kappa = \kappa_0 \left(\frac{T}{T_0}\right)^{3/2} \frac{T_0 + S_\kappa}{T + S_\kappa} \tag{1.12}$$

式中,$T_0 = 273.15\ \text{K}$;对于空气有 $\kappa_0 = 0.024\ 15\ \text{W}/(\text{m}\cdot\text{K})$;$S_\kappa = 194.0\ \text{K}$。

气相控制方程的源项 $\dot{S}_m$、$\dot{S}_{p,i}$、$\dot{S}_E$ 表示因为液滴运动及蒸发导致的气相质量、动量及能量的变化率,$\dot{S}_{Y_s}$ 表示第 s 组分因液滴蒸发导致的质量生成率,$\dot{\omega}_s$ 表示第 s 组分因化学反应导致的质量生成率。

1.4　超燃计算的关键物理化学模型

为了计算超燃冲压发动机的燃烧流动过程,需要在传统计算流体力学基本方法和模型基础上增加两相模型和湍流燃烧模型,以完整描述发动机内燃料的雾化、蒸发、混合及化学反应过程。两相模型可以给出控制方程(1.1)~(1.4)中由于液相作用导致的源项 $\dot{S}_m$、$\dot{S}_{p,i}$、$\dot{S}_E$、$\dot{S}_{Y_s}$,主要涉及两相流动、一次雾化、二次雾化、蒸发等过程的物理模型;湍流燃烧模型可以给出化学反应源项 $\dot{\omega}_s$,目前主要有以下几种处理方式:一是层流有限速率化学反应;二是高效火焰面类方法;三是 PDF 类方法。本节着重介绍雾化蒸发模型、层流有限速率化学反应模型、湍流燃烧火焰面模型和湍流燃烧 PDF 模型。

1.4.1 雾化蒸发模型

由于液体射流雾化过程是一个十分复杂的两相流动过程,且其流动形态从完全液相经历稠密相逐渐转变为稀疏相,所涉及的物理尺度与时间尺度跨度非常大,这对数值模拟过程带来非常大的挑战。对于超声速气流中的液体横向射流,由于气流的流动方向与液体射流的喷注方向垂直,液滴的初始粒径对液体射流的穿透深度具有较大的影响,进而影响到燃料的分布及蒸发过程,最终影响到气相燃料的分布。

目前针对射流破碎雾化过程应用较为广泛的数值模拟方法主要包括界面方法和液滴追踪方法,界面方法又分为界面追踪和界面捕捉方法。较为流行的界面追踪方法主要有流体体积(VOF)法和水平集(LS)法。VOF法最初是在20世纪80年代由Hirt和Nichols提出的[98],并在Gueyffier等[99]、Fuster等[100,101]和Tomar等[102]的研究中得到发展。VOF函数定义为有限体积内液相的体积分数。尽管VOF法可以保证液体体积守恒,但是VOF函数的不连续性使得提取界面几何特征(例如界面位置、界面法线和曲率)变得困难。与VOF法的思路不同,Osher和Sethian[15]通过引入当地网格到相界面处距离的符号距离函数奠定了LS法的基础。与VOF法相比较,LS法的优势在于能够更容易、更准确地获得相界面的几何信息,而其劣势则在于不能如VOF法那样保证计算结果的守恒性。因此对于LS法的改进,很多研究的着手点在于改善其守恒性[103,104]。界面捕捉方法与界面追踪方法的本质区别在于,界面捕捉方法不再直接求解界面运动,而是假设在相界面处两相流体均匀分布,通过流体体积分数的梯度来识别相界面的位置。由于不再需要直接求解相界面的运动过程,界面捕捉方法在处理复杂几何变形的情况时原则上不再需要对数值方法进行特殊改进,并且非常容易进行高维拓展。虽然界面捕捉类方法模拟出的相界面与界面追踪类方法相比要宽,而且随着计算的进行受格式耗散影响较大,但是其对多种两相问题的普适性以及求解过程的鲁棒性使其成为近几年研究的热点[105,106]。而界面耗散的问题可以通过引入高精度算法以及提高网格分辨率等途径进行解决。

目前已经有不少研究者基于界面方法对超声速气流中液体横向射流开展了研究工作[107-111]。Garrick等[112,113]开发了一种基于HLLC的可压缩界面追踪方法,并且数值预测了超声速气流中液体横向射流的一次雾化过程。Xiao等[114]提出了一个气体作为可压缩流体和液体作为不可压缩流体的两相流模拟算法,模拟结果表明液柱迎风面上的表面波是由Rayleigh-Taylor不稳定性决定的。为了发挥界面方法的高精度优势以及液滴追踪方法的高效率优势,研究者[115,116]进一步考虑将界面方法与质点液滴追踪方法结合来模拟射流雾化过程。虽然界面方法能够获得较好的射流近场破碎过程,但是该种方法计算量较大,想要追踪射流破碎后的每个液滴则会导致计算所用的网格量异常巨大。因此界面方法还不适合用于实际燃烧室中射流雾化混合及蒸发燃烧的完整数值模拟。

拉格朗日粒子追踪方法[117]较为成熟。该方法中气相采用欧拉方法直接求解 N-S 方程,液相采用拉格朗日方法计算液滴在流场中的运动轨迹及液滴参数沿轨迹的变化,气相和液相之间通过源项进行质量、动量以及能量的交换。基于该方法能够非常方便地利用模型考虑液滴的破碎、碰撞、蒸发、燃烧等物理化学过程,因而在液体燃料射流雾化混合及燃烧数值研究中得到了广泛的应用[26-31]。在利用欧拉-拉格朗日方法对液体燃料射流喷雾混合过程进行数值仿真时,建立合适的射流雾化模型至关重要。基于实验数据及理论分析,研究人员提出了多种液滴破碎模型。其中最成功和使用最广泛的模型包括基于液滴振荡及变形过程的 TAB(Taylor analogy breakup)模型[118]、基于射流柱线性稳定性分析的 wave 破碎模型[119]和 KH/RT(Kelvin-Helmholtz/Rayleigh-Taylor)破碎模型[120]以及基于上述模型的各种改进模型[121,122]。虽然这些破碎模型都是从内燃机等低速条件下发展起来的,但是也被广泛应用于亚声速气流[123-129]及超声速气流[130,131]中液体横向射流的数值模拟研究中。通过对模型中的系数进行修正,能够获得与实验基本吻合的结果。

Im 等[132-134]针对超声速气流中液体横向射流开展了大量的数值模拟工作。他们认为在超声速气流中液柱和液滴的破碎雾化处于灾型破碎模式,并通过考虑可压缩效应以及添加新的液滴质量衰减控制方程改进了 KH/RT 混合破碎模型,同时采用一个初始破碎时间作为 RT 破碎模型的控制开关,进而对 Lin 等[135]的实验进行了模拟。计算结果给出了合理的液雾穿透深度、展向宽度以及液滴尺寸、速度分布。Yue 等[136,137]基于 KIVA 程序对随机轨道模型进行了修正,考虑了气流的可压缩效应、流场的不均匀性以及液滴变形对液滴运动的影响,采用 TAB 模型模拟雾化过程,进而对超声速气流中液体煤油横向射流进行了数值模拟研究。计算结果显示气相流场及液雾结构较为合理。杨顺华等[138-141]也对超声速气流中液体横向射流开展了大量的数值及实验研究。基于精细的实验结果,他们修正了波动破碎模型中的系数,并将其与 RT 模型耦合计算,计算获得了与实验数据吻合较好的穿透深度、液滴粒径、液滴速度。杨东超等[142,143]对比了四种破碎模型对超声速气流中液体横向射流雾化计算的影响,指出数值模拟中液滴的实际追踪数目对计算结果有较大影响。根据可压缩条件下线性稳定性分析,他们改进了 KH/RT 模型,从而扩大了其适用范围。刘静等[144-148]通过采用新的混合临界时间判断方法对 KH/RT 模型进行了修正,对比了穿透深度、液滴速度、液滴粒径等计算结果,发现改进后的混合破碎模型比 TAB、wave 破碎模型要好,并指出通过调整 TAB 破碎中的破碎系数能够获得更好的液雾粒径及速度分布。Wang 等[149]与 Fan 等[150,151]基于欧拉-拉格朗日方法实现了非结构网格中液体横向射流雾化过程的大规模数值模拟,并对比了不同破碎模型的影响,发现 KH/RT 混合破碎模型可以更准确地预测射流穿透深度以及液滴的尺寸分布。他们还对比研究了四种随机喷注模型的影响,结果发现初始喷注液滴获得的随机分量对下游的液雾结构具有十分重要的影响。

液滴蒸发模型通常包含液滴热传导及液滴的质量输运两个方面,对应着液滴的温度和质量控制方程。根据对液滴温度处理方式的不同,液滴蒸发模型主要可分为 6 大类[152],从简单到复杂依次为:① 基于液滴温度保持恒定假设的蒸发模型;② 基于液滴内部及表面温度均匀一致但随时间变化假设的蒸发模型,该模型也称为无限热传导率模型;③ 考虑液滴有限热传导过程但不考虑液滴内部回流效应的蒸发模型;④ 考虑液滴的有限热传导率,同时通过对热传导系数进行修正以考虑液滴内部回流效应影响的蒸发模型;⑤ 通过涡动力学(Vortex Dynamics)理论来考虑液滴内部回流效应的蒸发模型;⑥ 基于 Navier-Stokes 方程直接求解的蒸发模型。第 1 类蒸发模型直接忽略了液滴温度的变化,虽然给计算过程带来了巨大的简化,但由于其太过简单,一般仅用来对液滴蒸发过程进行粗略估计。第 5 类和第 6 类则由于其模型及数值求解过程太过复杂而仅仅用在单液滴的蒸发机理研究中。对于液雾蒸发流场的大规模数值模拟,应用比较广泛的是第 2、3、4 类蒸发模型,其中第 3 类和第 4 类可统称为有限热传导率模型。可以通过引入相对复杂的液滴内部温度分布模型来考虑有限液滴热导率的影响。Sazhin 等[153]提出了一种有限热导率模型,其中液滴内的温度分布被设定为抛物线型分布。计算过程中不仅可以求出液滴的平均温度,还可以获得液滴表面温度,并从这些信息中获得液滴内部的温度分布。但相对于无限热导率蒸发模型来说,考虑有限热导率仍然会带来额外的大量计算负担,尤其是对于液滴数目巨大的大规模计算。液体燃料通常以相对较低的温度条件注入燃烧室中,同时气相的燃烧给液滴形成了一个较高温度的环境。此外超声速来流在燃烧室内速度降低,本身就会引起静温的升高。较高的环境温度导致液滴表面的热传导作用非常明显。由于液体射流在超声速气流中雾化完全后得到的

液滴直径为 $10\sim20\ \mu m^{[154]}$，如此小的液滴在高温环境中很容易达到内部温度平衡状态，故通常可以假设蒸发过程中液滴温度均匀，且始终等于液滴的表面温度，即采用无限热导率模型对液滴的蒸发过程进行模拟。

1.4.2 层流有限速率化学反应模型

层流有限速率化学反应模型的思路非常简单直观，即将雷诺平均或大涡滤波后的反应源项写为

$$\overline{\dot{\omega}_s} = \overline{\dot{\omega}_s(T,\ Y_1,\ \cdots,\ Y_N)} = \dot{\omega}_s(\bar{T},\ \bar{Y}_1,\ \cdots,\ \bar{Y}_N) \tag{1.13}$$

即直接忽略湍流与化学反应的相互作用，在形式上仍保持 Arrhenius 形式，而只将温度和组分浓度用雷诺平均和空间滤波值代替。因此层流有限速率化学反应模型主要的问题只是处理刚性问题。

化学非平衡流动由于反应特征时间尺度可能比流动特征时间尺度小若干量级，致使描述化学非平衡流动的控制方程存在严重的刚性问题。如果采用显式方法求解，则受计算格式稳定性限制，时间步长将主要由化学反应特征时间决定，对于很多实际问题而言所需的计算时间是无法承受的，一般问题所要求的时间精度也根本不需要用如此小的时间步长来计算。为了解决化学非平衡带来的刚性问题，目前主要采用三类方法进行求解：全隐算法、点隐算法以及时间分裂法。

全隐算法[155-158]将控制方程中的流动项(对流项和黏性项)和化学反应源项都进行隐式处理，因此时间步长不受稳定性限制。但是需要存储 Jacobian 矩阵和进行矩阵求逆运算，当采用较详细的化学反应机理模型时，反应组元和反应方程式可以达到成百上千个，因此使用全隐算法将带来巨大的存储量，矩阵求逆需要巨大的计算量；另外一方面，即便存储量和计算量的困难可以克服，由于物理问题的限制，采用全隐算法也不能采用很大的时间步长。梁剑寒和王承尧[159]采用 LU-SGS 隐式方法强耦合求解有限体积法离散的完全 N-S 反应流方程组，模拟了超燃冲压发动机燃烧室内的化学反应流场，但是采用的仅仅是两步总包化学反应模型。

点隐算法只对刚性的化学反应源项进行隐式处理，而对非刚性的流动项进行显式处理。因为化学反应源项的 Jacobian 矩阵只与化学反应机理的组元数有关，而与空间维数无关，因此称这种方法为"点隐"算法[160]。点隐算法得到了广泛的应用。张涵信等[161]通过求解包含组分方程的完全 N-S 方程，采用多步

H_2/O_2 有限速率燃烧模型和点隐算法模拟了具有压缩拐角的二维管道和球头两类激波点火和燃烧流动问题。杨顺华等[140]利用巨型计算机对煤油超燃冲压发动机进行了大规模并行计算,计算控制方程为带详细化学反应模型的雷诺平均 N-S 方程,对流项采用 Steger-Warming 矢通量分裂格式,化学反应源项采用点隐法处理,时间推进采用 LU-SGS。王春等[162]数值研究了直通道中激波经过多块矩形障碍物时诱导 H_2/O_2 混合气体起爆的物理机制,采用 11 组分 23 步基元反应模型,空间离散采用二阶精度的迎风 TVD 差分格式,时间推进采用预估/校正两步法,化学反应源项采用点隐法处理。点隐算法仍然需要存储化学反应源项的 Jacobian 矩阵和进行矩阵求逆运算,如果采用详细化学反应机理仍然需要很大的存储量和计算量;一般而言点隐法只具有一阶时间精度,这对于模拟非定常现象是不够的。Zhong[163]提出了附加半隐的 Runge-Kutta 法处理源项的刚性问题,可以达到二阶以上时间精度。王昌建和徐胜利[164]采用基元反应和二维 Euler 方程对直管内胞格爆轰进行了数值模拟,采用五阶 WENO 差分格式求解对流项,采用二阶附加半隐的 Runge-Kutta 法处理化学反应源项引起的刚性。

目前得到广泛应用的化学非平衡流动处理方法是时间分裂算法,又称为算子分裂法或者分数步法。整个物理过程被分解为刚性和非刚性部分,对各个部分独立求解,然后将刚性和非刚性部分的解组合起来。由于刚性和非刚性部分独立出来了,因此可以采用各自适合的方法进行求解,具有很强的灵活性和可操作性。但是时间分裂方法只有在采用 Strang 分裂格式时才具有时间二阶精度。胡湘渝等[165]采用基元反应模型和 ENO 格式对气相爆轰进行了数值研究,采用时间分裂法进行流动和化学反应的解耦处理,化学反应方程组采用刚性常微分方程计算程序 CHEMEQ 求解,具有二阶精度,计算量小,无须计算 Jacobian 矩阵,但是仍能较好地处理刚性问题。胡宗民等[166]应用基元反应模型和频散可控耗散格式对氢氧爆轰波在楔面上的反射进行了数值模拟,氢氧化学反应采用 8 组分 20 反应机理,利用时间分裂法处理化学反应引起的刚性问题。潘振华等[167]基于带详细基元化学反应的三维 Euler 方程对圆环形燃烧室内的旋转爆轰进行了数值模拟。采用时间分裂方法对化学反应源项和对流项解耦,对流项采用二阶精度的波传播算法,化学反应过程采用刚性常微分求解器 LSODE 计算。韩桂来等[168]采用二阶精度 NND 差分格式和改进的化学反应模型模拟了爆轰波与激波的对撞过程,采用时间分裂法将化学反应源项和流动控制方程解耦,将化学反应时间步长取为流动时间步长的 1/20 来解决化学反应系统求解带来的刚性问题。

刘君等[169,170]以时间分裂法为基础,构造了一种新型的化学非平衡流动解耦算法。这种解耦算法将反应气体内能中与温度无关的那部分能量,即有效零点能或化学焓分离出来并添加到化学反应源项中。进行时间分裂后,物理问题被分解成流动和化学反应两个部分,具有明确的物理意义。流动部分控制方程中内能是去掉了有效零点能之后的内能,同时引入等效比热比,构造了在形式上与量热完全气体完全相同的能量与压力之间的关系式,并用等效比热比计算等效声速,经过这些处理后,流动部分控制方程的求解与量热完全气体的求解方法完全相同,所以在原则上可以采用现有的在量热完全气体基础上发展的计算格式,因此算法实施十分方便。利用这一新型解耦算法,刘君对冲压加速器非平衡流动[171]、CH_4/空气超声速燃烧[172]、钝头体激波诱导振荡燃烧[173]等问题进行了模拟,并分析了化学动力学模型对 H_2/空气超声速燃烧模拟的影响[174]。利用该解耦算法,孙明波等[175,176]也对钝头体激波诱导振荡燃烧进行了模拟。

1.4.3 湍流燃烧火焰面模型

火焰面模型由于具有计算效率高、物理直观等优点,在工程实践上受到广泛应用。但是,火焰面模型在超声速湍流燃烧中的应用还存在一些问题亟须解决。一是超声速燃烧流场中火焰面模型是否适用的问题,即超声速燃烧流场中火焰面模型假设是否处处成立;二是超声速条件下激波、局部熄火/自点火等复杂物理化学过程给火焰面模型的应用带来了诸多难题,即模型如何修正的问题。

1.4.3.1 超声速流中火焰面模型的适用性问题

超声速燃烧室中的气流动能可能与化学反应能量相当并且存在强压缩效应,因此从低速燃烧发展而来的火焰面模型对于模拟超声速燃烧的适用性问题值得关注。众多学者针对传统火焰面模型进行了深入的研究并提出了多种模型修正方法。范周琴[177]通过分析 Da 数和 Re 数关系,认为预混燃烧问题中剪切层脉动速度不高、扩散燃烧问题中来流马赫数不是非常高的情况下,火焰面模型均适用。Ingenito 和 Bruno[178]从马赫数入手分析了化学反应与湍流模型的影响,并认为大部分状况适用火焰面模型。然而,在低速不可压条件下发展的火焰面模型并未考虑燃烧流场中压力、密度和温度等热力学参量对 Arrhenius 公式的影响,势必在计算引入明显误差。为此,Oevermann[59]针对超声速燃烧的可压缩性对火焰面模型进行了改进,放弃了数据库中的温度参量,仅通过组分质量分数隐式求解得到当地温度。由于该方法简便易行,同时计算结果相对较为准确,被广泛应用于超声速湍流燃烧火焰面模型中。另外,众多文献[177,179]针对超声速流场中的湍流作用进行改进,结合设定概率密度函数对层流火焰面数据库进行系综平均获得湍流火焰面数据库。

1.4.3.2　火焰面模型改进

传统火焰面模型是从亚声速燃烧状态发展而来,此时气体具有不可压缩性,而超声速流具有较强可压缩性,剧烈燃烧进一步加剧了流场中的压力分布不均匀性,因此发展压力修正火焰面模型对可靠预测超声速燃烧具有重要意义。针对可压缩效应的火焰面模型改进大致为以下三类。第一类方法为针对 Arrhenius 公式在压力变化时进行修正。Saghafian 等[180,181]介绍了校正 Arrhenius 定律的方法,以修正传统火焰面模型的温度偏差;Shan 等[182]基于火焰面模型提出了一种全新的线性化校正方法,以解释超声速燃烧中化学性质的可压缩性影响。第二类方法为建立不同压力条件下的包含全部信息的火焰面数据库。该方法已经应用在火焰面/进度变量(flamelet/progress variable, FPV)模型[183];但是伴随马赫数的提高,压力随空间变化的范围进一步扩大,火焰面数据库容量急剧增加,对计算机内存和代码计算效率提出较高要求。第三类方法是从分析压力对 Arrhenius 公式的影响出发,采用拟合公式寻求参考压力下热力学参数的关系。Mittal 和 Pitsch[184]利用二阶指数多项式考虑了压力对火焰面数据库的影响;在建立火焰面数据库时,仅需要存储参考压力下的数据信息,通过拟合多项式可以实时求解不同压力下的数据库信息,可显著降低火焰面数据库容量并提高数据库查表效率;Wang 等[185]将这种修正方法应用于压力和温度校正中,与原始模型相比,新模型在预测超声速燃烧上有一定改进。

在湍流流动中,由于化学反应速率同组分质量分数和温度呈现非线性关系,平均化学反应速率不能由一系列平均组分质量分数和温度表达。为了更好地描述湍流流动与燃烧之间的相互作用,随后发展出代表性互动式火焰面(representative interactive flamelet, RIF)模型,该模型不同于传统的非互动式火焰面模型,其数据库并非预先生成,而是通过与 CFD 流场计算程序实现数据交换,实时更新。Pitsch 等[186,187]在内燃机燃烧过程数值模拟中,首次应用非稳态层流火焰面模型思想,发展出代表性互动式火焰面模型,并将其应用到柴油内燃机化学热力学过程和氮氧化物污染物排放过程的 RANS 数值模拟,计算结果表明传统的火焰面模型不能很好描述高压强非定常的内燃机工作过程,而新发展的模型计算结果与实验吻合较好。刘戈等[188,189]基于内燃机 CFD 计算程序实现了单重互动式火焰面方法在内燃机燃烧计算中的应用,并取得了较好的预测效果。随后 Barths 等[190]提出了考虑空间不均匀条件下的多重互动式火焰面（multiple interactive flamelets）模型，该模型通过引入质量加权分数 I 生成多个火焰面方程数据库。Barths 将该模型应用于内燃机数值模拟后发现，与一重火焰面方程模型的计算结果相比，多重火焰面方程模型计算结果与实验数据符合更好。

严格来说，稳态火焰面模型能够描述的火焰并不完整，因为它没有包含火焰面方程的全部解空间。火焰面方程解的 S 曲线包含三个分支：稳态、非稳态燃烧分支和熄火分支。稳态扩散火焰面模型只涵盖了稳态和熄火两个分支，未考虑能量积累的非稳态燃烧分支，因而可能无法反映某些实际物理规律。Pierce 和 Moin[191]提出的火焰面/进度变量模型（FPV）考虑了非稳态燃烧分支信息，因此可以对预混燃烧、火焰的局部点火和熄火进行描述[192]。模型使用了用输运方程求解的进度变量来替代稳态火焰面模型中的标量耗散率。最近，Fan 等[193]建立了湍流预混燃烧 FPV 模型，并将其与混合 RANS/LES 方法结合计算了支板及平板射流燃烧算例。部分学者也将扩散燃烧火焰面模型与预混燃烧火焰面模型相结合来构建部分预混燃烧 G/Z 方程火焰面模型[59,60,194-197]。

火焰面模型因其在气态燃烧模拟中高效准确的优势，被推广至气液两相燃烧领域，比如 SprayA 燃烧的模拟[198]。Baba 和 Kurose[199]通过直接数值模拟发现，不适当的燃烧模型在喷雾燃烧中无法准确预测火焰的某些状态，并表明火焰面/进度变量模型在喷雾燃烧中的表现要优于稳态火焰面模型。Franzelli 等[200]使用化学建表的方法研究喷雾燃烧，通过进度变量查询包含预混、部分预混和扩散火焰信息的数据库。Knudsen 等[201]使用部分预混火焰面模型研究了多相燃烧，结果表明部分预混火焰面模型可以描述燃烧室中相关物理参数的变化范围，并指出在 LES 中燃烧模型的预测结果和喷雾模型假设之间存在紧密的耦合。Franzelli 等[202]在扩散火焰的基础上引入了一个单调的有效组分变量 η 以研究组分空间中的喷雾火焰结构。Hu 和 Kurose[203]在考虑部分预混燃料蒸发的基础上，使用进度变量代替标量耗散率来生成喷雾燃烧的火焰面数据库。Hu 等[204-207]的研究结果表明考虑反应进度变量的喷雾燃烧模拟具有良好的性能。对于两相燃烧，火焰面/进度变量模型是一种很有前景的方法，得到了广泛应用[208-210]。

1.4.4　湍流燃烧 PDF 模型

一般来说，有两类 PDF 模型：一是设定型 PDF，二是输运型 PDF。设定型 PDF 模型的基本思路和数值处理与限速率化学反应模型比较类似，将雷诺平均或大涡滤波后的反应源项写为

$$\overline{\dot{\omega}_s} = \int \dot{\omega}_s(T, Y_1, \cdots, Y_N) P(T, Y_1, \cdots, Y_N) \, \mathrm{d}T \mathrm{d}Y_1 \cdots \mathrm{d}Y_N \qquad (1.14)$$

其关键问题就是确定设定型 PDF 函数形式 $P(T, Y_1, \cdots, Y_N)$，具体将在第 5 章介绍。

　　输运型 PDF 方法从湍流脉动的随机本质出发，以随机的观点处理湍流流场，通过引入概率密度函数(PDF)，推导、模化和求解物理量的联合 PDF 输运方程来获知湍流场中物理量的单点统计信息[211]。PDF 方法理论完备，精确的 PDF 输运方程由 N-S 方程直接推导得到，不存在额外的假设。

　　通常，在雷诺平均或者大涡模拟框架下，PDF 输运方程中的化学反应源项是封闭的，可以直接求解湍流/化学反应相互作用[212]。PDF 方法无低维流形假设，可以完整地模拟湍流燃烧的所有组分状态空间，同时对任意复杂的化学反应机理进行精确计算[212]，这也使得 PDF 方法天然具备求解化学非平衡流的能力。粒子 PDF 方法以粒子的随机变化模拟湍流脉动及输运，从概率统计的角度出发，两者的演化方程完全一致。基于上述几点，一般认为，PDF 方法是一种普适性的湍流燃烧模型，这也是 PDF 方法相比于火焰面类方法等其他燃烧模型的优势[213]。如果 PDF 的独立变量中包含压力同时建立了完善的随机压力模型，此时的 PDF 方法也直接考虑了可压缩效应以及可压缩性与湍流脉动、燃烧之间的耦合效应。总的来说，PDF 方法可以精确地处理湍流/化学反应相互作用、化学非平衡效应，具备对复杂燃烧模式的普适性，也完全有可能较好地处理可压缩效应。也就是说，PDF 方法有潜力精确处理高速湍流燃烧中大部分复杂的物理过程。因此，从模型的物理基础上讲，PDF 方法是模拟航空航天发动机复杂湍流燃烧过程的理想模型之一。

　　PDF 方法已经广泛应用于不可压、非预混湍流燃烧、烟雾、碳烟、污染物、液体喷雾、热辐射、强湍流化学反应相互作用、多尺度、多物理场系统等复杂问题中[214,215]，其中诸如碳烟、污染物排放、熄火再点火以及两相流动和多股流等也是空天发动机实际应用中的核心问题。同时，低速流中的 PDF 方法不断地向工程应用领域推广，在真实尺度发动机燃烧室中也得到了广泛应用[212]，如燃气轮机[216,217]、内燃机等[218]。因此，从工程应用上讲，PDF 方法用于航空航天发动机燃烧室中的实际问题也有其独特的优势。

1.4.4.1　输运型 PDF 方法的研究现状及存在问题

　　输运型 PDF 方法是处理湍流燃烧问题最具潜力的方法之一[212]。PDF 方法最初在湍流中的应用起源于 Lundgren[219,220]，他用基于模化的速度分量联合

PDF 输运方程来封闭湍流脉动。随后 Dopazo 和 O'Brien[221] 第一次采用标量联合 PDF 的模化方程来描述流体的热力学状态，并以此来模拟混合和化学反应。自 Pope 建立了随机粒子方法和 PDF 方法之间的等效关系后[222]，粒子方法逐渐成为求解 PDF 输运方程的主流方法。之后，PDF 方法得到越来越多的应用，尽管大部分研究都集中在低马赫数下的理想气体反应流，但也逐渐应用到多相流（如液体燃料喷雾以及碳烟等）、热辐射流等其他领域。由于 PDF 方法的广泛应用，先后有一些学者对其研究进展进行过综述，主要包括 Pope[223]、Kollmann[224] 以及 Haworth[212] 等。在国内，陈义良[225] 最先给出了 PDF 方法的输运方程、随机模型和对应的蒙特卡罗算法；在 2010 年，范周琴等[226] 对 PDF 方法的基本思想、发展历程、封闭模型和求解方法等进行了简明扼要的综述。

由于 PDF 方法在 RANS 中的广泛应用，同时随着 LES 的深入研究和发展，一些学者很自然地期望将 PDF 和 LES 相结合以获得对湍流化学反应相互作用的更深理解，这仍是当前 PDF 方法发展的一个重要方向。PDF 方法应用于 LES 框架下时，一般称为滤波密度函数（filtered density function，FDF），对于可压流，通常称为滤波质量密度函数（filtered mass density function，FMDF）。Givi[227] 和 Drozda 等[228] 都曾针对混合 LES－FDF 方法的进展和应用进行过综述。

将 PDF 方法用于 LES 的思想最初由 Givi[229] 提出，意在用 PDF 来封闭滤波后的化学反应速率，并将其用于化学平衡条件下均匀流动的研究。随后，Pope[223] 提出了 FDF 严格的数学定义式，并且证明了在 FDF 的输运方程中，化学反应以封闭形式出现，从而为 FDF 用于反应流的大涡模拟奠定了理论基础。在此基础上，Gao 和 O'Brien[230] 建立了标量 FDF 的输运方程，并且对该方程中未封闭项的建模提出了几点建议。Colucci 等[231] 经过系统研究建立了常密度湍流燃烧的标量 FDF 方程，对其进行了模化并采用拉格朗日粒子方法进行求解，首次验证了 LES－FDF 的可行性，同时发现亚格子（sub-grid scale，SGS）标量脉动对于滤波反应速率的准确建模至关重要。由于标量 FDF 不包含速度的统计信息，因而所有的速度标量关联项由传统的有限差分或者有限体积方法求解，这个过程通常通过混合 LES－FDF 来实现。对于低速流的 LES－FDF，密度通常从 FDF 求解器得到，一般都含有噪声，容易引起数值不稳定。针对此，James 等[232] 基于显焓的输运方程来检查密度场的光滑性并进行修正，数值模拟显示改善效果明显。Raman 和 Pitsch[233] 对分别由 FDF 和 LES 两个求解器得到的密度场进行一致性检测，基于此建立间接反馈机制，从而提高数值稳定性。

除了标量 FDF 之外，也有一些学者将 FDF 建立在速度场上，或进一步将

FDF 拓展到其他变量上,使 FDF 所包含的信息更加全面。Gicquel[234] 建立并求解了常密度下的速度 FDF(VFDF)输运方程,此时输运方程中的亚格子对流项以封闭形式存在,计算结果显示 VFDF 相比于传统 LES 中的亚格子封闭项效果要好。为了同时封闭滤波后的化学反应速率和 SGS 对流项,Sheikhi 等[235] 提出了常密度下的速度标量联合过滤密度函数(VSFDF)。

这里简单介绍下 FDF 的特点以及与 PDF 的区别。标量 FDF 定义为

$$f_{\Delta,\phi}(\psi; x, t) = \int \delta[\psi - \phi(y, t)] G(|x - y|) \mathrm{d}y \tag{1.15}$$

式中,δ 表示单位脉冲函数;ϕ 和 ψ 分别表示标量和样本空间的标量;G 为滤波函数;Δ 为滤波尺度。一般当 G 为正滤波函数时,FDF 和 PDF 的性质基本一致[231]。此时 FDF 可以认为是 PDF 在邻近区域的滤波函数加权空间平均。FDF 的输运方程和求解方法与 PDF 基本一致,主要区别体现在将 PDF 方程中的平均量用滤波量代替[231]。

尽管 PDF 和 FDF 的基本性质、输运方程和求解方法基本一致,但两者却有本质上的不同[223]。首先,FDF 包含的尺度最小可以到滤波尺度,而 PDF 则是到湍流积分尺度,通常湍流积分尺度大于滤波尺度;FDF 即使在统计定常的流动中仍随时间变化,或者在统计均匀流动或者低维流动中仍具有三维特性。FDF 可以认为是个随机量,而 PDF 是 FDF 的滤波尺度趋于零时的期望。另一方面,在 LES 中,如果存在部分计算区域使得该区域的流动全部可解(即局部达到 DNS 尺度),此时要求亚格子滤波必须能够包含分子输运的建模。为此,McDermott 和 Pope[236] 提出了有别于 PDF 方法的 LES/FDF 建模一系列标准,使得模型在滤波尺度趋于零时可以近似为 DNS。此外,PDF 和 FDF 在具体的数值处理上也有一些不同。

研究者进一步提出了在一致性和收敛性上与 LES 符合更好的 PDF。Fox[237] 认为 FDF 本质上是以全局速度场为条件的,并且依赖于滤波尺度。他引入了以滤波速度场为条件的 PDF,并认为相比于 FDF,这种方法可以为建模提供更加坚实的理论基础。之后,Pitsch[238] 提出了密度加权滤波 PDF,也认为这种方法优于 FDF。Pope[239] 则进一步发展了 Fox 的方法,提出了自条件场方法,该方法的本质是引入一个平均速度场,该速度场以那些可以从条件平均速度场得到的量为条件。这个量一般取为滤波速度场在离散网格点处的值。Pope 认为这种方法才可以称为真正意义上的 PDF 方法。尽管这是 FDF 方法中至关重要的基础性问题,但截至目前,关于该方法的一些重要的概念性问题还没有解决,由

此带来的实际影响还是不确定的[212]。实际应用中并不受该困惑的影响,主流的方法依旧是 FDF 最基本的定义形式,同时其数值实现仍与 PDF 基本一致。正是因为这些原因,本书中对 PDF、FMDF、FDF 等不做特别区分。

考虑到 PDF 方法独特的优越性,国内部分单位也对 PDF 方法展开了研究。陈义良[225] 在国内最早讨论了湍流燃烧中 PDF 方法的应用前景,并认为 PDF 方法是一种很有潜力的方法,进一步采用有限差分和蒙特卡罗粒子求解器相结合的方法计算有化学反应的活塞流[240]。王海峰和陈义良[241] 将 PDF 方法和拉格朗日火焰面模型相结合,研究了湍流甲烷扩散火焰中氮氧化物的排放问题,所得结果与实验符合较好。王海峰[242] 进一步提出了自适应的 PDF/火焰面模拟方法。周力行等[243] 在湍流燃烧大涡模拟的进展中提到耦合 LES 和 PDF 的计算量较大,当时的计算条件很难满足。陈辉[244] 将基于非结构网格的 RANS 和 PDF 相结合,并探索了并行计算,力图将 PDF 推广到实际应用中。李艺等[245] 推导了考虑化学反应的标量耗散率和标量时间尺度,在 PDF 方法的小尺度混合模型中采用了此化学反应的标量时间尺度,并评估了该时间尺度对小尺度混合模型的影响。周华等[246] 提出了一种改进的方法用于评估 PDF 方法中化学反应动力学参数的局部敏感性系数,测试表明该方法可以作为直接计算的有效估计。王方等[247] 对 PDF 方法中小尺度混合模型中的混合时间尺度进行了修正,提出了三种包含湍流-化学反应双时间尺度的模型,并在 Flame D 和 Flame E 火焰中对三种模型进行了对比分析。刘潇等[248] 结合 LES,分别采用火焰面/反应进度变量模型、部分搅拌反应器模型以及 PDF 模型对 Sandia 的 Flame D 火焰进行了数值模拟,结果表明 PDF 方法可以取得更加准确的结果,特别是对于中间组分及污染物的预测。

PDF 方法发源于低速不可压流,在处理低速反应流时通常忽略压力脉动对密度、化学反应速率和焓的影响[211],一般假设压力为常量,同时忽略了黏性耗散,假设焓为守恒标量。在高速流中,这些假设均不再成立,焓的输运受压力做功和黏性应力做功的影响,另外压力对反应速率也有重要影响。这些特点给高速 PDF 方法及其建模带来了巨大挑战。从数值实现的角度来看,高速流可压缩性强,局部物理量梯度大,需要精细的 LES 和 PDF 耦合一致性处理方式。此外,激波的存在给粒子的精确插值和演化带来了挑战。

为了将 PDF 方法应用到高速湍流燃烧中,必须考虑可压缩性的影响。总的来说,目前高速流 LES-PDF 方法仍处于探索阶段,主要有两种研究思路:一种方法是引入可以考虑可压缩性的一个或多个变量,作为 PDF 的独立变量。这种方法理论上更加完善,但是新的独立变量的精确建模往往困难重重。另一种思路是 PDF 只考虑标量,可压缩效应由 LES 来计算,同时将可压缩性的影响以源项的形式传递给 PDF。这种方法实现上相对容易,但可压缩性影响的建模仍然充满挑战。下面围绕这两种研究思路分别简单介绍国内外的研究进展。

1. 以可压缩性作为独立变量的多变量 PDF 方法

在 PDF 方法中,可压缩性的考虑可以基于不同的变量,如速度散度、压力等。Eifler 和 Kollmann[249]采用密度、内能和速度散度三个标量的联合 PDF 来描述热力学状态,同时和速度方程耦合来处理湍流燃烧,将该方法用于超声速氢气/空气同轴非预混燃烧,结果与有限的实验数据符合较好,但由于脉动压力可能处于不同模式,在可压缩条件下引入的压力膨胀项等封闭模型仍有待 DNS 或者精细实验的验证。Delarue 与 Pope[250]提出了速度-湍流频率-压力-内能-混合分数联合 PDF。结果显示在马赫数较低、当量比大于 1 的条件下,模拟结果与实验符合较好,但是该研究对于超声速燃烧尚未得到 DNS 或者实验的详细验证。Möbus 等[251]应用类似的方法,对含多步化学反应的氢气/空气超声速非预混火焰的实验与计算研究发现速度-湍流频率-标量联合 PDF 计算比层流火焰面模型计算准确,此外还发现不同小尺度混合模型对预测结果的影响较小。Welton 和 Pope[252]在速度-标量联合 PDF 的基础上,引入了一种无网格方法直接计算速度-标量联合 PDF 输运方程中的平均压力梯度,与准一维流动结果对比显示计算稳定性良好。最近,Nik 等[253]建立了能量-压力-速度-标量联合(EPVS)PDF,原则上可以处理高速反应流,但是这种方法中的大部分模型都缺乏验证且在发展中,同时由于计算量太大难以用于实际的燃烧系统[254]。

2. 标量 PDF 方法

标量 PDF 方法中,PDF 的独立变量一般为各组分的质量分数和焓(或者温度)。此时,PDF 输运方程中的未知参数(如压力、速度等)采用其他方法(如 RANS、LES 等)确定。在 RANS 中,基于这种思路,Hsu 等[255]建立了可压流下的标量 PDF 输运方程,在忽略了黏性耗散后,与不可压标量 PDF 方程的唯一区别就是多了压力物质导数的条件平均项。关于压力的条件平均项中的压力耗散项采用 Sarkar 等[256]的模型,同时采用有限体积方法提供平均速度和压力场,对两种超声速扩散火焰进行了测试,结果均优于无 PDF 方法。最近,Gerlinger[257]探索了 RANS 与 PDF 相结合并用于超声速流动燃烧时面临的一些实际问题,诸如壁面附近大的网格拉伸比、壁面热传导、激波分辨率以及统计噪声等,并发展了一种改善的分子扩散模型,在流场的层流区域可以取得较好的数值稳定性,同时也具备处理差异扩散的能力;但是其耦合方式较为简单,缺乏网格甚至粒子层面的一致性监测,无法很好地体现 PDF 方法的优势。

最开始将可压缩大涡模拟和 PDF 方法相结合的工作由 Jaberi 等[258]在原来常密度标量 PDF[231]的基础上展开。计算结果显示在反应流中的效果要明显优于传统的 LES 方法。但是在该方法中,仍然忽略了黏性耗散和压力的影响,因而仅适用于低马赫数弱可压湍流燃烧。为了将该方法用于高速流,Banaeizadeh 等[259]进一步发展了 LES - PDF 方法,通过可压缩 LES 计算速度和压力,由 PDF 计算标量混合和燃烧,并且在能量方程中考虑了滤波压力物质导数和黏性耗散的影响,但忽略了亚格子部分。随后 Abolfazl 等[260]将该方法用于存在激波和自点火过程的超声速凹腔燃烧研究。实际上,在高速尤其是超声速流中,亚格子压力和亚格子耗散对于标量场有重要影响,忽略这一项可能带来较大误差[261]。最近,Almeida 和 Navarro - Martinez[262]在欧拉随机场方法的框架下构建了标量-焓 PDF 方法和速度-标量-能量 PDF 方法,并用于超声速抬举火焰的研究,结果显示标量-焓 PDF 方法具有较好的鲁棒性,而速度-标量-能量 PDF 方法仍有待进一步研究。

1.4.4.2　当前高速湍流燃烧 PDF 方法存在的问题

PDF 方法大部分局限于不可压或者弱可压湍流燃烧的领域。尽管近年来国际上针对 PDF 在高速湍流燃烧中的建模和应用展开了一些初步研究,但由于问题的复杂性,目前该方法还很不成熟,存在很多急需解决的问题:

(1) 标量 PDF 方法及其亚格子模型有待完善,标量-压力 PDF 方法比较初步。

现有的标量 PDF 方法中认为亚格子内的压力为常数[259,260,263],也就是忽略了亚格子压力脉动对密度和化学反应的影响,这在高速反应流中特别是激波附近显然不合适。此外,亚格子可压缩项(即亚格子压力物质导数项加上黏性耗散项)在高速流中可能也很重要。总的来说,现有的标量 PDF 方法在用于高速湍流燃烧时建立了一些初步的模型,但也引入了较强的假设,而且这些假设缺乏基于 DNS 或者试验结果的有效验证。此外,标量-压力 PDF 方法缺乏探索。尽管已经初步建立了标量-压力-速度联合 PDF 方法,该方法看似比较完备且包含标量和压力,但能够捕捉激波间断的随机速度方程在理论上存在很大困难,此外其他的模型还很粗糙,因此需要进一步研究。

(2) LES 与 PDF 之间的耦合一致性缺乏研究。

在 LES - PDF 方法中,通常有部分物理量是冗余求解的(一般为密度,对于

高速流,还包括焓或者温度)。从模型层面上讲,由于 LES 和 PDF 是完全相容的
(LES 方程可由 PDF 输运方程进行积分得到),此时 LES 和 PDF 得到的物理量
是一致的。但是在数值实现中,通常 LES 采用确定性的网格方法求解而 PDF 采
用随机粒子方法求解,由于随机方法存在样本误差和误差积累,往往会导致 LES
和 PDF 之间数值上的不一致。对于高速反应流,由于流场梯度较大且可能存在
激波间断,LES 和 PDF 之间的不一致性可能更加明显。

对于 LES-PDF 方法,LES 和 PDF 之间的密度一致性是 PDF 粒子能够模拟
流体的基础[264]。对于弱可压流,针对增强 LES 和 PDF 方法之间的密度一致性,
已经进行了一些探索,主要包括两种方法:一种是采用更精确的粒子追踪方法
(保证粒子速度散度的精度)[265-267],另一种是采用速度修正,从而降低累积误
差[264,267,268],当然还有这两种方法的结合。在高速流中,除了密度之外,还必须
保持焓的一致性,但是这方面的相关研究还很少。

(3) 含激波流场中粒子方法的数值实现缺乏深入研究。

PDF 方法在高速流动燃烧中的数值实现上面临巨大挑战。尽管现有的弱可
压缩流 PDF 方法可以计算平均压力变化的流动,但激波附近强间断的处理在数
值上尚有较大挑战。究其原因,一是为了避免随机粒子平均时产生的统计误差,
间断附近非常密的网格中需要引入大量粒子通过统计平均来准确建模该间断;
二是随机方法本身就有内在的统计振荡,可能和间断附近的数值振荡形成耦合
而使求解算法不稳定[32]。这个问题的根本解决有赖于数值稳定性和误差分析
方面的深入研究[250],这方面国内外还没有看到相关报道。一般通过 PDF 粒子
方法与流动求解器的耦合处理以及限制器来降低粒子的统计误差和算法的不稳
定性。

1.5　本书内容简介

本小节是全书内容的论述体系和内容的一个概要性介绍。

第 1 章是对本书研究背景及对象的一个概述。首先简要介绍了超燃冲压发
动机的组成和工作特性,并对超燃冲压发动机计算燃烧学内涵进行了概述;其次
给出了可压缩反应流基本控制方程;再次介绍了超燃冲压发动机计算燃烧学的
关键物理化学模型及其研究进展;最后介绍了本书的基本结构和内容。

第 2 章对超声速湍流流动的模拟方法和相关模型进行了介绍。主要介绍了

RANS、LES、混合 RANS/LES、DNS 等几类方法的基本理论、适用范围、优缺点等，同时给出了一些典型算例的测试和分析结果。

第 3 章探讨了超声速气流中的液体射流喷注雾化、蒸发燃烧等过程。首先介绍了基于欧拉-欧拉方法两相流数值仿真方法的基本控制方程及相应数值处理方法，并通过液体横向射流破碎等问题对方法进行了测试。其次介绍了基于欧拉-拉格朗日框架的超声速气流中液体射流的二次雾化模型、燃料液滴的蒸发模型以及金属颗粒着火及燃烧模型，并将其应用于超声速燃烧室的数值计算。

第 4 章探讨了超声速湍流燃烧火焰面模型。首先介绍了稳态火焰面模型的基本概念和理论；接着详细介绍了针对超声速燃烧的稳态火焰面模型改进及应用；最后介绍了超声速非稳态燃烧火焰面模型及其与两相流的结合方法，并给出了算例验证。

第 5 章探讨了超声速湍流燃烧模拟概率密度函数方法。首先介绍了设定型 PDF 方法的基本理论、实现方法及其超声速燃烧模拟中的应用。其次介绍了输运型 PDF 方法的控制方程、模化问题、数值求解方法等，重点分析了可压缩 LES 求解器与标量 PDF 粒子求解器耦合过程及关键问题。

第 6 章主要介绍超声速流场计算的常用数值方法，包括空间离散方法、时间积分方法和湍流入口边界条件等。空间离散方法主要介绍了激波捕捉格式、线性差分格式及混合格式；时间积分方法包括显式 Runge‐Kutta 方法和隐式双时间步法；湍流入口边界条件包括数值滤波法和回收-调节法。

第 7 章分析了计算燃烧学应用于实际超燃冲压发动机模拟的大规模高效并行问题，并给出一些应用实例。首先介绍了两种常用的高效并行计算技术：一种是 MPI+OpenMP 两级混合并行算法，另一种是 CPU+GPU 异构并行算法。其次给出了计算燃烧学应用于超燃冲压发动机燃烧流动过程模拟的一些典型结果。

参考文献

[1] Urzay J. Supersonic combustion in air-breathing propulsion systems for hypersonic flight[J]. Annual Review of Fluid Mechanics, 2018, 50: 593 − 627.

[2] 刘陵.超音速燃烧与超音速燃烧冲压发动机[M].西安：西北工业大学出版社,1993.

[3] Seleznev R K, Surzhikov S T, Shang J S. A review of the scramjet experimental data base [J]. Progress in Aerospace Sciences, 2019, 106: 43 − 70.

[4] Liu Q, Baccarella D, Lee T, et al. Influences of inlet geometry modification on scramjet flow and combustion dynamics[J]. Journal of Propulsion and Power, 2017, 33(5): 1 − 8.

[5] Gonzalez-Juez E D, Kerstein A R, Ranjan R, et al. Advances and challenges in modeling high-speed turbulent combustion in propulsion systems [J]. Progress in Energy and Combustion Science, 2017, 60: 26 - 67.

[6] Hassan H A, Edwards J R, Fulton J A. Role of turbulence modeling in supersonic combustion [C]. San Diego: AIAA - 2011 - 5829, 47th AIAA/ASME/SAE/ASEE Joint Propulsion Conference & Exhibit, 2011.

[7] Fureby C. Towards the use of large eddy simulation in engineering[J]. Progress in Aerospace Sciences, 2008, 44: 381 - 396.

[8] Fröhlich J, Terzi D. Hybrid LES/RANS methods for the simulation of turbulent flows[J]. Progress in Aerospace Sciences, 2008, 44: 349 - 377.

[9] Koo H, Raman V, Varghese P L. Direct numerical simulation of supersonic combustion with thermal nonequilibrium[J]. Proceedings of the Combustion Institute, 2015, 35: 2145 - 2153.

[10] Ren Z, Wang B, Xiang G, et al. Supersonic spray combustion subject to scramjets: Progress and challenges[J]. Progress in Aerospace Sciences, 2019, 105: 40 - 59.

[11] Chern I L, Glimm J, McBryan O, et al. Front tracking for gas dynamics[J]. Journal of Computational Physics, 1986, 62(1): 83 - 110.

[12] Han J, Tryggvason G. Secondary breakup of axisymmetric liquid drops. I. Acceleration by a constant body force[J]. Physics of Fluids, 1999, 11(12): 3650 - 3667.

[13] Han J, Tryggvason G T. Secondary breakup of axisymmetric liquid drops. II. Impulsive acceleration[J]. Physics of Fluids, 2001, 13(6): 1554 - 1565.

[14] Hirt C W, Nichols B D. Volume of fluid (VOF) method for the dynamics of free boundaries [J]. Journal of Computational Physics, 1981, 39(1): 201 - 225.

[15] Osher S, Sethian J A. Fronts propagating with curvature-dependent speed: Algorithms based on Hamilton-Jacobi formulations [J]. Journal of Computational Physics, 1988, 79 (1): 12 - 49.

[16] Saurel R, Abgrall R. A multiphase godunov method for compressible multifluid and multiphase flows[J]. Journal of Computational Physics, 1999, 150(2): 425 - 467.

[17] Saurel R, Lemetayer O. A multiphase model for compressible flows with interfaces, shocks, detonation waves and cavitation[J]. Journal of Fluid Mechanics, 2001, 431(1): 239 - 271.

[18] Liou M S, Nguyen L, Theofanous T G, et al. How to solve compressible multifluid equations: A simple, robust, and accurate method[J]. AIAA Journal, 2008, 46(9): 2345 - 2356.

[19] Murrone A, Guillard H. A five equation reduced model for compressible two phase flow problems[J]. Journal of Computational Physics, 2005, 202(2): 664 - 698.

[20] Allaire G, Clerc S, Kokh S. A five-equation model for the simulation of interfaces between compressible fluids[J]. Journal of Computational Physics, 2002, 181(2): 577 - 616.

[21] Pai M G, Pitsch H, Desjardins O. Detailed numerical simulations of primary atomization of liquid jets in crossflow [C]. Orlando: AIAA2009 - 373, 47th AIAA Aerospace Sciences Meeting Including The New Horizons Forum and Aerospace Exposition, 2009.

[22] Herrmann M, Arienti M, Soteriou M. The impact of density ratio on the liquid core dynamics of a turbulent liquid jet injected into a crossflow[J]. Journal of Engineering for Gas Turbines

and Power, 2011, 133(6): 1-9.

[23] Meillot E, Vincent S, Caruyer C, et al. Modelling the interactions between a thermal plasma flow and a continuous liquid jet in a suspension spraying process[J]. Journal of Physics D: Applied Physics, 2013, 46(22): 1-11.

[24] Xiao F, Dianat M, McGuirk J J. Large eddy simulation of liquid-jet primary breakup in air crossflow[J]. AIAA Journal, 2013, 51(12): 2878-2893.

[25] Luo K, Shao C, Chai M, et al. Level set method for atomization and evaporation simulations [J]. Progress in Energy and Combustion Science, 2019, 73: 65-94.

[26] Apte S V, Mahesh K, Moin P, et al. Large-eddy simulation of swirling particle-laden flows in a coaxial-jet combustor[J]. International Journal of Multiphase Flow, 2003, 29(8): 1311-1331.

[27] Patel N, Menon S. Simulation of spray-turbulence-flame interactions in a lean direct injection combustor[J]. Combustion and Flame, 2008, 153: 228-257.

[28] Jones W P, Marquis A J, Vogiatzaki K. Large-eddy simulation of spray combustion in a gas turbine combustor[J]. Combustion and Flame, 2014, 161(1): 222-239.

[29] Irannejad A, Jaberi F. Large eddy simulation of turbulent spray breakup and evaporation[J]. International Journal of Multiphase Flow, 2014, 61(2014): 108-128.

[30] Irannejad A, Jaberi F. Numerical study of high speed evaporating sprays[J]. International Journal of Multiphase Flow, 2015, 70: 58-76.

[31] Jangi M, Solsjo R, Johansson B, et al. On large eddy simulation of diesel spray for internal combustion engines[J]. International Journal of Heat and Fluid Flow, 2015, 53: 68-80.

[32] 杨越,游加平,孙明波.超声速燃烧数值模拟中的湍流与化学反应相互作用模型[J].航空学报,2015,36(1): 261-273.

[33] Wang X, Wang Z, Sun M-B, et al. Direct numerical simulation of a supersonic turbulent boundary layer subject to adverse pressure gradient induced by external successive compression waves[J]. AIP Advances, 2019, 9: 085215.

[34] Rodriguez C, Cutler A. Computational simulation of a supersonic-combustion benchmark experiment[C]. Tucson: AIAA-2005-4424, 41st AIAA/ASME/SAE/ASEE Joint Propulsion Conference & Exhibit, 2005.

[35] Storch A M, Bynum M, Liu J W, et al. Combustor operability and performance verification for HIFiRE flight 2[C]. San Francisco: AIAA-2011-2249, 17th AIAA International Space Planes and Hypersonic Systems and Technologies Conference, 2011.

[36] Quinlan J, McDaniel J C, Drozda T G, et al. A priori analysis of flamelet-based modeling for a dual-mode scramjet combustor[C]. Cleveland: AIAA-2014-3743, 50th AIAA/ASME/SAE/ASEE Joint Propulsion Conference, 2014.

[37] Lin K-C, Tam C-J, Jackson K. Study on the operability of cavity flameholders inside a scramjet combustor[C]. Denver: AIAA-2009-5028, 45th AIAA/ASME/SAE/ASEE Joint Propulsion Conference & Exhibit, 2009.

[38] Ladeinde F. A theory for momentum, energy, and mass transport in supersonic spray combustion[C]. Indianapolis: AIAA-2019-4269, AIAA Propulsion and Energy 2019

Forum, 2019.

[39] Ladeinde F. Implementation of two-phase supersonic combustion simulation in VULCAN[R]. Kissimmee: AIAA - 2018 - 1147, 2018 AIAA Aerospace Sciences Meeting, 2018.

[40] Cheng T S, Wehrmeyer J A, Pitz R W, et al. Raman measurement of mixing and finite-rate chemistry in a supersonic hydrogen-air difusion flame[J]. Combustion and Flame 1994, 99(1): 157 - 173.

[41] Deepu M N, Gokhale S S, Jayaraj S. Numerical simulation of supersonic combustion using unstructured point implicit finite volume method[J]. Journal of The Combustion Society of Japan, 2006, 48: 187 - 197.

[42] Baurle R A, Alexopoulos G A, Hassan H A. Assumed joint probability density function approach for supersonic turbulent combustion[J]. Journal of Propulsion and Power, 1994, 10 (4): 473 - 484.

[43] Wang H B, Qin N, Sun M B, et al. A hybrid LES (large eddy simulation)/assumed sub-grid PDF(probability density function) model for supersonic turbulent combustion[J]. Science China Technological Sciences, 2011, 54(10): 2694 - 2707.

[44] Moule Y, Sabelnikov V, Mura A. Highly resolved numerical simulation of combustion in supersonic hydrogen-air coflowing jets[J]. Combustion and Flame, 2014, 161: 2647 - 2668.

[45] Bouheraoua L, Domingo P, Ribert G. Large-eddy simulation of a supersonic lifted jet flame: Analysis of the turbulent flame base[J]. Combustion and Flame, 2017, 179: 199 - 218.

[46] Ben-Yakar A. Experimental investigation of mixing and ignition of transverse jet in supersonic crossflows[D]. Palo Alto: Stanford University, 2000.

[47] Won S-H, Jeung I-S, Parent B, et al. Numerical investigation of transverse hydrogen jet into supersonic crossflow using detached-eddy simulation[J]. AIAA Journal, 2010, 48(6): 1047 - 1058.

[48] Won S-H, Jeung I-S. DES study of transverse jet injection into supersonic cross flows[C]. Reno: AIAA - 2006 - 1227, 44th AIAA Aerospace Sciences Meeting and Exhibit, 2006.

[49] Won S-H, Jeung I-S. DES investigation of the ignition of hydrogen transverse jet into high enthalpy supersonic crossflow[C]. Orlando: 47th AIAA Aerospace Sciences Meeting Including The New Horizons Forum and Aerospace Exposition, 2009.

[50] Liu C, Wang Z, Wang H, et al. Numerical investigation on mixing and combustion of transverse hydrogen jet in a high-enthalpy supersonic crossflow[J]. Acta Astronautica, 2015, 116: 93 - 105.

[51] Gamba M, Terrapon V E, Saghafian A, et al. Assessment of the combustion characteristics of hydrogen transverse jets in supersonic crossflow[J]. Annual Research Briefs of the Center for Turbulence Research 2011, 2011: 259 - 272.

[52] Gamba M, Mungal M G, Hanson R K. Ignition and near-wall burning in transverse hydrogen jets in supersonic crossflow[C]. Orlando: AIAA - 2011 - 319, 49th AIAA Aerospace Sciences Meeting including the New Horizons Forum and Aerospace Exposition, 2011.

[53] Gamba M, Mungal M G. Ignition, flame structure and near-wall burning in transverse hydrogen jets in supersonic crossflow[J]. Journal of Fluid Mechanism, 2015, 780(2015):

226 - 273.

[54] Candler G V, Cymbalist N, Dimotakis P E. Wall-modeled large-eddy simulation of autoignition-dominated supersonic combustion [J]. AIAA Journal, 2017, 55 (7): 2410 - 2423.

[55] Saghafian A, Terrapon V E, Pitsch H. An efficient flamelet-based combustion model for compressible flows [J]. Combustion and Flame, 2015, 162: 652 - 667.

[56] Terrapon V E, Pecnik R, Ham F, et al. Full-system RANS of the HyShot II scramjet Part 2: Reactive cases [R]. Palo Alto: Stanford University Center for Turbulence Research Annual Research Briefs 2010, 2010: 69 - 80.

[57] Nordin-Bates K, Fureby C, Karl S, et al. Understanding scramjet combustion using LES of the HyShot II combustor [J]. Proceedings of the Combustion Institute, 2017, 36(2): 2893 - 2900.

[58] Waidmann W, Alff F, Brummund U, et al. Experimental investigation of the combustion process in a supersonic combustion ramjet (scramjet) combustion chamber [C]. Erlangen: DGLR-Jahrestagung, 1994: 629 - 638.

[59] Oevermann M. Numerical investigation of turbulent hydrogen combustion in a SCRAMJET using flamelet modeling [J]. Aerospace of Science and Technology, 2000(4): 463 - 480.

[60] Berglund M, Fureby C. LES of supersonic combustion in a scramjet engine model [J]. Proceedings of the Combustion Institute, 2007, 31: 2497 - 2504.

[61] Genin F, Menon S. Simulation of turbulent mixing behind a strut injector in supersonic flow [J]. AIAA Journal, 2010, 48(3): 526 - 539.

[62] 范周琴,孙明波,刘卫东.支板喷射超声速燃烧流场三维大涡模拟[J].国防科技大学学报,2011,33(1): 1 - 6.

[63] 汪洪波,孙明波,范周琴,等.支板喷射超声速湍流燃烧的大涡模拟[J].推进技术,2012, 33(4): 552 - 558.

[64] Huang Z-W, He G-Q, Wang S, et al. Simulations of combustion oscillation and flame dynamics in a strut-based supersonic combustor [J]. International Journal of Hydrogen Energy, 2017, 42(12): 8278 - 8287.

[65] Fureby C, Nordin-Bates K, Petterson K, et al. A computational study of supersonic combustion in strut injector and hypermixer flow fields [J]. Proceedings of the Combustion Institute, 2015, 35(2): 2127 - 2135.

[66] Jackson K, Gruber M, Barhorst T. The HIFiRE flight 2 experiment: an overview and status update [C]. Denver: AIAA - 2009 - 5029, 45th AIAA/ASME/SAE/ASEE Joint Propulsion Conference & Exhibit, 2009.

[67] Roudakov A S, Semenov V L, Hicks J W. Recent flight test results of the joint CIAM-NASA Mach 6.5 scramjet flight program [C]. Norfolk: 8th AIAA International Space Planes and Hypersonic Systems and Technologies Conference, 1998.

[68] Micka D J, Driscoll J F. Combustion characteristics of a dual-mode scramjet combustor with cavity flameholder [J]. Proceedings of the Combustion Institute, 2009, 32: 2397 - 2404.

[69] Gruber M R, Donbar J M, Carter C D, et al. Mixing and combustion studies using cavity-

based flameholders in a supersonic flow[J]. Journal of Propulsion and Power, 2004, 20(5): 769 - 779.

[70] Le J, Yang S, Wang X, et al. Analysis and correlation of flame stability limits in supersonic flow with cavity flameholder[R]. Tours: AIAA - 2012 - 5948, 18th AIAA/3AF International Space Planes and Hypersonic Systems and Technologies Conference, 2012.

[71] Zhang T, Wang J, Qi L, et al. Blowout limits of cavity-stabilized flame of supercritical kerosene in supersonic combustors[J]. Journal of Propulsion and Power, 2014, 30(5): 1161 - 1166.

[72] Wang H B, Wang Z G, Sun M B, et al. Combustion characteristics in a supersonic combustor with hydrogen injection upstream of cavity flameholder[J]. Proceedings of the Combustion Institute, 2013, 34: 2073 - 2082.

[73] Bermejo-Moreno I, Larsson J, Bodart J, et al. Wall modeled large-eddy simulation of the HIFiRE - 2 scramjet[R]. Palo Alto: Stanford University Center for Turbulence Research Annual Research Briefs 2013, 2013: 3 - 19.

[74] Saghafian A, Shunn L, Philips D A, et al. Large eddy simulations of the HIFiRE scramjet using a compressible flamelet/progress variable approach[J]. Proceedings of the Combustion Institute, 2015, 35: 2163 - 2172.

[75] Yentsch R J, Gaitonde D V. Numerical investigation of dual-mode operation in a rectangular scramjet flowpath[J]. Journal of Propulsion and Power, 2014, 30: 474 - 489.

[76] Koo H, Donde P, Raman V. A quadrature-based LES/transported probability density function approach for modeling supersonic combustion[J]. Proceedings of the Combustion Institute, 2011, 33: 2203 - 2210.

[77] Peterson D M, Hassan E. Hybrid Reynolds-averaged and large-eddy simulations of combustion in a supersonic cavity flameholder[J]. AIAA Journal, 2017,55(2): 339.

[78] Ladeinde F. Dynamics of supersonic spray combustion[C]. Cincinnati: AIAA - 2018 - 5753, AIAA Propulsion and Energy Forum 2018 Joint Propulsion Conference, 2018.

[79] Ladeinde F. Evaluating the correlations for supersonic spray combustion[C]. San Diego: AIAA - 2019 - 0125, AIAA Scitech 2019 Forum, 2019.

[80] Kumaran K, Babu V. Mixing and combustion characteristics of kerosene in a model supersonic combustor[J]. Journal of Propulsion and Power, 2009, 25(3): 583 - 592.

[81] Kumaran K, Behera P R, Babu V. Numerical investigation of the supersonic combustion of kerosene in a strut-based combustor[J]. Journal of Propulsion and Power, 2010, 26(5): 1084 - 1091.

[82] 杨顺华,王西耀,乐嘉陵.超燃发动机燃烧室内两相燃烧的数值模拟[C].黄山:第十四届全国激波与激波管学术会议,2010.

[83] Zhang Y, Lin Y Z, Liu W, et al. Supersonic combustion of liquid n-decane in a dual-cavity based scramjet[C]. Cleveland: AIAA - 2014 - 3748, 50th AIAA/ASME/SAE/ASEE Joint Propulsion Conference, 2014.

[84] Niu J, Piao Y. Numerical simulation of liquid kerosene combustion in a dual-mode scramjet combustor using flamelet/progress variable approach[C]. Washington D.C.: AIAA - 2016 -

3959, 46th AIAA Fluid Dynamics Conference, 2016.

[85] Genin F, Menon S. LES of supersonic combustion of hydrocarbon spray in a scramjet[C]. Fort Lauderdale: AIAA－2004－4132, 40th AIAA/ASME/SAE/ASEE Joint Propulsion Conference and Exhibit, 2004.

[86] Zhang M, Hu Z, Luo K H, et al. LES of kerosene spray combustion with pilot flame in a model dual mode ramjet chamber[C]. Denver: AIAA－2009－5385, 45th AIAA/ASME/SAE/ASEE Joint Propulsion Conference & Exhibit, 2009.

[87] Liu G, Zhu S H, Liang T, et al. Numerical investigation of the effect of reaction models on the supersonic combustion of liquid kerosene[C].Orlando: AIAA－2015－4167, 51st AIAA/SAE/ASEE Joint Propulsion Conference, 2015.

[88] 刘刚,朱韶华,郭新华,等.多凹腔燃烧室煤油非定常超声速燃烧流动过程研究[J].推进技术,2016,37(9): 1688－1695.

[89] 刘刚,朱韶华,郭新华,等.喷射方式对煤油超声速燃烧性能影响的数值研究[J].推进技术,2016,37(3): 488－495.

[90] 杨东超.基于火焰面模型的超声速两相燃烧数值模拟方法研究[D].哈尔滨:哈尔滨工程大学,2018.

[91] Huang Z, Zhao M, Zhang H. Modelling n-heptane dilute spray flames in a model supersonic combustor fueled by hydrogen[J]. Fuel, 2020, 264: 116809.

[92] 任兆欣.超声速混合层液雾燃烧特性的数值模拟研究[D].北京:清华大学,2017.

[93] Ren Z X, Wang B, Zheng L X, et al. Numerical studies on supersonic spray combustion in high-temperature shear flows in a scramjet combustor[J]. Chinese Journal of Aeronautics, 2018, 31(9): 1870－1879.

[94] Ren Z X, Wang B, Zheng L X. Numerical analysis on interactions of vortex, shock wave, and exothermal reaction in a supersonic planar shear layer laden with droplets[J]. Physics of Fluids, 2018, 30(3): 036101.

[95] Ren Z X, Wang B, Zhao D, et al. Flame propagation involved in vortices of supersonic mixing layers laden with droplets: Effects of ambient pressure and spray equivalence ratio[J]. Physics of Fluids, 2018, 30(10): 106107.

[96] Ren Z X, Wang B, Xiang G, et al. Numerical analysis of wedge-induced oblique detonations in two-phase kerosene-air mixtures[J]. Proceedings of the Combustion Institute, 2019, 37 (3): 3627－3635.

[97] Ren Z X, Wang B, Xiang G, Zheng L. Effect of the multiphase composition in a premixed fuel-air stream on wedge-induced oblique detonation stabilisation [J]. Journal of Fluid Mechanics, 2018, 846: 411－427.

[98] 李佩波.超声速气流中横向喷雾的混合及燃烧过程数值模拟[D].长沙:国防科技大学,2019.

[99] Gueyffier D, Li J, Nadim A, et al. Volume-of-fluid interface tracking with smoothed surface stress methods for three-dimensional flows [J]. Journal of Computational Physics, 1999, 152(2): 423－456.

[100] Fuster D, Bagué A, Boeck T, et al. Simulation of primary atomization with an octree

adaptive mesh refinement and VOF method[J]. International Journal of Multiphase Flow, 2009, 35(6): 550 - 565.

[101] Fuster D, Agbaglah G, Josserand C, et al. Numerical simulation of droplets, bubbles and waves: State of the art[J]. Fluid Dynamics Research, 2009, 41(6): 065001.

[102] Tomar G, Fuster D, Zaleski S, et al. Multiscale simulations of primary atomization[J]. Computers & Fluids, 2010, 39(10): 1864 - 1874.

[103] Herrmann M. A balanced force refined level set grid method for two-phase flows on unstructured flow solver grids[J]. Journal of Computational Physics, 2008, 227(4): 2674 - 2706.

[104] Desjardins O, Pitsch H. A spectrally refined interface approach for simulating multiphase flows[J]. Journal of Computational Physics, 2009, 228(5): 1658 - 1677.

[105] Tian B, Toro E F, Castro C E. A path-conservative method for a five-equation model of two-phase flow with an HLLC-type Riemann solver[J]. Computers & Fluids, 2011, 46(1): 122 - 132.

[106] Kapila A K, Menikoff R, Bdzil J B, et al. Two-phase modeling of deflagration-to-detonation transition in granular materials: Reduced equations[J]. Physics of Fluids, 2001, 13(10): 3002.

[107] 房田文.超声速气流中液滴二次破碎与液体射流的雾化机理研究[D].长沙: 国防科学技术大学,2010.

[108] Xiao F, Wang Z G, Sun M B, et al. Large eddy simulation of liquid jet primary breakup in supersonic air crossflow[J]. International Journal of Multiphase Flow, 2016, 87: 229 - 240.

[109] Garrick D P, Hagen W A, Regele J D. An interface capturing scheme for modeling atomization in compressible flows[J]. Journal of Computational Physics, 2017, 344: 260 - 280.

[110] Zhu Y H, Xiao F, Li Q L, et al. LES of primary breakup of pulsed liquid jet in supersonic crossflow[J]. Acta Astronautica, 2019, 154: 119 - 132.

[111] Liu N, Wang Z G, Sun M B, et al. Simulation of liquid jet primary breakup in a supersonic crossflow under adaptive mesh refinement framework[J]. Aerospace Science and Technology, 2019, 91: 456 - 473.

[112] Garrick D P, Hagen W A, Regele J D. An interface capturing scheme for modeling atomization in compressible flows[J]. Journal of Computational Physics, 2017, 344: 260 - 280.

[113] Garrick D P, Owkes M, Regele J D. A finite-volume HLLC-based scheme for compressible interfacial flows with surface tension[J]. Journal of Computational Physics, 2017, 339: 46 - 67.

[114] Xiao F, Wang Z G, Sun M B, et al. Large eddy simulation of liquid jet primary breakup in supersonic air crossflow[J]. International Journal of Multiphase Flow, 2016, 87(12): 229 - 240.

[115] Li X, Soteriou M C, Arienti M, et al. High-fidelity simulation of atomization and evaporation in a liquid jet in cross-flow[C]. Orlando: AIAA - 2011 - 99, 49th AIAA Aerospace

Sciences Meeting including the New Horizons Forum and Aerospace Exposition, 2011.

[116] Fontes D H, Vilela V, Souza M L d, et al. Improved hybrid model applied to liquid jet in crossflow[J]. International Journal of Multiphase Flow, 2019, 114: 98 – 114.

[117] Subramaniam S. Lagrangian-Eulerian methods for multiphase flows[J]. Progress in Energy and Combustion Science, 2013, 39: 215 – 245.

[118] O'Rourke P J, Amsden A A. The TAB method for numerical calculation of spray droplet breakup[C]. Toronto: International Fuels and Lubricants Meeting and Exposition, 1987.

[119] Reitz R, Diwakar R. Structure of high-pressure fuel sprays[J]. SAE Transactions, 1987, 96 (5): 492 – 509.

[120] Patterson M A, Reitz R D. Modeling the effects of fuel spray characteristics on diesel engine combustion and emission[C]. Detroit: International Congress and Exposition, 1998.

[121] Liu A B, Mather D, Reitz R D. Modeling the effects of drop drag and breakup on fuel sprays [C]. Detroit: International Congress and Exposition, 1993.

[122] Kuo K K, Acharya R. Fundamentals of turbulent and multiphase combustion[M]. Hoboken: John Wiley & Sons, 2012.

[123] Khosla S, Crocker D S. CFD modeling of the atomization of plain liquid jets in cross flow for gas turbine applications [C]. Vienna: Proceedings of ASME Turbo Expo 2004 Vienna, 2004.

[124] Behzad M, Mashayek A, Ashgriz N. A KIVA-based model for liquid jet in cross flow[C]. Cincinnati: ILASS-Americas 22nd Annual Conference on Liquid Atomization and Spray Systems, 2010.

[125] Khare P, Wang S, Yang V. Modeling of finite-size droplets and particles in multiphase flows [J]. Chinese Journal of Aeronautics, 2015, 28(4): 974 – 982.

[126] Broumand M, Farokhi M, Birouk M. Penetration height of a circular liquid jet in a subsonic gaseous crossflow: An Eulerian-Lagrangian approach[C]. San Diego: AIAA – 2016 – 1591, 54th AIAA Aerospace Sciences Meeting, 2016.

[127] Sinha A, Ravikrishna R V. LES of spray in crossflow: Effect of droplet distortion[J]. International Journal of Spray and Combustion Dynamics, 2016, 9(1): 55 – 70.

[128] Kamin M, Khare P. A LES study of kerosene combustion in air crossflow[C]. Cincinnati: AIAA – 2018 – 4682, AIAA Propulsion and Energy Forum 2018 Joint Propulsion Conference, 2018.

[129] Ganti H, Kamin M, Khare P. Design space exploration for vaporizing liquid jet in air crossflow using machine learning[C]. San Diego: AIAA Scitech 2019 Forum, 2019.

[130] Bhandarkar A, Manna P, Chakraborty D. Assessment of droplet breakup models in high-speed cross-flow[J]. Atomization and Sprays, 2017, 27(1): 61 – 79.

[131] Hu R, Li Q, Li C, et al. Effects of an accompanied gas jet on transverse liquid injection in a supersonic crossflow[J]. Acta Astronautica, 2019, 159: 440 – 451.

[132] Im K-S, Lin K-C, Lai M-C. Spray atomization of liquid jet in supersonic cross flows[C]. Reno: AIAA – 2005 – 732, 43rd AIAA Aerospace Sciences Meeting and Exhibit, 2005.

[133] Im K-S, Lin K-C, Lai M-C, et al. Breakup modeling of a liquid jet in cross flow[J].

International Journal of Automotive Technology, 2011, 12(4): 489－496.

[134] Im K-S, Zhang Z-C, Jr. G C, et al. Simulation of liquid and gas phase characteristics of aerated-liquid jets in quiescent and cross flow conditions[J]. International Journal of Automotive Technology, 2019, 20(1): 207－213.

[135] Lin K-C, Kennedy P J, Jackson T A. Structures of water jets in a Mach 1.94 supersonic crossflow[C]. Reno: 42nd AIAA Aerospace Sciences Meeting and Exhibit, 2004.

[136] Yue L J, Yu G. Numerical study on kerosene spray in supersonic flow[J]. Shock Waves, 2005, 1－2: 927－933.

[137] 岳连捷, 俞刚. 超声速气流中横向煤油射流的数值模拟[J]. 推进技术, 2004, 25(1): 11－14.

[138] Yang S H, Le J L, Zhao H Y, et al. Parallel numerical investigation of fuel atomization and combustion in a scramjet[C]. Canberra: AIAA－2006－8130, 14th AIAA/AHI Space Planes and Hypersonic Systems and Technologies Conference, 2006.

[139] 杨顺华, 乐嘉陵. 超声速气流中液体燃料雾化数值模拟[J]. 推进技术, 2008, 29(5): 519－522.

[140] 杨顺华, 乐嘉陵, 赵慧勇, 等. 煤油超燃冲压发动机三维大规模并行数值模拟[J]. 计算物理, 2009, 26(4): 534－539.

[141] Yang S H, Le J L, He W, et al. Fuel atomization and droplet breakup models for numerical simulation of spray combustion in a scramjet combustor[C]. Indianapolis: AIAA－2002－4175, 18th AIAA/3AF International Space Planes and Hypersonic Systems and Technologies Conference. 2012.

[142] 杨东超, 朱卫兵, 陈宏, 等. 超音速横向流作用下射流的二次破碎模型研究[J]. 哈尔滨工程大学学报, 2014, 35(1): 62－68.

[143] 杨东超, 朱卫兵, 孙永超, 等. 超声速气流中液体横向射流雾化破碎模型改进[J]. 推进技术, 2017, 38(2): 416－423.

[144] 刘静, 徐旭. 超声速横向气流中喷雾的数值模拟[J]. 火箭推进, 2006, 32(5): 32－36.

[145] 刘静, 王辽, 张佳, 等. 超声速气流中横向射流雾化实验和数值模拟[J]. 航空动力学报, 2008, 23(4): 724－729.

[146] 刘静, 徐旭. 高速气流中横向液体射流雾化研究进展[J]. 力学进展, 2009, 39(3): 273－283.

[147] 刘静, 徐旭. 超声速横向气流中燃料雾化的数值模拟[J]. 北京航空航天大学学报, 2010, 36(10): 1166－1170.

[148] 刘静, 徐旭. 两种雾化模型在横向流雾化数值模拟中的应用[J]. 航空动力学报, 2013, 28(7): 1141－1148.

[149] Wang J, Liu C, Wu Y. Numerical simulation of spray atomization in supersonic flows[J]. Modern Physics Letters B, 2010, 24(13): 1299－1302.

[150] Fan X, Wang J. A marker-based Eulerian-Lagrangian method for multiphase flow with supersonic combustion applications[J]. International Journal of Modern Physics: Conference Series, 2016, 42: 1660159.

[151] Fan X, Wang J, Zhao F, et al. Eulerian-Lagrangian method for liquid jet atomization in

supersonic crossflow using statistical injection model [J]. Advances in Mechanical Engineering, 2018, 10(2): 1-13.

[152] Sazhin S S. Advanced models of fuel droplet heating and evaporation[J]. Progress in Energy and Combustion Science, 2006, 32(2): 162-214.

[153] Sazhin S, Kristyadi T, Abdelghaffar W, et al. Models for fuel droplet heating and evaporation: Comparative analysis[J]. Fuel, 2006, 85: 1613-1630.

[154] 吴里银.超声速气流中液体横向射流破碎与雾化机理研究[D].长沙: 国防科学技术大学,2016.

[155] Choi J-Y, Jeung I-S, Yoon Y. Computational fluid dynamics algorithms for unsteady shock-induced combustion, part 2: comparison[J]. AIAA Journal, 2000, 38(7): 1188-1195.

[156] Kirk B, Stogner R, Oliver T A, Bauman P T. Recent advancements in fully implicit numerical methods for hypersonic reacting flows[C]. Indianapolis: AIAA-2002-4175, 21st AIAA Computational Fluid Dynamics Conference, 2013.

[157] Withington J, Yang V, Shuen J. A time-accurate implicit method for chemically reacting flows at allMach numbers[C]. Reno: 29th Aerospace Sciences Meeting, 1991.

[158] Yungster S, Radhakrishnan K. A fully implicit time accurate method for hypersonic combustion: application to shock-induced combustion instability[J]. Shock Waves, 1996, 5(5): 293-303.

[159] 梁剑寒,王承尧.超燃冲压发动机燃烧室三维化学反应流场的数值模拟[J].推进技术, 1997(4): 1-4,13.

[160] Bussing T R A, Murman E M. Finite-volume method for the calculation of compressible chemically reacting flows[J]. AIAA Journal, 1988, 26(9): 1070-1078.

[161] 张涵信,陈坚强,高树椿.H_2/O_2燃烧的超声速非平衡流动的数值模拟[J].宇航学报, 1994,24: 14-23.

[162] 王春,张德良,姜宗林.多障碍物通道中激波诱导气相爆轰的数值研究[J].力学学报, 2006,38(5): 586-592.

[163] Zhong X. Additive semi-implicit Runge-Kutta methods for computing high-speed nonequilibrium reactive flows[J]. Journal of Computational Physics, 1996, 128(1): 19-31.

[164] 王昌建,徐胜利.直管内胞格爆轰的基元反应数值研究[J].爆炸与冲击,2005,25(5): 405-416.

[165] 胡湘渝,张德良,姜宗林.气相爆轰基元反应模型数值模拟[J].空气动力学学报,2003, 21(1): 59-66.

[166] 胡宗民,高云亮,张德良,等.爆轰波在楔面上反射数值分析[J].力学学报,2004, 36(4): 385-392.

[167] 潘振华,范宝春,张旭东,等.连续旋转爆轰三维流场的数值模拟[J].兵工学报,2012, 33(5): 594-599.

[168] 韩桂来,姜宗林,张德良.激波与爆轰波对撞的数值模拟研究[J].力学学报,2008, 40(2): 154-161.

[169] 刘君.超音速完全气体和H_2/O_2燃烧非平衡气体的复杂喷流流场数值模拟[D].绵阳:

中国气动中心,1993.

[170] 刘君,张涵信,高树椿.一种新型的计算化学非平衡流动的解耦方法[J].国防科技大学学报,2000,22(5):19.

[171] 刘君.冲压加速器非平衡流动数值模拟[J].弹道学报,2002,14(4):31-35.

[172] 刘君.甲烷/空气超声速燃烧流动数值模拟[J].推进技术,2003,24(4):296-299.

[173] 刘君.非平衡流计算方法及其模拟激波诱导振荡燃烧[J].空气动力学学报,2003,21(1):53-58.

[174] 刘君.化学动力学模型对 H_2/AIR 超燃模拟的影响[J].推进技术,2003,24(1):67-70.

[175] 孙明波.超声速来流稳焰凹腔的流动及火焰稳定机制研究[D].长沙:国防科学技术大学,2008.

[176] 孙明波,梁剑寒,王振国.非平衡流解耦方法及其计算激波诱导燃烧的应用验证[J].航空动力学报,2008,23(11):2055-2062.

[177] 范周琴.超声速湍流燃烧火焰面模型判别建模及应用研究[D].长沙:国防科技大学,2011.

[178] Ingenito A, Bruno C. Physics and regimes of supersonic combustion[J]. AIAA Journal, 2010, 48(3):515-525.

[179] 赵国焱,孙明波,吴锦水.基于不同 PDF 的超声速扩散燃烧火焰面模型对比[J].推进技术,2015,36(2):232-237.

[180] Saghafian A, Terrapon V E, Pitsch H. An efficient flameletbased combustion model for compressible flows[J]. Combustion and Flame, 2015, 162:652-667.

[181] Saghafian A, Shunn L, Philips D A, et al. Large eddy simulations of the HIFiRE scramjet using a compressible flamelet/progress variable approach[J]. Proceedings of the Combustion Institute, 2015, 35(2):2163-2172.

[182] Shan F, Hou L, Chen Z, et al. Linearized correction to a flamelet-based model for hydrogen-fueled supersonic combustion[J]. International Journal of Hydrogen Energy, 2017, 42(16):11937-11944.

[183] Turns S R. An introduction to combustion[M]. New York:McGraw-hill, 1996.

[184] Mittal V, Pitsch H. A flamelet model for premixed combustion under variable pressure conditions[J]. Proceedings of the Combustion Institute, 2013, 34(2):2995-3003.

[185] Wang H, Piao Y, Niu J. IDDES simulation of supersonic combustion using flamelet modeling[C]. Dallas:AIAA-2015-3211, 22nd AIAA Computational Fluid Dynamics Conference. 2015.

[186] Pitsch H, Barths H, Peters N. Three-dimensional modeling of NO_x and soot formation in DI-Diesel engines using detailed chemistry based on the interactive flamelet approach[C]. Texas:International Fall Fuels & Lubricants Meeting & Exposition, 1996.

[187] Pitsch H, Wan Y P, Peters N. Numerical investigation of soot formation and oxidation under diesel engine condition[J]. SAE Transactions, 1995, 104(4):938-949.

[188] 刘戈,解茂昭,贾明.基于互动小火焰模型的内燃机燃烧过程大涡模拟[J].化工学报,2011,62(9):2490-2498.

[189] 刘戈,解茂昭,贾明.利用 RIF 模型对内燃机燃烧过程的模拟[J].内燃机学报,2011,

29(5): 398-404.

[190] Barths H, Antoni C, Peters N. Three-dimensional simulation of pollutant formation in a DI Diesel engine using multiple interactive flamelets[J]. SAE Transaction, 1998,107(4): 987-997.

[191] Pierce C D, Moin P. Progress-variable approach for large-eddy simulation of non-premixed turbulent combustion[J]. Journal of Fluid Mechanics, 2004, 504: 73-97.

[192] Terrapon V, Pitsch H, Pecnik R. Flamelet model for supersonic combustion [C]. Minneapolis: 62nd Annual Meeting of the APS Division of Fluid Dynamics Meeting Abstracts, 2009.

[193] Fan Z, Liu W, Sun M, et al. Theoretical analysis of flamelet model for supersonic turbulent combustion[J]. Science China Technological Sciences, 2012, 55(1): 193-205.

[194] Terrapon V E, Ham F, Pecnik R, et al. A flamelet-based model for supersonic combustion [R]. Palo Alto: Center for Turbulence Research, Annual Research Briefs 2009, 2009.

[195] Saghafian A, V. E. Terrapon, F F H, et al. An efficient flamelet-based combustion model for supersonic flows.[C]. San Francisco: AIAA - 2011 - 2267, 17th AIAA International Space Planes and Hypersonic Systems and Technologies Conference, 2011.

[196] Consul R, Oliva A, Perez-Segarra C D, et al. Analysis of the flamelet concept in the numerical simulation of laminar partially premixed flames [J]. Combustion and Flame, 2008, 153(1-2): 71-83.

[197] 吴锦水.超声速气流中火焰传播过程的实验及数值模拟研究[D].国防科技大学,2016.

[198] Desantes J M, García-Oliver J M, Novella R, et al. Application of a flamelet-based CFD combustion model to the LES simulation of a diesel-like reacting spray[J]. Computers & Fluids, 2020, 200: 104419.

[199] Baba Y, Kurose R. Analysis and flamelet modelling for spray combustion[J]. Journal of Fluid Mechanics, 2008, 612: 45-79.

[200] Franzelli B, Fiorina B, Darabiha N. A tabulated chemistry method for spray combustion[J]. Proceedings of the Combustion Institute, 2013, 34(1): 1659-1666.

[201] Knudsen E, Shashank, Pitsch H. Modeling partially premixed combustion behavior in multiphase LES[J]. Combustion and Flame, 2015, 162(1): 159-180.

[202] Franzelli B, Vié A, Ihme M. On the generalisation of the mixture fraction to a monotonic mixing-describing variable for the flamelet formulation of spray flames [J]. Combustion Theory and Modelling, 2015, 19(6): 773-806.

[203] Hu Y, Kurose R. Nonpremixed and premixed flamelets LES of partially premixed spray flames using a two-phase transport equation of progress variable[J]. Combustion and Flame, 2018, 188: 227-242.

[204] Hu Y, Kai R, Kurose R, et al. Large eddy simulation of a partially pre-vaporized ethanol reacting spray using the multiphase DTF/flamelet model [J]. International Journal of Multiphase Flow, 2020, 125: 103216.

[205] Hu Y, Kurose R. Large-eddy simulation of turbulent autoigniting hydrogen lifted jet flame with a multi-regime flamelet approach[J]. International Journal of Hydrogen Energy, 2019,

44(12): 6313 – 6324.

[206] Hu Y, Olguin H, Gutheil E. Transported joint probability density function simulation of turbulent spray flames combined with a spray flamelet model using a transported scalar dissipation rate[J]. Combustion Science and Technology, 2016, 189(2): 322 – 339.

[207] Hu Y, Olguin H, Gutheil E. A spray flamelet/progress variable approach combined with a transported joint PDF model for turbulent spray flames[J]. Combustion Theory Modelling, 2017, 21(3): 575 – 602.

[208] D'Errico G, Lucchini T, Contino F, et al. Comparison of well-mixed and multiple representative interactive flamelet approaches for diesel spray combustion modelling[J]. Combustion Theory and Modelling, 2014, 18(1): 65 – 88.

[209] Olguin H, Gutheil E. Derivation and evaluation of a multi-regime spray flamelet model[J]. Zeitschrift für Physikalische Chemie, 2015, 229(4): 461 – 482.

[210] Hu Y, Kurose R. Partially premixed flamelet in LES of acetone spray flames[J]. Proceedings of the Combustion Institute, 2019, 37(3): 3327 – 3334.

[211] Pope S B. PDF methods for turbulent reactive flows[J]. Progress in Energy and Combustion Science, 1985, 11: 119 – 192.

[212] Haworth D C. Progress in probability density function methods for turbulent reacting flows [J]. Progress in Energy and Combustion Science, 2010, 36: 168 – 259.

[213] Zoller B T, Hack M L, Jenny P. A PDF combustion model for turbulent premixed flames [J]. Proceedings of the Combustion Institute, 2013, 34(1): 1421 – 1428.

[214] Yilmaz S L, Ansari N, Pisciuneri P H, et al. Advances in FDF Modeling and Simulation [C]. San Diego: AIAA – 2011 – 5918, 47th AIAA/ASME/SAE/ASEE Joint Propulsion Conference & Exhibit, 2011.

[215] Ansari N, Strakey P A, Goldin G M, et al. Filtered density function simulation of a realistic swirled combustor[J]. Proceedings of the Combustion Institute, 2015, 35: 1433 – 1442.

[216] James S, Anand M, S, Razdan M K, et al. In situ detailed chemistry calculations in combustion flow analyses[J]. Journal of Engine Gas Turbine Power, 2001, 123: 747 – 756.

[217] James S, Anand M, S, Pope S B. The Lagrangian PDF transport method for simulations of gas turbine combustor flows[C]. Indianapolis: AIAA – 2002 – 4017, 38th AIAA/ASME/ SAE/ASEE Joint Propulsion Conference & Exhibit, 2002.

[218] Drake M C, Haworth D C. Advanced gasoline engine development using optical diagnostics and numerical modeling[J]. Proceedings of the Combustion Institute, 2007, 31: 99 – 124.

[219] Lundgren T S. Distribution functions in the statistical theory of turbulence[J]. Physics of Fluids, 1967, 10: 969 – 975.

[220] Lundgren T S. Model equation for nonhomogeneous turbulence[J]. Physics of Fluids, 1969, 12: 485 – 497.

[221] Dopazo C, O'Brien E E. Functional formulation of nonisothermal turbulent reactive flows[J]. Physics of Fluids, 1974, 17: 1968 – 1975.

[222] Pope S B. The relationship between the probability approach and particle models for reaction in homogeneous turbulence[J]. Combustion and Flame, 1979, 35: 41 – 45.

[223] Pope S B. Computations of turbulent combustion: progress and challenges[J]. Proceedings of the Combustion Institute, 1990, 23: 591－612.

[224] Kollmann W. The PDF approach to turbulent flow[J]. Theoretical and Computational Fluid Dynamics, 1990, 1(5): 249－285.

[225] 陈义良.湍流燃烧中的概率密度函数方法[J].力学进展,1990,20: 478－487.

[226] 范周琴,孙明波,刘卫东.湍流燃烧的概率密度函数输运方程模型研究[J].飞航导弹, 2010,5: 90－95.

[227] Givi P. Filtered density function for subgrid scale modeling of turbulent combustion[J]. AIAA Journal, 2006, 44(1): 16－23.

[228] Drozda T G, Sheikhi M R H, Madnia C K, et al. Developments in formulation and application of the filtered density function[J]. Flow, Turbulence and Combustion, 2007, 78 (1): 35－67.

[229] Givi P. Modeling free simulation of reactive flows[J]. Progress in Energy and Combustion Science, 1989, 15: 1－107.

[230] Gao F, O'Brien E E. A large-eddy simulation scheme for turbulent reacting flows[J]. Physics of Fluids A, 1993, 5: 1282－1284.

[231] Colucci P J, Jaberi F A, Givi P, et al. Filtered density function for large eddy simulation of turbulent reacting flows[J]. Physics of Fluids, 1998, 10: 499－515.

[232] James S, Zhu J, Anand M S. Large eddy simulations of turbulent flames using the filtered density function model[J]. Proceedings of the Combustion Institute, 2007, 31 (2): 1737－1745.

[233] Raman V, Pitsch H. A consistent LES/filtered-density function formulation for the simulation of turbulent flames with detailed chemistry[J]. Proceedings of the Combustion Institute, 2007, 31(2): 1711－1719.

[234] Gicquel L Y M. Velocity filtered density function for large-eddy simulation of turbulent flows [J]. Physics of Fluids, 2002, 14(3): 1196.

[235] Sheikhi M R H, Drozda T G, Givi P, et al. Velocity-scalar filtered density function for large eddy simulation of turbulent flows[J]. Physics of Fluids, 2003, 15(8): 2321－2337.

[236] McDermott R, Pope S B. A particle formulation for treating differential diffusion in filtered density function methods[J]. Journal of Computational Physics, 2007, 226: 947－993.

[237] Fox R O. Computational models for turbulent reacting flows[M]. Cambridge: Cambridge University Press, 2003.

[238] Pitsch H. Large-eddy simulation of turbulent combustion[J]. Annual Review of Fluid Mechanics, 2006, 38: 453－482.

[239] Pope S B. Self-conditioned fields for large-eddy simulations of turbulent flows[J]. Journal of Fluid Mechanics, 2010, 652: 139－169.

[240] Zhaorui L, Murat Y, Farhad J. Filtered mass density function for numerical simulations of spray combustion[C]. Reno: AIAA－2008－511, 46th AIAA Aerospace Sciences Meeting and Exhibit, 2008.

[241] 王海峰,陈义良.湍流扩散火焰中氮氧化物排放的数值研究[J].化工学报,2005,

56(2)：209－214.

[242] 王海峰.湍流非预混燃烧的数值模拟研究[D].合肥：中国科学技术大学,2005.

[243] 周力行,胡砾元,王方.湍流燃烧大涡模拟的最近研究进展[J].工程热物理学报,2006, 27(2)：331－334.

[244] 陈辉.湍流燃烧概率密度函数方法的并行计算研究[D].合肥：中国科学技术大学,2008.

[245] 李艺,黄鹰,陈义良,等.考虑化学反应的标量耗散率及其在 PDF 小尺度混合模型中的应用[J].燃烧科学与技术,2002,8(1)：69－74.

[246] 周华,王琥,任祝寅.湍流燃烧概率密度函数(PDF)模拟的敏感性分析[J].工程热物理学报,2017,38(1)：208－212.

[247] 王方,明亚丽,刘邓欢,等.湍流－化学双时间尺度 PDF 湍流燃烧模型及其检验[J].燃烧科学与技术,2018,24(3)：214－222.

[248] 刘潇,龚诚,李智明,等.大涡模拟燃烧模型在扩散火焰中的对比研究[J].哈尔滨工程大学学报,2018,39(3)：496－502.

[249] Eifler P, Kollmann W. PDF prediction of supersonic hydrogen flames[R]. Reno：AIAA － 93－0448, 31st Aerospace Sciences Meeting, 1993.

[250] Delarue B J, Pope S B. Calculations of subsonic and supersonic turbulent reacting mixing layers using probability density function methods[J]. Physics of Fluids, 1998, 10(2)：487－498.

[251] Möbus H, Gerlinger P, Brüggemann D. Scalar and joint scalar-velocity-frequency Monte Carlo PDF simulation of supersonic combustion[J]. Combustion and Flame, 2003, 132(1)：3－24.

[252] Welton W C, Pope S B. PDF model calculations of compressible turbulent flows using smoothed particle hydrodynamics[J]. Journal of Computational Physics, 1997, 134(1)：150－168.

[253] Nik M B, Givi P, Madnia C K, et al. EPVS-FMDF for LES of high-speed turbulent flows [R]. Nashville：AIAA－2012－0117, 50th AIAA Aerospace Sciences Meeting including the New Horizons Forum and Aerospace Exposition, 2012.

[254] Drummond J P. Methods for prediction of high-speed reacting flows in aerospace propulsion [J]. AIAA Journal, 2014, 52(3)：465－485.

[255] Hsu A T, Tsai Y-L P, Rajut M S. Probability density function approach for compressible turbulent reacting flows[J]. AIAA Journal, 1994, 32(2)：1407－1415.

[256] Sarkar S, Erlebacher G, Hussaini M Y. Compressible homogeneous shear：Simulation and modeling[R]. NASA CR－189611, 1992.

[257] Gerlinger P. Lagrangian transported MDF methods for compressible high speed flows[J]. Journal of Computational Physics, 2017, 339：68－95.

[258] Jaberi F A, Colucci P J, James S, et al. Filtered mass density function for large-eddy simulation of turbulent reacting flows[J]. Journal of Fluid Mechanics, 1999, 401：85－121.

[259] Banaeizadeh A, Li Z, Jaberi F A. Compressible scalar filtered mass density function model for high-speed turbulent flows[J]. AIAA Journal, 2011, 49(10)：2130－2143.

[260] Abolfazl I, Jaberi F A, Jonathan K, et al. Large eddy simulation of supersonic turbulent combustion with FMDF [C]. National Harbor: AIAA – 2014 – 1188, 52nd Aerospace Sciences Meeting, 2014.

[261] Schmitt M, Frouzakis C E, Tomboulides A G, et al. Direct numerical simulation of the effect of compression on the flow, temperature and composition under engine-like conditions [J]. Proceedings of the Combustion Institute, 2015, 35(3): 3069 – 3077.

[262] Almeida Y P de, Navarro-Martinez S. Large eddy Simulation of a supersonic lifted flame using the Eulerian stochastic fields method [J]. Proceedings of the Combustion Institute, 2018, 37(3): 3693 – 3701.

[263] Li Z, Banaeizadeh A, Rezaeiravesh S, et al. Advanced modeling of high speed turbulent reacting flows [C]. Nashville: AIAA – 2012 – 0116, 50th AIAA Aerospace Sciences Meeting including the New Horizons Forum and Aerospace Exposition, 2012.

[264] Zhang Y Z, Haworth D C. A general mass consistency algorithm for hybrid particle/finite-volume PDF methods [J]. Journal of Computational Physics, 2004, 194(1): 156 – 193.

[265] Jenny P, Pope S B, Muradoglu M, et al. A hybrid algorithm for the joint PDF equation of turbulent reactive flows [J]. Journal of Computational Physics, 2001, 166(2): 218 – 252.

[266] McDermott R, Pope S B. The parabolic edge reconstruction method (PERM) for Lagrangian particle advection [J]. Journal of Computational Physics, 2008, 227(11): 5447 – 5491.

[267] Popov P P, Pope S B. Implicit and explicit schemes for mass consistency preservation in hybrid particle/finite-volume algorithms for turbulent reactive flows [J]. Journal of Computational Physics, 2014, 257, Part A: 352 – 373.

[268] Muradoglu M, Pope S B, Caughey D A. The hybrid method for the PDF equations of turbulent reactive flows: Consistency conditions and correction algorithms [J]. Journal of Computational Physics, 2001, 172: 841 – 878.

第 2 章

超声速湍流流动模拟方法与模型

　　超燃冲压发动机内的燃烧通常是一种发生在超声速气流中的化学反应过程,因此对超声速湍流流动的可靠模拟是进行超燃冲压发动机燃烧过程模拟的基础和前提。与低速不可压湍流流动模拟类似,超声速湍流流动的模拟方法也可根据模拟精度和模化程度的不同而分为几类,本章将对超声速湍流流动的这几类模拟方法和相关模型进行介绍,同时结合典型算例分析不同方法和模型的特点。

2.1　湍流及其模拟方法概述

　　湍流作为一种复杂的非稳态流动,具有扩散性、耗散性、有旋性等特征。湍流数值模拟研究对于准确预测和有效控制湍流运动具有重要意义,是计算流体力学中困难最多、研究最活跃的领域之一。随着超级计算机计算能力的发展,湍流数值模拟方法也不断发展更新,基于湍流模型的雷诺平均 N－S(Reynolds-averaged Navier-Stokes, RANS)方程模拟、直接数值模拟(direct numerical simulation, DNS)、大涡模拟(large eddy simulation, LES)等方法在超声速流动机理研究或实际应用中发挥着重要作用。

　　由于 N－S 方程的非定常性以及流动特征空间尺度的巨大差异,直接求解 N－S 方程对计算资源等需求极大。RANS 方法采取雷诺平均和湍流模型将湍流运动分解成平均运动与脉动运动之和,基于脉动运动是无规则的随机运动这一前提,重点关注平均运动,再加上一些与平均运动相关联的脉动运动统计特性。因此采用 RANS 对湍流运动进行理论分析和计算时,将会丧失湍流的细节信息。另一方面,由于湍流运动的随机性和 N－S 方程的非线性,平均的结果必然导致方程不封闭,不得不借助于经验数据、物理类比等方法,构造出各种假设模型使方程封闭。所以现有的湍流模型都存在一定的局限性,其计算结果的优劣与模型的可靠性密切相关。而对于激波/边界层相互作用、超声速燃烧稳焰凹腔剪切层振荡等问题,至今还没有较好的湍流模型。

随着超级计算机并行能力的飞速发展,DNS 方法的研究和应用也逐渐增多。由于不需要任何附加模型,直接对非定常 N-S 方程中所有的时间和空间尺度进行求解得到流场的瞬态流动参数,DNS 方法能很好地还原流场细节。湍流脉动运动中包含着多种尺度的涡运动,最大尺度 L 可达到平均运动的特征长度量级,而最小尺度则取决于黏性耗散尺度,即 Kolmogorov 尺度 $\eta = (\nu^3/\varepsilon)^{1/4}$($\nu$ 为运动黏性系数,ε 为湍动能耗散率),并且这两种尺度的比值随着雷诺数的增大而迅速增加。为了真实地模拟湍流,计算区域必须包含最大尺度的涡,同时计算网格应能分辨最小尺度的涡,同时考虑计算时间步长的限制,DNS 的计算量近似与 Re^3 成正比。在现有的计算机硬件水平下,DNS 较多用于中低雷诺数简单流动的计算,高雷诺数流动计算所需代价高昂。

RANS 与 DNS 方法在实际应用领域均有一定局限性,为了获得较多的流场细节且节省计算资源,LES 方法成为较好的选择。湍流中不同尺度的涡结构主要有以下三个特点:① 大涡的结构强烈地依赖于流场的几何形状和流动状态,具有明显的各向异性,而小涡的脉动则具有很大的普适性,接近于各向同性;② 大涡与平均流有很强的相互作用,其生存时间尺度接近于平均流的时间尺度,而小涡主要是由较大涡之间的非线性相互作用产生的,它与流场的初始条件和边界条件几乎没有关系,其生存时间也短得多;③ 大涡输运和集聚了湍流流动的大部分质量、动量和能量,而小涡主要对脉动能量起耗散作用,对平均流的直接作用很小。因此 LES 方法首先对 N-S 方程进行空间滤波,以网格尺度为标准分离大涡和小涡,然后对这两种涡结构分别进行处理:对大于网格尺度的非定常大涡结构直接求解,而小于网格尺度的小涡运动则通过建立模型来模拟,这种用于模拟小涡对大尺度运动影响的模型称为亚格子尺度(sub-grid scale, SGS)模型。

小涡的运动受流动边界条件和大涡运动的影响甚少,且近似各向同性,因此建立一个广泛适用于小涡的模型相对比较容易。又由于湍流中几乎 90% 的质量、动量和能量的传输都是通过大涡进行的,而小涡主要起耗散作用,因此需要通过该模型求解的物理量只占很小的份额,整个流场的计算结果对该模型的可靠性也并不十分敏感。因此 LES 作为 DNS 与 RANS 的折中,依照湍流流动的物理规律合理地利用了两种方法的优点,取长补短既保证了模拟的精度又大大节约了计算成本。

2.2　RANS 模拟

RANS 模拟可以避免求解所有尺度的流动结构,对计算机要求低,所需计算资源小,求解雷诺数范围广,被广泛应用于工程实践领域。虽然当前大涡模拟(LES)和直接数值模拟(DNS)在学术领域得到较为快速的发展,但是依旧很难动摇雷诺平均 N - S(RANS)模拟在计算流体力学工业领域的主体地位,雷诺平均模拟方法目前依然是求解湍流流动非常有效的手段。

2.2.1　Reynolds 和 Favre 平均

对于湍流,直接数值求解 N - S 方程是十分困难的,部分学者对控制方程进行变换,引入湍流模型,使求解变得较为简单。RANS 模拟是一种出现较早、应用广泛、计算花费比较小的方法。如图 2.1 所示,雷诺假设指出,在湍流流场中任何分量都可以分解为平均量和脉动量之和,Reynolds 平均(实际中通常采用时间平均)可以表示为

$$\phi = \bar{\phi} + \phi' \tag{2.1}$$

$$\bar{\phi} = \frac{1}{\Delta T} \int_{T_1}^{T_2} \phi(t)\,\mathrm{d}t \tag{2.2}$$

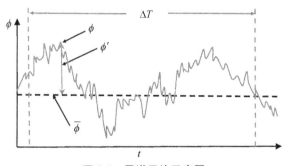

图 2.1　雷诺平均示意图

超声速可压流计算中需要考虑密度变化,因此采用密度加权的平均值更方便,此即 Favre 平均,可以表示为

$$\phi = \tilde{\phi} + \phi'' \tag{2.3}$$

$$\tilde{\phi} = \frac{\displaystyle\int_{T_1}^{T_2} \rho(t)\phi(t)\,\mathrm{d}t}{\displaystyle\int_{T_1}^{T_2} \rho(t)\,\mathrm{d}t} = \frac{\overline{\rho\phi}}{\bar{\rho}} \tag{2.4}$$

方差和均方根(rms)定义如下:

$$\overline{\phi'^2} = \frac{1}{\Delta t}\int_{T_1}^{T_2} \left[\phi'(t)\right]^2 \mathrm{d}t \tag{2.5}$$

$$\widetilde{\phi''^2} = \frac{\overline{\rho\phi''^2}}{\bar{\rho}} \tag{2.6}$$

$$\phi_{\mathrm{rms,\,R}} = \sqrt{\overline{\phi'^2}} = \left\{ \frac{1}{\Delta t}\int_{T_1}^{T_2}\left[\phi'(t)\right]^2 \mathrm{d}t \right\}^{\frac{1}{2}} \tag{2.7}$$

$$\phi_{\mathrm{rms,\,F}} = \sqrt{\widetilde{\phi''^2}} \tag{2.8}$$

如果没有特别声明,下文中将会使用 Favre 平均方差 $\widetilde{\phi''^2}$ 和均方根 $\phi_{\mathrm{rms,\,F}}$。

平均运算的定义是积分运算,因此平均运算和微分运算可以交换,对第 1 章式(1.1)~式(1.4)表示的控制方程进行 Reynolds 平均运算并利用 Favre 平均的定义,可以推导得到 RANS 方程如下:

$$\frac{\partial \bar{\rho}}{\partial t} + \frac{\partial}{\partial x_j}(\bar{\rho}\,\tilde{u}_j) = \overline{\dot{S}_m} \tag{2.9}$$

$$\frac{\partial \bar{\rho}\,\tilde{u}_i}{\partial t} + \frac{\partial}{\partial x_j}(\bar{\rho}\,\tilde{u}_i\,\tilde{u}_j) = -\frac{\partial \bar{p}}{\partial x_j} + \frac{\partial}{\partial x_j}\bar{\tau}_{ij} + \frac{\partial}{\partial x_j}(\bar{\rho}\,\tilde{u}_i\,\tilde{u}_j - \bar{\rho}\,\widetilde{u_iu_j}) + \overline{\dot{S}_{p,\,i}} \tag{2.10}$$

$$\begin{aligned}
\frac{\partial \bar{\rho}\tilde{E}}{\partial t} + \frac{\partial(\bar{\rho}\tilde{E}\,\tilde{u}_j + \bar{p}\,\tilde{u}_j)}{\partial x_j} ={}& \frac{\partial}{\partial x_j}(\overline{q_j} + \tilde{u}_i\,\overline{\tau}_{ij}) \\
&- \frac{\partial}{\partial x_j}(\bar{\rho}\,\widetilde{Eu_j} - \bar{\rho}\tilde{E}\,\tilde{u}_j + \overline{pu_j} - \bar{p}\,\tilde{u}_j) \\
&+ \frac{\partial}{\partial x_j}(\overline{u_i\tau_{ij}} - \tilde{u}_i\,\overline{\tau}_{ij}) + \overline{\dot{S}_E}
\end{aligned} \tag{2.11}$$

$$\frac{\partial \bar{\rho}\,\tilde{Y}_s}{\partial t} + \frac{\partial(\bar{\rho}\,\tilde{Y}_s(\tilde{u}_j + \tilde{V}_{s,j}))}{\partial x_j} = -\frac{\partial}{\partial x_j}(\bar{\rho}\,\widetilde{Y_s u_j} - \bar{\rho}\,\tilde{Y}_s\,\tilde{u}_j)$$

$$-\frac{\partial}{\partial x_j}(\bar{\rho}\,\widetilde{Y_s V_j} - \bar{\rho}\,\tilde{Y}_s\,\tilde{V}_j) + \overline{\dot{\omega}_s} + \overline{\dot{S}_{Y_s}} \quad (2.12)$$

其中，$\overline{\dot{S}_m}$、$\overline{\dot{S}_{p,i}}$、$\overline{\dot{S}_E}$、$\overline{\dot{S}_{Y_s}}$ 为除气体外的其他相变化导致气相质量、动量、能量、组分质量变化率的雷诺平均项，以上四项的计算依赖于固液两相的变化，在此不做详细介绍。进行雷诺平均后的黏性应力张量 $\bar{\tau}_{ij}$ 为

$$\bar{\tau}_{ij} = 2\tilde{\mu}\left(\tilde{S}_{ij} - \frac{1}{3}\tilde{S}_{kk}\delta_{ij}\right) \quad (2.13)$$

$\tilde{S}_{ij}$ 为进行雷诺平均后的应变率张量：

$$\tilde{S}_{ij} = \frac{1}{2}\left(\frac{\partial \tilde{u}_i}{\partial x_j} + \frac{\partial \tilde{u}_j}{\partial x_i}\right) \quad (2.14)$$

雷诺平均后的热通量矢量 $\bar{q}_j$ 为

$$\bar{q}_j = -\bar{\kappa}\frac{\partial \tilde{T}}{\partial x_j} + \bar{\rho}\sum_{s=1}^{N_s}\tilde{Y}_s\tilde{h}_s\tilde{V}_{j,s} + \bar{\rho}\sum_{s=1}^{N_s}(\widetilde{Y_s h_s V_{j,s}} - \tilde{Y}_s\tilde{h}_s\tilde{V}_{j,s}) \quad (2.15)$$

雷诺平均后的比总能由下式决定：

$$\tilde{E} = \tilde{e} + \frac{1}{2}\tilde{u}_k\tilde{u}_k + \frac{1}{2}(\widetilde{u_k u_k} - \tilde{u}_k\tilde{u}_k) \quad (2.16)$$

此处，$\tilde{e}$ 为雷诺平均后的混合气比内能：

$$\tilde{e} = \sum_{s=1}^{N_s}\tilde{Y}_s\tilde{h}_s - \frac{\bar{p}}{\bar{\rho}} + \sum_{s=1}^{N_s}(\widetilde{Y_s h_s} - \tilde{Y}_s\tilde{h}_s) \quad (2.17)$$

雷诺平均后的气体状态方程为

$$\bar{p} = \bar{\rho}\sum_{s=1}^{N_s}(\tilde{Y}_s R_s \tilde{T}) + \bar{\rho}\sum_{s=1}^{N_s}R_s(\widetilde{Y_s T} - \tilde{Y}_s\tilde{T}) \quad (2.18)$$

以上格式中，出现了诸多未封闭项，主要表现为下式中的所有项：

$$
\begin{cases}
\bar{\rho}(\widetilde{u_i u_j} - \tilde{u}_i \tilde{u}_j) \\[2mm]
\bar{\rho}(\widetilde{E u_j} - \tilde{E}\tilde{u}_j) + (\overline{p u_j} - \bar{p}\tilde{u}_j) \\[2mm]
\quad - (\overline{u_i \tau_{ij}} - \tilde{u}_i \bar{\tau}_{ij}) \\[2mm]
\bar{\rho}(\widetilde{Y_s h_s V_{j,s}} - \tilde{Y}_s \tilde{h}_s \tilde{V}_{j,s}) \\[2mm]
\bar{\rho}(\widetilde{Y_s u_j} - \tilde{Y}_s \tilde{u}_j) \\[2mm]
\bar{\rho}(\widetilde{Y_s V_j} - \tilde{Y}_s \tilde{V}_j) \\[2mm]
(\widetilde{u_k u_k} - \tilde{u}_k \tilde{u}_k)/2 \\[2mm]
\widetilde{Y_s h_s} - \tilde{Y}_s \tilde{h}_s \\[2mm]
\bar{\rho} R_s (\widetilde{Y_s T} - \tilde{Y}_s \tilde{T})
\end{cases}
\tag{2.19}
$$

上式中各量分别对应于湍流脉动黏性应力通量、湍流脉动总焓通量、湍流脉动应力功通量、湍流脉动组分热通量、湍流脉动组分对流通量、湍流脉动组分扩散通量、湍流脉动湍动能、湍流脉动组分比焓关联项与湍流脉动组分温度关联项。它们都是方程进行雷诺平均后形成的待模化湍流脉动项。

$\tilde{V}_{j,n}$ 为雷诺平均后的组分扩散速度，运用 Fick 扩散定律有

$$
\tilde{V}_{j,s} = -\frac{\bar{D}_s}{\tilde{Y}_s}\frac{\partial \tilde{Y}_s}{\partial x_j}
\tag{2.20}
$$

雷诺平均模拟就是对以上各个未封闭项进行模化以封闭方程组，事实上，完全模化所有未封闭项是非常复杂的，在实际应用中会进行相应的简化，比如湍流脉动组分温度关联项 $\bar{\rho} R_s(\widetilde{Y_s T} - \tilde{Y}_s \tilde{T})$ 难以模化，因此将其忽略。另外，在高雷诺数流动中，湍流脉动应力功通量 $-(\overline{u_i \tau_{ij}} - \tilde{u}_i \bar{\tau}_{ij})$、湍流脉动组分热通量 $\bar{\rho}(\widetilde{Y_s h_s V_{j,s}} - \tilde{Y}_s \tilde{h}_s \tilde{V}_{j,s})$、湍流脉动组分扩散通量 $\bar{\rho}(\widetilde{Y_s V_j} - \tilde{Y}_s \tilde{V}_j)$ 通常为小量，一般予以忽略，另外对于热完全气体，湍流脉动组分比焓关联项 $\widetilde{Y_s h_s} - \tilde{Y}_s \tilde{h}_s$ 也予以忽略。

对于湍流脉动总焓通量 $\bar{\rho}(\widetilde{E u_j} - \tilde{E}\tilde{u}_j) + (\overline{p u_j} - \bar{p}\tilde{u}_j)$ 和湍流脉动组分对流通量 $\bar{\rho}(\widetilde{Y_s u_j} - \tilde{Y}_s \tilde{u}_j)$ 可以利用梯度扩散假设进行模型封闭：

$$\bar{\rho}(\widetilde{Eu_j} - \tilde{E}\tilde{u}_j) + (\overline{pu_j} - \bar{p}\tilde{u}_j) = \frac{\bar{\rho}\nu_t}{Pr_t}\frac{\partial \tilde{H}}{\partial x_j} \tag{2.21}$$

$$\bar{\rho}(\widetilde{Y_s u_j} - \tilde{Y}_s \tilde{u}_j) = -\frac{\bar{\rho}\nu_t}{Sc_t}\frac{\partial Y_s}{\partial x_j} \tag{2.22}$$

其中, ν_t 为湍流运动黏度; Pr_t 为湍流普朗特数; Sc_t 为湍流施密特数。

除以上进行忽略和模化的未封闭项之外,雷诺平均方程中最重要的未封闭项是湍流脉动黏性应力通量 $\bar{\rho}(\widetilde{u_i u_j} - \tilde{u}_i\tilde{u}_j)$ 和湍流脉动湍动能 $(\widetilde{u_k u_k} - \tilde{u}_k\tilde{u}_k)/2$ 以及封闭上面模型过程中所用的湍流运动黏度 ν_t。湍流脉动黏性应力通量即为通常的雷诺应力项:

$$R_{ij} = \bar{\rho}\,\widetilde{u_i'' u_j''} = \bar{\rho}(\widetilde{u_i u_j} - \tilde{u}_i\tilde{u}_j) \tag{2.23}$$

对于湍动能有

$$k = \frac{1}{2}\widetilde{u_k'' u_k''} = \frac{1}{2}(\widetilde{u_k u_k} - \tilde{u}_k\tilde{u}_k) \tag{2.24}$$

湍流运动黏度 ν_t 是在封闭雷诺应力过程中出现的,下面会详细进行介绍。

除去以上所有未封闭项,雷诺平均组分方程中的平均化学反应源项 $\overline{\dot{\omega}_m}$ 同样需要模化,这是湍流燃烧的又一核心问题,平均化学反应源项需要湍流燃烧模型进行封闭,这将在后续章节介绍。下面将重点介绍封闭雷诺应力项的湍流模型。

2.2.2　湍流模型

湍流模型以雷诺平均方程为基础,依靠理论与经验的结合,引进一系列模型假设,建立模型来封闭雷诺应力项,根据湍流流动过程中雷诺应力假设方式不同,可以将湍流模型分为涡黏模型(eddy viscosity model, EVM)、非线性涡黏模型(nonlinear eddy viscosity model, NonEVM)和雷诺应力模型(Reynolds stress model, RSM)。涡黏模型基于 Boussinesq 假设,认为雷诺应力与时均速度的梯度成正比,目前已经比较成熟并广泛应用于工程实践中。非线性涡黏模型在线性涡黏性模型的基础上,将雷诺应力项扩展为剪切应变张量和旋转应变张量的高阶基底相关形式,再通过实验与 DNS 结果对高阶基底的展开系数进行标定,可以预测不同方向上的湍流法向剪应力。雷诺应力模型直接建立雷诺应力和其他二阶相关量的输运方程,计算量较大。

2.2.2.1 涡黏模型

涡黏模型利用涡黏假设(Boussinesq 假设),将雷诺应力 R_{ij} 模型化,建立雷诺应力与时均速度的关系:

$$R_{ij} = \bar{\rho}\,\widetilde{u_i u_j} = -\mu_t\left(\frac{\partial \tilde{u}_i}{\partial x_j} + \frac{\partial \tilde{u}_j}{\partial x_i} - \frac{2}{3}\frac{\partial \tilde{u}_k}{\partial x_k}\delta_{ij}\right) + \frac{2}{3}\bar{\rho}k\delta_{ij} = -2\mu_t\,\tilde{S}_{ij} + \frac{2}{3}\bar{\rho}k\delta_{ij}$$

$$(2.25)$$

其中,μ_t 是湍流动力黏性系数,仍然需要模型进行封闭。式中湍动能 k(单位质量)定义如式(2.24)所示;式(2.25)中的第二项确保涡黏假设给出雷诺正应力($\rho\,\widetilde{u_k'' u_k''}$)正确结果,如果此项忽略,正应力之和 $\bar{\rho}\,\widetilde{u_k'' u_k''} = 0$。但是根据式(2.24)雷诺正应力应有表达式 $\bar{\rho}\,\widetilde{u_k'' u_k''} = 2\bar{\rho}k$。为保证雷诺正应力之和在物理上正确性,三个正应力分量互等并且均等于 $\frac{2}{3}\bar{\rho}k$,这表明对雷诺正应力进行了各向同性假设[1]。

基于量纲分析,湍流运动黏度 ν_t($\nu_t = \mu_t/\bar{\rho}$)具有 m^2/s 的量纲,因此有理由推断湍流运动黏度可以表示为湍流特征速度 v_t(m/s)和湍流特征长度 l_t(m)的乘积,因此 μ_t 的通用表达式可以如下表示:

$$\mu_t = \bar{\rho}\nu_t = C\bar{\rho}v_t l_t$$

$$(2.26)$$

其中,C 是无量纲常数。涡黏模型就是用于计算湍流特征速度 v_t 和特征长度 l_t 以及相应常数 C 的模型。根据为确定上述参数而必须求解的额外输运方程,湍流模型分为零方程模型或代数模型、一方程模型和两方程模型,下面将重点介绍应用比较广泛的涡黏模型。

1. Baldwin - Lomax 代数模型

代数模型直接建立在雷诺应力与时均速度的代数关系之上,不涉及偏微分方程。早期的一系列湍流半经验理论,如 Prandtl 混合长度理论本质上都为代数模型。常用的代数模型包括 C - S(Smith - Cebeci)模型[2]、B - L(Baldwin - Lomax)模型[3]以及半方程 J - K(Johnson - King)模型[4]等,此处以 B - L 模型为例进行介绍。

B - L 模型在 20 世纪 80 年代处于主流地位,其在 C - S 模型的基础上进行改进,考虑了壁面对其附近的湍流脉动的抑制作用,对湍流边界层的内层和外层采用不同的混合长度假设,在附着流计算中简单、准确,其涡黏性系数表达式如下:

$$v_t = \begin{cases} (v_t)_{in}, & y \leqslant y_c \\ (v_t)_{out}, & y > y_c \end{cases} \tag{2.27}$$

在边界层内层时有

$$(v_t)_{in} = l_t^2 \Omega \tag{2.28}$$

其中,涡量 $\Omega = | \varepsilon_{ijk} U_{k,j} |$;特征长度 $l = \kappa y D$。其中,Van-Driest 衰减函数 $D = [1 - \exp(-y^+ / A^+)]$;Karman 常数 $\kappa = 0.41$;模型常数 A^+ 通常取为 26。式中无量纲法向距离 $y^+ = u_\tau y / v_w$;无量纲摩擦速度 $u_\tau = (\tau_w / \rho)^{1/2}$($\tau_w$ 为壁面附近切应力);y 为到壁面距离;v_w 为壁面附近运动黏度。

在边界层外层时有

$$(v_t)_{out} = F_{wake} F_{kelb}(y) \tag{2.29}$$

$$F_{wake} = \min(y_{max} F_{max}, C_{wk} y_{max} U_{dif}^2 / F_{max}) \tag{2.30}$$

其中,F_{max} 和 y_{max} 分别对应函数:

$$F(y) = y\Omega[1 - \exp(-y^+ / A^+)] \tag{2.31}$$

最大值以及取到该最大值时的位置,U_{dif} 为平均速度分布中最大值和最小值之差。

Klebanoff 间歇函数 F_{kleb} 表达式为

$$F_{kleb}(y) = \left| 1 + 5.5 \left(\frac{C_{kelb} \cdot y}{y_{max}} \right)^6 \right|^{-1} \tag{2.32}$$

模型常数可取为 $C_{kelb} = 0.3$,$C_{wk} = 1.0$。

2. Spalart-Allmara 一方程模型

20 世纪 90 年代,为了提高数值稳定性以及计算效率,基于湍流雷诺数输运和涡黏性系数输运的单方程模型逐渐发展起来,主要有 Baldwin 和 Barth 提出的 B-B 模型[5]以及此后 Spalart 和 Allmaras 发展的 S-A 模型[6]。

此处以 S-A 模型为例进行简要介绍。S-A 湍流模型是从经验和量纲分析出发,针对简单流动而逐渐补充和发展成为适用于带有层流流动的固壁湍流流动的一方程模型。其计算量小,鲁棒性好,应用较为广泛。S-A 模型没有考虑湍动能 k 方程,通过引入相关变量 $\tilde{\nu}$ 并求解 $\tilde{\nu}$ 的输运方程获得湍流运动黏性系数。具体模型公式如下:

$$\nu_t = \tilde{\nu} f_{\nu 1} \tag{2.33}$$

$\tilde{\nu}$ 的输运方程为

$$\frac{\partial \tilde{\nu}}{\partial t} + \tilde{u}_j \frac{\partial \tilde{\nu}}{\partial x_j} = C_{b1} \tilde{S} \tilde{\nu} - C_{w1} f_w \frac{\tilde{\nu}^2}{d^2} + \frac{1}{\sigma} \left\{ \frac{\partial}{\partial x_k} \left[(\nu + \tilde{\nu}) \frac{\partial \tilde{\nu}}{\partial x_k} \right] + C_{b2} \frac{\partial \tilde{\nu}}{\partial x_k} \frac{\partial \tilde{\nu}}{\partial x_k} \right\} \tag{2.34}$$

式中:

$$f_{\nu 1} = \frac{\chi^3}{\chi^3 + C_{\nu 1}^3} \tag{2.35}$$

$$\tilde{S} = S + \frac{\tilde{\nu}}{\kappa^2 d^2} f_{\nu 2}, f_{\nu 2} = 1 - \frac{\chi}{1 + \chi f_{\nu 1}}, \chi = \frac{\tilde{\nu}}{\nu} \tag{2.36}$$

$$S = \sqrt{2 \Omega_{ij} \Omega_{ij}}, \Omega_{ij} = \frac{1}{2} \left(\frac{\partial \tilde{u}_i}{\partial x_j} - \frac{\partial \tilde{u}_j}{\partial x_i} \right) \tag{2.37}$$

$$f_w = g \left(\frac{1 + C_{w3}^6}{g^6 + C_{w3}^6} \right)^{1/6}, g = r + C_{w2}(r^6 - r), r = \frac{\tilde{\nu}}{\tilde{S} \kappa^2 d^2} \tag{2.38}$$

相关的模型常数为

$$C_{b1} = 0.135\ 5,\ C_{b2} = 0.622,\ \sigma = 2/3,\ C_{\nu 1} = 7.1$$

$$C_{w1} = \frac{C_{b1}}{\kappa^2} + \frac{(1 + C_{b2})}{\sigma},\ C_{w2} = 0.3,\ C_{w3} = 2.0,\ \kappa = 0.41$$

3. k-ε 系列两方程模型

k-ε 系列模型是当前应用较为广泛的两方程模型,其是一种半经验模型,模型关于湍流动能 k 的方程是在精确推导的基础上对相关项进行模化而得到的。k-ε 系列模型经过较长时间的发展,演变出一系列模型,主要包括标准 k-ε 模型[7]、RNGk-ε 模型[8] 和可实现 k-ε 模型[9]。下面简要介绍一下标准 k-ε 模型和 RNGk-ε 模型。

1) 标准 k-ε 模型

对 ε 方程中的生成项、梯度扩散项和耗散项做出一系列假设之后,可以推导得到标准 k-ε 模型的输运方程组如下:

$$\frac{\partial(\bar{\rho} k)}{\partial t} + \frac{\partial(\bar{\rho} k \tilde{u}_j)}{\partial x_j} = \frac{\partial}{\partial x_j} \left[\left(\mu_l + \frac{\mu_t}{\sigma_k} \right) \frac{\partial k}{\partial x_j} \right] + P_k - \bar{\rho} \varepsilon - Y_M \tag{2.39}$$

$$\frac{\partial(\bar{\rho}\varepsilon)}{\partial t} + \frac{\partial(\bar{\rho}\varepsilon\tilde{u}_j)}{\partial x_j} = \frac{\partial}{\partial x_j}\left[\left(\mu_l + \frac{\mu_t}{\sigma_\varepsilon}\right)\frac{\partial\varepsilon}{\partial x_j}\right] + C_{\varepsilon 1}\frac{\varepsilon}{k}P_k - C_{\varepsilon 2}\bar{\rho}\frac{\varepsilon^2}{k} \quad (2.40)$$

式中,湍流黏性系数 $\mu_t = \bar{\rho}C_\mu\dfrac{k^2}{\varepsilon}$;湍动能生成项 $P_k = \tau_{ij}\dfrac{\partial\tilde{u}_i}{\partial x_j}$; Y_M 为可压缩修正项。

由于大多数湍流模型都是针对不可压湍流提出的,因此在应用于可压缩湍流时要进行修正,常数的一般取值如下:

$$C_{\varepsilon 1} = 1.44,\ C_{\varepsilon 2} = 1.92,\ C_\mu = 0.09,\ \sigma_k = 1.0,\ \sigma_\varepsilon = 1.3$$

由于模型建立过程中假定流场为充分发展的湍流,原则上标准 k-ε 模型只对充分发展的湍流流场有效。

2) RNGk-ε 模型

Yakhot 和 Orszag[8]在前人的基础上,利用重正化群(renormalization group,RNG)方法对湍流流场进行了分析,推导得到了 RNGk-ε 模型。

RNGk-ε 模型与标准 k-ε 模型相似,输运方程为

$$\frac{\partial(\bar{\rho}k)}{\partial t} + \frac{\partial(\bar{\rho}k\tilde{u}_j)}{\partial x_j} = \frac{\partial}{\partial x_j}\left[\alpha_k\mu_{\text{eff}}\frac{\partial k}{\partial x_j}\right] + P_k - \bar{\rho}\varepsilon - Y_M \quad (2.41)$$

$$\frac{\partial(\bar{\rho}\varepsilon)}{\partial t} + \frac{\partial(\bar{\rho}\varepsilon\tilde{u}_j)}{\partial x_j} = \frac{\partial}{\partial x_j}\left[\alpha_\varepsilon\mu_{\text{eff}}\frac{\partial\varepsilon}{\partial x_j}\right] + C_{1\varepsilon}\frac{\varepsilon}{k}P_k - C_{2\varepsilon}\bar{\rho}\frac{\varepsilon^2}{k} - R_\varepsilon \quad (2.42)$$

方程中扩散项的黏性系数与标准 k-ε 模型有所区别,且 ε 方程中多了一项 R_ε,其表达式为

$$R_\varepsilon = \frac{C_\mu\bar{\rho}\eta^3(1 - \eta/\eta_0)}{1 + \beta\eta^3}\frac{\varepsilon^2}{k} \quad (2.43)$$

式中, $\eta = S\dfrac{k}{\varepsilon}$; $S = \sqrt{2S_{ij}S_{ij}}$; $S_{ij} = \dfrac{1}{2}\left(\dfrac{\partial\tilde{u}_i}{\partial x_j} + \dfrac{\partial\tilde{u}_j}{\partial x_i}\right)$; $\eta_0 = 4.38$; $\beta = 0.012$。

方程中的黏性系数为

$$\mu_{\text{eff}} = \mu + \mu_t,\mu_t = \bar{\rho}C_\mu\frac{k^2}{\varepsilon} \quad (2.44)$$

湍流动能生成项: $P_k = \tau_{ij}\dfrac{\partial\tilde{u}_i}{\partial x_j}$; Y_M 同样为可压缩修正项,模型中的一般取值如下:

$$C_\mu = 0.084\ 5,\ a_k = a_\varepsilon = 1.39,\ C_{1\varepsilon} = 1.42,\ C_{2\varepsilon} = 1.68$$

对标准 k-ε 模型进行改进之后,RNGk-ε 模型对瞬变流、曲线流线和壁面传热传质等问题的预测效果变得更好,但是对于圆形喷流的计算效果较差。

4. k-ω 系列模型

k-ε 系列模型的 ε 方程在壁面上存在奇点,这与物理规律相违背,Wilcox[7] 在 Kolmogrov 及 Saffman 等工作的基础上采用比耗散率 ω 代替 ε 来描述湍流特征长度的尺度,提出了标准 k-ω 模型。此后 Menter 等[10] 提出了 BSL(baseline) k-ω 模型和 SST(shear-stress transport) k-ω 模型,后者逐渐成为当前较为流行的工程湍流模型,下面就标准 k-ω 模型和 SSTk-ω 模型进行介绍。

1)标准 k-ω 模型

标准 k-ω 模型是一种经验模型,基于湍流动能和扩散速率的模型方程如下:

$$\frac{\partial(\bar{\rho}k)}{\partial t} + \frac{\partial(\bar{\rho}k\tilde{u}_j)}{\partial x_j} = \tau_{ij}\frac{\partial\tilde{u}_i}{\partial x_j} - \beta^*\bar{\rho}\omega k + \frac{\partial}{\partial x_j}\left[(\mu_l + \sigma^*\mu_t)\frac{\partial k}{\partial x_j}\right] \quad (2.45)$$

$$\frac{\partial(\bar{\rho}\omega)}{\partial t} + \frac{\partial(\bar{\rho}\omega\tilde{u}_j)}{\partial x_j} = \alpha\frac{\omega}{k}\tau_{ij}\frac{\partial\tilde{u}_i}{\partial x_j} - \beta\bar{\rho}\omega^2 + \frac{\partial}{\partial x_j}\left[(\mu_l + \sigma\mu_t)\frac{\partial\omega}{\partial x_j}\right] \quad (2.46)$$

其中,模型常数的主要取值为

$$\alpha = 0.555,\ \beta = 0.075,\ \beta^* = 0.09,\ \sigma = 0.5,\ \sigma^* = 0.5$$

湍流黏性系数 $\mu_t = \dfrac{\bar{\rho}k}{\omega}$,在与其他模型对照时的转换关系为 $\varepsilon = \beta^*\omega k$,$l = k^{1/2}/\omega$。

2)SSTk-ω 模型

SSTk-ω 模型整合了 k-ε 模型和 k-ω 模型的优势,在壁面附近采用 k-ω 模型,对逆压梯度较为敏感,能够模拟较大分离的流动;在远离壁面的流场中采用 k-ε 模型,克服 k-ω 对自由来流条件敏感的缺陷,提高了模型的稳定性。同时,Menter 观察到在有逆压梯度的情况下,湍动能生成项与耗散项的比率可能远大于 1。这种情况下,采用常量系数 $C_\mu = 0.9$ 可能导致湍流剪切应力过高,为避免此缺陷采用了切应力输运假设,对涡黏性系数 v_t 做了重新定义,使其在有逆压梯度的情况下采用与 J-K 模型[4]类似的计算方式,能够反映湍流主应力项输运的影响,明显改善了逆压梯度下流动的计算[11]。仿真结果[12]表明,在很多情况下 SST 模型比标准 k-ω 模型效果更好。

SST $k - \omega$ 模型的输运方程如下：

$$\frac{\partial(\bar{\rho}k)}{\partial t} + \frac{\partial(\bar{\rho}k\tilde{u}_j)}{\partial x_j} = \tilde{P}_k - \beta^* \bar{\rho}\omega k + \frac{\partial}{\partial x_j}\left[(\mu_l + \sigma_k\mu_t)\frac{\partial k}{\partial x_j}\right] \quad (2.47)$$

$$\frac{\partial(\bar{\rho}\omega)}{\partial t} + \frac{\partial(\bar{\rho}\omega\tilde{u}_j)}{\partial x_j} = P_\omega - \beta\bar{\rho}\omega^2 + \frac{\partial}{\partial x_j}\left[(\mu_l + \sigma_\omega\mu_t)\frac{\partial \omega}{\partial x_j}\right]$$
$$+ 2(1 - F_1)\bar{\rho}\sigma_{\omega 2}\frac{1}{\omega}\frac{\partial k}{\partial x_j}\frac{\partial \omega}{\partial x_j} \quad (2.48)$$

式中，$\tilde{P}_k = \min(P_k, 10 \cdot \beta^* \bar{\rho}k\omega)$；$P_k = \mu_t \frac{\partial \tilde{u}_i}{\partial x_j}\left(\frac{\partial \tilde{u}_i}{\partial x_j} + \frac{\partial \tilde{u}_j}{\partial x_i}\right)$。

涡黏性系数定义为 $\nu_t = \dfrac{a_1 k}{\max(a_1\omega, \Omega F_2)}$，$\Omega = \sqrt{2S_{ij}S_{ij}}$，此处混合函数的表达式为

$$F_1 = \tanh(\eta_1^4), \ \eta_1 = \min\left[\max\left(\frac{\sqrt{k}}{0.09\omega y}, \frac{500\nu}{\omega y^2}\right), \frac{4\bar{\rho}\sigma_{\omega 2}k}{CD_{k\omega}y^2}\right] \quad (2.49)$$

$$F_2 = \tanh(\eta_2^2), \ \eta_2 = \max\left(\frac{2\sqrt{k}}{0.09\omega y}, \frac{500\nu}{\omega y^2}\right) \quad (2.50)$$

$$CD_{k\omega} = \max\left(2\bar{\rho}\sigma_{\omega 2}\frac{1}{\omega}\frac{\partial k}{\partial x_j}\frac{\partial \omega}{\partial x_j}, 10^{-10}\right) \quad (2.51)$$

上述方程中有两点需要注意[11]：首先湍动能生成项 P_k 的表达式加入限制，成为 $\widetilde{P_k}$，这是为了防止在滞止点附近过大的湍动能生成；其次在 $CD_{k\omega}$ 表达式中第二项为 10^{-10}，与最初的 $k - \omega$ 模型中的 10^{-20} 有所区别。

设 θ_1、θ_2 分别为 $k-\varepsilon$ 模型和 $k-\omega$ 模型的模型常数，则相对应的 SST $k-\omega$ 模型常数 θ 的表达式为

$$\theta = F_1\theta_1 + (1 - F_1)\theta_2 \quad (2.52)$$

$k-\varepsilon$ 模型中常数的定义为

$$\sigma_{k2} = 1.0, \ \sigma_{\omega 2} = 0.856, \ \beta_2 = 0.082\,8, \ a_1 = 0.31, \ \beta^* = 0.09, \ \kappa = 0.41,$$

$$\gamma_2 = \beta_2/\beta^* - \sigma_{\omega 2}\kappa^2/\sqrt{\beta^*}$$

k - ω 模型中常数的定义为

$$\sigma_{k2} = 1.0, \ \sigma_{\omega2} = 0.856, \ \beta_2 = 0.0828, \ a_1 = 0.31, \ \beta^* = 0.09, \ \kappa = 0.41,$$

$$\gamma_2 = \beta_2/\beta^* - \sigma_{\omega2}\kappa^2/\sqrt{\beta^*}$$

SST 模型可以有效防止因壁面附近过大的湍动能生成(相对于耗散)导致的切应力 τ 计算结果比实际偏大的现象发生。

2.2.2.2　非线性涡黏模型

线性涡黏湍流模型基于 Boussinesq 假设,对湍流黏性的模拟做出各向同性假设,与实际复杂流动现象存在一定差异,不能很好地模拟存在强逆压梯度的流动。雷诺应力模型可以给出较为准确的雷诺应力表达式,更能反映物理实际,但是计算量较大,对数值方法要求也很苛刻。近些年来非线性的涡黏模型得到了普遍的重视,与线性涡黏模型相比非线性涡黏模型的一个优点是可以预测不同方向上的湍流法向剪应力,因而可以克服线性涡黏模型固有的缺陷。

下面在 k - ε 模型框架下介绍几个典型的非线性涡黏模型,其输运方程为[13]

$$\frac{\partial(\bar{\rho}k)}{\partial t} = \frac{\partial}{\partial x_j}\left[\left(\mu + \frac{\mu_t}{\sigma_k}\right)\frac{\partial k}{\partial x_j}\right] + P_k - \bar{\rho}\left[\varepsilon^* + D\right] \tag{2.53}$$

$$\frac{\partial(\bar{\rho}\varepsilon^*)}{\partial t} = \frac{\partial}{\partial x_j}\left[\left(\mu + \frac{\mu_t}{\sigma_\varepsilon}\right)\frac{\partial \varepsilon^*}{\partial x_j}\right] + \left[C_{\varepsilon1}P_k - C_{\varepsilon2}f_2\bar{\rho}\varepsilon^*\right]\frac{\varepsilon^*}{k} + S_l + S_\varepsilon \tag{2.54}$$

式中,

$$\mu_t = \bar{\rho}C_\mu f_\mu \frac{k^2}{\varepsilon^*} \tag{2.55}$$

其中,ε^* 为各向同性耗散,它与真实耗散率的关系为:$\varepsilon^* = \varepsilon - D$。应用相应的基准低雷诺数模型[14],则 $D = 2\nu(\partial\sqrt{k}/\partial x_j)^2$。衰减函数 f_μ 和 f_2 的表达式为

$$f_\mu = \exp\left[-3.4/(1 + 0.02R_t^2)\right] \tag{2.56}$$

$$f_2 = 1 - 0.3\exp(-R_t^2) \tag{2.57}$$

其中,$R_t = k^2/(v\varepsilon^*)$,模型常数为

$$\sigma_k = 1.0, \ \sigma_\varepsilon = 1.3, \ C_{\varepsilon1} = 1.44, \ C_{\varepsilon2} = 1.92$$

S_l 的作用是限制低雷诺数模型在近壁面逆压力梯度时产生过大的湍流长度尺度,其表达式为

$$S_l = \max\left[0.83\bar{\rho} \frac{\varepsilon^{*2}}{k}\left(\frac{l}{l_e} - 1 \right)\left(\frac{l}{l_e} \right)^2, 0 \right] \tag{2.58}$$

其中, $l = k^{3/2}/\varepsilon^*$; $l_e = C_\mu^{-3/4}\kappa y$; $\kappa = 0.41$。

近壁低雷诺数修正项 S_ε 是与壁面有关的部分,取决于非线性湍流模型。

在可压缩流中各向异性雷诺应力张量 b 的表达式为

$$b_{ij} = \frac{\widetilde{u_i'u_j'}}{k} - \frac{2}{3}\delta_i^j, k = \frac{\widetilde{u_i'u_i'}}{2} \tag{2.59}$$

无量纲化的平均应变张量和平均涡量为

$$S_{ij} = \frac{k}{2\varepsilon^*}\left(\frac{\partial \tilde{u}_i}{\partial x_j} + \frac{\partial \tilde{u}_j}{\partial x_i} - \frac{2}{3}\frac{\partial \tilde{u}_k}{\partial x_k}\delta_{ij} \right) \tag{2.60}$$

$$W_{ij} = \frac{k}{2\varepsilon^*}\left(\frac{\partial \tilde{u}_i}{\partial x_j} - \frac{\partial \tilde{u}_j}{\partial x_i} \right) \tag{2.61}$$

非线性湍流模型关键就是建立各向异性雷诺应力张量和平均应变张量及平均涡量之间的关系,下面简要介绍比较经典的二阶和三阶非线性涡黏模型。

1. W-R(Wilcox-Rubinson)二阶涡黏模型

W-R二阶模型[15]源于 Saffman 提出的形式,是最早发展的结合低雷诺数涡黏性模型的二阶涡黏性模型,采用张量形式表示为

$$b = \alpha_1 S + \alpha_2(SW - WS) \tag{2.62}$$

其中, $\alpha_1 = -2C_\mu f_\mu$; $\alpha_2 = \dfrac{8f_\mu/9}{1/C_\mu + 2\{S^2\}}$; 模型系数 C_μ 取值为 0.09。

近壁低雷诺数修正项为

$$S_\varepsilon = 2\nu\mu_1\left(\frac{\partial^2 \tilde{u}_i}{\partial x_j \partial x_k} \right)^2 \tag{2.63}$$

由于这里的 C_μ 为常数,与平均流的应变率张量以及旋转应变张量无关,这导致它与线性湍流模型相比无明显优势。

2. CLS(craft, launder and suga)三阶涡黏性模型

CLS三阶涡黏性模型[16]中各向异性张量的表达式为

$$b = \alpha_1 S + \alpha_2(SW - WS) + \alpha_3\left(S^2 - \frac{1}{3}\{S^2\}I\right) + \alpha_4\left(W^2 - \frac{1}{3}\{W^2\}I\right)$$
$$+ \alpha_5(W^2 S - SW^2) + c(\{S^2\} + \{W^2\})S \tag{2.64}$$

模型将无量纲的平均剪切应变张量和旋转应变张量作为影响涡黏性系数的重要参数,刻画出 C_μ 与平均剪切应变张量和旋转应变张量的非线性关系,并加入了 $(\{S^2\} + \{W^2\})S$ 项以减少过大的湍流动能产生。CLS模型的系数为

$$C_\mu = \frac{0.3}{1 + 0.35[\max(|S|, \Omega)]^{1.5}}\left(1 - \exp\left\{\frac{-0.36}{\exp[-0.75\max(|S|, \Omega)]}\right\}\right) \tag{2.65}$$

式中,$S = \sqrt{2S_{ij}S_{ij}}$;$\Omega = \sqrt{2W_{ij}W_{ij}}$。

线性项系数:$\alpha_1 = -2f_\mu C_\mu$;

二阶项系数:$\alpha_2 = -2f_\mu C_\mu$,$\alpha_3 = -0.4f_\mu C_\mu$,$\alpha_4 = -1.04f_\mu C_\mu$;

三阶项系数:$\alpha_5 = 80f_\mu C_\mu^3$,$c = -40f_\mu C_\mu^3$;

衰减函数:$f_\mu = 1 - \exp[-\sqrt{Re_t/90} - (Re_t/400)^2]$;

近壁面低雷诺数修正项:

$$S_\varepsilon = \begin{cases} 0.0022\frac{|S|\mu_t k^2}{\varepsilon^*}\left(\frac{\partial^2 \tilde{u}_i}{\partial x_j \partial x_k}\right)^2, & Re_t \leq 250 \\ 0, & Re_t > 250 \end{cases} \tag{2.66}$$

其中,$Re_t^2 = k^2/(\nu\varepsilon)$。

CLS模型对含有强流线弯曲、有旋流动、撞击射流以及非定常涡分离流动的效果都较好,其普适性和预测精度优于目前大部分线性及非线性涡黏性模型,成为较实用的三阶非线性涡黏性模型。

2.2.2.3　雷诺应力模型

由于湍流黏性系数 μ_t 在本质上不是各向同性的标量,因而用黏性牛顿流体的各向同性本构关系和湍流黏度 μ_t 的概念来模拟雷诺应力有悖于物理事实。在诸如强旋流等复杂流动中,涡黏假设已经不再成立,基于涡黏假设的涡黏模型也难以精确预测流动结果。为了求解这些复杂的流动,雷诺应力模型逐渐得到

完善和发展。

考虑到雷诺应力 R_{ij} 是二阶对称张量,只有 6 个独立分量,将时均速度脉动量和 N-S 方程组相乘可以得到 6 个雷诺应力输运方程,再加上湍流动能耗散率 ε 输运方程,可以得到雷诺应力模型,由于增加了 6 个需要求解的输运方程,雷诺应力模型的计算花费比常见的两方程湍流模型要高很多。

为方便表述,下面的输运方程中雷诺应力表达式为 $R_{ij} = \widetilde{u_i'' u_j''}$(表达式中不包含 $\bar{\rho}$),雷诺应力输运方程的表达式如下:

$$\frac{\partial}{\partial t}(\bar{\rho} R_{ij}) + \frac{\partial}{\partial x_k}(\bar{\rho} R_{ij} \widetilde{u_k}) = D_{T,ij} + D_{L,ij} + P_{ij} + \Pi_{ij} + \varepsilon_{ij} + M_{ij} \quad (2.67)$$

式中,对流项 $C_{ij} = \frac{\partial}{\partial x_k}(\bar{\rho} R_{ij} \widetilde{u_k})$;湍流扩散项 $D_{T,ij} = -\frac{\partial}{\partial x_k}[\bar{\rho} \widetilde{u_i'' u_j'' u_k''} + \overline{p'(\delta_{kj} u_i'' + \delta_{ik} u_j'')}]$;生成项 $P_{ij} = -\left(\bar{\rho} R_{ik} \frac{\partial \tilde{u}_j}{\partial x_k} + \bar{\rho} R_{jk} \frac{\partial \tilde{u}_i}{\partial x_k}\right)$;压力应变项 $\Pi_{ij} = \overline{p'\left(\frac{\partial u_i''}{\partial x_j} + \frac{\partial u_j''}{\partial x_i}\right)}$;耗散项 $\varepsilon_{ij} = -2\mu \overline{\frac{\partial u_i''}{\partial x_k} \frac{\partial u_j''}{\partial x_k}}$;系统旋转生成项 $M_{ij} = -2\bar{\rho} \Omega_k(R_{jm} \varepsilon_{ikm} + R_{im} \varepsilon_{jkm})$;式中,$\Omega_k$ 是系统旋转角速度,ε_{ijk} 是三阶符号算子。

上述输运方程的各项中,C_{ij}、$D_{L,ij}$、P_{ij}、M_{ij} 是封闭的,剩余三项 $D_{T,ij}$、Π_{ij}、ε_{ij} 需要模化来封闭。

湍流扩散项 $D_{T,ij}$ 可以通过通用梯度扩散模型[17]来模化:

$$D_{T,ij} = C_s \frac{\partial}{\partial x_k}\left(\bar{\rho} \frac{k R_{k,l}}{\varepsilon} \frac{\partial R_{ij}}{\partial x_l}\right) \quad (2.68)$$

由于上述方程会导致数值发散,可将其简化为如下表达式(如 Fluent 软件):

$$D_{T,ij} = \frac{\partial}{\partial x_k}\left(\frac{\mu_t}{\sigma_k} \frac{\partial R_{ij}}{\partial x_l}\right), \mu_t = \rho C_\mu \frac{k^2}{\varepsilon} \quad (2.69)$$

耗散项 ε_{ij} 模化方式如下:

$$\varepsilon_{ij} = -\frac{2}{3} \delta_{ij}\left(\bar{\rho} \varepsilon + 2\rho \varepsilon \frac{k}{a^2}\right) \quad (2.70)$$

式中,a 为声速。

压力应变项 Π_{ij} 的封闭方法很多,一种通用的模化方式[18]如下:

$$\Pi_{ij} = \varepsilon \sum_{n=1}^{8} A^{(n)} T_{ij}^{n} \tag{2.71}$$

其中，$A^{(n)}$ 是标量系数；T_{ij}^{n} 是无量纲对称偏微分张量；以上两个变量可以和如下变量建立关系。

各向异性张量：

$$b_{ij} = \frac{\widetilde{u_i u_j}}{\overline{u_i u_j}} - \frac{1}{3}\delta_{ij} \tag{2.72}$$

正应变率张量：

$$W_{ij} = \frac{1}{2}\frac{k}{\varepsilon}\left(\frac{\partial \tilde{u}_i}{\partial x_j} - \frac{\partial \tilde{u}_j}{\partial x_i}\right) \tag{2.73}$$

旋度张量：

$$S_{ij} = \frac{1}{2}\frac{k}{\varepsilon}\left(\frac{\partial \tilde{u}_i}{\partial x_j} + \frac{\partial \tilde{u}_j}{\partial x_i}\right) \tag{2.74}$$

从当前应用来看,虽然雷诺应力模型对于一些复杂流动的预测精度较高,但是计算精度的提高有限,且计算成本和复杂性大幅度增加,因此雷诺应力模型还需要进一步发展。

2.2.3   模型对比与评述

2.2.3.1   线性涡黏模型

Bardina 等[19] 利用自由剪切流动、不可压缩边界层流动和复杂分离流对 S - A 模型、标准 k-ε 模型、标准 k-ω 模型、SSTk-ω 模型四种湍流模型进行了验证,主要得到如下结论:

（1）对于复杂流动,SSTk-ω 模型最优,其次为 S - A 模型,然后是标准 k-ε 模型,最后是标准 k-ω 模型。SSTk-ω 模型可以较为精确地预测分离流动,标准 k-ω 模型对来流敏感,标准 k-ε 模型对流动分离预测不准,S - A 模型激波位置出现较大偏差。

（2）对于简单流动,除标准 k-ω 模型外,其余三种模型的性能基本一致。

（3）模型敏感性分析表明,S - A 模型的鲁棒性最好,网格疏密、来流湍流度、壁面第一层网格大小等参数的变化对其影响较小。

Wilcox 在 2001 年的综述[20] 中通过一系列基本实验,对通常采用的代数模型、一方程模型以及两方程模型进行了可靠性评估。在充分分析的基础上作者得出：

（1）零方程模型能够很好地模拟附着边界层流动问题，半方程 J－K 模型可以用于有轻度分离的流动区域，但它们都不适用于自由剪切流问题；在有逆压梯度的附着边界层流动中 J－K 模型表现最差，C－S 模型整体稍好一些；对于分离流动尽管零方程模型整体上不实用，但 J－K 模型能够给出较好的结果。

（2）对于自由剪切流，S－A 模型除和射流相关的剪切流外，其余预测效果均较好；对附着边界层流动，B－B 模型计算出的表面摩擦系数过小，除个别算例外，S－A 模型的表现与 B－L 零方程模型相近；在分离流计算中 B－B 模型得出的分离区比试验大很多，而 S－A 模型计算的分离区大小以及附着点的位置可以接受。

（3）$k-\omega$ 系列模型对自由剪切流、附着边界层湍流和适度分离的湍流都有较高的计算精度，而 $k-\varepsilon$ 系列模型整体模拟能力与 $k-\omega$ 系列模型相比较差。

Constantinescu 等[21]比对了 S－A 模型、两方程模型等湍流模型在圆柱绕流方面的性能，并和 LES、DES 的结果进行比对。Durbin 和 Shih[22]对当前的湍流模型进行了详细的介绍，首先是给出了湍流物理现象的描述，概述了预测湍流流动的不同模型，重点介绍了模型的预测能力以及计算资源花费，给出了目前在工程设计和分析中使用的湍流模型，并对这些模型进行评价。

Alfonsi[23]在对雷诺平均模拟方法的综述中对各种线性涡黏模型进行了详细的评估，主要得到以下结论：

（1）零方程模型只能计算平均速度场和压力场，其主要优点是使用方便，计算量小，缺点是湍流特征长度定义不够普适，另外完全忽视了非定常流动的影响。当存在强表面曲率时，在分离点附近和在较大加速度作用下的边界层中，模型并不精确，并且不能计算湍流动能。

（2）一方程模型优于零方程模型，因为涡黏性的时间尺度是由湍流统计而不是平均速度梯度建立的，主要缺陷是湍流特征尺度需要按照经验给定。

（3）两方程模型是第一个完整的湍流模型，模型只需要指定初始条件和边界条件，但是对于复杂流动中的预测结果仍然较差，其主要缺陷为忽略了雷诺应力的各向异性。

2.2.3.2　非线性湍流模型

Loyau 等[13]对比研究了不同的非线性模型，发现由于 WR 模型中 C_μ 与线性模型中同样为常数，因而没有明显的优势。

Alfonsi[23]认为完全二阶封闭湍流模型由于平均生成项中存在明显的弛豫效应、体积力项和显式各向异性效应，因而比线性涡黏模型更能解释湍流物理。

大量研究也表明,在许多情况下使用二阶模型对结果有很大的改善。然而,现有的二阶封闭湍流模型仍然是有局限的,不能普遍适用于所有湍流。

杨晓东和马晖扬[24]针对两个经典跨声速试验,即二维管道突起跨声速流试验和轴对称圆弧突起跨声速绕流试验,采用线性和非线性模型进行了仿真计算,对非线性模型的适用性进行了分析,发现线性 $k-\varepsilon$ 模型和非线性 WR 模型均没能很好地给出两个激波之间的压力平台区,而其他的非线性模型对分离区的模拟效果相对较好,且其中三阶模式要优于二阶模式。

目前雷诺平均模拟广泛应用于 CFD 商业软件中,已经较为成熟,应用也较为广泛。但是随着计算机速度的不断提高和对湍流流动的进一步认识,RANS 模拟方法在研究湍流机理等方面已经略显不足。当前,基于 RANS 模拟方法的研究大多数是和实验相结合,在实验的基础上开展 RANS 模拟,进一步研究流动的机理。例如,Song 等[25]在凹腔辅助的超燃冲压发动机贫燃吹熄极限附近的燃烧特性实验研究的基础上,通过 RANS 数值模拟进一步揭示了贫燃极限附近的流场特性。

RANS 模拟方法当前另一个应用就是混合 RANS/LES 模拟,由于 LES 模拟方法计算成本较高,因此部分学者将 RANS 和 LES 结合起来,充分利用两者的优势,在 2.3 节将会着重对混合 RANS/LES 进行介绍。

2.3　大涡模拟

LES 方法已被越来越广泛地用于各种湍流流动的模拟,因为对于一些复杂流动,如非平衡、三维分离流动,其无疑是一种优于 RANS 的方法。尽管 DNS 方法快速发展,LES 因其在较低计算量下获得流场细节的特点在实际工程计算中依然具有不俗的优势。

2.3.1　LES 方法

流动参数 f 可以认为由两部分组成,$f = \tilde{f} + f''$,其中 $\tilde{f}$ 代表的是大涡可解尺度,f'' 代表的是不可解尺度。Erlebacher 等[26]在不可压湍流亚格子模型的基础上,引进了 Favre 平均(格子内质量平均): $\tilde{f} = \overline{\rho f}/\bar{\rho}$。 此处 $\overline{\rho f}$ 代表的是空间滤波,定义为 $\overline{\rho f(x_i,\ t)} = \int_D \rho f(z_i,\ t) g(x_i - z_i,\ \Delta) \mathrm{d}z_i$。 其中,$g$ 是滤波函数;D 是积

分区域;Δ 是滤波尺度。定义为 $\Delta = (\Delta x \Delta y \Delta z)^{\frac{1}{3}}$,此处 Δx、Δy 和 Δz 分别是流向、横向以及展向的网格尺度。比较简单的盒式滤波函数为

$$g = \begin{cases} \dfrac{1}{\Delta}, & -\dfrac{\Delta}{2} \leqslant (x-z) \leqslant \dfrac{\Delta}{2} \\ 0, & \text{其他} \end{cases} \tag{2.75}$$

将该滤波函数应用到气相多组分 N-S 方程上(见第 1 章),可以得到如下的大涡模拟控制方程(此处只讨论气相流动问题,忽略源项):

$$\frac{\partial \bar{\rho}}{\partial t} + \frac{\partial (\bar{\rho} \tilde{u}_i)}{\partial x_i} = 0 \tag{2.76}$$

$$\frac{\partial (\bar{\rho} \tilde{u}_i)}{\partial t} + \frac{\partial \left[\bar{\rho} \tilde{u}_i \tilde{u}_j + \bar{p} \delta_{ij} - \bar{\tau}_{ij} + \tau_{ij}^{\text{sgs}} \right]}{\partial x_j} = 0 \tag{2.77}$$

$$\frac{\partial \bar{\rho} \tilde{E}}{\partial t} + \frac{\partial \left[(\bar{\rho} \tilde{E} + \bar{p}) \tilde{u}_i + \bar{q}_i - \tilde{u}_j \bar{\tau}_{ji} + H_i^{\text{sgs}} + \sigma_{ij}^{\text{sgs}} \right]}{\partial x_i} = 0 \tag{2.78}$$

$$\frac{\partial \bar{\rho} \tilde{Y}_m}{\partial t} + \frac{\partial}{\partial x_i} (\bar{\rho} \tilde{Y}_m \tilde{u}_i - \bar{\rho} \tilde{Y}_m \tilde{V}_{i,m} + Y_{i,m}^{\text{sgs}} + \theta_{i,m}^{\text{sgs}}) = 0 \tag{2.79}$$

其中,黏性通量 $\bar{\tau}_{ij} = 2\bar{\mu} \left(\tilde{S}_{ij} - \dfrac{1}{3} \tilde{S}_{kk} \delta_{ij} \right)$;热通量 $\bar{q}_i = -\bar{\kappa} \dfrac{\partial \tilde{T}}{\partial x_i} + \bar{\rho} \displaystyle\sum_{m=1}^{N} \tilde{h}_m \tilde{Y}_m \tilde{V}_{i,m} +$

$\displaystyle\sum_{m=1}^{N} q_{i,m}^{\text{sgs}}$,且近似认为 $\tilde{V}_{i,m} = -\dfrac{\bar{D}_m}{\tilde{Y}_m} \dfrac{\partial \tilde{Y}_m}{\partial x_i}$。上述方程中 H_i^{sgs}、$Y_{i,m}^{\text{sgs}}$、τ_{ij}^{sgs}、σ_{ij}^{sgs}、$q_{i,m}^{\text{sgs}}$、

$\theta_{i,m}^{\text{sgs}}$ 分别为亚格子焓通量、亚格子对流组分通量、亚格子应力张量、亚格子黏性项、亚格子热通量以及亚格子组分扩散通量,可以表达如下:

$$\begin{cases} \tau_{ij}^{\text{sgs}} = \bar{\rho} (\widetilde{u_i u_j} - \tilde{u}_i \tilde{u}_j) \\[2mm] H_i^{\text{sgs}} = \bar{\rho} (\widetilde{u_i E} - \tilde{u}_i \tilde{E}) + (\overline{p u_i} - \bar{p} \tilde{u}_i) \\[2mm] \sigma_{ij}^{\text{sgs}} = \widetilde{\tau_{ij} u_j} - \bar{\tau}_{ij} \tilde{u}_j \\[2mm] Y_{i,m}^{\text{sgs}} = \bar{\rho} (\widetilde{u_i Y_m} - \tilde{u}_i \tilde{Y}_m) \\[2mm] q_{i,m}^{\text{sgs}} = \left[\overline{h_m D_m (\partial Y_m / \partial x_i)} - \bar{h}_m \bar{D}_m (\partial \tilde{Y}_m / \partial x_i) \right] \\[2mm] \theta_{i,m}^{\text{sgs}} = \bar{\rho} (\widetilde{V_{i,m} Y_m} - \tilde{V}_{i,m} \tilde{Y}_m) \end{cases} \tag{2.80}$$

压力 $\bar{p}$ 由过滤后的气体状态方程决定:

$$\bar{p} = \bar{\rho} R_u \sum_{m=1}^{N} \frac{\tilde{Y}_m \tilde{T}}{M_m} + \frac{\widetilde{Y_m T} - \tilde{Y}_m \tilde{T}}{M_m} \tag{2.81}$$

如果忽略掉温度-组分关联项 $T^{\mathrm{sgs}} = \bar{\rho}(\widetilde{Y_m T} - \tilde{Y}_m \tilde{T})$,可以认为 $\bar{p} = \bar{\rho} R \tilde{T}$。一般认为,对于低放热的情况,$T^{\mathrm{sgs}}$ 可以忽略掉,但是对于高的热释放不应忽略。然而,鉴于该项建模的困难,通常都对其予以省略。过滤后的单位体积总能量可以记作 $\bar{\rho} \tilde{E} = \bar{\rho} \tilde{e} + \dfrac{1}{2} \bar{\rho} \tilde{u}_k \tilde{u}_k + \bar{\rho} k^{\mathrm{sgs}}$,此处亚格子湍动能记作 $k^{\mathrm{sgs}} = (1/2)[\widetilde{u_k u_k} - \tilde{u}_k \tilde{u}_k]$,过滤后的内能方程为 $\tilde{e} = \sum\limits_{m=1}^{N} [\tilde{Y}_m \tilde{h}_m + (\widetilde{Y_m h_m} - \tilde{Y}_m \tilde{h}_m)] - \bar{p}/\bar{\rho}$;对于完全气体,可以推导得 $\tilde{e} = \sum\limits_{m=1}^{N} [c_{v,m} \tilde{Y}_m \tilde{T} + c_{v,m} T^{\mathrm{sgs}} + \tilde{Y}_m \Delta h'_{f,m}]$。此处有 $\Delta h'_{f,m} = \Delta h^0_{f,m} - c_{p,m} T^0$,$\Delta h^0_{f,m}$ 是参考温度 T^0 下的标准生成焓,忽略掉 T^{sgs},最后可以得到:

$$\tilde{e} = \sum_{m=1}^{N} [c_{v,m} \tilde{Y}_m \tilde{T} + \tilde{Y}_m \Delta h'_{f,m}] \tag{2.82}$$

亚格子焓通量 H_i^{sgs} 可以与总焓 $H \left(= \sum\limits_{m=1}^{N_m} Y_m h_m \right)$ 相关联:

$$H_i^{\mathrm{sgs}} = \frac{-\bar{\rho} v_t^{\mathrm{sgs}}}{Pr_t} \frac{\partial H}{\partial x_i} \tag{2.83}$$

亚格子对流组分通量 $Y_{i,m}^{\mathrm{sgs}}$ 可以采用同组分梯度扩散相关联的封闭方法:

$$Y_{i,m}^{\mathrm{sgs}} = \bar{\rho}[\widetilde{u_i Y_m} - \tilde{u}_i \tilde{Y}_m] = -\frac{\rho v_t^{\mathrm{sgs}}}{Sc_t} \frac{\partial \tilde{Y}_m}{\partial x_i} \tag{2.84}$$

亚格子涡黏性 $v_t^{\mathrm{sgs}} \approx C_\mu \sqrt{k^{\mathrm{sgs}}} \Delta$,亚格子湍动能记作 k^{sgs} 采用 Yoshizawa 等[27] 的一方程亚格子模型求解:

$$\frac{\partial (\bar{\rho} k^{\mathrm{sgs}})}{\partial t} + \frac{\partial (\bar{\rho} k^{\mathrm{sgs}} \tilde{u}_j)}{\partial x_j} = \frac{\partial}{\partial x_j} \left[\bar{\rho} \left(\nu + \frac{v_t^{\mathrm{sgs}}}{Pr_t} \right) \frac{\partial k^{\mathrm{sgs}}}{\partial x_j} \right] + P_k^{\mathrm{sgs}} - D^{\mathrm{sgs}} \tag{2.85}$$

其中,

$$P_k^{\text{sgs}} = -\tau_{ij}^{\text{sgs}}(\partial \tilde{u}_i / \partial x_j), \ D^{\text{sgs}} \approx C_{\text{d}}\bar{\rho}(k^{\text{sgs}})^{3/2}/\Delta,$$

$$\tau_{ij}^{\text{sgs}} = -2\bar{\rho}\nu_t\left[\tilde{S}_{ij} - \frac{1}{3}\tilde{S}_{kk}\delta_{ij}\right] + \frac{2}{3}\bar{\rho}k^{\text{sgs}}\delta_{ij}, \ C_{\text{d}} = 1.0, \ C_{\mu} = 0.020\,75$$

其他未进行封闭的亚格子通量 σ_{ij}^{sgs}、$q_{i,\,m}^{\text{sgs}}$、$\theta_{i,\,m}^{\text{sgs}}$ 在高雷诺数流动中都很小,通常予以省略。

尽管 LES 方法获得的流场细节不如 DNS 方法,但是相比于 RANS 方法能够获取湍流的更多信息,足够对湍流强度以及大尺度拟序结构等进行分析,这里选取两个经典的算例进行 LES 计算验证。

2.3.1.1　超声速激波/边界层干扰(shock wave boundary layer interaction,SWBLI)流场算例

激波/湍流边界层干扰作为超声速流动的经典问题,广泛存在于各类飞行器飞行试验或模拟之中。LES 方法能够较好地模拟湍流边界层特性,在激波/湍流边界层干扰问题数值研究中也发挥了重大作用。首先针对经典的平板超声速激波/湍流边界层干扰算例进行模拟计算,采用上述亚格子模型模拟湍流,激波由数值方法生成,激波角 α 为 30°,计算控制体如图 2.2 所示。

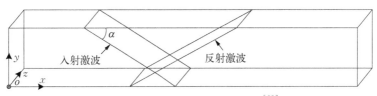

图 2.2　SWBLI 计算控制体构型[28]

图 2.3 所示为 LES 方法模拟的激波/湍流边界层干扰流场速度梯度张量第二不变量等值面图。可以看出,计算很好地捕捉到流场涡结构。在左侧边界层发展区,以近壁条带涡结构为主,进入激波干扰区后,底部流体在回流区抬升与压缩作用下,形成大量三维发卡涡等结构。在边界层到达回流区顶端的压缩过程中,同时可见大尺度的流向涡结构。图 2.4 所示为 LES 方法计算所得 SWBLI 流场沿程摩阻系数与 DNS 方法计算结果对比图。可以发现,两种计算方法的结果吻合较好,只是 DNS 方法所显示的流向分离尺度略大。

2.3.1.2　射流混合算例

为进一步验证本节大涡模拟方法在湍流计算中的准确性,选取了射流混合算例进行模拟分析。计算域如图 2.5 所示,其中 d 为射流孔直径。上游预留一定长度确保边界层发展充分,下游长度确保流体混合,湍流入口采用回收调节方

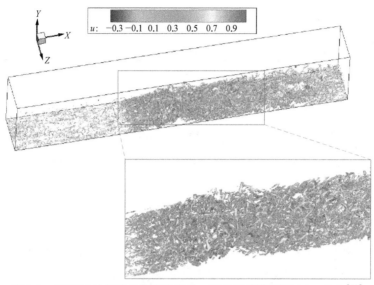

图 2.3　SWBLI 流场速度梯度张量第二不变量等值面图,以 u 着色[28]

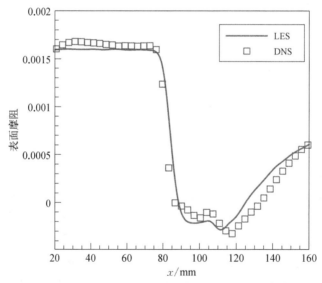

图 2.4　SWBLI 流场沿程摩阻系数分布对比图[28]

法。采用三种不同精度网格 Level1 ~ Level3,网格总量分别为 1 700 万、3 000 万、4 800 万,并与其他 LES 及试验数据对比。

图 2.6 所示为展向中心截面上不同位置的流向速度曲线对比,结果表明基于三种不同分辨率网格得到的时均流向速度分布收敛。随着网格逐渐加密,数

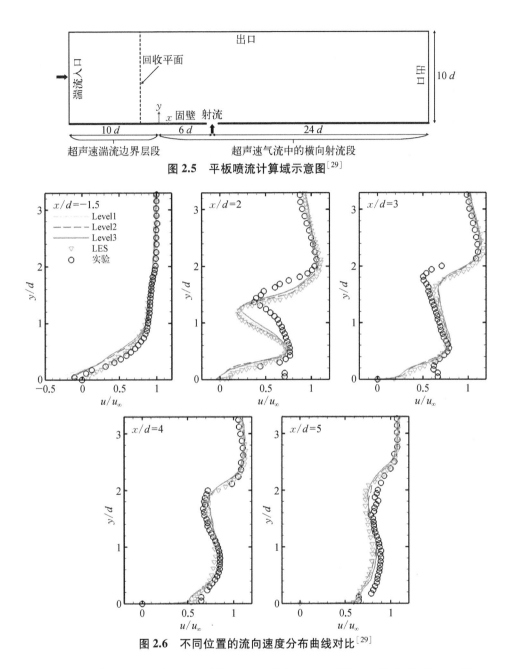

图 2.5　平板喷流计算域示意图[29]

图 2.6　不同位置的流向速度分布曲线对比[29]

值结果的改善不大,上游边界层剖面对下游流向速度的影响非常微弱。在射流出口上游 $1.5d$,远离壁面区域的值与实验及 LES 数据符合得非常好,但是近壁区的误差相对较大。相比于以往的 LES 结果,当前计算精确地捕捉到了壁面附近的回流,特别是网格 Level2 和 Level3。射流下游 $2d$ 和 $3d$ 位置,近壁区和射流尾迹区内计算的流向速度误差很大。射流在进入超声速流场以前的管道内已经充分发展,边界层及湍流脉动对近场混合的影响可能比较显著。当前模拟忽略了管道的影响,导致靠近射流出口附近的穿透深度偏低,因此对应位置的流向速度误差较大。所有的计算结果在近壁区都明显低估了流向速度,同时实验数据也可能存在一定测量误差。远离喷孔的下游区域,射流边界层及湍流脉动的影响减弱,在射流下游 $4d$ 和 $5d$ 位置,数值计算预测的流向速度曲线与实验数据符合非常好。

图 2.7 显示了横向射流喷注段的瞬时涡结构,其中上下两幅图处于相同时刻。图 2.7(a)所示为射流质量分数等值面云图,并基于当地涡量幅值着色。射流在出口附近与周围空气之间的剪切作用最强,产生较大的涡量,其等值面在此处最开始出现褶皱。采用流向速度着色的 λ_2 等值面如图 2.7(b)所示,识别出了瞬态流场内的涡管。射流近场迎风面上的涡尺度较大,近壁区以外具有较高的流向速度。

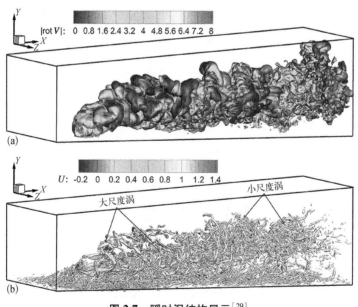

图 2.7 瞬时涡结构显示[29]

(a) 采用涡量幅值着色的射流质量分数等值面($Y=0.25$);
(b) 流向速度着色的 λ_2 等值面($\lambda_2=-0.5$)

2.3.2 混合 RANS/LES 方法

最早和应用最广的混合 RANS/LES 方法之一是 DES(detached eddy simulation),该方法调整了经典 S − A(Spalart − Allmaras)RANS 模型中的长度尺度,使得模型

在大尺度分离区或远离壁面区域减小模型的湍流涡黏性系数,从而成为一种亚格子模型。自提出以来,DES 被广泛用于各种湍流流动的模拟,并取得了一定成果。然而,DES 也存在一些严重的不足,最明显的一点就是该模型从 RANS 到 LES 的转换是由网格控制的,因而网格的加密会影响湍流模型的转换进而严重影响计算结果。DDES(delayed DES) 的提出从一定程度上改善了这个问题,但会引起结果对初场的敏感。另外,当 RANS 与 LES 的转换界面位于边界层内时,近壁区域 RANS 湍流模型产生的高湍流涡黏性会作为亚格子涡黏性侵入外层 LES 区,从而严重影响 LES 区的计算结果。

除了 DES 外,广大学者还提出许多其他混合方法,根据 Fröhlich 和 Terzi[30] 的研究可将混合 RANS/LES 方法分为分离(segregated) 模型与统一(unified) 模型两类。在分离模型中,整个区域在计算之前已被明确地分为若干个 RANS 或 LES 子区域,各子区域在计算中通过在交界面处显式耦合建立联系。一般认为,LES 子区域可以通过平均算子为相邻的 RANS 子区域提供合理的边界条件,但是 RANS 子区域却不能为其相邻的 LES 子区域提供足够的边界信息,从而可能引起 LES 计算区的边界不适定。因此在应用分离模型时,需要在 RANS 与 LES 的交界面采取特殊的处理以使各子区域之间正确耦合,这就增加了模型实现的复杂性。相反地,在统一模型中,所有的求解量在 RANS 与 LES 的交界面或过渡区内是连续的,即 RANS 与 LES 是自动耦合的,不需要采取额外的处理,应用起来更加方便。因此,在实际中得到广泛研究与应用的大多是统一型的混合 RANS/LES 方法。

在统一型的混合 RANS/LES 方法中,按照 RANS 与 LES 模型转换区的位置又可以将其分为类 DES(DES‐like) 方法和壁面模化的 LES(wall-modeled LES) 方法两类。其中,类 DES 方法试图将 RANS 模型应用于整个附着边界层,只在自由流和大分离区域采用 LES 模型,从而可以大大减少计算网格,其不足之处就是不能捕捉到边界层外层的大尺度湍流结构,一般只适用于薄边界层流动;而壁面模化的 LES 方法将 RANS 与 LES 模型之间的转换设置在边界层的对数区,因而可以借助 LES 很好地捕捉到边界层尾迹区的大尺度湍流结构,但同时会相应地增加计算量。

一方程 S‐A RANS 模型由于其简单性和广泛适用性而成为湍流模拟中最常用的模型之一,涡黏性直接由输运方程求解,具体公式可以参考 2.2 节。

DES 的基本思想是在以小尺度涡耗散为主要特征的近壁区域采用 RANS,而在以大尺度涡输运为主要特征的区域采用 LES。该方法可通过将 S‐A RANS

模型中的 d 用 $\tilde{d}$ 代替来实现：

$$\tilde{d} = \min(d,\ C_{\text{DES}}\Delta_{\max}) \tag{2.86}$$

其中，$\Delta_{\max} = \max(\Delta x,\ \Delta y,\ \Delta z)$，$C_{\text{DES}} = 0.65$。

为了克服经典 DES 方法存在的一些缺点，同时保持其一方程模型简单、计算量小以及收敛性好的优点，可基于模型方程混合的思想构造 RANS/LES 湍流模拟方法，采用一个混合函数实现 RANS － LES 转换，下面简要推导其构造过程[31]。

为了实现亚格子模型方程与 RANS 模型方程的混合，首先在涡黏假设基础上将亚格子湍动能方程转化为等效的湍流涡黏性输运方程。根据亚格子模型中 ν_t^{sgs} 的定义有

$$k^{\text{sgs}} = (\nu_t^{\text{sgs}})^2 / (C_\mu^2 \Delta^2) \tag{2.87}$$

将式(2.87)代入式(2.85)有

$$
\begin{aligned}
\frac{\mathrm{d}\nu_t^{\text{sgs}}}{\mathrm{d}t} = {} & \frac{1}{2}C_\mu^2\Delta^2\Omega_{ij}\Omega_{ij} + \frac{\partial}{\partial x_j}\left[(\nu + \sigma_k\nu_t^{\text{sgs}})\frac{\partial\nu_t^{\text{sgs}}}{\partial x_j}\right] \\
& + (\nu/\nu_t^{\text{sgs}} + \sigma_k)\left(\frac{\partial\nu_t^{\text{sgs}}}{\partial x_j}\right)^2 - \frac{C_{\text{d}}}{2C_\mu}\frac{(\nu_t^{\text{sgs}})^2}{\Delta^2} + P_\Delta
\end{aligned} \tag{2.88}
$$

其中，P_Δ 是由网格拉伸或者说空间滤波宽度的不均匀性引起的附加项，其表达式为

$$
\begin{aligned}
P_\Delta = {} & \frac{3\nu_t^{\text{sgs}}}{\Delta^2}(\nu + \sigma_k\nu_t^{\text{sgs}})\left(\frac{\partial\Delta}{\partial x_j}\right)^2 - \frac{4}{\Delta}(\nu + \sigma_k\nu_t^{\text{sgs}})\frac{\partial\Delta}{\partial x_j}\frac{\partial\nu_t^{\text{sgs}}}{\partial x_j} \\
& - \frac{\nu_t^{\text{sgs}}}{\Delta}\frac{\partial}{\partial x_j}\left[(\nu + \sigma_k\nu_t^{\text{sgs}})\frac{\partial\Delta}{\partial x_j}\right]
\end{aligned} \tag{2.89}
$$

如果能保证在 LES 区域有 $f_{v1} = 1.0$，则可通过关系式 $\nu_t^{\text{sgs}} = \tilde{\nu}f_{v1}$ 将关于 ν_t^{sgs} 的亚格子方程转化为关于工作变量 $\tilde{\nu}$ 的方程：

$$
\begin{aligned}
\frac{\mathrm{d}\tilde{\nu}}{\mathrm{d}t} = {} & \frac{1}{2}C_\mu^2\Delta^2\Omega_{ij}\Omega_{ij} + \frac{\partial}{\partial x_j}\left[(\nu + \sigma_k\tilde{\nu})\frac{\partial\tilde{\nu}}{\partial x_j}\right] \\
& + (\nu/\tilde{\nu} + \sigma_k)\left(\frac{\partial\tilde{\nu}}{\partial x_j}\right)^2 - \frac{C_{\text{d}}}{2C_\mu}\frac{\tilde{\nu}^2}{\Delta^2} + P_\Delta
\end{aligned} \tag{2.90}
$$

基于变形后的亚格子方程(2.90)与 S－A 模型方程的相似性,可以采用一个混合函数 F 将其混合:

$$\frac{\mathrm{d}\tilde{\nu}}{\mathrm{d}t} = P_v + \frac{\partial}{\partial x_j}\left[(\nu + \sigma_{v1}\tilde{\nu})\frac{\partial\tilde{\nu}}{\partial x_j}\right] + \sigma_{v2}\left(\frac{\partial\tilde{\nu}}{\partial x_j}\right)^2 - D_v + (1-F)P_\Delta \quad (2.91)$$

其中, $P_v = F(C_{b1}\tilde{S}\tilde{\nu}) + (1-F)\left(\frac{1}{2}C_\mu^2\Delta^2\Omega_{ij}\Omega_{ij}\right)$; $D_\nu = F\left(C_{w1}f_w\frac{\tilde{\nu}^2}{d^2}\right) + (1-F)\left(\frac{C_d}{2C_\mu}\frac{\tilde{\nu}^2}{\Delta^2}\right)$; $\sigma_{v1} = F\frac{1}{\sigma} + (1-F)\sigma_k$; $\sigma_{v2} = F\frac{C_{b2}}{\sigma} + (1-F)(\nu/\tilde{\nu} + \sigma_k)$; 混合函数 F 在近壁 RANS 区等于1,在远离壁面的 LES 区趋于0。

为了使模型在 LES 区恢复为原来的亚格子模型,将 S－A 模型中的 f_{v1} 重新定义为

$$f_{v1} = \frac{\chi^3}{\chi^3 + \Gamma(F)C_{v1}^3} \quad (2.92)$$

其中, $\Gamma(F)$ 在 RANS 区应取为1,在 LES 区取为0。为实现快速转换,可取

$$\Gamma(F) = F^{20} \quad (2.93)$$

通过调节混合函数 F 可以控制 RANS－LES 的转捩位置。当转捩位置位于边界层尾迹靠外的区域时,整个附着边界层几乎全部由 RANS 计算,模型表现为类 DES 行为;当转捩位置位于边界层的对数区时,可以借助 LES 捕捉到边界层尾迹区的大尺度湍流结构,模型表现为壁面模化的 LES 行为。

这里选取 Horstman 等[32] 和 Settles 等[33] 的超声速流体流过带斜坡凹腔的流场为验证算例。该流场具有较复杂的流动特征,包括附着边界层、大分离区、自由剪切层、再附边界层及再附激波,适合用于检验类 DES 的混合RANS/LES 方法。计算来流条件如表 2.1 所示,其中 δ 为凹腔前缘处边界层厚度。计算区域的二维视图如图 2.8 所示,计算区域的展向宽度为 2.54 cm且取为周期性边界,后向台阶上游网格数为 61×91×51,下游网格数为 331×181×51。

采用 S－A RANS 模型计算二维平板边界层流动,在边界层厚度与实验值匹配的位置提取剖面物理量,进行展向拓展后作为三维计算的入口来流平均值。为做对比研究,同时采用经典 DES 方法对流场进行了计算。

表 2.1　带斜坡凹腔来流条件

参　数　名　称	参　数　值
马赫数 Ma_∞	2.92
压力 p_∞, Pa	21 240
温度 T_∞, K	95.4
密度 ρ_∞, kg/m^3	0.77
雷诺数 Re_∞, /m	6.7×10^7
边界层厚度 δ, cm	0.29

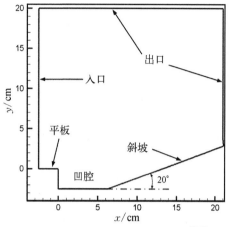

图 2.8　带斜坡凹腔计算域示意图[31]

混合 RANS/LES 方法中的混合函数参照 Sánchez‑Rocha 和 Menon[34] 构造为

$$
F = \begin{cases}
1.0, & y \leqslant y_{\text{start}} \\
0.0, & y \geqslant y_{\text{end}} \\
\dfrac{1}{2}\left(1 - \dfrac{\tanh\left(\dfrac{C_{f1}(d/d_0 - C_{f2})}{(1 - 2C_{f2})d/d_0 + C_{f2}}\right)}{\tanh(C_{f1})}\right), & \text{其他}
\end{cases}
\tag{2.94}
$$

其中，$C_{f1} = 2.0$；$C_{f2} = 0.2$；$d = y - y_{\text{start}}$；$d_0 = y_{\text{end}} - y_{\text{start}}$；$y$ 是到壁面的最短距离；y_{start} 和 y_{end} 分别表示 RANS‑LES 转换区域开始和结束的地方。此处采用 $y_{\text{start}} = \delta_{\text{inf}}$，$y_{\text{end}} = 2\delta_{\text{inf}}$ 构造混合函数，δ_{inf} 为计算域入口边界层厚度。

图 2.9 为计算得到的瞬时速度。可以发现，所构造的 Hybrid 方法很好地捕捉到了流动的主要特征，包括起始于凹腔前缘的自由剪切层逐渐发展的过程、凹腔内部的一个大尺度非定常回流区、自由剪切层撞击斜坡产生的压缩波与激波、自由剪切层再附之后的边界层恢复过程等。DES 未能很好地捕捉凹腔剪切层失稳及大尺度涡结构的卷起过程，因而得到近似定常的结果。究其原因，可能是因为其中类 S‑A 亚格子模型在此类算例中表现不佳，这一点可由图 2.10 的湍流涡黏性分布图看出。可以发现，DES 中的类 S‑A 亚格子模型在自由剪切层中产生的涡黏性过大，即耗散性过强，从而抑制了大尺度结构的发展。Hybrid 模型在自由剪切流区域完全恢复为经典的 Yoshizawa 亚格子模型，其亚格子涡黏性远远小于 DES 模型预测的值。由于大尺度涡运动主导了湍流中的质量、动量及能

量输运过程,所以对其非定常行为的有效捕捉具有重要意义。由于未能预测大尺度涡结构的非定常行为,DES 预测的自由剪切层位置从凹腔前缘开始逐渐向上倾斜并导致凹腔前缘出现明显的压缩波,这将导致时均统计量出现巨大偏差。

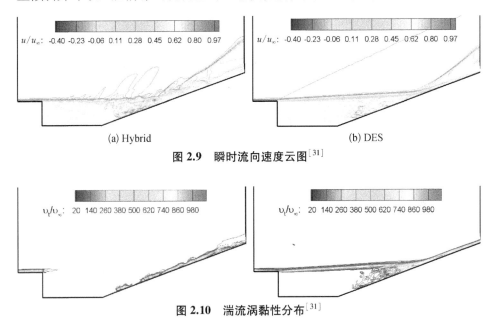

(a) Hybrid

(b) DES

图 2.9　瞬时流向速度云图[31]

图 2.10　湍流涡黏性分布[31]

　　图 2.11 所示为来流边界层及自由剪切层中的速度分布。Hybrid 模型预测的自由剪切层厚度在初始阶段较实验值略微偏小,而在下游位置这种差异逐渐减小,总体来说,计算与实验符合较好。如上所述,DES 由于没有很好预测凹腔剪切层的横向位置,从而导致速度分布较实验值出现明显偏差。图 2.12 和

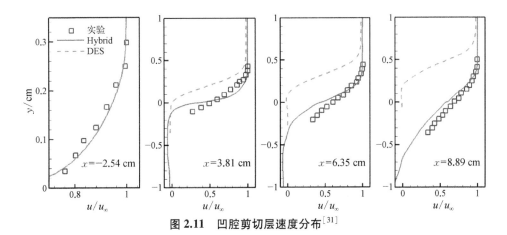

图 2.11　凹腔剪切层速度分布[31]

图 2.13 所示分别为斜坡表面的压力和摩阻分布。除了在恢复区的下游位置略微低估了壁面静压并稍微高估了表面摩阻外,Hybrid 模型预测值与实验值整体符合得很好。考虑到准确捕捉再附激波/边界层干扰的困难,可以认为本书构造的 Hybrid 模型对此类流场具有较好的预测能力。同样可以看到,DES 模型预测值较之 Hybrid 模型要差得多。

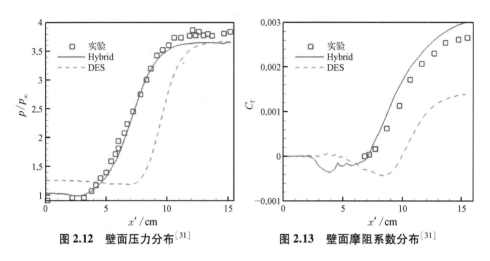

图 2.12　壁面压力分布[31]　　　　图 2.13　壁面摩阻系数分布[31]

　　综上可知,DES 中的类 S－A 亚格子模型在凹腔自由剪切流区域耗散过大,表现不佳;新发展的混合方法使模型在自由剪切流区域恢复为标准 Yoshizawa 亚格子模型,更好地捕捉到了湍流大尺度结构;采用混合函数控制 RANS－LES 转换,克服了 DES 依靠网格控制模型转换的缺点,可使模型在附着边界层流动区域恢复为 RANS,从而更准确地预测流场统计平均量。

2.4　直接数值模拟

2.4.1　直接数值模拟方法概述

　　无论对于层流还是湍流流动,对于它们的数学描述是统一的,最精确的湍流模拟方法就是直接求解流动控制方程而不引入任何近似或模型。直接数值模拟(DNS)即为直接求解流场中所有时空尺度的一种计算流体力学方法。由于直接数值模拟方法能捕捉几乎所有时空尺度的湍流运动,因此无须像 RANS 或 LES 方法一样对物理尺度进行简化或建模处理。尽管直接数值模拟在精确解析湍流流动方面具有巨大的优势,对于工程应用中的多数复杂问题而言,直接数值模拟意味着巨大的成本和开销。

直接数值模拟的计算开销可以由 Kolmogorov 微尺度概念分析物理尺度后粗略估计。流体动力学中,对于湍流尺度的认识主要源自 Kolmogorov[35] 的工作。Kolmogorov 理论建立在理论假设、量纲分析和实验观察的基础上。Kolmogorov 微尺度是湍流中最小的尺度,定义如下:Kolmogorov 长度尺度 $\eta = \left(\dfrac{\nu^3}{\varepsilon}\right)^{1/4}$,Kolmogorov 时间尺度 $\tau_\eta = \left(\dfrac{\nu}{\varepsilon}\right)^{1/2}$,Kolmogorov 速度尺度 $u_\eta = (\nu\varepsilon)^{1/4}$。其中,$\varepsilon$ 为单位质量平均能量耗散率;ν 为流体运动黏性系数。Kolmogorov 微尺度观点建立在小尺度结构是普遍存在的基础之上,即无论何种湍流流动,小尺度结构是相似的并仅由 ε 和 ν 决定。

在直接数值模拟中,所有空间尺度,大到积分尺度(通常取决于边界条件的空间尺度),小到最小耗散尺度(Kolmogorov 微尺度),均与包含绝大部分动能的湍流运动有关,需要在计算网格上直接求解。若考虑积分尺度和沿某一网格方向上的网格点数 N(网格均匀布置,间距为 h),则求解分辨率需要满足 $Nh > L$,从而将积分尺度包含进计算域。同时,还要满足 $h \leqslant \eta$ 使得计算可以解析 Kolmogorov 尺度。因 $\varepsilon \approx u'^3/L$,其中 u' 为脉动速度均方根,由前述关系式可以得到三维直接数值模拟所需的网格数 N^3 应满足 $N^3 \geqslant Re^{9/4}$,其中,$Re = \dfrac{u'L}{\nu}$ 为湍流雷诺数。因此,随着雷诺数的提高,满足直接数值模拟计算要求的网格规模会急剧增加,从而会带来巨大的计算及存储开销。另一方面,由于湍流的三维及非定常特性,直接数值模拟属于时间依赖型的模拟方法。对于时间步长 Δt 的直观要求是 $\Delta t/\tau_\eta$ 应足够小。从数值计算的角度看,考虑到极大的存储需求,对于时间的求解积分应使用显示格式。这也就意味着为了保证精度,时间步长需要足够小并使流体微元在一个时间步中仅移动空间步长的一部分。正因此,为了使计算能够在物理和数值上具有保真性和计算稳定性,时间步长要足够小。而一个完整的算例往往需要计算若干个通流(通流是指将流体微元从计算域的入口移动至出口的时间周期),相应的计算成本可见一斑。

在直接数值模拟实践中需要满足以下要求才能完整解析湍流的各个时空尺度,即网格尺度需小于最小物理尺度,时间步长小于最小物理时间尺度;高精度时间、空间离散格式以及高保真度的数值边界条件。

　　尽管直接数值模拟的计算代价很高,应用于实际工程的条件还不够成熟,但它仍然是湍流基础研究中的重要工具。从工程应用的角度,虽然 RANS 和 LES 具有可以接受的计算成本,但由于湍流的复杂性,同一湍流模型无法适用于所有湍流流动,湍流模型在本质上只是包含了经验和直觉的工程近似。在 RANS 和 LES 分析中,为确定模型参数往往需要依赖于一系列的经验数据,这些数据的适用性决定了计算的成败。可靠的直接数值模拟则被视为是"数字实验",可依据计算结果建立相应的"实验"数据库。通过分析处理直接数值模拟的数据可以获得真实实验中难以获得甚至无法获得的结果,从而能更好地理解湍流的物理机理。直接数值模拟同样在建立 RANS 模型和 LES 亚格子模型中发挥着重要的作用:一方面可以通过先验测试将直接数值模拟得到的数据作为模型的输入;另一方面可通过后验测试将模型得到的结构与直接数值模拟结果进行比对。

　　在所有的 CFD 方法中,数值误差对于计算结果的好坏起到决定性作用。直接数值模拟同样取决于高阶数值格式的应用。对于具有高阶精度的数值格式,由于离散误差正比于 h^n(h 为网格间距),那么高阶格式的离散误差的降低速度会快于低阶精度。为达到相同的计算精度,使用高阶离散格式可以适当降低网格的规模,而采用低阶格式则需要更细的网格。由于计算时间依赖于方法的复杂度及网格分辨率,因此降低网格规模可以带来可观的计算时间的降低。严格说来,直接数值模拟只有在所采用的数值格式具足够高的精度时才是准确的。此外,边界条件在直接数值模拟中扮演着至关重要的角色,它不仅要尽可能地接近真实物理条件,更要与高阶离散格式匹配。Kasagi[36] 总结了直接数值模拟的特点和优势:

- 直接数值模拟在获取全部瞬时流动变量上较实验测量具有优势,因此可以更深入地分析湍流结构和输运机理;
- 实验测量技术可以由丰富而可靠的直接数值模拟数据进行校准和评估;
- 直接数值模拟能提供准确、丰富的湍流统计量,为评估和开发湍流模型提供依据;
- 诸如雷诺数、普朗特数及施密特数等重要的流动及标量场特征参数变化所带来的影响能够通过直接数值模拟系统地进行检验;
- 直接数值模拟能精确地研究现实世界中不存在的流动。

　　目前直接数值模拟主要应用于剪切层流动中,例如平板边界层流动、管道流动、槽道流动、射流、羽流以及尾流等。尽管剪切层流动比实际工程应用中遇到的许多流动都要简单,但剪切层流动是这些更复杂的流动的基石,同时它也为模型开发提供了理想的算例。

2.4.2　可压缩湍流的直接数值模拟算例

直接数值模拟(DNS)作为可压缩湍流数值求解的最为精确的方法,能捕捉几乎所有时空尺度的湍流运动,其在求解精度方面有着巨大的优势,但是对于大多数工程问题,特别是超燃冲压发动机内的流动问题,由于存在掺混、释热和燃烧等多方面问题,加之发动机尺寸较大,直接数值模拟的应用难度较大,对计算资源和时间的耗费很高。但是由于直接数值模拟的巨大精度优势,已经有不少学者将其应用于超声速湍流流动的求解过程中。

2.4.2.1　超声速流向弯曲边界层的直接数值模拟

曲率对边界层的影响在飞行器内外所有与流动接触的表面广泛存在,不可回避,对飞行器各部件性能影响深刻,如涡轮叶片、机翼表面、进气道、燃烧室和喷管等。

王前程[37]对如图 2.14 所示的超声速流向凹曲壁边界层进行了直接数值模拟研究。入口的湍流边界层采用数值滤波方法生成。由于随机滤波给定的入口湍流脉动需要经过一定距离之后才能得到充分发展,为确保数值模拟的可靠性,在弯曲开始前设置了长度为 $20\delta_i$ 的平板段,一方面可以保证来流湍流边界层能够充分发展,另一方面通过对比曲壁边界层和 $15\delta_i$ 后的平板边界层,可以完整研究充分发展的超声速湍流边界层从平板段进入曲壁段整个过程的湍流特性变化情况。考虑到实验条件,仿真选取的曲壁的曲率半径为 $R = 350\ \text{mm}$,壁面旋转角度为 $12°$。在曲壁起始位置,边界层厚度 $\delta_t \approx 6.0\ \text{mm}$。计算区域的展向和纵向尺寸分别为 $2.6\delta_i$ 和 $5\delta_i$。

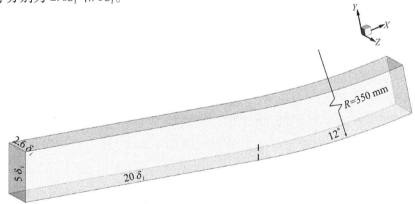

图 2.14　超声速流向凹曲壁构型示意图[37]

将两个流向位置的流向速度分布图与先前从粒子图像测速仪(particle image velocimetry, PIV)获得的实验结果[38]进行了比较,如图 2.15 所示。从图中可以看出,计算结果与实验结果吻合良好,在主流中,沿流方向的速度明显降低。

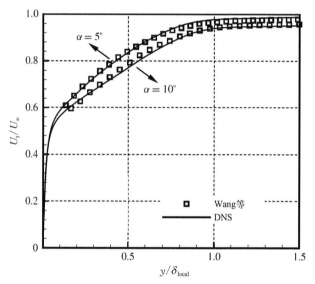

**图 2.15   曲壁不同流向位置处($\alpha = 5°$和$\alpha = 10°$)的
平均流向速度分布与实验[38]的对比图[39]**

用来流速度 U_∞ 对流向速度进行归一化,并使用局部边界层厚度
δ_{local} 对壁面法向高度进行归一化

图 2.16 所示为采用 Q 方法识别出的超声速曲壁湍流边界层中的瞬时欧拉涡结构($Q = 0.12$ 等值面)。考虑到边界层壁面附近区域湍流结构对整个边界层的核心影响,图中只给出了法向高度 $d/\delta_i < 0.4$ 范围内的湍流结构,这一高度对应的平板段边界层的 y^+ 约为 120,而对应的曲壁段 $\alpha = 6.0°$ 位置处的 y^+ 约为 160,显然这一高度已经囊括了整个对数律层。图 2.16(a)所示为湍流边界层从平板段到曲壁段整个过程内的涡结构,图 2.16(b)和图 2.16(c)分别为平板段和曲壁段边界层中涡结构的局部放大图。从图中可以看出,从平板段到曲壁段,边界层内的涡结构变化显著:在平板段,边界层近壁区较强的涡主要为沿流向伸展的准流向涡结构,只有少量的发卡涡头能够在这一高度范围内被识别出;进入到曲壁段后,边界层在图中给定的高度范围内形成了大量的发卡涡结构,同时也形成了大量结构特征难以辨识的细小涡结构。

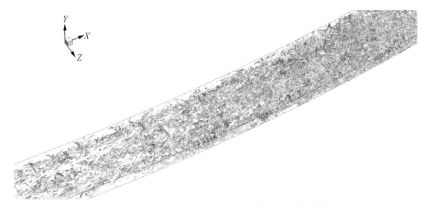

(a) 湍流边界层从平板段到曲壁段的整个区域涡结构

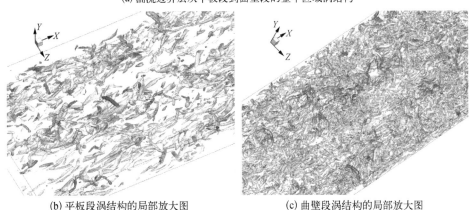

(b) 平板段涡结构的局部放大图　　　　　(c) 曲壁段涡结构的局部放大图

图 2.16　超声速曲壁湍流边界层法向高度 $d/\delta_i<0.4$ 范围内的欧拉涡[37]

2.4.2.2　超声速气流中横向射流的直接数值模拟[40]

在超燃冲压发动机燃烧室中,燃料常通过声速喷射从壁孔引入超声速空气流中,这是燃烧室设计中的一种简单却十分有效的喷射方案,但是由于横向射流涉及不同组分的混合,因此其对于直接数值模拟的计算要求更高,随着直接数值模拟技术的不断进步,超声速横向射流的直接数值模拟已经逐渐开展。直接数值模拟研究能够解析各种尺度的湍流流场结构,从而获得以往数值模拟或实验很难观测到的湍流形貌以及射流下游各尺度湍流结构的演化规律。

Sun 和 Hu[40]对超声速气流中的横向射流进行了直接数值模拟,空气来流参数设置(详见表 2.2)与 Sun 等[41]开展的 $Ma=2.7$ 的实验一致,总压 $P_0=$ 101 325 Pa, 总温 $T_0=300$ K。在射流和非射流模拟中,超声速来流的名义边界层厚度 $\delta_{0.99}$ 均预设为 5.12 mm,相应的考虑可压缩性(包括密度变化)的边界层

位移厚度 $\delta^* = 1.75\,\text{mm}$，动量厚度 $\theta = 0.38\,\text{mm}$，以及对应的雷诺数 $Re_{\delta^*} = 15\,367$ 和 $Re_{\theta} = 3\,337$。射流喷孔处产生声速射流，并假定射流入口处的湍流水平是均匀分布的。射流参数如表 2.3 所示。

表 2.2 超声速空气来流流动参数[40]

马赫数	总温	总压	99%入口边界层厚度	动量厚度	动量厚度雷诺数
Ma_{∞}	T_0	P_0	δ_i	θ	Re_{θ}
2.7	300 K	101 kPa	5.12 mm	0.38 mm	3 337

表 2.3 射流参数表[40]

动压比	射流马赫数	射流孔径	射流总温	射流总压
J	Ma_j	D	T_{0j}	P_{0j}
2.3	1.0	2 mm	300 K	138 kPa

该直接数值模拟算例均直接求解非定常可压三维 Navier – Stokes 方程，没有引入模化方程。对空间导数使用四阶中心差分格式，并对时间预先使用三阶显式龙格-库塔格式。热对流项和黏性项分别通过熵分裂和拉普拉斯形式离散以提高非耗散中心差分格式的稳定性。为了更好地处理射流附近流场的急剧变化，结合了熵分裂中心格式和四阶中心迎风型加权基本非振荡（WENO – CU4）格式的混合数值格式被应用于高梯度区域。计算域入口边界条件设置为数字滤波器湍流入口，展向边界设置为周期性边界条件，下边界设置为无滑移的等温壁面，壁温与入口总温一致。上边界和出口边界均为无反射特征边界条件。

图 2.17 展示了传统的速度梯度张量第二不变量的等值面图像，等值面以当地密度着色。图像清楚地显示了低密度射流羽流与主流和来流边界层的混合过程。射流羽流的密度在近场较低，并且随着射流羽流在下游对流而增加。

图 2.18 展示了横向射流流场中心截面上的瞬时密度图像，图中激波和湍流结构十分清晰，包括弓形激波、桶形激波和马蹄涡等结构在内的射流结构十分明显，红色线条为流向速度为 0 的等值线，可以看到，射流上游和下游背风区中的回流区都十分清晰地展现了出来。

在之前的研究中，Sun 等[41]使用从基于纳米粒子的平面激光散射（NPLS）实验图像的上边缘近似定义的统计数据中获得了射流穿透深度变化关系式如下所示：

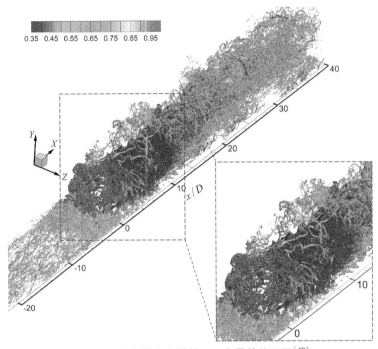

图 2.17　速度梯度张量第二不变量等值面图[40]

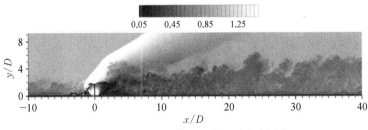

图 2.18　流场中心截面上的瞬时密度图像

红色线条为流向速度为 0 等值线[40]

$$\frac{y}{DJ} = \frac{2.933}{J^{0.583\,0}}\left(\frac{x}{DJ}\right)^{0.161} \tag{2.95}$$

其中，x 表示距离喷孔中心的流向距离；y 表示壁面法向距离；D 为喷孔直径；该公式与 Rothstein 和 Wantuck[42] 的修正关系式较为一致，其表达式如下所示：

$$\frac{y}{DJ} = J^{-0.698\,5}\ln\left[4.704J\left(\frac{x}{DJ} + \frac{0.637\,3}{J}\right)\right] \tag{2.96}$$

图 2.19 展示了流场中心截面上射流组分分布的时均图像,可以看到,对于射流穿透深度而言,直接数值模拟所得结果与通过实验数据拟合得到的经验关系式具有很好的一致性,特别是在下游区域,射流边界几乎与经验关系式重合。

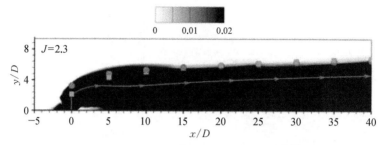

图 2.19 流场中心截面上射流分布云图[40]

红色圆点代表式(2.95)所示的经验关系式;绿色方点代表式(2.96)所示的经验关系式;红线为经过射流孔中心的流线

以上所有直接数值模拟结果表明,直接数值模拟对于纯流动的超声速拐角问题、带有掺混和超声速横向射流问题,在求解时都具有很高的精度,能够精确解析流场的复杂结构,定量数据与实验结果几乎一致。另外,目前已经有学者[43]将DNS 应用到圆孔射流燃烧的模拟当中,说明直接数值模拟在燃烧方面的应用也基本已经开展。超燃冲压发动机是集中了湍流、混合和燃烧等多种复杂效应的流动,随着直接数值模拟技术的进步和对超燃冲压发动机内精细流动认识需求的提高,直接数值模拟技术在超燃冲压发动机领域的应用必然逐渐增加。

参考文献

[1] Papetti F, Succi S. An introduction to parallel Computational Fluid Dynamics[M]. Upper Saddle River: Pearson Eduction, 1997.

[2] Smith A M O, Cebeci T. Numerical Solution of the Turbulent Boundary-Layer Equations[C]. Douglas Aircraft Division Report DAC 33735. 1967.

[3] Baldwin B S, Lomax H. Thin layer approximation and algebraic model for separated turbulent flow[C]. Huntsville: AIAA - 1978 - 257, 16th Aerospace Sciences Meeting, 1978.

[4] Johnson D A, King L S. A mathematically simple turbulence closure model for attached and separated turbulent boundary layers[J]. AIAA Journal, 1985, 23(11): 1684 - 1692.

[5] Baldwin B S, Barth T J. A one-equation turbulence transport model for high Reynolds number wall bounded flows[C]. Reno: AIAA - 1991 - 610, 29th Aerospace Sciences Meeting, 1991.

[6] Spalart P R, Allmaras S R. A one-equation turbulence model for aerodynamic flows[C]. Reno: AIAA - 1992 - 439, 30th Aerospace Sciences Meeting and Exhibit, 1992.

[7] Wilcox D C. Turbulence modeling for CFD[M]. La Canada, California: DCW Industries,

Inc, 1998.

[8] Yakhot V, Orszag S A. Renormalization group analysis of turbulence. I. Basic theory[J]. Journal of Scientific Computing, 1986, 1(1): 3 – 51.

[9] 张兆顺,崔桂香,许春晓.湍流理论与模拟[M].清华大学出版社,2005.

[10] Menter F R. Two-equation eddy-viscosity turbulence models for engineering applications[J]. AIAA Journal, 1994, 32(8): 1597 – 1605.

[11] Menter F R. Review of the shear-stress transport turbulence model experience from an industrial perspective[J]. International Journal of Computational Fluid Dynamics, 2009, 23 (4): 305 – 316.

[12] Godin P, Zingg D W, Nelson T E. High-lift aerodynamic computations with one-and two-equation turbulence models[J]. AIAA Journal, 1997, 35(2): 237 – 243.

[13] Loyau H, Batten P, Leschziner M A. Modelling shock/boundary-layer interaction with nonlinear eddy-viscosity closures [J]. Flow Turbulence & Combustion, 1998, 60 (3): 257 – 282.

[14] Launder B E, Spalding D B. The numerical computation of turbulent flows[J]. Computer Methods in Applied Mechanics and Engineering, 1974, 3(2): 269 – 289.

[15] Wilcow D C, Rubesin M W. Progress in turbulence modeling for complex flow field including effects of compressibility[C]. NASA TP1517. 1980.

[16] Craft T J, Launder B E, Suga K. Development and application of a cubic eddy-viscosity model of turbulence [J]. International Journal of Heat and Fluid Flow, 1996, 17 (2): 108 – 115.

[17] Daly B J, Harlow F H. Transport equations in turbulence[J]. Physics of Fluids, 1970, 13 (11): 2634 – 2649.

[18] Pope S B. On the relationship between stochastic lagrangian models of turbulence and second-moment closures[J]. Physics of Fluids, 1994, 6(2): 973 – 985.

[19] Bardina J E, Huang P G, Coakley T J. Turbulence modeling validation, testing, and development[C]. NASA Technical Memorandum 110446. 1997.

[20] Wilcox D C. Turbulence modeling: An overview [C]. Reno: AIAA – 2001 – 724, 39th Aerospace Sciences Meeting and Exhibit, 2001.

[21] Constantinescu G, Chapelet M, Squires K. Turbulence modeling applied to flow over a sphere [J]. AIAA Journal, 2003, 41(9): 1733 – 1742.

[22] Durbin P A, Shih T I-P. An overview of turbulence modeling [M]. California, USA: Department of Mechanical Engineering, Stanford University, 2005.

[23] Alfonsi G. Reynolds-averaged Navier – Stokes equations for turbulence modeling[J]. Applied Mechanics Reviews, 2009, 62(4): 933 – 944.

[24] 杨晓东,马晖扬.应用于激波/边界层相互作用的非线性湍流模式[J].力学学报,2003,35 (1): 57 – 63.

[25] Song X, Wang H, Sun M, et al. Experimental study of near-blowoff characteristics in a cavity-based supersonic combustor[J]. Acta Astronautica, 2018, 151(OCT.): 37 – 43.

[26] Erlebacher G, Hussaini M Y, Speziale C G, et al. Toward the large-eddy simulation of

compressible turbulent flows[J]. Journal of Fluid Mechanics, 1992, 23(8): 85 - 155.

[27] Yoshizawa A, Horiuti K. A statistically-derived subgrid-scale kinetic energy model for the large-eddy simulation of turbulent flows[J]. Journal of the Physical Society of Japan, 1985, 54(8): 2834 - 2839.

[28] Zhu K, Liu W, Sun M. Impacts of periodic disturbances on shock wave/turbulent boundary layer interaction[J]. Acta Astronautica, 2021(182): 230 - 239.

[29] 刘朝阳.超声速气流中壁面燃料射流混合、点火及稳燃机制研究[D].长沙:国防科学技术大学,2012.

[30] Froehlich J, Terzi D V. Hybrid LES/RANS methods for the simulation of turbulent flows[J]. Progress in Aerospace Sciences, 2008, 44(5): 349 - 377.

[31] 汪洪波.超声速气流中凹腔稳定的射流燃烧模式及振荡机制研究[D].长沙:国防科学技术大学,2012.

[32] Horstman C C, Settles G S, Williams D R, et al. A reattaching free shear layer in compressible turbulent flow[J]. AIAA Journal, 1982, 20(1): 79 - 85.

[33] Settles G S, Baca B K, Bogdonoff S M, et al. Reattachment of a compressible turbulent free shear layer[J]. AIAA Journal, 1982, 20(1): 60 - 67.

[34] Sánchez-Rocha M, Menon S. The compressible hybrid RANS/LES formulation using an additive operator[J]. Journal of Computational Physics, 2009, 228(6): 2037 - 2062.

[35] Kolmogorov A N. Local structure of turbulence in an incompressible liquid for very large Reynolds numbers[J]. Comptes Rendus de l'Académie des Sciences de Paris, 1941, 30(4): 299 - 301.

[36] Kasagi N. Progress in direct numerical simulation of turbulent transport and its control[J]. International Journal of Heat & Fluid Flow, 1998, 19(2): 125 - 134.

[37] 王前程.超声速边界层流向曲率效应研究[D].长沙:国防科学技术大学,2017.

[38] Wang Q, Wang Z, Zhao Y. An experimental investigation of the supersonic turbulent boundary layer subjected to concave curvature[J]. Physics of Fluids, 2016, 28(9): 96 - 104.

[39] Wang Q, Wang Z, Sun M, et al. The amplification of large-scale motion in a supersonic concave turbulent boundary layer and its impact on the mean and statistical properties[J]. Journal of Fluid Mechanics, 2019, 863(2): 454 - 493.

[40] Sun M, Hu Z. Formation of surface trailing counter-rotating vortex pairs downstream of a sonic jet in a supersonic cross-flow[J]. Journal of Fluid Mechanics, 2018, 850(3): 551 - 583.

[41] Sun M, Zhang S, Zhao Y, et al. Experimental investigation on transverse jet penetration into a supersonic turbulent crossflow[J]. Science China Technological Sciences, 2013, 56(8): 1989 - 1998.

[42] Rothstein A, Wantuck P. A study of the normal injection of hydrogen into a heated supersonicflow using planar laser-induced fluorescence[C].Nashville: AIAA - 1992 - 3423, 28th Joint Propulsion Conference and Exhibit, 1992.

[43] Fu Y, Yu C, Yan Z, et al. DNS analysis of the effects of combustion on turbulence in a supersonic H_2/air jet flow[J]. Aerospace Science and Technology, 2019, 93: 105362.

第3章

超声速两相流模拟方法与模型

液体碳氢燃料具有热值高、体积小、便于存储、使用安全和价格便宜等优点，因此在超燃冲压发动机中得到广泛应用。以液体燃料为推进剂的发动机中，燃料雾化是一个必然经历的过程，其对发动机性能有很大的影响。研究者通常将高速气流中的液体横向射流分成三个部分：液柱、液块和液滴。由液柱变成液块（或大液滴）的过程称为一次雾化，液块（或大液滴）进一步破碎成更小液滴的过程称为二次雾化，其雾化过程如图 3.1 所示[1]。

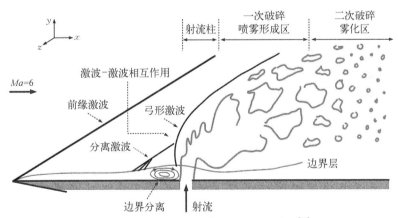

图 3.1　超声速气流中横向射流雾化过程[1]

由于液体射流的雾化过程是十分复杂的两相流动过程，其流动形态从完全液相经历稠密相逐渐转变为稀疏相，所涉及的物理尺度与时间尺度跨度非常大，这给数值模拟过程带来非常大的挑战。液体燃料射流喷雾的早期数值模拟研究中，研究者借助实验获得的射流雾化完全后液滴粒径及速度参数，并据此提出了适用不同喷注方式的液滴分布模型，如 Rosin - Rammler 分布函数以及对数-正态分布函数。这些经验模型忽略具体的雾化过程，直接在燃料喷孔处指定液滴的粒径及速度,以此极大地简化了数值计算过程,同时还能获得相对合理的燃料气相组分分布及燃烧流场[2~4]。对于超声速气流中的液体横向射流,雾化过程的影响更加明显。液滴的初始粒径对液体射流的穿透深度具有较大的影响,进而影响到燃料液雾的分布及蒸发过程,最终影响到气相燃料分布及燃烧特性。因此有必要对液体横向射流雾化的具体过程进行模拟。目前针对射流破碎雾化过程应用较为广泛的数值模拟方法主要包括界面方法和液滴追踪方法,界面方法又分为界面追踪和界面捕捉方法,液滴追踪方法中则涉及液滴破碎模型、蒸发模型及燃烧模型等。下面将分别针对上述模型方法开展详细讨论。

3.1　基于界面追踪的一次雾化模拟

在两相流数值仿真中,直接追踪界面求解雾化过程的数值方法成为近年来的研究热点。流行的界面追踪方法有三种: volume of fluid(VOF)、level set(LS)、coupled LS and VOF(CLSVOF)。VOF法的优点是可以保证液体体积守恒,但由于VOF函数的不连续,界面几何特征(法向量和曲率)计算困难。LS函数是连续函数(如符号距离函数),可以方便地提供界面信息(位置、法向量和曲率)。但LS法会造成液体质量误差。CLSVOF法可以很好地结合VOF法和LS法的优点,既可很容易地构造界面,又可精确保证质量守恒,因此CLSVOF法被应用于本节两相流计算。

在本节的超声速气流雾化数值仿真中,液体和气体分别视为不可压流和可压流,分别采用不可压流求解器和可压流求解器计算。超燃冲压发动机燃烧室中的总压力为几兆帕,并且液体燃料(如煤油)相应的压缩性大约为0.1%。因此,假定液体不可压缩是合适的。在相界面处采用适当的数值离散方案将两个求解器耦合起来,以便正确捕捉气体和液体之间的相互作用,实现雾化过程的数值计算。

3.1.1　控制方程

3.1.1.1　界面输运方程

VOF函数中的 F 定义为液体所占的体积分数。LS函数中的 ϕ 是到界面的变号距离,等值面 $\phi=0$ 为界面, $\phi>0$ 表示液体, $\phi<0$ 表示气体。VOF和LS的控制方程如下:

$$\frac{\partial F}{\partial t} + U_i \frac{\partial F}{\partial x_i} = 0 \tag{3.1}$$

$$\frac{\partial \phi}{\partial t} + U_i \frac{\partial \phi}{\partial x_i} = 0 \tag{3.2}$$

其中，U_i 为速度分量。

3.1.1.2　液相控制方程

由于液体被认为不可压缩，连续性方程为

$$\frac{\partial U_i}{\partial x_i} = 0 \tag{3.3}$$

液相中动量方程为

$$\frac{\partial U_i}{\partial t} + \frac{\partial (U_i U_j)}{\partial x_j} = -\frac{1}{\rho}\frac{\partial P}{\partial x_i} + \frac{1}{\rho}\frac{\partial (\tau_{ij})}{\partial x_j} + g_i + \frac{1}{\rho}F_i^{ST} \tag{3.4}$$

其中，ρ 为密度；P 为压强；g_i 为重力加速度；τ_{ij} 为黏性应力；表面张力 F_i^{ST} 由下式计算：

$$F_i^{ST} = \sigma\kappa\frac{\partial H}{\partial x_i} \tag{3.5}$$

$$\kappa = \frac{\partial n_i}{\partial x_i} \tag{3.6}$$

$$n_i = -\frac{1}{\sqrt{\frac{\partial \phi}{\partial x_k}\frac{\partial \phi}{\partial x_k}}}\frac{\partial \phi}{\partial x_i} \tag{3.7}$$

其中，σ 为表面张力系数；κ 为界面曲率；n_i 为从液相指向气相的界面法向量；$H(\phi)$ 为 Heaveside 函数。

3.1.1.3　气相控制方程

气体为可压缩相，其连续方程、动量方程、能量方程、状态方程为

$$\partial\rho/\partial t + \partial(\rho U_i)/\partial x_i = 0 \tag{3.8}$$

$$\frac{\partial (\rho U_i)}{\partial t} + \frac{\partial (\rho U_i U_j)}{\partial x_j} = -\frac{\partial P}{\partial x_i} + \frac{\partial (\tau_{ij})}{\partial x_j} \tag{3.9}$$

$$\frac{\partial(\rho E)}{\partial t} + \frac{\partial(\rho E U_i)}{\partial x_j} = -\frac{\partial P U_i}{\partial x_i} + \frac{\partial(U_j \tau_{ij})}{\partial x_i} - \frac{\partial q_i}{\partial x_i} \qquad (3.10)$$

$$P = \rho R T \qquad (3.11)$$

其中，T 为温度；R 为气体状态常数；E 为单位质量总能；q_i 为热流密度。

3.1.2　数值计算方法

在目前的两相流建模中，通过有限差分法求解气体，并且在笛卡儿网格上使用有限体积法求解液体。网格和因变量排布如图 3.2 所示。液相求解器使用的变量以交错方式排列：压力 p、LS 的 ϕ 函数和 VOF 的 F 函数位于网格单元中心；速度分量 u 和 v 位于相应的网格面上。气体求解器使用的变量（压力 P，速度分量 U 和 V，温度 T 和密度 ρ）都位于网格单元角落处。

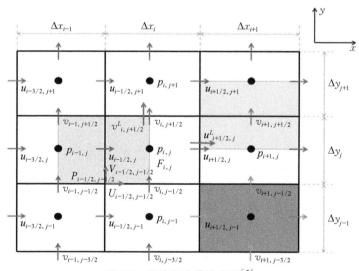

图 3.2　网格和变量排布图[5]

在处理超声速气体流动时，采用有限差分法。气相求解器中的时间离散采用二阶 TVD（total-variation-diminishing）和 Runge – Kutta 方法，时间步长由设定为 0.4 的 CFL 数决定。采用 WENO 方法计算对流项，采用二阶中心差分格式对黏性项进行离散。求解液相方程时，采用有限体积方法。液相求解器中的时间离散采用一阶正向投影方法，对流和扩散项的空间离散采用二阶中心差分方法。为解决密度和黏度不连续引起的界面速度梯度不连续问题，构造了一个无发散外推液体速度场，用于计算 LS 和 VOF 函数的输运项。为再现界面上的压力突

变,在压力梯度的离散化中采用 Fedkiw
等[6]提出的虚拟流体方法(ghost fluid
method)以考虑表面张力的影响。

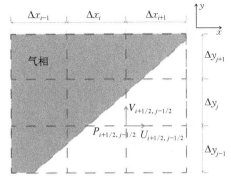

3.1.2.1　气相求解器的数值方法

为解决气体的流动问题,应在界面
处指定边界条件。而可压缩流动求解器
使用的变量被指定在液相中的单元角落
处,以便控制方程的离散化,如图 3.3 所
示。液相求解器中构造的液体速度场给
出了液体区域中速度如下:

图 3.3　确定气相求解器界面边界条件的图解[7]

$$U_{i+1/2,\,j-1/2} = \frac{u^{\mathrm{L}}_{i+1/2,\,j-1}\Delta y_j + u^{\mathrm{L}}_{i+1/2,\,j}\Delta y_{j-1}}{\Delta y_j + \Delta y_{j-1}} \tag{3.12}$$

$$V_{i+1/2,\,j-1/2} = \frac{v^{\mathrm{L}}_{i+1,\,j-1/2}\Delta x_i + v^{\mathrm{L}}_{i,\,j-1/2}\Delta x_{i+1}}{\Delta x_i + \Delta x_{i+1}} \tag{3.13}$$

其中,u^{L} 和 v^{L} 代表液相求解器求得的液相速度场。由于能量方程在当前方程中
未在液相中求解,因此液相中的温度设定为常值 T_{liquid}。

$$T_{i+1/2,\,j-1/2} = T_{\mathrm{liquid}} \tag{3.14}$$

通过从气相外推至液相可以获得压力 $P_{i+1/2,\,j-1/2}$。并且还可以根据气体的
状态方程 $\rho_{i+1/2,\,j-1/2} = P_{i+1/2,\,j-1/2}/(RT_{i+1/2,\,j-1/2})$ 计算密度。速度分量
($U_{i+1/2,\,j-1/2}$,$V_{i+1/2,\,j-1/2}$)和流体属性($\rho_{i+1/2,\,j-1/2}$,$P_{i+1/2,\,j-1/2}$,$T_{i+1/2,\,j-1/2}$)可假定
属于该节点的虚拟气体。

如上所述,在液相中指定速度分量和流体性质之后,可以使用气相区域中的
可压缩流动求解器来求解气流。

3.1.2.2　液相求解器的数值方法

采用一阶向前欧拉投影方法对液体流动控制方程的时间项进行离散。首
先,根据时间步 n 的对流项、扩散项和重力项计算中间速度 u_i^*:

$$\frac{u_i^* - u_i^n}{\delta t} = -\frac{\partial(u_i^n u_j^n)}{\partial x_j} + \frac{1}{\rho^n}\frac{\partial(\tau_{ij}^n + \tau_{ij}^{\mathrm{SGS}n})}{\partial x_j} + g_i \tag{3.15}$$

其中,$\tau_{ij}^{\mathrm{SGS}n}$ 为亚格子应力张量。

然后,求解泊松方程以计算时间步 $n+1$ 的压力场 P^{n+1}:

$$\frac{\partial}{\partial x_i}\left(\frac{1}{\rho^n}\frac{\partial p^{n+1}}{\partial x_i}\right) = \frac{1}{\delta t}\frac{\partial u_i^*}{\partial x_i} \tag{3.16}$$

最后,通过压力梯度更新中间速度场,以获得满足连续性方程时间步 $n+1$ 的速度:

$$\frac{u_i^{n+1} - u_i^*}{\delta t} = -\frac{1}{\rho^n}\frac{\partial p^{n+1}}{\partial x_i} \tag{3.17}$$

由于气相具有比液相小得多的密度和黏度,因此气相中的速度梯度通常远大于液相。为解决界面处速度梯度的不连续性,Xiao[8]开发了使用外推液体速度的空间离散化方法。在该数值方法中,界面速度近似于相邻液体网格单元中的速度,而不是相邻液体和气体网格单元中速度的线性插值。通过外推技术从液相中已求出的物理速度构建液体速度场,并且外推的液体速度用于计算界面附近网格单元的对流项和涡黏度,以减少数值误差。由于从气体变为液体的控制体积中的速度 u_i 被设定为外推液体速度 u_i^L,因此 u_i^L 必须满足连续性方程,要求外推液体速度去散度化。使用虚拟流动方法(ghost fluid method)将表面张力结合到压力梯度的离散化中,该方法可再现界面上的物理压力不连续性。

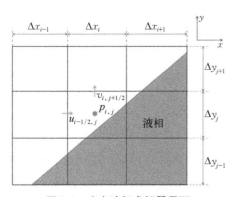

图 3.4 确定液相求解器界面边界条件的图解[7]

为解决液体流动计算,应在数学意义上的界面处明确压力和剪切应力。但为方便数值计算,液体流动求解器的边界条件在相邻的气体网格单元中规定,如图 3.4 所示。为求解液体区域中的压力泊松方程,必须给出相邻气体网格单元 (i, j) $(\phi_{i, j} < 0)$ 中的压力。通过平均由气相求解器求出的网格单元角落处的气体压力来计算 $p_{i, j}$:

$$p_{i, j} = \frac{\begin{array}{c} P_{i-1/2, j-1/2}\Theta(\phi_{i-1/2, j-1/2}) + P_{i+1/2, j-1/2}\Theta(\phi_{i+1/2, j-1/2}) \\ + P_{i-1/2, j+1/2}\Theta(\phi_{i-1/2, j+1/2}) + P_{i+1/2, j+1/2}\Theta(\phi_{i+1/2, j+1/2}) \end{array}}{\Theta(\phi_{i-1/2, j-1/2}) + \Theta(\phi_{i+1/2, j-1/2}) + \Theta(\phi_{i-1/2, j+1/2}) + \Theta(\phi_{i+1/2, j+1/2})} \tag{3.18}$$

其中，$\Theta(\phi) = \begin{cases} 1, & \phi \leq 0 \\ 0, & \varphi > 0 \end{cases}$

$$\phi_{i-1/2, j-1/2} = \frac{\phi_{i-1, j-1}\Delta x_i \Delta y_j + \phi_{i, j-1}\Delta x_{i-1}\Delta y_j + \phi_{i-1, j}\Delta x_i \Delta y_{j-1} + \phi_{i, j}\Delta x_{i-1}\Delta y_{j-1}}{(\Delta x_{i-1} + \Delta x_i)(\Delta y_{j-1} + \Delta y_j)}$$

$$(3.19)$$

为了计算气体作用在界面上的剪切应力，应为液相求解器指定相邻气体动量控制体积（$\varphi_{i-1/2, j} < 0$，$\varphi_{i, j+1/2} < 0$）中的速度。通过平均从气相求解器获得的网格单元角落处的速度来计算 $u_{i-1/2, j}$ 和 $v_{i, j+1/2}$：

$$u_{i-1/2, j} = \frac{U_{i-1/2, j-1/2} + U_{i-1/2, j+1/2}}{2} \tag{3.20}$$

$$v_{i, j+1/2} = \frac{V_{i-1/2, j+1/2} + V_{i+1/2, j+1/2}}{2} \tag{3.21}$$

在界面附近的气体网格单元中指定压力和速度分量后，由 Xiao[8] 开发的不可压缩流动求解器可计算液体流动。这里使用连续超松弛迭代方法来求解液相中的压力泊松方程。

3.1.2.3 超声速气流中雾化的 LES 方法

超声速气流中雾化的 LES 完整算法详细说明如下：

（1）基于 LS 方程表示的界面，使用已求得的液体变量指定界面处气体的边界条件；

（2）通过有限差分方法将气体解析到下一个时间步；

（3）基于 LS 方程表示的界面，使用已求得的气体变量指定界面处液体流动的边界条件；

（4）通过有限体积方法将液体流动问题解析到下一个时间步；

（5）使用外推方法构建液体速度场 u_i^{L}，通过去散度化步骤确保外推液体速度（$\partial u_i^{\mathrm{L}}/\partial x_i = 0$）的连续性；

（6）基于 u_i^{L}，使用 Xiao[8] 开发的 CLSVOF 算法将 LS 和 VOF 函数用输运方程求解到下一个时间步；

（7）在之后时间步中重复以上步骤。

3.1.3　界面追踪方法在超声速两相流中的应用

将上述方法应用于超声速气流中的一次雾化大涡模拟。超声速来流的马赫数 Ma 为 2;气体密度 ρ_G 为 0.4 kg/m³。液体射流速度 V_L 为 23 m/s。喷孔直径 D 为 0.2 mm。超声速气流的静态温度 T_G 和自由来流速度 U_G 分别设置为 167 K 和 517 m/s。自由来流空气黏度系数 μ_s 为 1.1×10^{-5} Pa·s,液体密度 ρ_L 和黏度系数 μ_L 分别为 1 000 kg/m³ 和 1×10^{-3} Pa·s,表面张力系数为 0.072 N/m。

数值模拟的区域设置为 $[0, 30D] \times [0, 18D] \times [-8D, 8D]$。网格在 x、y 和 z 方向上分割成 240 个块,如图 3.5 所示,以便模拟可以在 240 个核上并行计算。在射流附近的区域,即 $[7.9D, 17.5D] \times [0, 10D] \times [2.1D, 2.1D]$,使用单元尺寸为 $0.045D$ 的均匀笛卡儿网格以便较好地求解液体射流的破碎过程。顶部和右侧设定为出口边界条件,左右两侧($z=-8D$ 和 $z=8D$ 处)指定为对称边界条件,底面指定为壁面边界条件。稳态射流或者振荡射流从喷嘴出口 $(x - 10.5D)^2 + y^2 = (0.5D)^2$ 垂直喷出。为了模拟边界层的影响,计算域的左侧设置了湍流边界层入口,其平均速度型为 $U/U_G = [y/(1.5D)]^{1/7}$。在模拟开始时,如图 3.5 所示,在喷嘴出口处指定初始速度为 23 m/s 的液体射流,液体填充在 $(x - 10.5D)^2 + z^2 \leqslant (0.5D)^2 (0 \leqslant y < 0.5D)$ 与 $(x - 10.5D)^2 + (y - 0.5D)^2 + z^2 \leqslant (0.5D)^2 (y \geqslant 0.5D)$ 的区域中。本节所采用的数值方法和计算网格的数值验证已在文献[7]中进行了详细介绍。

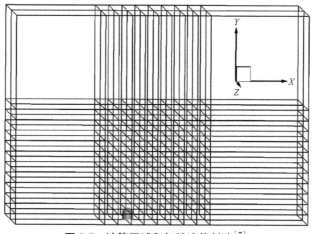

图 3.5　计算区域和初始液体射流[7]

图 3.6 所示为超声速气流中射流形态图与压强分布云图。超声速气流在液柱前端被压缩,气流速度降低并形成高压区,进而在液柱前端产生斜激波。气流

跨过斜激波后压强会骤升。射流迎风面上的液丝与液滴前方也观察到了小激波。液柱后端为低压区,液柱由于前后两端的压力差作用而向气流方向弯曲,这是低密度气体加速高密度液体的过程,会使液柱受到 RT 不稳定性作用,从而在液柱表面形成不稳定波。通过图 3.7 射流的顶视图能更清晰地观察到表面波。射流的一次雾化中包括两种破碎方式,分别为液柱破碎和表面破碎。在液柱破碎中,随着表面波在液体射流的迎风面上发展,液柱整体上破碎成液块,如图 3.6 所示。在图 3.7 中可以很好地再现表面破裂,即液滴从液柱表面脱落。

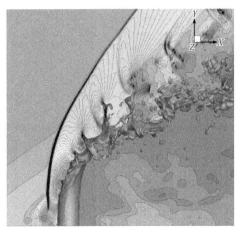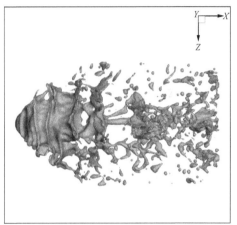

图 3.6　超声速气流中射流形态及　　　　　图 3.7　超声速气流中射流顶视图[7]
　　　　压力分布云图[7]

Xiao 等[5]的研究表明,在亚声速条件下,We 数与无量纲表面波波长 λ_s/D 呈 -0.45 的幂次关系,即 $\lambda_s/D \propto We^{-0.45}$,并且理论上证明了 RT 不稳定波的波长 λ_{R-T} 与数值模拟的表面波波长 λ_s 关于 We 数有着相同的关系。在超声速条件下,Xiao[7]认为表面波的发展是受跨过斜激波后的气流所影响的,并定义了有效韦伯数 We_{eff},其表达式为

$$We_{eff} = \frac{\rho_{G,2} U_{G,2}^2 D}{\sigma} = \frac{2 + (\gamma - 1)Ma^2}{(\gamma + 1)Ma^2}We \tag{3.22}$$

其中,Ma 为马赫数;γ 为比热比;$\rho_{G,2}$ 和 $U_{G,2}$ 分别代表激波后的密度和速度。Xiao[7]的结果表明超声速条件下,λ_s/D 与 We_{eff} 关系仍是 -0.45 的关系,如图 3.8 所示,这样就把 We_{eff} 推广到了亚声速和超声速的领域。且

$$\lambda_{\text{R-T}} = 2\pi \sqrt{\frac{3\sigma}{\rho_{\text{L}} a}} \tag{3.23}$$

$$a = \frac{C_{D,e} \dfrac{1}{2} \rho_{\text{G},2} U_{\text{G},2}^2 D}{\rho_{\text{L}} \dfrac{1}{4} \pi D^2} = \frac{2 C_{D,e} \rho_{\text{G},2} U_{\text{G},2}^2}{\rho_{\text{L}} \pi D} \tag{3.24}$$

其中，a 是由于气流的阻力导致的液柱加速度；$C_{D,e}$ 是变形液柱的有效阻力系数。对于亚声速流中的液体射流，$C_{D,e}$ 与韦伯数的关系为 $C_{D,e} \propto We^{-0.1}$。假设 $C_{D,e} \propto We_{\text{eff}}^{-0.1}$ 在超声速流中也有效。因此，可以导出 RT 不稳定性波长和 We_{eff} 之间的关系如下：

$$\frac{\lambda_{\text{R-T}}}{D} = \sqrt{\frac{6\pi^3}{C_{D,e}}} We_{\text{eff}}^{-0.5} \propto We_{\text{eff}}^{-0.45} \tag{3.25}$$

即亚声速和超声速的来流条件下，稳态射流的表面波波长与 RT 不稳定性表面波的波长有相同的规律，所以可以认为是 RT 不稳定性主导了液柱的破碎过程[8]。

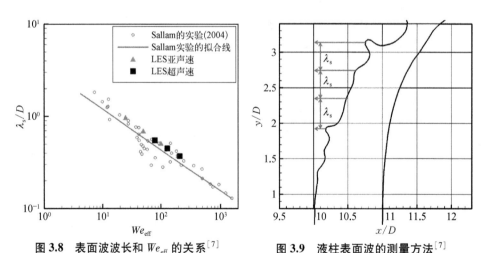

图 3.8　表面波波长和 We_{eff} 的关系[7]　　　图 3.9　液柱表面波的测量方法[7]

　　本节所模拟条件下的 We_{eff} 为 111.4，波长 λ_s 的测量方法如图 3.9 所示，λ_s/D 为 0.48，表面波的频率 $(f_s = V_{\text{L}}/\lambda_s)$ 为 267 kHz，无量纲化的表面波频率 $St_s (St_s = Df_s/\bar{V}_{\text{L}} = D/\lambda_s)$ 数为 2.33，这是当前工况下液体射流的固有频率。

　　图 3.10 显示出射流柱周围的速度矢量图及涡量分布云图。气流在未接触

到斜激波前,速度方向均匀且一致;气流接触并跨过斜激波后,速度方向明显向射流的发展方向偏转,并在与射流接触后以平行于射流表面的方向运动。在液柱与下壁面形成的拐角处和液柱后方有漩涡产生,在表面波的波谷处也有十分明显的漩涡。图 3.10 的左上角为上一时间步(时间步长为 8.35 μs)波谷及漩涡的图像。漩涡的作用加剧了气液间的相互作用,使射流在表面波的波谷处发生断裂。

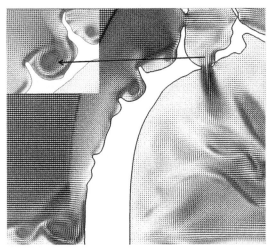

图 3.10 液柱周围速度矢量图及涡量分布云图[9]

图 3.11 显示了液柱周边的涡旋结构。其中方向平行于 Y 轴且分布在液柱侧面的涡为表面破碎涡,因为其会引起表面破碎;同理,分布在液柱迎风面且方

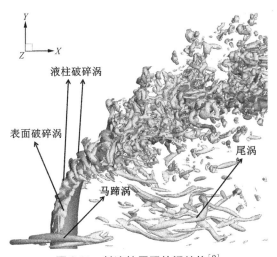

图 3.11 射流柱周围的涡结构[9]

向平行于 Z 轴的涡为液柱破碎涡。除此之外,数值模拟结果还捕捉到了马蹄涡及尾涡。

3.2 基于界面捕捉的一次雾化模拟

界面捕捉方法与界面追踪方法的本质区别在于,界面捕捉方法不再直接求解界面运动,而是假设在相界面处两相流体均匀分布,通过流体体积分数的梯度来识别相界面的位置。由于不再需要直接求解相界面的运动过程,界面捕捉方法在处理复杂几何变形的情况时原则上不再需要对数值方法进行特殊改进,因而更易于进行高维拓展。界面捕捉方法是一类应用广泛的多相流模拟方法,其最大特点在于具有很强的鲁棒性,能够适应各种严苛的计算条件。因此这种模型适用于高速两相流的模拟。主流的界面捕捉方法有 γ 模型[10,11]、组分模型[11]和五方程模型[12],这里主要介绍五方程模型。

3.2.1 控制方程

以下标 1 和 2 分别表示不同的两相流体,假设流体 1 和流体 2 的体积比分别为 α_1 和 α_2。组分模型中,两相流体共同使用一组密度、速度和压力变量。在单相区域中可以直接表示该相的流场变量,在两相界面处则由一个两相混合的区域来表示相界面,此时的密度为两相混合后的密度,且存在如下关系式:

$$\frac{\partial}{\partial t}(\alpha_1) + u\frac{\partial}{\partial x}(\alpha_1) = 0, \ \alpha_2 = 1 - \alpha_1 \tag{3.26}$$

利用关系式(3.26),五方程模型将两相流体的密度用单独的质量方程求解,得到如下方程组:

$$\frac{\partial}{\partial t}(\alpha_1\rho_1) + \frac{\partial}{\partial x}(\alpha_1\rho_1 u) = 0 \tag{3.27}$$

$$\frac{\partial}{\partial t}(\alpha_2\rho_2) + \frac{\partial}{\partial x}(\alpha_2\rho_2 u) = 0 \tag{3.28}$$

$$\frac{\partial}{\partial t}(\rho u) + \frac{\partial}{\partial x}(\rho u^2 + p) = 0 \tag{3.29}$$

$$\frac{\partial}{\partial t}(\rho E) + \frac{\partial}{\partial x}\big[(\rho E + p)u\big] = 0 \tag{3.30}$$

$$\frac{\partial}{\partial t}(\alpha_1) + u\frac{\partial}{\partial x}(\alpha_1) = 0, \ \alpha_2 = 1 - \alpha_1 \tag{3.31}$$

其中，ρ、u、p 以及 E 分别表示密度、速度、压力以及比总能。相变和燃烧两个过程都涉及相态变化、物质变化和质量转移，因此仿真模型需要能够保证每一相流体质量守恒并能计算每相的流动状态。五方程模型中两相流体的质量由单独的质量方程求解，由此可保证每一相流体质量的守恒性。另外，五方程模型还可以在混合区域中反算出每一相流体具体的流场状态。五方程模型的这两个优势使其能够继续发展添加相变模型甚至燃烧模型。

　　状态方程是封闭控制方程的关键，而两相流中两种流体的物理性质差别很大，故选择的状态方程既要满足对不同流体物理性质的体现，同时还要保证其在数值模拟中的稳定性。刚性状态方程（stiffened equation of state）被广泛应用于液体与气体相互作用的两相流模拟中[10,13,14]。在刚性状态方程中，压力 p、密度 ρ 以及比内能 ε 之间的关系如下所示：

$$p = \rho\varepsilon(\gamma - 1) - \gamma p_\infty \tag{3.32}$$

其中，γ 和 p_∞ 是常值参数，通过这两个参数来表征不同相流体的物理性质。在刚性状态方程下，流体的声速为

$$c = \sqrt{\frac{\gamma(p + p_\infty)}{\rho}} \tag{3.33}$$

　　本节选择水和空气作为液相和气相，其中空气和水在刚性状态方程中的常数取值如表 3.1 所示。

表 3.1　空气和水在刚性状态方程中的常数取值

	γ	p_∞
空气	1.4	0
水	6.12	3.43×10^8

3.2.2　数值处理方法

在超声速气流条件下气液相互作用的数值模拟中，不仅存在激波间断，还存

在密度比非常大(10^3 量级)的相界面间断,因此数值方法的稳定性是首要考虑因素。本节数值方法的讨论主要围绕空间离散的求解展开,时间项采用三阶龙格-库塔(Runge - Kutta)方法。

3.2.2.1 通量格式

将五方程模型中的守恒方程写成离散形式为

$$\frac{\vec{q}_i^{n+1} - \vec{q}_i^n}{\Delta t} = -\frac{\vec{F}_{i+1/2} - \vec{F}_{i-1/2}}{\Delta x} \tag{3.34}$$

其中,$\vec{q}(x, t) = (\alpha_1\rho_1, \alpha_2\rho_2, \rho u, \rho E)^T$;$\vec{F}(\vec{q}) = (\alpha_1\rho_1 u, \alpha_2\rho_2 u, \rho u^2 + p, (\rho E + p)u)^T$;上标 n 表示时间离散;下标 i 表示空间离散。

本节将介绍通量 $\vec{F}_{i+1/2}$ 的数值求解方法。在迎风格式的发展中,主要有两类方法:矢通量分裂(flux vector splitting, FVS)和通量差分分裂(flux difference splitting, FDS)。矢通量分裂方法在两相流的求解中性能较差,而以 Godunov 方法为代表的通量差分分裂方法具有较好的稳定性和接触间断分辨率。Godunov 方法的核心思想是通过求解网格半点上的黎曼(Riemann)问题,从而得到半点上的通量信息。HLLC[15] 是一种改进型的 HLL(Harten, Lax and van Leer)近似黎曼求解器,用于求解网格半点上的黎曼问题。HLL 格式的核心思想是假设一个由两个波组成的波系结构,该波系结构将空间分成三个区域,在这三个区域中,流场信息通过求解黎曼问题获得。通过判断网格半点所属的区域,用该区域的流场信息构造该网格半点的通量信息。而 HLLC 则在 HLL 的基础上在中间区域多假设了一个接触间断波,将空间分成四个区域,从而提高了接触间断的分辨率。

3.2.2.2 高精度重构方法

空间格式中均涉及半点的左值和右值,这两个值用于求解黎曼问题的初值。在一阶格式中,半点 $i + 1/2$ 的左值和右值分别为 i 和 $i + 1$。而为了提高计算精度,则需要高阶格式重构半点的左值和右值。

高度可压缩两相流中同时包含了激波间断、强剪切以及物质界面间断。高阶格式在间断处主要存在两个问题,一个是降阶,另一个是因为对变量分布的错误构造而引入的数值振荡。尽管 WENO5 这种高精度格式在间断处可以通过权重降阶来提高稳定性,但在高速两相流中存在多种间断,其模板权重的作用会失效。因此 Wang 和 Xiang[16] 在 WENO5 的基础上将中间模板拆成两个双点的模板,从而提高了稳定性。在他们思路的基础上,引入混合格式,即在物质间断附近使用二阶 NND 格式进行重构,而在单相区域使用五阶 WENO 格式重构[17],如

图 3.12 所示。由于两相模型采用的是耗散界面模型,因此界面处会出现一个混合过渡区域。鉴于此,使用五阶 WENO 的判据是所有模板点均为同一相流体,其他情况均使用二阶 NND 格式。

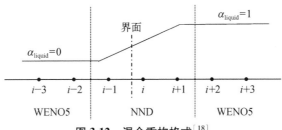

图 3.12　混合重构格式[18]

3.2.2.3　保正方法

尽管在通量方法和高阶重构格式中都对数值方法稳定性进行了考虑,但仍然不能解决数值模拟过程中所有的稳定性问题。超声速气流中液滴破碎和液体横向射流的模拟过程中容易在液体的背风区产生低压区域,如图 3.13 所示。在这些低压区域中进行高阶格式重构,直接重构压力会产生负压力;或者由于压力是由能量通过状态方程计算出来的,也有可能在低压区域计算出负压力。与此同时,负密度也是在高速两相流中经常遇到的数值问题。计算通量的一个关键点便是声速的计算,声速计算式 $c = \sqrt{\gamma(p + p_\infty)/\rho}$ 显示,如果当压力过小使得 $p + p_\infty$ 为负数或者密度为负数时,则计算无法进行下去。因此需要采用 MOON

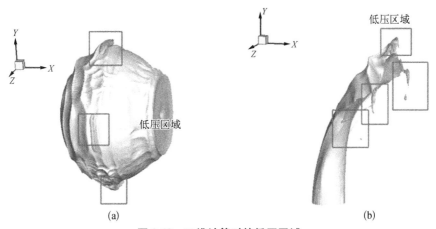

图 3.13　三维计算时的低压区域

(a) 超声速气流中的液滴;(b) 超声速气流中的液体横向射流[18]

型保正方法[19-21],来确保模拟过程能进行下去。在该方法中,每次重构结束后,都对重构的密度以及 $p + p_\infty$ 进行检测。如果 $p + p_\infty$ 和密度中任何一个值为负数时,则不采用高阶格式的重构结果,退而使用低阶格式的结果,直到重构结果符合条件为止。

3.2.2.4　输运方程数值方法

由于两相流模型的输运方程,式(3.31)为非守恒型方程,因而前面介绍的通量格式不能直接运用于两相流模型中的输运方程。针对该方程可将输运方程进行变换,得到方程(3.35),这种方法最早由 Johnsen 和 Colonius[10] 提出,并在求解两相流问题中[22,23]取得了较好效果。

$$\frac{\partial}{\partial t}(\alpha) + \frac{\partial}{\partial x}(\alpha u) = \alpha \frac{\partial}{\partial x}(u) \tag{3.35}$$

变换后则可利用之前的通量格式来求解方程(3.35)的对流项和源项。

3.2.2.5　相界面锐化处理方法

耗散界面方法中,气液之间的相界面是由多个网格捕捉到的,因此存在严重的数值耗散问题。而高速气流中液体变形以及破碎过程存在许多关键的小尺度结构,为了捕捉到这些小尺度结构,往往需要很高的网格分辨率才能达到要求。然而在计算资源有限的情况下,需要在数值算法上进行优化。这里主要采用两种方法对相界面进行锐化处理[24-26]:一种是通过对相界面处的变量进行数学修正,从而实现界面锐化;另一种是通过动态局部加密网格实现计算网格更合理的使用和分配来达到计算量与计算精度之间的平衡。

3.2.2.6　数值方法验证

为了测试前面介绍的两相模型及相应数值方法,对文献[27]中的实验进行模拟,初值条件如表3.2所示。该实验是激波扫过水柱的过程,其中包含了激波、膨胀波以及两相界面。采用二维计算程序、五方程模型、HLLC 通量方法以及 NND 二阶重构格式对这个物理过程进行数值模拟,液体圆柱的网格分别率为单位直径上 500 个网格点。图 3.14(a)为文献中的实验结果,图 3.14(b)为数值模拟得到的数值纹影。当激波扫过液柱后,气体中会有反射激波,液体中会有穿透激波如图 3.14(a1)和(b1)所示。接着,由于液体声速大于气体声速,液体中的激波比气体中的激波传播更快,并且液体内的激波向下游传播会再次接触相界面,激波反射后产生膨胀波[图 3.14(a2)、(a3)和(b2)、(b3)]。由于相界面是一个凹面,反射的膨胀波在向上游传播时汇聚在一点如图 3.14(a4)和(b4)。

在图 3.14(a5)和(b5)中,膨胀波分成两个部分,在图中被标记为"头"和"尾"。图3.14(a6)和(b6)显示了膨胀波在气液迎风相界面上的反射。当激波完全扫过液柱后[图 3.14(a7)和(b7)],在液柱后会有激波交汇(图中标记为"马赫-马赫撞击")。当交汇后的激波继续传播会在液柱后形成回流区[图 3.14(a8)和(b8)]以及驻激波[图 3.14(a9)和(b9)]。上述实验所获得的流动特征都能够在数值模拟中重现,并且数值模拟与实验结果吻合较好,从而证明了所发展的可压缩两相流数值模拟程序能够模拟高速气流中气体与液体之间的相互作用。

表 3.2　*Ma* 2.4 正激波扫过直径 22 mm 水柱初值设置

	气　体		水　柱
	激波后	激波前	
密度/(kg/m³)	3.85	1.2	1 000.0
压力/kPa	664.0	101.0	101.0
速度/(m/s)	567.3	0	0

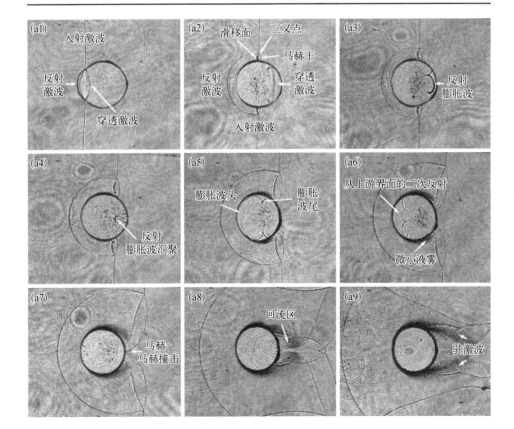

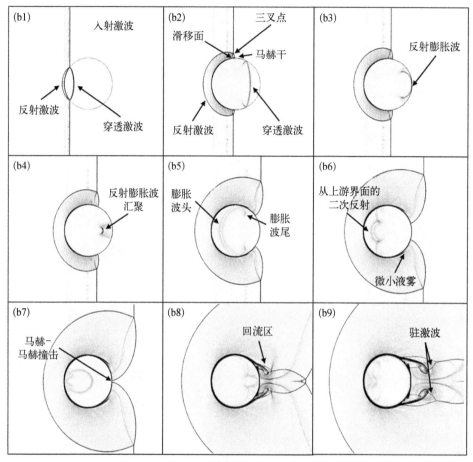

图 3.14 *Ma* **2.4 正激波扫过直径 22 mm 水柱的波系变化**

（a）Sembian 实验中的阴影图；（b）数值纹影图[17]

3.2.3 界面捕捉方法在超声速两相流中的应用

超声速气流中的液体横向射流研究主要集中于实验方面,实验的主要手段是光学观测,而由于液雾的遮挡使得长期以来无法捕捉到近场区域的一次破碎过程中液柱主体的形变与破碎过程。这一节对 *Ma* = 1.5 的超声速气流中液体横向射流进行数值模拟。气体和液体的初始条件分别如表 3.3 和表 3.4 所示。气液界面处添加两层加密网格,从而达到界面分辨率为单位喷孔直径上 160 个网格,加密的准则为组分梯度大于 0.1。流场设置如图 3.15 所示,喷孔位于(x, y, z)= (0, 0, 0),超声速气流在 x 方向运动,液体射流向 y 方向喷注。

表 3.3　超声速气流条件

超声速气流条件			
来流马赫数, Ma_∞	1.5	来流速度, u_∞ /(m/s)	406.3
来流静压, P_∞ /kPa	52.4	气体密度, ρ_∞ /(kg/m³)	1.0

表 3.4　液体横向射流条件设置

液体入口条件			
液体喷注速度, v_{inj} /(m/s)	15.9	液体密度, ρ_1 /(kg/m³)	1 000.0
液体压力, p_1 /kPa	827.0	液-气动量比, $q=\rho_1 v_{inj}^2/(\rho_\infty u_\infty^2)$	1.53

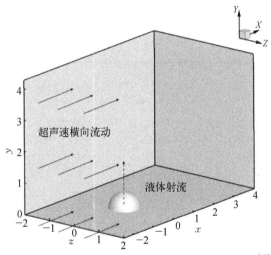

图 3.15　超声速气流中液体横向射流计算区域设置[18]

图 3.16 从侧视和俯视两个角度展示了 $Ma=1.5$ 的超声速气流中液体横向射流的近场演化过程。结果清晰展现了液柱迎风面上的表面不稳定波动。从俯视图中可看到,随着不稳定波在液体表面上传播发展,液柱被拉伸成液膜。表面波在液体表面沿两个方向传播,在图 3.17 中用 Q 识别方法获得了 V_1 和 V_2 两种涡,这两种涡伴随着两个方向的不稳定波动产生。这两种不稳定波动则是液体射流一次破碎两种破碎模式的来源。沿着射流方向的不稳定波动引起的破碎被称为柱状破碎,而沿着射流横向的不稳定波动引起的破碎则被称为表面破碎。虽然这两种不稳定波动沿着正交的两个方向传播,但是在其传播发展过程中,这两种不稳定波动又会相互影响、相互作用。沿着展向发展引起表面破碎的不稳定波

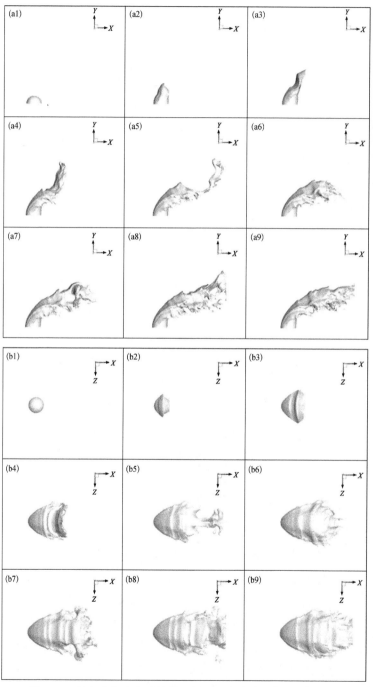

图 3.16 超声速气流中液体横向射流近场破碎过程，$\Delta t = 20\ \mu s$

（a）侧视图；（b）俯视图[21]

会使得射流液柱被拉伸成液膜,从而
使得柱状破碎更容易。与此同时由于
表面破碎而从液柱边缘剥离的液体会
同时受到沿着射流方向发展的不稳定
波动的影响,从而导致剥离的液体以
旋转的方式向下游运动。

　　为了方便展示,选取横向射流中
最具代表性的中轴截面($z = 0$),如图
3.18 所示。当液体从喷孔喷出后,很快
在液体射流的迎风面上出现了不稳定
表面波。这些不稳定波动随着射流一
起向下游运动。当向上运动的射流在

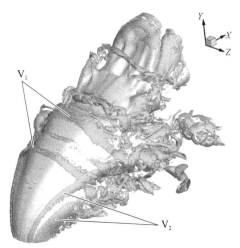

图 3.17　Q 识别方法获得的涡[21]

横向高速气流作用下开始随横向气流弯曲时,在液体不稳定的表面会形成如图
3.18(1)中所示的涡。这些涡是高速气流通过液体不稳定表面所形成的,而后这
些不断发展的涡又卷起液体凸起的部分,反过来加强液体不稳定表面的发展。
气体和液体之间的相互作用也会加强彼此的不稳定发展以及增强湍流作用。液
体由于高速气体作用以及自身表面不稳定发展不断被拉伸变薄,当其厚度无法
抵抗高速气流作用及自身不稳定发展时,液柱发生破碎。在液柱迎风面及背风
面的气体流场中存在着压力分布不平衡,前后的压差会导致液柱运动方向偏转,
最终导致液体射流在 y 方向上的运动限定在一个范围内。图 3.19 展示的是 $z = 0$
截面处液体 y 方向速度的分布。随着液体射流不断向上运动,液体射流中主流

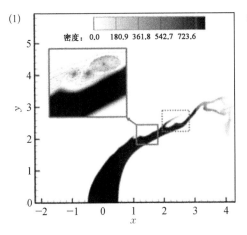

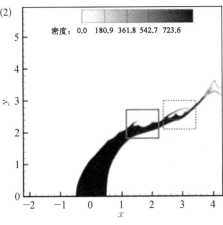

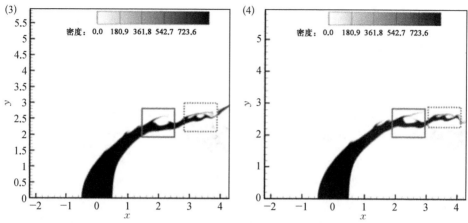

图 3.18 沿射流方向发展的不稳定波动，$z=0$ 处截面的密度（kg/m^3）云图，$\Delta t = 20\ \mu s$[21]

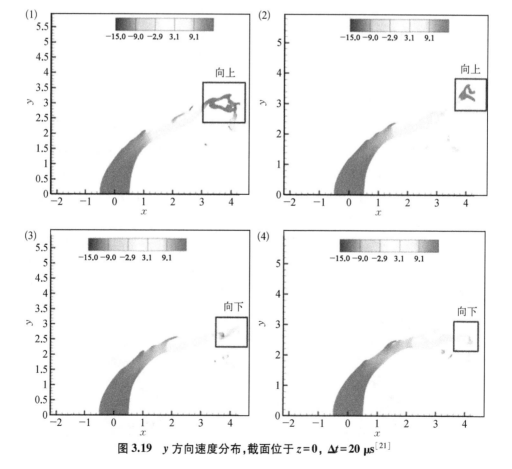

图 3.19 y 方向速度分布，截面位于 $z=0$，$\Delta t = 20\ \mu s$[21]

的 y 方向速度会不断减小。另外,在图 3.19 中显示,液体偏转后与气流运动方向平行的部分表现出整体的不稳定波动,其中 y 向速度表现为部分向上,部分向下。液体中这种不同方向的运动趋势分布将会加剧液体的拉伸并最终导致液体射流的破碎。

　　沿展向发展的表面不稳定会引起液体射流在近场区域发生另外一种破碎形式,即表面破碎过程。图 3.20 截取了 $t=260\ \mu\mathrm{s}$ 时刻高度为 $y=0.5d$、$1.0d$ 以及 $1.5d$(d 表示射流喷孔直径)处的截面。结果显示,液体不断从液柱两侧剥离,这些被剥离下来的液体由液柱周围产生的涡携带以旋转的形式向下游运动。在靠近射流喷孔的位置,不稳定波开始出现在液体的迎风面,且这些不稳定波会沿液

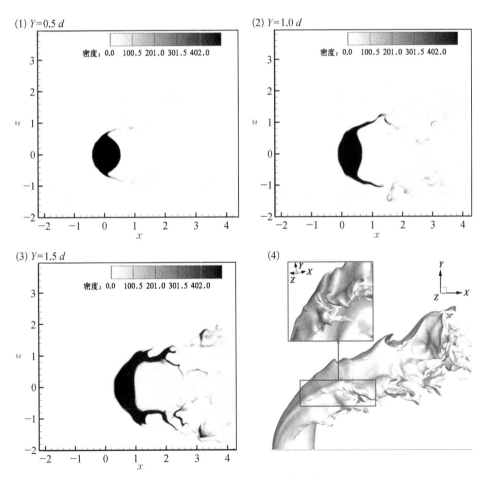

图 3.20　由于横向不稳定波动引起的表面破碎,$t=260\ \mu\mathrm{s}$,
不同高度截面的密度($\mathrm{kg/m^3}$)云图[21]

体表面向边缘两侧传播。随着不稳定波不断向边缘传播,液体不断向液柱边缘聚集,这些聚集的液体在高速气体的作用下被剥离液柱,并随着气流向下游运动。在稍高一点的位置,由于迎风面与背风面之间的压差以及液体本身的不稳定发展,液柱被不断压扁变薄,最终以柱状破碎的形式发生破碎。

3.3 基于液滴追踪的二次雾化模拟

在超声速气流的强烈作用下,液体横向射流迅速破碎成小液滴并在向下游运动扩散过程中与来流空气混合,液雾的分布逐渐变得稀疏。考虑到液体横向射流流场大部分区域液雾分布相对稀疏,可以选用拉格朗日液滴追踪方法对两相流动中的液雾场进行模拟。

3.3.1 液滴相控制方程

基于稀疏两相流的假设,忽略液滴所占的体积分数、液滴间的相互碰撞及液滴本身的旋转过程,液滴被当作质点处理。由于当前分析的液滴相密度远远大于气相密度,故液滴运动所遵循的 BBO(Basset-Boussinesq-Oseen)方程中的科里奥利力、离心力、Basset 力和虚拟质量效应都可忽略。由于液滴在超声速气流中迅速加速,液滴在燃烧室中的驻留时间非常短,液滴所受重力在毫秒量级的时间内对液滴动量的改变几乎可以忽略[28],故可不考虑重力的影响,仅考虑气动拽力对液滴动量的影响。由于超声速气流中雾化后的液滴粒径非常小,则可以假设液滴内部的热传导速率无限大,液滴内部的温度分布均匀且与液滴表面的温度保持一致,液滴的质量及温度控制方程可由 Langmuir - Knudsen 蒸发模型[29]来计算。蒸发模型的具体分析将在 3.4 节给出。通过上述分析可以写出液滴位置矢量 $\boldsymbol{X}_d$、速度矢量 $\boldsymbol{U}_d$、温度 T_d 和质量 m_d 的控制方程如下:

$$\frac{\mathrm{d}\boldsymbol{X}_d}{\mathrm{d}t} = \boldsymbol{U}_d \tag{3.36}$$

$$\frac{\mathrm{d}\boldsymbol{U}_d}{\mathrm{d}t} = \frac{\boldsymbol{F}_d}{m_d} = \frac{f_1}{\tau_d}(\boldsymbol{U}_{\text{seen}} - \boldsymbol{U}_d) \tag{3.37}$$

$$\frac{\mathrm{d}T_d}{\mathrm{d}t} = \frac{Nu}{3Pr}\frac{C_{p,g}}{C_{p,l}}\frac{f_2}{\tau_d}(T_{\text{seen}} - T_d) + \frac{L_V}{C_{p,l}}\frac{\dot{m}_d}{m_d} \tag{3.38}$$

$$\frac{\mathrm{d}m_\mathrm{d}}{\mathrm{d}t} = \dot{m}_\mathrm{d} = -\frac{Sh}{3Sc}\frac{m_\mathrm{d}}{\tau_\mathrm{d}}\ln(1 + B_M) \tag{3.39}$$

式中,$\boldsymbol{F}_\mathrm{d}$ 为液滴受到的气动拽力;$\boldsymbol{U}_\mathrm{seen}$、$T_\mathrm{seen}$ 和 $C_{p,\mathrm{g}}$ 分别为液滴周围气相的流动速度、温度和比热容。液滴温度及质量控制方程中的 Nu、Sh、Pr、Sc、$C_{p,1}$、L_V、f_2 和 B_M 分别为努塞特数、舍伍德数、普朗特数、施密特数、液相比热容、液滴蒸发潜热、蒸发导致的传热修正系数和 Spalding 质量输运系数,其具体表达式将在 3.4 节讨论。液滴的响应时间 τ_d 定义为

$$\tau_\mathrm{d} = \frac{\rho_1 d_\mathrm{d}^2}{18\mu_\mathrm{g}} \tag{3.40}$$

其中,ρ_1 为液相密度;d_d 为液滴直径;μ_g 是液滴周围气相的动力黏性系数。f_1 为 Stokes 修正系数,其等于基于蠕动流拽力系数归一化的实际拽力系数,其大小体现了由液滴雷诺数 Re_d 导致的拽力系数 C_d 相对于 Stokes 拽力系数的偏离[30]:

$$f_1 = \frac{F_\mathrm{d}(Re_\mathrm{d})}{F_\mathrm{d}(Re_\mathrm{d} \rightarrow 0)} = \frac{C_\mathrm{d}(Re_\mathrm{d})}{24/Re_\mathrm{d}} \tag{3.41}$$

液滴雷诺数 Re_d 定义为

$$Re_\mathrm{d} = \frac{\rho_\mathrm{g} \mid \boldsymbol{U}_\mathrm{seen} - \boldsymbol{U}_\mathrm{d} \mid d_\mathrm{d}}{\mu_\mathrm{g}} \tag{3.42}$$

Stokes 修正系数 f_1 在液滴运动轨迹的预测过程中扮演着十分重要的角色,通常 f_1 可以由 Schiller - Naumann 关系式[30]给出,然而其一般仅适用于亚声速及球形液滴假设条件下。当液滴进入超声速气流中,气体的可压缩特性以及液滴的迅速变形会对拽力系数产生较大影响[31-33],可采用 Henderson[31]建立的经验公式来考虑可压缩效应对液滴拽力系数的修正。现假设无变形条件下的球形液滴拽力系数为 $C_\mathrm{ds}(M_\mathrm{d}, Re_\mathrm{d})$,则修正的拽力系数 $C_\mathrm{d} = f_\mathrm{df} \cdot C_\mathrm{ds}$,其中 f_df 为液滴变形修正系数。

另一方面,当液滴进入超声速气流中时,在气流的强烈作用下液滴迅速变形便不再保持为球形,故有必要考虑液滴变形对拽力系数的修正[34,35],可采用 TAB 模型[36]中的液滴变形参数 Q_d 来估计液滴变形对液滴拽力系数的影响。一旦液滴发生变形,则由液滴的变形量 Q_d 可以推导出来液滴的有效横截面积为 $S_\mathrm{f} = \pi r_\mathrm{d}^2/(1 - C_\mathrm{b}Q_\mathrm{d})$,由此可以给出液滴变形对液滴拽力系数的修正关系式为

$$C_d = f_{df} \cdot C_{ds} = C_{ds}/(1 - C_b Q_d) \tag{3.43}$$

式中，$C_b = 0.5$ 为 TAB 模型中的经验常数。

3.3.2 气液之间双向耦合

本小节采用双向耦合方法来计算气液之间的相互影响。双向耦合方法在计算过程中涉及两个关键问题，一是如何选择合适的插值方法，由网格节点上的气相信息插值得到液滴当地的气相信息[37]；二是选择什么样的策略将液滴对网格点的源项作用分配到对应的网格节点上[38]。

3.3.2.1 气相对液滴相的作用

当求解液滴的控制方程时，需要明确液滴当地的气相信息。由于气相信息均分布在欧拉网格点上，而液滴则在欧拉网格内任意位置分布，故采用合理高效的插值方法获取液滴周围的气相信息至关重要。本小节采用得到广泛应用并被证明有效的三线性插值方法[37,39-42]，现简单介绍如下。

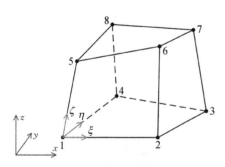

图 3.21 三线性插值中约定的网格节点编号[43]

通过液滴的定位算法，我们可明确当前液滴位置 (x_d, y_d, z_d) 所对应的网格控制体编号 $(i, j, k) = (Gx, Gy, Gz)$，进而能够迅速确定液滴所在控制体对应的八个顶点的气相信息。现定义网格控制体局部坐标系 (ξ, y, ζ) 如图 3.21 所示，其与直角坐标系存在对应关系且有 $0 < \xi < 1$，$0 < \eta < 1$，$0 < \zeta < 1$。图 3.21 还规定了顶点的编号，若令 q 为气相物理量，则有

$$
\begin{aligned}
&q^1 = q(i, j, k), \quad q^2 = q(i + 1, j, k) \\
&q^3 = q(i + 1, j + 1, k), \quad q^4 = q(i, j + 1, k) \\
&q^5 = q(i, j, k + 1), \quad q^6 = q(i + 1, j, k + 1) \\
&q^7 = q(i + 1, j + 1, k + 1), \quad q^8 = q(i, j + 1, k + 1)
\end{aligned} \tag{3.44}
$$

假设液滴在网格控制体内的局部坐标值为 (ξ, y, ς)，则通过三线性插值可获取液滴位置处气相物理量为

$$q(\xi, \eta, \varsigma) = \sum_{v=1}^{8} b^v(\xi, \eta, \varsigma) q^v \tag{3.45}$$

其中，

$$b^1(\xi,\eta,\varsigma)=(1-\xi)(1-\eta)(1-\varsigma),\ b^2(\xi,\eta,\varsigma)=\xi(1-\eta)(1-\varsigma)$$
$$b^3(\xi,\eta,\varsigma)=\xi\eta(1-\varsigma),\ b^4(\xi,\eta,\varsigma)=(1-\xi)\eta(1-\varsigma)$$
$$b^5(\xi,\eta,\varsigma)=(1-\xi)(1-\eta)\varsigma,\ b^6(\xi,\eta,\varsigma)=\xi(1-\eta)\varsigma$$
$$b^7(\xi,\eta,\varsigma)=\xi\eta\varsigma,\ b^8(\xi,\eta,\varsigma)=(1-\xi)\eta\varsigma$$

$$(3.46)$$

对于液滴位置 (x_d,y_d,z_d) 以及网格控制体的编号 $(i,j,k)=(Gx,Gy,Gz)$ 已知的情况，液滴局部坐标 (ξ,y,ς) 便均为固定的值，其可利用离散液滴所处的位置坐标 (x_d,y_d,z_d) 基于网格节点的坐标值 (X,Y,Z) 进行反解得到：

$$\begin{cases} x_d(\xi,\eta,\varsigma)=\sum_{v=1}^8 b^v(\xi,\eta,\varsigma)X^v \\ y_d(\xi,\eta,\varsigma)=\sum_{v=1}^8 b^v(\xi,\eta,\varsigma)Y^v \\ z_d(\xi,\eta,\varsigma)=\sum_{v=1}^8 b^v(\xi,\eta,\varsigma)Z^v \end{cases}$$

$$(3.47)$$

利用上式通过牛顿迭代法可求得 ξ、η、ς，继而求得液滴位置处的气相流场信息。

3.3.2.2　液滴相给气相的源项作用

欧拉-拉格朗日两相仿真方法中，液滴对气相的作用以源项形式被添加到气相控制方程中。根据复杂程度不同，单个液滴产生的源项对周围网格的分配方法可分为最近节点方法[44,45]、网格内液滴位置加权方法[46,47]、高斯分布分配方法[48,49]等。Réveillon 等[38]指出目前还没有一个完全令人满意的源项分配方案。考虑到网格内位置加权方法和高斯分布分配方法的计算量较大，同时在并行计算时会带来更大的 MPI 通信复杂度，故可采用最近节点方法来分配液滴的源项。所有液滴可由基于网格控制体(control volume)的数据链表进行管理，即网格控制体对应链表上的液滴均为距离该控制体中心网格节点位置最近的液滴，如图 3.22 所示。采用最近节点方法统计某个网格控制体内所受液滴作用的源项时只需要将其对应链表上的所有液滴作用累计求和：

$$\bar{\dot{S}}_m=-\frac{\omega_{d,k}}{\Delta V}\sum_{k=1}^{N_k}\frac{dm_{d,k}}{dt}$$

$$(3.48)$$

$$\overline{S}_{p,i} = -\frac{\omega_{d,k}}{\Delta V} \sum\nolimits_{k=1}^{N_k} \frac{\mathrm{d}(m_{d,k} u_{d,k,i})}{\mathrm{d}t} \qquad (3.49)$$

$$\overline{S}_{E} = -\frac{\omega_{d,k}}{\Delta V} \sum\nolimits_{k=1}^{N_k} \frac{\mathrm{d}\left(m_{d,k} C_L T_{d,k} + \dfrac{1}{2} m_{d,k} u_{d,k}^2\right)}{\mathrm{d}t} \qquad (3.50)$$

$$\overline{S}_{Y_s} = \begin{cases} -\dfrac{\omega_{d,k}}{\Delta V} \sum\nolimits_{k=1}^{N_k} \dfrac{\mathrm{d}m_{d,k}}{\mathrm{d}t}, & \text{燃气} \\ 0, & \text{其他组分} \end{cases} \qquad (3.51)$$

式中，ΔV 为网格控制体的体积；$\omega_{d,k}$ 为权重系数，其含义为仿真液滴代表真实液滴的数目，下标 k 表示对欧拉计算网格节点存在影响的所有 k 个计算液滴。需要注意的是本小节采用的网格控制体与计算网格体(grid cell)并不重合，网格控制体以网格节点为中心，网格中心点为顶点建立。数据链表以及源项统计均是基于网格控制体开展。而获取液滴周围气相信息的三线性插值则基于计算网格体开展。

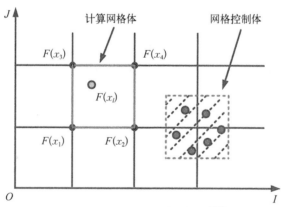

图 3.22　源项分配与统计策略[50]

3.3.3　雾化模型

目前对于超声速流场中的破碎机理尚未完全掌握，缺乏统一的雾化模型。当前的处理方法主要是在一定实验的基础上，提出带有经验常数的破碎模型。目前所采用的雾化模型主要有 TAB(Taylor analogy breakup)破碎模型、Wave 破碎模型和 KH/RT 破碎模型等。

3.3.3.1　TAB 破碎模型

TAB 模型是 O'Rourke 和 Amsden[36]基于泰勒模型提出的，该模型将液滴在气流中发生变形及振荡类比为有阻尼的强迫简谐振动,液滴受到的气动力、表面张力和黏性力则类比为强迫简谐振动模型中的外力、恢复力和阻力。假设 x 为液滴中心截面前缘点偏离其平衡位置的位移,则可写出液滴中心截面前缘点偏离量的简谐振动方程:

$$m\ddot{x} = F - Kx - d\dot{x} \tag{3.52}$$

其中,$\dfrac{F}{m} = C_{\mathrm{F}} \dfrac{\rho U_{\mathrm{r}}^2}{\rho_{\mathrm{d}} r}$;$\dfrac{K}{m} = C_{\mathrm{k}} \dfrac{\sigma}{\rho_{\mathrm{d}} r^3}$;$\dfrac{d}{m} = C_{\mathrm{d}} \dfrac{\mu_{\mathrm{d}}}{\rho_{\mathrm{d}} r^2}$。

定义无量纲变形 $Q = x/(C_{\mathrm{b}} r)$,其中 r 是液滴的半径,则液滴变形随时间的演化关系可描述为

$$\ddot{Q} = \frac{C_{\mathrm{F}} \rho_{\mathrm{g}} U_{\mathrm{r}}^2}{C_{\mathrm{b}} \rho_{\mathrm{d}} r^2} - \frac{C_{\mathrm{k}} \sigma}{\rho_{\mathrm{d}} r^3} Q - \frac{C_{\mathrm{d}} \mu_{\mathrm{d}}}{\rho_{\mathrm{d}} r^2} \dot{Q} \tag{3.53}$$

式中,下标 g 表示气相参数;d 表示液相参数。C_{F}、C_{k}、C_{d}、C_{b} 为经验常数,其具体值根据实验数据和理论分析确定,分别为 1/3、8、5、1/2。则上式的解为

$$Q_{\mathrm{d}}(t) = \frac{We}{12} + e^{-\frac{t}{t_{\mathrm{d}}}} \left\{ \left[Q_{\mathrm{d}}(0) - \frac{We}{12} \right] \cos \omega t + \frac{1}{\omega} \left[\dot{Q}_{\mathrm{d}}(0) + \frac{Q_{\mathrm{d}}(0) - \dfrac{We}{12}}{t_{\mathrm{d}}} \right] \sin \omega t \right\} \tag{3.54}$$

式中,$We = \dfrac{\rho_{\mathrm{g}} U_{\mathrm{r}}^2 r}{\sigma}$;$t_{\mathrm{d}} = \dfrac{2}{C_{\mathrm{d}}} \dfrac{\rho_{\mathrm{d}} r^2}{\mu_{\mathrm{d}}}$;$\omega^2 = C_{\mathrm{k}} \dfrac{\sigma}{\rho_{\mathrm{d}} r^3} - \dfrac{1}{t_{\mathrm{d}}^2}$;$\dot{Q}_{\mathrm{d}}(0) = \dfrac{\mathrm{d} Q_{\mathrm{d}}(0)}{\mathrm{d} t}$。 其中,$We$ 为液滴的韦伯数;t_{d} 为液滴中黏性阻尼的时间尺度;ω 为液滴的振荡频率。经分析可以写出下一时刻液滴的变形量 Q_{d}^{n+1} 和变形速率 $\dot{Q}_{\mathrm{d}}^{n+1}$:

$$\left\{ \begin{aligned} Q_{\mathrm{d}}^{n+1} &= \frac{We}{12} + e^{-\frac{t}{t_{\mathrm{d}}}} \left[\left(Q_{\mathrm{d}}^n - \frac{We}{12} \right) \cos \omega \Delta t + \frac{1}{\omega} \left(\dot{Q}_{\mathrm{d}}^n + \frac{Q_{\mathrm{d}}^n - \dfrac{We}{12}}{t_{\mathrm{d}}} \right) \sin \omega \Delta t \right] \\ \dot{Q}_{\mathrm{d}}^{n+1} &= \frac{\dfrac{We}{12} - Q_{\mathrm{d}}^{n+1}}{t_{\mathrm{d}}} + e^{-\frac{t}{t_{\mathrm{d}}}} \left[\left(\dot{Q}_{\mathrm{d}}^n + \frac{Q_{\mathrm{d}}^n - \dfrac{We}{12}}{t_{\mathrm{d}}} \right) \cos \omega \Delta t + \omega \left(Q_{\mathrm{d}}^n - \frac{We}{12} \right) \sin \omega \Delta t \right] \end{aligned} \right. \tag{3.55}$$

对于粒径很小的液滴,其振荡频率 $\omega^2 \leqslant 0$ 时,液滴的振荡及变形几乎可以

忽略,有 $Q_d^{n+1} = \dot{Q}_d^{n+1} = 0$。只有当 $\omega^2 > 0$ 时,才需要计算液滴的变形及变形速率。

TAB 模型假设液滴在无量纲变形量增长到 $Q = 1$ 时发生破碎,因此可以持续跟踪从喷孔喷出的液滴的变形量及其变形速率来判断液滴是否发生破碎。利用无阻尼振荡方程进行分析,无阻尼的振荡方程对应的变形公式为

$$Q_d^{n+1} = \frac{We}{12} + \left[\left(Q_d^n - \frac{We}{12}\right)\cos\omega\Delta t + \frac{\dot{Q}_d^n}{\omega}\sin\omega\Delta t\right] = \frac{We}{12} + A\cos(\omega\Delta t + \phi)$$

(3.56)

式中,A 为无阻尼振荡振幅,有

$$A^2 = \left(Q_d^n - \frac{We}{12}\right)^2 + \left(\frac{\dot{Q}_d^n}{\omega}\right)^2$$

(3.57)

分析可知,当 $We/12 + A \leq 1.0$ 时,无阻尼振荡的变形量不超过 1,故液滴不会发生二次破碎。当 $We/12 + A > 1.0$ 时,液滴有可能发生破碎,但是否发生破碎还需要通过判断液滴的破碎发生时间 t_{bu} 与液滴目前所处于时刻 t^n 之间的关系给出。当 $t^{n+1} < t_{bu}$ 时,认为当前时间步长中液滴不发生破碎。只有当 $t^n \leq t_{bu} < t^{n+1}$ 时,液滴才会恰好在当前时间步中发生破碎,则在当前时间步内进行破碎后的运算。

上述中的 t_{bu} 由下述方程中大于 t^n 的最小根得出:

$$\frac{We}{12} + A\cos[\omega(t - t^n) + \phi] = 1$$

(3.58)

式中,$\cos\phi = \dfrac{Q_d^n - We/12}{A}$;$\sin\phi = -\dfrac{\dot{Q}_d^n}{A\omega}$。

母液滴破碎所得子液滴的 Sauter 平均直径 r_{32} 由下式求出:

$$\frac{r}{r_{32}} = 1 + \frac{8K}{20} + \frac{\rho_d r^3}{\sigma}\dot{Q}^2\left(\frac{6K-5}{120}\right)$$

(3.59)

式中,r 为母液滴半径;$K = 10/3$ 为经验常数。母液滴破碎得到的子液滴直径按 Rosin - Rammler 分布给出。通过质量守恒,单个母液滴破碎后得到的子液滴数为 $N = (r/r_{32})^3$。计算中认为破碎后得到的子液滴初始条件均为 $Q^{n+1} = \dot{Q}^{n+1} = 0$。破碎后子液滴的速度在原母液滴的速度方向上与母液滴速度大小相等,在

垂直于母液滴速度方向上的速度分量由母液滴在破碎时的变形变化率 $\dot{Q}$ 决定：
$V_\perp = C_{\text{v}} C_{\text{b}} r \dot{Q}$，式中，$C_{\text{v}}$ 取 1.0。

3.3.3.2　KH 破碎模型

KH 破碎模型基于表面波不稳定理论，认为液滴破碎是由气液两相之间相对速度引起的剪切力造成。KH 破碎模型综合考虑了液体射流受到的惯性力、表面张力、黏性力和气动力。基于小扰动假设，在忽略非线性项的情况下，由液相的控制方程及边界条件可以推导得到色散方程。求解色散方程可以得到液体射流表面上扰动波的最大扰动速率的频率 Ω_{KH} 及其对应的扰动波波长 Λ_{KH} 满足以下式子：

$$\frac{\Lambda_{\text{KH}}}{r_{\text{d}}} = 9.02 \frac{(1 + 0.45 Oh^{0.5})(1 + 0.4 T_P^{0.7})}{(1 + 0.87 We_{\text{g}}^{1.67})^{0.6}} \tag{3.60}$$

$$\Omega_{\text{KH}} \left(\frac{\rho_1 r_{\text{d}}^3}{\sigma_1} \right)^{0.5} = \frac{(0.34 + 0.38 We_{\text{g}}^{1.5})}{(1 + Oh)(1 + 1.4 T_P^{0.6})} \tag{3.61}$$

其中，无量纲参数的定义为

$$We_{\text{g}} = \frac{\rho_{\text{g}} U_r^2 r_{\text{d}}}{\sigma_1}, \quad We_1 = \frac{\rho_1 U_r^2 r_{\text{d}}}{\sigma_1}, \quad Re_1 = \frac{\rho_1 U_r r_{\text{d}}}{\mu_1}, \quad Oh = \frac{\sqrt{We_1}}{Re_1}, \quad T_P = Oh \sqrt{We_{\text{g}}} \tag{3.62}$$

式中，r_{d} 代表母液滴的半径；We_{g} 为气体韦伯数；U_r 为气液两相间的相对速度；σ_1 为液体的表面张力；We_1 是液体韦伯数；ρ_{d} 为液体密度；ρ_{g} 为气体密度；Oh 为液体欧尼索数；Re_{d} 为液滴雷诺数；T_P 为泰勒数。该模型假设当液滴最大增长速率的扰动波波长满足条件 $B_0 \Lambda_{\text{KH}} \leqslant r_{\text{d}}$ 时，便会有小液滴从母液滴上剥离，且母液滴粒径的改变速率为

$$\frac{\mathrm{d} r_{\text{d}}}{\mathrm{d} t} = -\frac{(r_{\text{d}} - r_{\text{d, c}})}{\tau_{\text{KH}}} \tag{3.63}$$

式中，$r_{\text{d, c}}$ 为子液滴的半径；$\tau_{\text{KH}} = 3.726 B_1 r_{\text{d}} / (\Lambda_{\text{KH}} \Omega_{\text{KH}})$ 是 KH 破碎模式下的液滴破碎时间；经验常数 $B_1 = 1.73$。跟踪每个母液滴尺寸，保存计算过程中从其上剥离下来的液滴质量 m_{shed}，当该质量达到母液滴总质量的 3% 时，$m_{\text{shed}} > 0.03 m_{\text{d}}$，认为新的液滴从该母液滴上生成并分离，且新液滴的尺寸根据最大增长速率的扰动波波长进行估计 $r_{\text{d, c}} = 0.61 \Lambda_{\text{KH}}$。

实验观测的 KH 破碎模式下,子液滴从变形后的母液滴周边剥离出去后,总是分布在母液滴的背风区域[51-54],故依据液滴变形情况,根据变形后的椭圆形液滴的长半轴和短半轴来估计子液滴的位置:

$$\boldsymbol{X}_{d,c} = \boldsymbol{X}_{d,p} + a\boldsymbol{n}_{f\perp} + b\boldsymbol{n}_{f\parallel} \tag{3.64}$$

$$a = \frac{r_{d,p}}{\sqrt{1 - C_b Q}}, \ b = r_{d,p}(1 - C_b Q) \tag{3.65}$$

如图 3.23 所示,在高速气流的作用下,母液滴由球形变成椭球形。$\boldsymbol{X}_{d,c}$ 和 $\boldsymbol{X}_{d,p}$ 分别表示子液滴和母液滴的位置矢量。a、b 分别表示母液滴的长半轴和短半轴,$C_b = 0.5$,Q 为液滴变形量。$\boldsymbol{n}_{f\perp}$ 表示垂直于气液相对速度 $\boldsymbol{U}_r$ 平面上的单位矢量,其在该平面上的具体方位随机选取。$\boldsymbol{n}_{f\parallel}$ 表示气液相对速度 $\boldsymbol{U}_r$ 方向上的单位矢量。

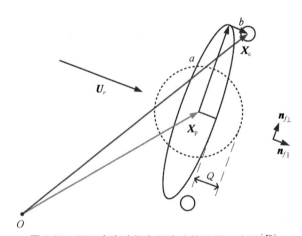

图 3.23　KH 破碎过程中子液滴的位置示意图[50]

从高速相机拍摄的实验结果中可以发现,子液滴总是出现在母液滴的下游位置,这表明子液滴比母液滴运动更快。同时根据 KH 破碎理论,大液滴表面的鼓包在大液滴表面加速,并最终从大液滴上分离形成子液滴,这表明子液滴在破碎前就相对母液滴有了一段加速过程。子液滴与母液滴组成的液滴群的合速度($\boldsymbol{U}_l$)通过液滴运动方程计算得到。该合速度($\boldsymbol{U}_l$)可以被认为是两个速度的合成:$\boldsymbol{U}_l = \boldsymbol{U}_{jet} + \boldsymbol{U}_{dg}$,其中 $\boldsymbol{U}_{jet}$ 表示液滴从喷孔喷出的速度,$\boldsymbol{U}_{dg}$ 表示由于气相加速作用使液滴获得的额外速度。射流柱上液滴的剥离过程总是发生在靠近喷口的区域。由于液滴尚未在流向获得较大加速,该处的气液相对速度较大。相对于气动拽力来说,表面张力和黏性力几乎可以忽略。在相对较大的母液滴表面上形成的小鼓包将会比母液滴获得一个更大的加速度。根据液滴运动方程,液滴的加速度与液滴的直径成反比,故在破碎瞬间可估计子液滴与母液滴的速度关系为 $U_{c, dg}/U_{p, dg} = d_p/d_c$。利用速度再分配方案并根据破碎时刻的系统动量守恒,整个系统中被气相加速所获得的分速度 U_{dg} 被重新分配到子液滴和母液滴上:

$$U_{c, dg} = \frac{Nd_c^3 + d_p^3}{KNd_c^3 + d_p^3}U_{dg}, \ U_c = U_{jet} + U_{c, dg} \tag{3.66}$$

$$U_{p, dg} = \frac{1}{K}\frac{Nd_c^3 + d_p^3}{KNd_c^3 + d_p^3}U_{dg}, \ U_p = U_{jet} + U_{p, dg} \tag{3.67}$$

其中, $K = d_p/d_c$; N 表示从母液滴上剥离下来的子液滴数目;下标 c 表示子液滴参数;下标 p 表示母液滴参数。

3.3.3.3　RT 破碎模型

RT 破碎模型考虑了由气液界面向低密度区域加速引起的 RT 不稳定性,基于线性化的流体动力学方程得到的色散方程,可求得气液界面因 RT 不稳定引起的扰动波的最快增长速率的频率为

$$\Omega_{RT} = \left(\frac{2}{\sqrt{27\sigma_1}}\frac{|a_d(\rho_1 - \rho_g)|^{1.5}}{\rho_1 + \rho_g}\right)^{0.5} \tag{3.68}$$

其中, a_d 是液滴运动轨迹方向的加速度。最快增长速率波的波长为

$$\Lambda_{RT} = \frac{2\pi C_{RT}}{\kappa_{RT}}, \ \kappa_{RT} = \sqrt{\frac{|a_d(\rho_1 - \rho_g)|}{3\sigma_1}} \tag{3.69}$$

其中,经验常数 C_{RT} 一般取为 0.3。最快增长速率波的波长 Λ_{RT} 与母液滴的直径进行对比,如果液滴直径大于波长,则假设 RT 不稳定波在液滴表面上生长,同时开始跟踪不稳定波的生长时间。当 RT 不稳定波的生长时间超过 RT 破碎模式下的液滴破碎时间 $t > \tau_{RT} = C_\tau/\Omega_{RT}$,母液滴发生破碎,其中, $\tau_{RT} = C_\tau/\Omega_{RT}$; $C_\tau = 1.0$。新液滴的尺寸依据最快增长速率波的波长 Λ_{RT} 确定: $r_{d, c} = 0.5\Lambda_{RT}$。

对于超声速气流中的液体横向射流,液滴变形、振荡及线性失稳过程同时存在,故本书采用 KH 模型来模拟射流出口附近的液滴剥离过程,采用 TAB 模型来计算液滴的振荡及变形过程,当液滴的运动时间超过临界破碎时间[55]后,采

用 RT 模型与 TAB 模型相互竞争的模式来模拟液滴的二次破碎过程。

3.3.4   液体横向射流在超声速气流中破碎过程的数值模拟

为验证上述破碎过程的有效性,本节针对 Lin 等[56]的超声速横向气流中液体水射流实验开展数值模拟。图 3.24 显示了计算域和实验条件的示意图。液体射流及横向气体来流的详细参数如表 3.5 所示。考虑到计算成本,计算域被限制在喷孔附近的有限区域,计算域的三维尺寸为 $L_x \times L_y \times L_z = 200 \text{ mm} \times 40 \text{ mm} \times 40 \text{ mm}$。网格在喷孔和近壁区域加密。网格点在 x、y、z 方向上的数量为 481×201×201,这样基于入口处的壁面应力 τ_w 可得计算域核心区域的网格分辨率为 $\Delta x^+ = 10 \sim 50$,$\Delta y^+ = 1 \sim 50$ 以及 $\Delta z^+ = 10 \sim 50$。下壁面采用无滑移、无渗透绝热条件,入口段采用超声速来流条件,其他边界采用外推法处理。由于液滴在计算域内是离散分布的,无法准确获得计算域中的液滴总数,当液雾场完全建立起来后,计算域中追踪的计算液滴总数约为 100 万,每个计算液滴代表 4 个真实液滴。

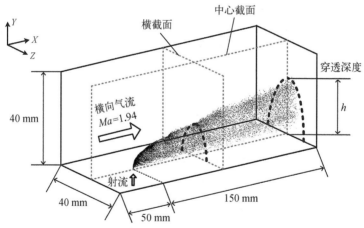

图 3.24   计算域和实验条件示意图[50]

表 3.5   Lin 等[56]**实验中的物理参数**

超声速横向流动条件		液体射流出口条件	
来流马赫数 Ma	1.94	气液动量比 q_0	7.0
来流速度 U_∞	678.13 m/s	喷注速度 v_j	32.73 m/s
来流静压 P_0	29 kPa	水密度 ρ_l	998 kg/m³
来流静温 T_0	304.1 K	喷孔直径 d_j	0.5 mm

图 3.25 给出实验观测到的液体射流在超声速气流中的破碎拉丝现象。图 3.26 显示了计算中心平面上的气相流线和液滴分布,其中液滴以直径确定显示尺寸。可以看到数值模拟结果很好地再现了实验观察到的破碎拉丝现象。在超声速气流的强烈影响下,入口喷注的大液滴迅速破碎为不同大小的小液滴,小液滴团主要集中在射流的前缘区域。由于压力梯度的作用,气流在遇到液雾时向下倾斜流动。气流向下倾斜的运动使液滴获得倾斜向下的加速度。由于破碎后的液滴尺寸不同,因此不同尺寸液滴的加速度不同,液滴团沿着局部气流方向形成一系列液体拉丝结构。

图 3.25　**实验观察到的液体射流**
破碎拉丝现象[50]

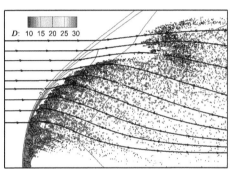

图 3.26　**通过数值模拟显示的**
射流破碎拉丝现象[50]

为了揭示液体射流破碎拉丝现象的动态过程,数值模拟过程中将追踪来自相同母液滴的所有子液滴的运动并将其标注上相同的符号,即"家族编号"。图 3.27 中显示了具有相同家族编号的子液滴在不同时刻的分布。图中给出了三个特征的子液滴家族并按液滴直径确定显示尺寸,图中背景是中心平面上相应时刻的瞬时喷雾分布。结果显示,母液滴破碎后形成了许多不同大小的子液滴。由于惯性的影响,子液滴仍然向上倾斜运动。基于上述分析,这些粒径较小的子液滴在局部气流的影响下会获得方向倾斜向下的加速度。由于子液滴的尺寸各不相同,具有更好响应特性的更小子液滴沿着局部气流方向比稍大子液滴移动得更快。结果如图 3.27 所示,来自同一母液滴的所有子液滴根据它们的尺寸沿着局部气流的方向排列。由于较大子液滴具有较大倾斜向上的动量,而较小子液滴的惯性相对较小,因此较小子液滴更容易随局部气流向下倾斜移动。因此,较大子液滴主要分布在液雾场的外部区域,较小子液滴主要位于液雾场的内部和底部。

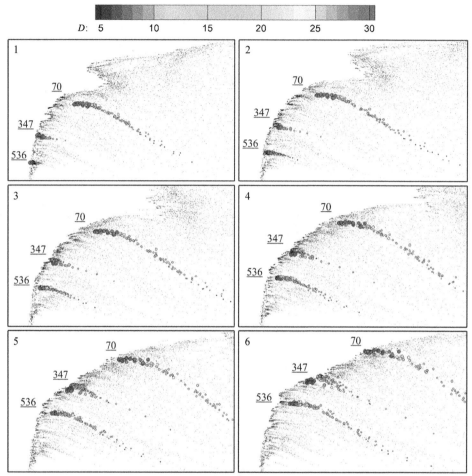

图 3.27　液体射流破碎拉丝现象的演化过程 ($\Delta t = 24$ μs)[50]

　　喷雾的穿透深度是评价液体射流与主流混合特性的重要参数。图 3.28 给出了数值结果与实验数据的穿透深度。图中黑点代表计算的液滴瞬时分布,虚线代表数值结果的平均液雾边界,实线代表 Lin 等[56]发展的液雾穿透深度经验关系式:

$$h/d = 4.73q_0^{0.3}\,(x/d)^{0.3} \qquad (3.70)$$

其中,h 表示喷孔下游 x 位置处的液雾穿透深度;d 为喷孔直径。实验中穿透深度的定义以液相体积通量为 0.01 cc/(s·cm²)①的位置作为界限,数值结果使用与实验相同的阈值。可以看出,除了在靠近喷孔附近区域计算稍高于实验值之

―――――――――――

　①　1 cc $= 1$ cm³。

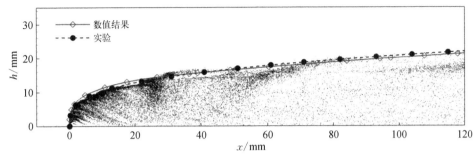

图 3.28　中心截面上模拟喷雾穿透深度与 Lin 等[56]的实验结果比较[50]

外,计算得到的喷雾穿透深度与实验值在较大范围内吻合很好。

3.4　液滴蒸发模拟

3.4.1　蒸发模型

液滴蒸发模型是描述气液两相间热量与质量交换的模型,主要描述蒸发过程中液滴表面吸收气相中的热量、热量由表面扩散至液滴内部、燃料分子内能增加脱离液滴表面、脱离的燃料气体扩散至周围气体四个过程。蒸发过程非常复杂,为了简化该过程,本节做以下简化:

(1) 液滴为单组分球形液滴;

(2) 液滴处于大气压环境中;

(3) 忽略辐射换热。

液滴蒸发模型主要包括四个部分:液相模型(liquid phase model, LPM),液滴表面属性模型(droplet surface properties, DSP),燃气侧传热传质模型(gas side heat and mass transfer, HMT) 以及环境气体属性模型 ("seen" gas properties, SGP),如图 3.29 所示。

3.4.1.1　液相模型

液滴通常以一个相对较低的温度喷注进入温度较高的燃烧室,液滴与环境气体存在较大的温度差异,故对流换热与热传导现象非常明显。液相吸热模型按其复杂程度可分

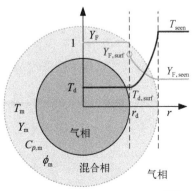

图 3.29　液滴蒸发模型示意图[43]

为液滴内部温度恒定模型、无限快热传导模型、有限热传导模型、涡模型和基于 N-S 方程求解模型。无限快热传导模型[57]因其高效性和宜行性被广泛使用。基于无限热传导率假设建立的液滴温度随时间演化的控制方程如下所示:

$$\frac{\mathrm{d}T_d}{\mathrm{d}t} = \frac{\pi d_d Nu\lambda_m}{m_d C_{p,L}}(T_{seen} - T_d) + \frac{L_v}{C_{p,L}}\frac{\dot{m}_d}{m_d} \tag{3.71}$$

式中,T_d 为液滴温度;T_{seen} 为液滴周围气相的温度;λ_m 为液滴表面混合区的热导率;Nu 为努塞特数;$C_{p,L}$ 为燃料液体的定压比热容;L_v 为液相蒸发潜热;m_d 为液滴质量;d_d 为液滴直径。

3.4.1.2 液滴表面属性模型

由于液滴表面处燃料质量分数与环境中燃料质量分数存在较大梯度,故存在较大的传质驱动力,使得液滴的质量逐渐蒸发减少。液滴的质量变化率可以表述为

$$\frac{\mathrm{d}m_d}{\mathrm{d}t} = -\pi D_d Sh D_m \rho_{seen} \ln(1 + B_M) \tag{3.72}$$

其中,Sh 为舍伍德数;D_m 为液滴表面混合区的扩散系数;ρ_{seen} 为液滴周围气相的密度;B_M 是 Spalding 质量输运系数,由下式计算:

$$B_M = \frac{Y_{F,surf} - Y_{F,seen}}{1 - Y_{F,surf}} \tag{3.73}$$

为得到 B_M,需要估计液滴表面的燃料蒸气质量分数 $Y_{F,surf}$。液滴表面燃料质量分数可以从 Raoult 定律[29]获得,该定律假定液滴表面燃料蒸气的摩尔分数 $X_{F,surf}$ 等于燃料蒸气分压与气体总压力之比。如果假设液滴表面气相及液相处于平衡状态,则认为液滴表面燃料蒸气的分压等于饱和蒸气压 P_{sat},因此可以通过 Clausius-Clapeyron 方程来估计饱和蒸气压,由此获得液滴表面燃料蒸气的摩尔分数 $X_{F,surf}$ 及质量分数 $Y_{F,surf}$:

$$X_{F,surf} = \frac{P_{sat}}{P_{seen}} = \frac{P_{atm}}{P_{seen}}\exp\left[\frac{L_v}{R_u/W_F}\left(\frac{1}{T_{boil}} - \frac{1}{T_d}\right)\right] \tag{3.74}$$

$$Y_{F,surf} = \frac{X_{F,surf}}{X_{F,surf} + (1 - X_{F,surf})\dfrac{W_{seen}}{W_F}} \tag{3.75}$$

式中，R_u 为通用气体常数；W_F 为燃料的摩尔质量；W_{seen} 为液滴周围气相的摩尔质量；T_{boil} 表示液体燃料的沸腾温度；P_{atm} 为标况下大气压；P_{seen} 为液滴周围气相的压强。

Miller 等[29] 的研究发现当液滴直径小于 50 μm 时，液滴表面的非平衡效应变得非常明显。目前 Langmuir – Knudsen 模型已被广泛应用于亚声速[45] 及超声速[44] 条件下液雾蒸发及燃烧的数值模拟中。

基于 Lamgmuir – Knudsen 定律得到考虑非平衡效应的液滴表面燃料蒸气的摩尔分数 $X_{F, surf}^{neq}$ 为

$$X_{F, surf}^{neq} = X_{F, surf}^{eq} - \left(\frac{L_k}{D_d/2} \right) \beta \tag{3.76}$$

其中，L_k 表示克努森层(薄蒸气层)厚度:

$$L_k = \frac{\mu_m \sqrt{2\pi T_d R_u / W_F}}{\alpha_e Sc_m P_{seen}} \tag{3.77}$$

$\alpha_e = 1$ 为分子调节系数；μ_m 为液滴表面混合区的黏性系数；Sc_m 为施密特数。无量纲常数 β 表示为

$$\beta = - \left(\frac{3Pr_m \tau_d}{2} \right) \frac{\dot{m}_d}{m_d} \tag{3.78}$$

式中，Pr_m 为普朗特数；$\tau_d = \dfrac{\rho_l d_d^2}{18\mu_m}$ 为液滴运动响应时间。

3.4.1.3　燃气侧传热传质模型

在高速对流条件下，燃料液滴与环境气体存在较高的相对运动速度，燃料液滴与超声速气流之间的对流效应非常明显，一般通过引入努塞特数和舍伍德数来描述对流效应导致热量和质量传递的增强。目前最为常用的是 Ranz – Marshall 关系式:

$$Sh = 2 + 0.552 Re_d^{\frac{1}{2}} Sc_m^{\frac{1}{3}} \tag{3.79}$$

$$Nu = 2 + 0.552 Re_d^{\frac{1}{2}} Pr_m^{\frac{1}{3}} \tag{3.80}$$

其中，气相的普朗特数、施密特数、液滴雷诺数分别为

$$Pr_{\mathrm{m}} = \frac{\mu_{\mathrm{m}} C_{p,\mathrm{m}}}{\lambda_{\mathrm{m}}}, \ Sc_{\mathrm{m}} = \frac{\mu_{\mathrm{m}}}{\rho_{\mathrm{g}} D_{\mathrm{m}}}, \ Re_{\mathrm{d}} = \frac{\rho_{\mathrm{g}} \mid U_{\mathrm{seen}} - U_{\mathrm{d}} \mid d_{\mathrm{d}}}{\mu_{\mathrm{m}}} \tag{3.81}$$

通过求解液滴蒸发过程中的质量、动量、能量和组分控制方程,可以计算得到处于超声速气流条件下的液滴与周围气体之间的热交换速率,计算结果表明当马赫数较大时需考虑可压缩效应对传热模型的修正:

$$Nu = \begin{cases} 2 + 0.552 Re_{\mathrm{p}}^{\frac{1}{2}} Pr_{\mathrm{m}}^{\frac{1}{3}}, & Ma \leqslant 0.7 \\ (0.917\,1 - 0.049 Ma + 0.355 Ma^2) \cdot (2 + 0.552 Re_{\mathrm{p}}^{\frac{1}{2}} Pr_{\mathrm{m}}^{\frac{1}{3}}), & Ma > 0.7 \end{cases}$$
$$\tag{3.82}$$

此处马赫数在实际液雾流场中应当视为对流马赫数 Ma_{d}, $Ma_{\mathrm{d}} = U_{\mathrm{r}}/a_{\mathrm{g}}$, $U_{\mathrm{r}} = \mid U_{\mathrm{g}} - U_{\mathrm{l}} \mid$, $a_{\mathrm{g}} = \sqrt{\gamma RT}$。对于超声速气流中的液体横向射流,液体燃料喷注进入超声速气流中迅速破碎成小液滴,并在气流的强烈作用下迅速加速,在远下游的区域,液滴的速度接近气相的速度,故气液相对速度变得比较小,气液之间的对流马赫数将变小,但是对于射流近场区域,气液相对速度比较大,气液之间的对流马赫数将比较大,进而需要采用上述修正的传热模型来进行液滴蒸发计算。

此外,对于蒸发剧烈的情况,可以基于 Bird 修正关系以考虑由于蒸发导致传热效应的减弱:

$$Nu^{\mathrm{neq}} = Nu \frac{\beta}{\mathrm{e}^{\beta} - 1} \tag{3.83}$$

3.4.1.4 环境气体属性模型

从图 3.29 中可以看到液滴被周围很薄的燃料蒸气与环境气体混合区域包围着,气相参数变化非常剧烈。由于在欧拉-拉格朗日计算框架下,液滴位置处的气相信息是从网格节点处的 Favre 平均气相信息插值而来。一般情况下,液滴相对于网格来说非常小,液滴周围薄层混合区的气相参数与插值获得的气相参数会存在较大的差异,故如何选取合适的液滴周围混合区内气相的物性参数,对于液滴的蒸发过程具有十分重要的影响。本小节采用广泛应用并被证明效果较好的 1/3 定律[58],通过采用液滴表面燃料蒸气物性特性和插值获得的液滴处环境气体物性特性加权平均来估计液滴周围混合区内的混合物物性参数。液滴周围混合区内燃料蒸气质量分数可表示为

$$Y_m = (1 - \alpha)Y_{surf} + \alpha Y_{seen} \tag{3.84}$$

其中，$\alpha = 1/3$。混合区内的温度采用湿球温度 T_{WB}：

$$T_m = T_{WB} = 137\left(\frac{T_{boil}}{373.15}\right)^{0.68} \lg(T_{seen}) - 45 \tag{3.85}$$

混合区内燃料蒸气的摩尔分数 X_m 基于质量分数 Y_m 进行求解：

$$X_m = \frac{Y_m W_{mix}}{W_F}, \quad W_{mix} = \frac{1}{\sum_i^N \dfrac{Y_i}{W_i}} = \frac{1}{\dfrac{Y_m}{W_F} + \dfrac{1 - Y_m}{W_{seen}}} \tag{3.86}$$

利用上述获得的混合区内燃料蒸气质量分数 Y_m、摩尔分数 X_m、混合物温度 T_m 以及液滴表面物性特性（surf）和插值获得的环境气体物性特性（seen），再根据半经验的 Wilke 定律可求得液滴周围混合区内混合物的定压比热容 $C_{p,m}$、扩散系数 D_m、热传导系数 λ_m 以及黏性系数 μ_m：

$$C_{p,m} = Y_m C_{p,surf}(T_m) + (1 - Y_m)C_{p,seen}(T_m) \tag{3.87}$$

$$\bar{\phi}_m = \frac{X_m \phi_{surf}(T_m)}{X_m + (1 - X_m)\Omega_{surf-seen}} + \frac{(1 - X_m)\phi_{seen}(T_m)}{X_m \Omega_{seen-surf} + (1 - X_m)} \tag{3.88}$$

$$\Omega_{surf-seen} = \frac{\left[1 + (\phi_{surf}/\phi_{seen})^{1/2}(W_{seen}/W_{surf})^{1/4}\right]^2}{\left[8(1 + W_{surf}/W_{seen})\right]^{1/2}} \tag{3.89}$$

式中，扩散系数 D、热传导系数 λ 以及黏性系数 μ 统一表示为 ϕ。

在实际计算过程中，当液滴逐渐蒸发，直径减小到非常小的值时，单位质量液滴的质量变化 $|\Delta m_d/m_d|$ 会变得非常大。为了保证计算稳定，需要对液滴的蒸发时间步长加以限制，以保证在单个时间步长内满足 $|\Delta m_d/m_d| < 0.01$。当液滴粒径减小到 1 μm 以下时，便不再考虑液滴的蒸发过程，而是在下一个时间步长内直接让该液滴彻底蒸发完毕。

3.4.1.5　单液滴蒸发验证

在上述蒸发理论的基础上，本小节以 Miller 等[29]进行的三组不同环境温度（低温 $T_g = 298$ K、中温 $T_g = 437$ K、高温 $T_g = 1\,000$ K）下液滴蒸发的实验验证蒸发模型的有效性。其中液滴物质分别为水（water）、己烷（hexane）、癸烷（decane），各物质的物性参数可参考文献[29]。图 3.30 给出了不同条件液滴蒸发计算结果与实验结果的对比。其中液滴水的初始粒径 $d_0 = 1.1$ mm，初始温度

为 T_d = 282 K, 其蒸发过程发生在常压静止气流中；己烷液滴的初始粒径 d_0 = 1.76 mm, 初始温度为 T_d = 281 K, 其蒸发过程发生在常压对流空气中, 且相应的液滴雷诺数 Re_d = 110。 可以发现对于环境气体温度不高的条件, 液滴直径平方随时间的变化呈现线性减少的关系, 基本满足 d^2 定律, 且环境气体温度对液滴蒸发时间影响巨大, 液滴水的蒸发过程耗时将近 1 000 s, 而相对较大的己烷液滴的蒸发时间仅为 12 s 左右。 计算获得的液滴粒径减少规律与实验结果吻合较好。 实验中, 葵烷液滴的初始粒径 d_0 = 2.0 mm, 初始温度为 T_d = 315 K, 其所处常压对流空气对应的液滴雷诺数 Re_d = 17。 实验不仅测量了不同时刻液滴的直径, 还获取了液滴表面温度变化的数据。 如图 3.30 所示, 经过约 2 s 的升温阶段后, 葵烷液滴温度达到一个平衡温度, 且在该平衡温度条件下液滴直径的平方呈现线性减少的规律。 虽然计算获得的液滴平衡温度相较于实验结果较低, 液滴

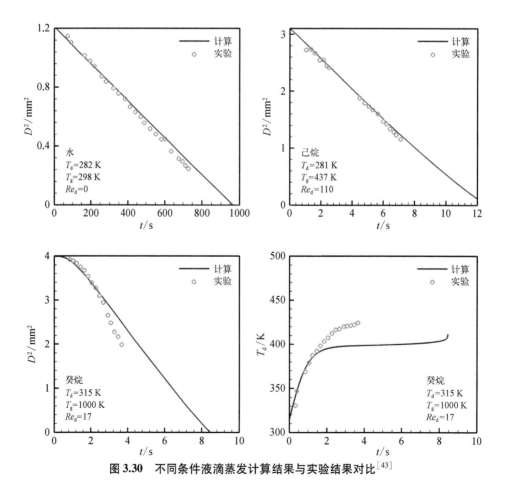

图3.30 不同条件液滴蒸发计算结果与实验结果对比[43]

粒径的减少速率稍慢,但其误差在可容许的范围内。三个条件下计算获得的液滴蒸发数据与实验结果吻合整体较好,表明本节所采用的蒸发模型能够较好地开展液滴蒸发过程的模拟。

3.4.2 液体煤油射流在超声速气流中蒸发过程的数值模拟

基于 1 kg/s 超声速燃烧机理直联式试验台,Li 等[59]采用煤油-PLIF 技术测量了点火前超燃冲压发动机模型燃烧室中凹腔上游横向喷注时煤油在下游凹腔附近的分布,结果如图 3.31 所示。实验中,该模型燃烧室入口为宽 50 mm、高 40 mm 的矩形。两个凹腔安装在模型燃烧室的底壁上,间距为 93 mm,如图 3.32 所示。两个凹腔具有相同的构型,深度 $D = 11$ mm,长深比 $L/D = 7$,后壁倾角为 45°。四个直径 0.5 mm 的喷孔均匀布置在凹腔 C1 的前缘上游 30 mm 处。鉴于实验手段的局限性,需要通过数值仿真的方法对该实验台在两个实验工况下展开研究,其超声速气流和液体燃料射流的详细特征参数见表 3.6。液相煤油物性参数见表 3.7,煤油蒸气的热力学性质由 NASA 多项式参数[60]描述。

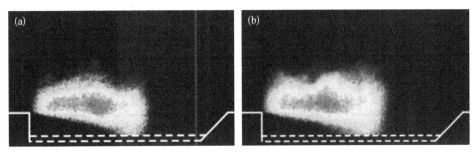

图 3.31 煤油-PLIF 获得的煤油平均分布图像

(a) 1 MPa;(b) 2 Mpa

表 3.6 超声速横向气流和喷射出口流动条件

超声速来流参数		煤油横向射流参数		
Ma	2.52	算例	CA	CB
P_∞, Pa	86 200	P_j, MPa	1.0	2.0
T_∞, K	753.8	T_j, K	298	298
U_∞, m/s	1 337.7	V_j, m/s	35.211 5	49.811 4
ρ_∞, kg/m³	0.397 7	$\dot{m}_j$, g/s	5.177 6	7.323 6
δ_∞, mm	5.0	ϕ	0.304	0.430

表 3.7　计算中所采用的液体煤油物性参数

密度 ρ_1	沸点 T_{boil}	蒸发潜热 L_v	定压比热容 $C_{p,L}$	动力黏性系数 μ_1	表面张力 σ_1
748.8 kg/m³	441.6 K	226 000 J/kg	2 090 J/(kg·K)	1.04×10^{-3} kg/(m·s)	0.026 33 N/m

　　计算域如图 3.32 所示,展向仅考虑一个燃料喷孔,计算域的宽度为 10 mm。展向采用周期性边界条件,底壁和顶壁简化为绝热无滑移壁面条件。网格在喷孔、近壁区和凹腔剪切层附近加密。流向、纵向和展向上的网格点数在矩形通道中为 1 026×161×91,在上游凹腔 C1 中为 251×81×91,在下游凹腔 C2 中为 201×81×91,进而网格总数为 18 000 000。

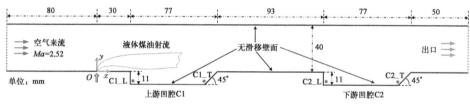

图 3.32　双凹腔燃烧室计算域的示意图

　　图 3.33 显示了煤油液滴(图中黑点表示)和煤油蒸气的演变过程。图 3.34 对应给出了气相温度的变化过程。可以看出,液体煤油从喷孔喷出后,迅速向下游运动并蒸发出大量的煤油蒸气。下游液滴迅速减少,煤油蒸气则逐渐增多。

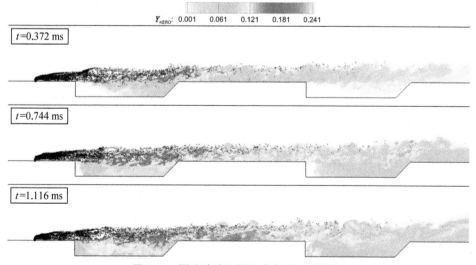

图 3.33　煤油液滴和煤油蒸气的时间演变

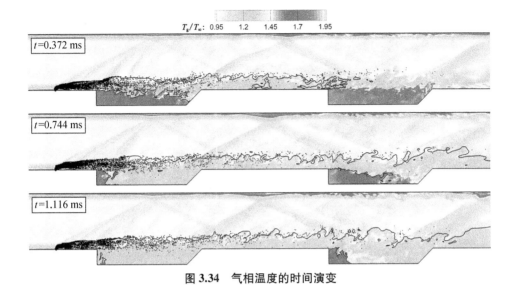

图 3.34　气相温度的时间演变

在凹腔剪切层和凹腔后壁的共同作用下,煤油蒸气逐渐卷吸到凹腔内部。凹腔内部煤油蒸气的质量分数逐渐增加,气相温度则相应逐渐降低。由于上游凹腔 C1 更靠近喷孔,因此煤油蒸气首先且主要被卷吸到上游凹腔 C1 中。对于凹腔内部,煤油蒸气首先卷吸进入凹腔剪切层,然后撞击凹腔后壁并在凹腔内回流区的作用下输运到凹腔前壁区域。

　　图 3.35 显示了在横截面上积分得到的单位体积内液滴的蒸发速率 $\mathrm{d}\dot{m}_{\mathrm{d}V}(x)$ 沿流向的演变过程。可以发现,液滴蒸发速率的峰值位于流向位置 $x = 10$ mm 和 $x = 20$ mm 之间,并且在 $x > 40$ mm 之后,蒸发速率迅速降低。高喷注压力对应的蒸发速率也更高,这是因为破碎后的液滴数量相对更多,且相应的液滴蒸发表面积更大。$\mathrm{d}\dot{m}_{\mathrm{d}V}(x)$ 和 $\dot{m}_{V_x}(x)$ 可分别由式(3.90)和式(3.91)得出:

$$\mathrm{d}\dot{m}_{\mathrm{d}V}(x) = \int \overline{\dot{S}}_{Y_\mathrm{f}}\mathrm{d}V_x \tag{3.90}$$

$$\dot{m}_{V_x}(x) = \int_{x_0}^{x}\mathrm{d}\dot{m}_{\mathrm{d}V}(x) \tag{3.91}$$

　　图 3.35 中累积蒸发速率 $\dot{m}_{V_x}(x)$ 也表示为流向位置 x 的函数。结果表明超过一半的喷注燃料在 $x = 30$ mm 之前蒸发完毕,而剩下的燃料在下游大约 250 mm 的区间内缓慢蒸发。这是因为液滴在喷孔近场区域具有较低的速度和较长的驻留时间,而液滴在下游具有较高的速度和较短的驻留时间。整个流场

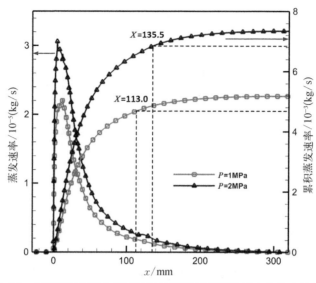

图 3.35 在横截面上积分得到的时均蒸发速率沿流动方向的变化过程

的累积蒸发速率与射流出口的质量流率之间的差异非常小。对于 1 MPa 的喷注压力,两者误差为 0.123 3%,对于 2 MPa 的喷注压力,两者误差为 0.319 5%,这表明几乎所有液滴在计算域内蒸发完毕,且数值模拟对气液相互作用中的蒸发源项处理较为可靠。

3.5 金属颗粒燃烧模拟

金属具有较高的能量密度,因此比碳氢燃料更具优势。常见的金属燃烧剂有铝、镁、硼、铍、锂等。铝(Al)由于其高能量密度、燃烧产物清洁的特点,半个多世纪以来一直是国防和航空航天工业领域关注的焦点。本节以金属铝为例,进行金属颗粒燃烧模拟研究。

3.5.1 单颗粒铝氧反应

金属着火燃烧机理与可燃气体、煤、碳氢燃料等的燃烧机理有本质区别,不同金属的着火燃烧机理也千差万别。Park 等[61] 和 Trunov 等[62] 通过对铝颗粒的点火燃烧实验研究,发现对于大颗粒铝粒子在高压下的燃烧主要受扩散控制,小颗粒铝在低压环境下主要受反应机理控制(即小颗粒燃烧时,颗粒表面反应速率比氧化剂扩散速率快得多）。而在 $1 \sim 100\ \mu m$ 的范围内，粒子处于一个既受扩散速度又受动力学速率影响的过渡区。该区域内的反应模式包括气态反应和颗粒表面反应。前人对大颗粒（$>100\ \mu m$）的铝粒子研究很多，在这里重点对 $1 \sim 100\ \mu m$ 的范围内铝颗粒进行分析，但也会给出适用于大颗粒铝粒子的铝氧反应模型。

本节参考 DesJardin 等[63] 和 Yang 等[64] 的思路将铝颗粒在空气中反应过程分为 2 个阶段：点火阶段和燃烧阶段，提出了单颗粒铝在空气中燃烧的着火模型和燃烧模型。

3.5.1.1　铝颗粒着火模型

这里认为铝金属颗粒着火阶段化学反应模型为缩核模型，氧化物附着在颗粒表面，但对颗粒不起保护作用。随反应的进行，氧化膜厚度增加、颗粒温度升高，当颗粒温度达到一定程度后，反应速率迅速增加，颗粒很快进入燃烧阶段。以单个铝颗粒为研究对象，假设颗粒为球形，简要假设如下：

（1）铝只与氧气反应，表面反应所产生热量完全被颗粒吸收；

（2）由于铝在熔化之前反应速率较小，生成的氧化膜厚度极其薄，所以认为在完全融化之前铝不与氧气发生表面反应；

（3）表面反应为一步反应，反应级数为一级，符合 Arrhenius 定律；

（4）对流换热系数和对流传质系数均不随温度变化。

在预热阶段，热环境的传热和颗粒表面上发生的非均相表面反应（heterogeneous surface reaction，HSR）使得颗粒升温。传热包括对流和辐射，这里只考虑对流换热。当颗粒大小与平均自由程相当时，连续介质假设是无效的。当铝颗粒 Sauter 平均直径为 $1 \sim 10\ \mu m$ 时，Mohan 等[65] 对此进行了数值计算，结果显示，在颗粒加热和冷却时，颗粒的传热速率随颗粒的直径变化，故应分别计算加热和冷却时的 Nu 数。为了数值计算的方便，我们可以把 Nu 数拟合成关于粒径的函数：

$$Nu_{h} = 1.927\,89 - 1.970\,28e^{-0.461\,3d_{p}},\ d_{p} \leqslant 100\ \mu m \tag{3.92}$$

$$Nu_{c} = 1.679\,13 - 1.368\,12e^{-0.323\,9d_{p}},\ d_{p} \leqslant 100\ \mu m \tag{3.93}$$

其中，Nu_{h} 和 Nu_{c} 分别表示粒子加热和冷却的 Nusselt 数；d_{p} 是包括氧化铝壳体的颗粒直径，单位为 μm。需要分别计算氧化铝壳体和铝芯的颗粒直径。假定氧化铝被均匀包覆，则颗粒直径 d_{p}、铝芯的直径 d_{Al} 分别为

$$d_{p} = \left[(6/\pi) \cdot (m_{Al_2O_3}/\rho_{Al_2O_3}) + d_{Al}^3 \right]^{1/3} \tag{3.94}$$

$$d_{Al} = \left[(6/\pi) \cdot (m_{Al}/\rho_{Al}) \right]^{1/3} \tag{3.95}$$

当粒子直径比较大时($>100\ \mu m$),粒子与空气传热的 Nusselt 数为

$$Nu = 2 + 0.552 Re_p^{\frac{1}{2}} Pr_g^{\frac{1}{3}}, \ d_p > 100\ \mu m \tag{3.96}$$

Al 颗粒的直径较小,这里采用集总参数法来简化计算粒子内部空间的温度变化,即认为粒子体具有均匀的温度分布。因此,可以使用下面的公式来计算对流换热速率:

$$\dot{q}_{conv} = Nuk(T_{gas} - T_p)\pi d_p \tag{3.97}$$

其中,Nu 取决于加热或冷却条件;k 是周围气体的导热系数;T_{gas} 和 T_p 分别表示气相和颗粒的温度。

当颗粒温度达到 933 K 时,温度是固定的,只吸收周围环境的热量,通过熔化速率 $\dot{m}_1$ 将铝芯从固态转变为液相:

$$\dot{m}_1 = \dot{q}_{conv}/h_f \tag{3.98}$$

其中,铝的熔化热 $h_f = 0.397 \times 10^6$ J/kg。

非均相表面反应(HSR)会引起点火延迟。HSR 反应速率为 $K_s = A \cdot \exp(-Ea/R/T_p)$,其中指前因子 $A = 200\ kg/(m^2 \cdot s)$,活化能 $E_a = 95\ 395\ J/mol$,R 和 T_p 分别是气体常数和粒子温度。

非均相表面反应(HSR)产生能量的速率为

$$\dot{q}_{HSR} = h_r K_s d_{Al}^2 \pi \tag{3.99}$$

式中,h_r 是以 J/kg 为单位的铝反应焓。

铝颗粒通过 HSR 消耗气相中的氧气,在颗粒表面形成氧化铝。因此,对于铝芯,计算其在此过程中的质量消耗率为

$$dm_{Al}/dt = -A_{al}K_s \tag{3.100}$$

其中,$A_{al} = d_{Al}^2 \pi$;根据质量守恒可以得到氧化铝的生成速率 $dm_{Al_2O_3}/dt = 1.899 A_{al} K_s$;氧气的消耗速率为 $dm_{O_2}/dt = -0.899 A_{al} K_s$。

最后,考虑对流换热以及 HSR,铝颗粒在着火阶段的温度控制方程为

$$m_p c_p (dT_p/dt) = \{ \dot{q}_{conv} + \dot{q}_{HSR} \} \tag{3.101}$$

其中，c_p 是金属铝颗粒的比热容，单位为 $J/(kg \cdot K)$。

3.5.1.2　铝颗粒燃烧模型

在含氧环境中，实验观察到的铝颗粒点火温度会随颗粒大小的变化而变化。对于直径大于 100 μm 的颗粒，大多数实验研究表明，点火发生在氧化铝熔点附近（即 2 350 K）。由于每个铝颗粒都被一层氧化物外壳覆盖，因此有人认为，在铝热膨胀的影响下，直到氧化物外壳在其熔化温度附近熔化或破裂，该颗粒才会着火。然而，对于直径为 1~100 μm 的粒子，可以在 1 300~2 300 K 的温度范围内实现点火。对于纳米粒子，甚至在 900 K 的温度下就可以点火。如此低的着火温度可能是由于氧化铝壳体的铝氧化和多相转变，或者是由于热膨胀导致氧化层的断裂。这里通过对实验数据进行拟合，得到了点火温度的表达式为[66]

$$T_{\text{ign}} = \begin{cases} \exp(0.087 \times \ln(d_{\text{p}} \cdot 10^6) + 7.28), & d_{\text{p}} \leqslant 100 \ \mu m \\ 2\,350 \ K, & d_{\text{p}} > 100 \ \mu m \end{cases} \tag{3.102}$$

当温度超过着火点时，粒子进入燃烧阶段，图 3.36 描述了燃烧阶段的传热和传质，这里的传热仅仅考虑对流换热，不考虑辐射换热，铝反应后产生的热量分为两部分，一部分用来将液态的铝蒸发变为铝蒸气，一部分传递给了环境。

铝的反应速率以及热量生成速率可以由以下式子得出：

$$\dot{m}_{\text{comb}} = m_{\text{Al}}/\tau_{\text{b}} \tag{3.103}$$

$$\dot{q}_{\text{comb}} = h_{\text{comb}}\dot{m}_{\text{comb}} \tag{3.104}$$

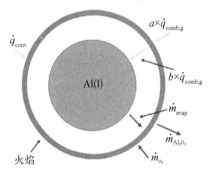

图 3.36　燃烧阶段的热量以及质量传递示意图[67]

式中，h_{comb} 为铝蒸气与氧气的燃烧生成焓；$h_{\text{comb}} = 4.23 \times 10^7 \ J/kg$；$\tau_{\text{b}}$ 为铝颗粒的燃烧时间，其具体表达式将在下文给出。

对于通常在扩散控制条件下燃烧的微米级和较大粒径的颗粒，存在许多有关其燃烧时间的数据。铝燃烧的速度随颗粒尺寸的减小而增大，符合 $d - m$ 定律，其中 m 的范围为 1.5~2.0。Beckstead 等[68]总结了各种氧化剂环境中单颗粒燃烧时间的近 400 个实验数据，并提出式（3.105）中描述的 $d1.8$ 颗粒燃烧时间模型。

Bazyn 等[69,70]和 Huang 等[66]的研究表明从扩散控制到动力学控制燃烧模式的转变可能发生在几微米量级的粒径上,当颗粒尺寸减小到几微米时,燃烧机制发生了从扩散主导模式到动力学主导模式的转变,需要一个不同的颗粒燃烧时间关系式。在 130 nm~10 μm 的尺寸范围内,Huang 等[66] 根据实验数据推导出燃烧时间的 d0.3 定律。我们这里只考虑铝与氧气的反应,这里我们采用以下模型来计算颗粒的燃烧时间 τ_b:

$$\begin{cases} \tau_b = C_1 d_p^{1.8} / (T^{0.2} \cdot p^{0.1} \cdot X_{O_2}), & d_p \geqslant 10 \text{ μm} \\ \tau_b = d_p^{0.3} / (C_2 e^{(-E_b/RT)} \cdot X_{O_2}), & d_p < 10 \text{ μm} \end{cases} \tag{3.105}$$

其中,τ_b 为颗粒燃烧时间,s;T 为颗粒周围环境温度,K;p 为环境压力,atm;X_{O_2} 为氧气的摩尔浓度;活化能 E_b = 73.6 kJ/mol;常数 C_1 = 7.35 × 10^{-6};C_2 = 5.5 × 10^4。图 3.37 为根据 Parr 等[71] 的纳米铝颗粒燃烧实验所得的不同温度条件下的燃烧时间,以及 d0.3 模型得到的拟合曲线图。

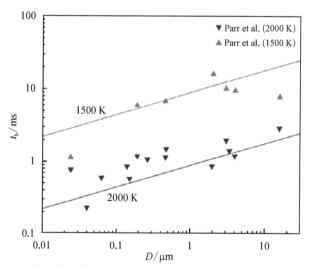

图 3.37   不同温度条件下纳米铝颗粒燃烧时间与 d0.3 模型拟合曲线[71]

燃烧模型由三个子阶段组成,子阶段的划分取决于颗粒温度和周围环境条件。当颗粒温度低于 2 743 K(铝的沸点)且处于富氧环境时,颗粒燃烧处于子阶段 1。当颗粒在富氧环境下且颗粒温度达到 2 743 K 时,颗粒温度不再变化,颗粒燃烧进入子阶段 2,即稳定燃烧阶段。随着燃烧的进行,空气中的氧气被逐渐消耗,当氧气浓度不足时,金属铝无法继续维持燃烧,此时液态铝会在高温环境下析出铝蒸气,颗粒燃烧进入子阶段 3。铝颗粒燃烧子阶段质量及能量变化如表 3.8 所示,其中,a 为铝燃烧后产生的能量扩散到环境中的比例;b 为铝燃烧后产生的能量传递给自身的比例。b 中包括了用来颗粒升温和蒸发铝的能量,蒸发铝的能量占总能量的比例为 η_e,故铝蒸气生成速率如式(3.106)所示:

$$\dot{m}_{\text{evap}} = \eta_e h_{\text{comb}} \dot{m}_{\text{comb}} / h_{\text{evap}} \tag{3.106}$$

其中,蒸发潜热 $h_{\text{evap}} = 1.09 \times 10^7$ J/kg;燃烧生成焓 $h_{\text{comb}} = 4.23 \times 10^7$ J/kg;当颗粒处于子阶段 2 时,$\eta_e = b$。因为传递给颗粒的所有能量都用来产生铝蒸气,即 $\dot{m}_{\text{evap}} = \dot{m}_{\text{comb}}$,由式(3.106)可得 η_e 的大小为 0.26。因此当颗粒处于子阶段 1 时,$b > 0.26$。

表 3.8　铝颗粒燃烧子阶段质量及能量变化

	子阶段 1	子阶段 2	子阶段 3
a	$1 - b$	0.74	0.74
b	$b > 0.26$	0.26	0.26
$\dot{m}_{\text{evap}}$	$\dot{m}_{\text{comb}}$	$\dot{m}_{\text{comb}}$	$\dot{m}_{\text{comb}} + \dot{S}_{\text{Al}}$
$\dot{m}_{\text{Al}_2\text{O}_3}$	$1.889\dot{m}_{\text{comb}}$	$1.889\dot{m}_{\text{comb}}$	$1.889\dot{m}_{\text{comb}}$
$\dot{m}_{\text{O}_2}$	$-0.889\dot{m}_{\text{comb}}$	$-0.889\dot{m}_{\text{comb}}$	$-0.889\dot{m}_{\text{comb}}$

假设铝在前两个子阶段生成的氧化物全部附着在颗粒表面,铝在这两个阶段的质量变化 $\mathrm{d}m_{\text{Al}}/\mathrm{d}t$、温度变化 $\mathrm{d}T_{\text{p}}/\mathrm{d}t$ 可由下式求出:

$$\mathrm{d}m_{\text{Al}}/\mathrm{d}t = -\dot{m}_{\text{comb}} \tag{3.107}$$

$$m_{\text{p}} c_{\text{p}} (\mathrm{d}T_{\text{p}}/\mathrm{d}t) = (b - \eta_e)\dot{q}_{\text{comb}} \tag{3.108}$$

此时颗粒相对气相的源项为

$$\begin{bmatrix} \dot{S}_E \\ \dot{S}_{\text{O}_2} \\ \dot{S}_{\text{Al}} \end{bmatrix} = \begin{bmatrix} \eta_d \dot{q}_{\text{comb}} \\ 0.899\dot{q}_{\text{comb}} \\ 0 \end{bmatrix} \tag{3.109}$$

其中,$\dot{S}_E$ 为颗粒相对气相的能量源项;$\dot{S}_{\text{O}_2}$ 和 $\dot{S}_{\text{Al}}$ 分别为氧气和金属蒸气的质量源项。

由于在铝的单颗粒燃烧研究中,假设气相环境无限大,铝颗粒着火不改变气相环境的参数,故这里不考虑子阶段 3,在下一小节中会详细分析这一阶段。

3.5.1.3　金属单颗粒点火过程

Prasanth 和 DesJardin[72] 得到了粒径为 10 μm 的铝颗粒在环境温度为 2 500 K

和 3 000 K,氧气质量浓度为 23.3% 的条件下的点火延迟时间,如图 3.38 所示,将目前的计算结果与之对比,检验了数值模型的准确性。

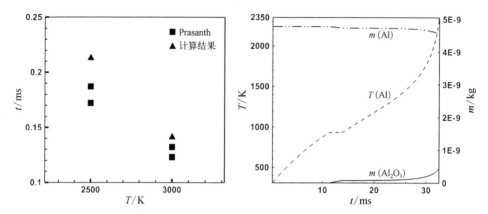

图 3.38 10 μm 的铝颗粒的点火延迟时间与 Prasanth 结果对比[67]

图 3.39 150 μm 的铝颗粒在温度为 3 000 K 的环境中点火过程曲线图[67]

图 3.39 为粒径为 150 μm 的铝颗粒在温度为 3 000 K 的环境中点火过程曲线图。从图中可以看出颗粒在高温环境中首先被加热,由于颗粒从外界获得的热量主要源于颗粒与环境的温度差,所以颗粒的温度均匀上升。当颗粒的温度上升至熔点时,铝颗粒开始熔化,此时铝颗粒的温度保持在熔点,因此图 3.39 中温度曲线图出现一个平台,此时开始有液态铝生成。随着液态铝的出现,铝被氧化生成氧化铝,此时颗粒的质量开始增加。当铝颗粒完全熔化后,颗粒的温度与环境的温度差变小,从而从环境中获得的对流以及辐射的热量变小,但同时异相反应速率增加显著,所放出的热量大幅上升,所以此时的温度显著上升,液态铝的质量也逐渐减少直至温度达到 2 350 K,点火完成。图 3.40 是 150 μm 的铝颗粒在不同环境温度下点火过程中的温度变化,可以看出,环境温度对铝的点火过程影响较大。图 3.41 为在 2 500 K 环境温度下不同大小铝颗粒点火过程中的温度变化,可以看出,颗粒越大,点火延迟越长。

3.5.2 铝颗粒群在超声速气流中燃烧的数值模拟

对铝单颗粒反应的研究可以让我们更加清楚地了解铝与氧气反应的机理及过程,但对实际工程应用来说,铝颗粒群燃烧才是更值得关注和研究的。在3.5.1.2 小节中,我们没有考虑氧气不足的情况,也没有考虑气态的铝与氧气反应的情况。而颗粒群燃烧与单个颗粒的最大区别在于存在富燃情况和气相反应。

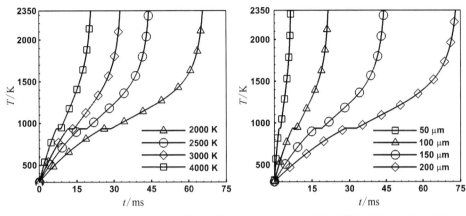

图 3.40　不同环境温度下 150 μm 的铝颗粒点火过程的温度变化[67]

图 3.41　不同大小铝颗粒在 2 500 K 环境温度下点火过程的温度变化[67]

当氧气充足时,我们认为铝颗粒群中的颗粒燃烧行为与单颗粒相同,当氧气不足时,需要考虑颗粒群中的金属颗粒蒸发行为。

3.5.2.1　铝液滴的蒸发及气相反应

在 3.5.1.2 小节铝燃烧前两个子阶段中,氧气充足,但随着反应的进行,氧气被逐渐消耗,当氧气浓度不足时,金属铝无法继续维持燃烧,此时液态铝会在高温的作用下析出铝蒸气,进入子阶段 3。关于铝液滴的蒸发模型与 3.4 节中液滴的蒸发模型一样,这里不再赘述。

由于火焰的存在,在子阶段 1 和 2 中,颗粒与环境之间的对流换热忽略不计,但在子阶段 3 中,因为火焰的消失,金属颗粒与环境之间的对流换热不可忽略。

铝蒸气的产生速率即颗粒相对气态流场的质量源项为

$$\dot{S}_{Al} = \dot{q}_{conv}/h_{evap} \tag{3.110}$$

金属铝颗粒的消耗速率为

$$\frac{dm_{Al}}{dt} = -\dot{m}_{comb} - \dot{S}_{Al} \tag{3.111}$$

很多学者通过对反应动力学的求解,模拟了铝蒸气与氧气的气相反应过程。Catoire 等[73] 提出了由 8 个物质 10 个反应组成的 Al/O 动力学机理,其计算量较大。Huang 等[66] 对完整的 Al/O 动力学反应模型进行了灵敏度分析,他们的研究表明,当铝和氧气反应生成氧化铝时,有五个反应占主导地位,故得到如表 3.9

中的前五个反应步骤所示的反应机理。

表 3.9　气态铝/氧反应机理[66]

序号	反　　应	$A/[\,\mathrm{cm^3/(mol \cdot s)}\,]$	$E/(\mathrm{cal/mol})$
1	$\mathrm{Al + O_2 = AlO + O}$	9.72×10^{13}	159.95
2	$\mathrm{Al_2O_3(g) = AlOAlO + O}$	3.0×10^{15}	97 649.99
3	$\mathrm{AlOAlO = AlO + AlO}$	1.0×10^{15}	117 900
4	$\mathrm{AlOAlO = AlOAl + O}$	1.0×10^{15}	104 249.94
5	$\mathrm{AlOAl = AlO + Al}$	1.0×10^{15}	133 199.94
6	$\mathrm{Al_2O_3(g) = Al_2O_3(s)}$	3.0×10^{14}	0.0

由于 $\mathrm{Al_2O_3}$ 会迅速分解成低能氧化物和 O 等物质,并且实际反应中并未观察到有气态氧化铝的存在,因此在 Huang 等[66]的反应机理基础上加入反应步骤 6,如表 3.9 所示,即认为气态 $\mathrm{Al_2O_3}$ 瞬间冷凝。因为冷凝后的 $\mathrm{Al_2O_3}$ 是以非常细的烟雾存在的,所以将其作为"准气相"处理。

3.5.2.2　控制方程

1. 气相方程

通过上一小节的分析,我们的燃烧模型中认为气相反应生成的凝相 $\mathrm{Al_2O_3}$ 为微小尘埃(烟尘),计算中将其做为"准气相"处理,其可随气体运动,与气体同温同速,且有一定的扩散能力,又因为凝相 $\mathrm{Al_2O_3}$ 的密度远大于气相,所以不计其体积,故对压力没有贡献。在 1.3 节中的可压缩气相控制方程的基础上,考虑凝相 $\mathrm{Al_2O_3}$ 的控制方程如下所示。

连续方程:

$$\frac{\partial \rho}{\partial t} + \frac{\partial(\rho u_j)}{\partial x_j} = \dot{S}_m \qquad (3.112)$$

$$\frac{\partial \rho_{\mathrm{powd}}}{\partial t} + \frac{\partial(\rho_{\mathrm{powd}} u_j)}{\partial x_j} = \dot{S}_{m,\,\mathrm{powd}} + D_{\mathrm{powd}} \frac{\partial}{\partial x}\left(\frac{\partial \rho_{\mathrm{powd}}}{\partial x}\right) \qquad (3.113)$$

动量方程:

$$\frac{\partial(\rho u_i + \rho_{\mathrm{powd}} u_i)}{\partial t} + \frac{\partial(\rho u_i u_j + \rho_{\mathrm{powd}} u_i u_j + p\delta_{ij})}{\partial x_j} = \frac{\partial \tau_{ij}}{\partial x_j} + \dot{S}_{p,\,i} \qquad (3.114)$$

能量方程:

$$\frac{\partial E}{\partial t} + \frac{\partial E_{\mathrm{powd}}}{\partial t} + \frac{\partial \left[\left(E + E_{\mathrm{powd}} + p \right) u_j \right]}{\partial x_j} = \frac{\partial \left(q_j + q_{\mathrm{powd}} + u_i \tau_{ij} \right)}{\partial x_j} + \dot{S}_E$$

$$(3.115)$$

组分方程：

$$\frac{\partial \left(\rho Y_s \right)}{\partial t} + \frac{\partial \left(\rho Y_s u_j \right)}{\partial x_j} = \frac{\partial}{\partial x_j} \left(\rho D_s \frac{\partial Y_s}{\partial x_j} \right) + \dot{S}_{Y_s} + \dot{\omega}_s \qquad (3.116)$$

上述控制方程中关于气相的表达式代表的物理量与 1.3 节的可压缩气相控制方程相同，这里不再赘述。这里只对与凝相 Al_2O_3 相关的物理量进行说明：

ρ_{powd} 是凝相 Al_2O_3 的密度；$\dot{S}_{m,\,\mathrm{powd}}$ 是凝相 Al_2O_3 的生成率；D_{powd} 是凝相 Al_2O_3 的扩散系数；$D_{\mathrm{powd}} = 1 \times 10^{-6}\ \mathrm{m}^2/\mathrm{s}$；凝相 Al_2O_3 的总内能表达式为

$$E_{\mathrm{powd}} = \rho_{\mathrm{powd}} h_{\mathrm{powd}} + \frac{1}{2} \rho_{\mathrm{powd}} u_k u_k \qquad (3.117)$$

其中，h_{powd} 为凝相 Al_2O_3 的焓值。

Al_2O_3 烟尘热通量 q_{powd} 可表示为

$$q_{\mathrm{powd}} = D_{\mathrm{powd}} h_{\mathrm{powd}} \frac{\partial \rho_{\mathrm{powd}}}{\partial x_j} \qquad (3.118)$$

2. 颗粒相方程

铝颗粒的运动方程与液滴的运动方程相同，这里不再赘述，不同的是本节所模拟的铝颗粒不考虑变形及破碎过程。因为铝在与氧气反应的过程中存在相变，不同反应阶段的反应过程也不相同，关于铝不同阶段的质量方程和温度方程在 3.5.2 小节中已经详细说明，这里不再赘述。金属与气相之间源项的耦合计算也与气液两相的相同，不再重复介绍。

3.5.2.3　铝颗粒群燃烧过程的数值模拟

计算构型如图 3.42 所示，两个具有相同构型的凹腔布置在模型燃烧室的底壁，其间距为 93 mm，这里称上游凹腔为凹腔 C1，下游凹腔为凹腔 C2。凹腔深度 $D = 11$ mm，长深比 $L/D = 7$，后壁倾角为 45°。计算域的展向宽度为 10 mm，且展向方向的边界条件设置为周期性边界条件，底壁和顶壁设置为绝热无滑移壁面条件。网格在喷孔、近壁区和凹腔剪切层附近加密，网格总量为 132 万。

数值模拟中用到的超声速气流和液体射流的详细特征参数如表 3.10 所示，

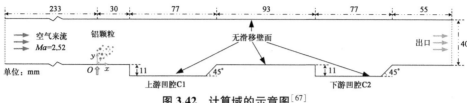

图 3.42　计算域的示意图[67]

其中, D_P 为颗粒入射平均直径, 颗粒入射时直径满足 Rosin – Rammler 分布; R 为喷孔半径; T_P 为颗粒入射温度; V_P 是颗粒入射速度; $\dot{m}_P$ 是颗粒入射流率; φ_p 为总体当量比, 当前模拟采用计算液滴的概念, 且设置计算液滴的权重系数约为 20。

表 3.10　超声速横向气流来流以及入射金属颗粒参数

超声速来流参数		颗粒入射参数	
Ma	2.52	$D_P\,/\mu m$	12
$P_\infty\,/Pa$	86 200	$R\,/mm$	2.0
$T_\infty\,/K$	753.8	$T_P\,/K$	298
$U_\infty\,/(m/s)$	1 337.7	$V_P\,/(m/s)$	50
$\rho_\infty\,/(kg/m^3)$	0.397 7	$\dot{m}_P\,/(g/s)$	152
$\delta_\infty\,/mm$	5.0	ϕ_P	0.268

图 3.43 为凹腔 C1 附近铝颗粒的分布, 图 3.44 为点火前燃烧室的流场温度及铝颗粒分布。金属铝颗粒通过喷注进入燃烧室后, 粒径比较大的颗粒由于其动量比较大, 在超声速气流中具有更大的穿透深度, 进而集中在流场的上部区域; 粒径比较小的颗粒由于其动量比较小, 穿透深度也比较小, 几乎分布在粒子群的下部区域。大多数颗粒流过凹腔向下游输运, 仅有很少的小颗粒被卷吸到凹腔中。

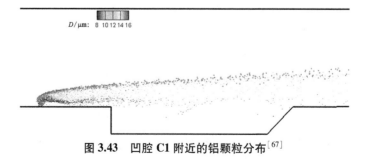

图 3.43　凹腔 C1 附近的铝颗粒分布[67]

图 3.44　点火前燃烧室温度以及铝颗粒分布[67]

　　图 3.45 展示了燃烧发展过程中的四个瞬态结果,燃烧开始主要在第一个凹腔内进行,如 t1 时刻所示。随着反应的进行,燃烧释热引起的边界层分离产生一道较强激波。位于火焰前沿的激波逐渐往上游推移,激波后的低速回流区为燃烧反应提供了较好的温度及速度条件,金属颗粒在回流区的影响下也逐渐向前推移,进而火焰也逐渐往上游推移。燃烧刚开始时,受回流区影响,颗粒从喷口喷出后整体会向前移动一点距离,随着回流区的不断发展、前推,金属颗粒喷口前后的流场趋于相同,从喷口中心喷出的颗粒会近乎垂直运动一段距离,然后在来流的作用下向下游扩散。同时凹腔 C1 及其附近燃烧产生的热量逐渐向下游传播,凹腔 C1 内燃烧消耗氧气使得凹腔 C1 附近的颗粒处于富燃情况,金属颗粒开始蒸发,凹腔 C1 及其上游产生的金属蒸气向下游传播,如图 3.46 所示。金属蒸气在 t3 时刻进入凹腔 C2,凹腔 C2 内的燃烧进一步增强。可以看出气相反应在火焰传播过程中起着重要作用。与煤油等液体燃料不同,虽然铝颗粒也会蒸发,但因为表面反应的存在,固体氧化物会附金属颗粒上,金属燃烧后的固体"残渣"会一直存在,而煤油燃烧后的产物均是气体。

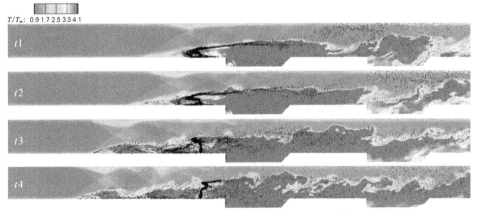

图 3.45　燃烧过程中气相温度及颗粒分布[67]

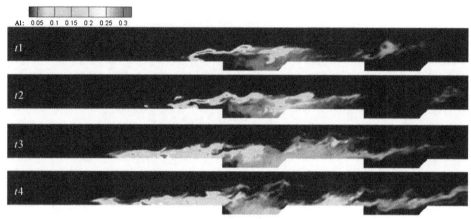

图 3.46　燃烧过程中金属蒸气分布[67]

　　为了进一步分析气相反应过程,这里以 $t4$ 时刻为例,得到气相反应主要组分的分布云图,如图 3.47 所示。可以看出,铝蒸气的产生区域基本上是流场中氧气浓度较低的区域。因为中间产物 AlOAl 和 AlOAlO 的浓度极低,都在 10^{-6} 量级,所以这里不再显示,同时这也证明了中间产物 AlOAl 和 AlOAlO 消耗速率比较快,AlO 的反应速率比较慢,这与表 3.9 中的气相反应机理相一致。因为蒸发出的铝与氧气发生气相反应,会生成粒径极小的凝相氧化铝烟尘,这些氧化铝烟尘同样也会随着气体运动扩散,图 3.47 中也给出了氧化铝烟尘的分布。

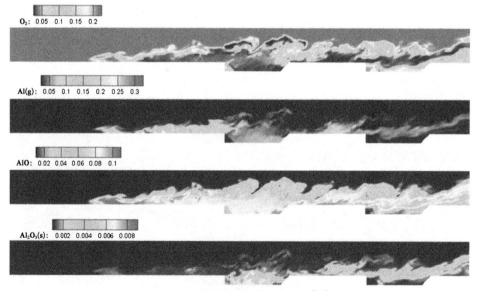

图 3.47　t4 时刻气相产物分布图[67]

参考文献

[1] Beloki Perurena J, Asma C O, Theunissen R, et al. Experimental investigation of liquid jet injection into Mach 6 hypersonic crossflow[J]. Experiments in Fluids, 2008, 46(3): 403-417.

[2] Genin F, Menon S. LES of supersonic combustion of hydrocarbon spray in a scramjet[C]. Fort Lauderdale: AIAA-2004-4132, 40th AIAA/ASME/SAE/ASEE Joint Propulsion Conference and Exhibit, 2004.

[3] Salewski M, Fuchs L. Consistency issues of Lagrangian particle tracking applied to a spray jet in crossflow[J]. International Journal of Multiphase Flow, 2007, 33(4): 394-410.

[4] Gu X, Basu S, Kumar R. Dispersion and vaporization of biofuels and conventional fuels in a crossflow pre-mixer[J]. International Journal of Heat and Mass Transfer, 2012, 55: 336-346.

[5] Xiao F, Dianat M, McGuirk J J. Large eddy simulation of liquid-jet primary breakup in air crossflow[J]. AIAA Journal, 2013, 51(12): 2878-2893.

[6] Fedkiw R P, Aslam T, Merriman B. A non-oscillatory Eulerian approach to interfaces in multimaterial flows (the ghost fluid method)[J]. Journal of Computational Physics, 1999, 152(2): 457-492.

[7] Xiao F, Wang Z G, Sun M B, et al. Large eddy simulation of liquid jet primary breakup in supersonic air crossflow[J]. International Journal of Multiphase Flow, 2016, 87: 229-240.

[8] Xiao F. Large eddy simulation of liquid jet primary breakup[D]. Loughborough: Loughborough University, 2012.

[9] 莫然, 肖锋, 林森, 等. 超声速气流中振荡射流一次雾化的大涡模拟[C]. 杭州: 第十届全国流体力学学术会议, 2018.

[10] Johnsen E, Colonius T. Implementation of WENO schemes in compressible multicomponent flow problems[J]. Journal of Computational Physics, 2006, 219(2): 715-732.

[11] Shyue K-M. An efficient shock-capturing algorithm for compressible multicomponent problems [J]. Journal of Computational Physics, 1998, 142(1): 208-242.

[12] Allaire G, Clerc S, Kokh S. A five-equation model for the simulation of interfaces between compressible fluids[J]. Journal of Computational Physics, 2002, 181(2): 577-616.

[13] Saurel R, Abgrall R M. A simple method for compressible multifluid flows[J]. SIAM Journal on Scientific Computing, 1999, 21: 1115-1145.

[14] Tiwari A, Freund J B, Pantano C. A diffuse interface model with immiscibility preservation [J]. Journal of Computational Physics, 2013, 252: 290-309.

[15] Toro E F, Spruce M, Speares W. Restoration of the contact surface in the HLL-Riemann solver[J]. Shock Waves, 1994, 4(1): 25-34.

[16] Xiang G, Wang B. Numerical study of a planar shock interacting with a cylindrical water column embedded with an air cavity[J]. Journal of Fluid Mechanics, 2017, 825: 825-852.

[17] Liu N, Wang Z, Sun M, et al. Numerical simulation of liquid droplet breakup in supersonic flows[J]. Acta Astronautica, 2018, 145: 116-130.

[18] 刘楠. 基于自适应网格界面捕捉的超声速气流中气液两相流数值模拟[D]. 长沙: 国防

科技大学,2019.

[19] Wang B, Xiang G, Hu X. An incremental-stencil WENO reconstruction for simulation of compressible two-phase flows[J]. International Journal of Multiphase Flow, 2018, 104: 20-31.

[20] Hu X Y, Adams N, Shu C W. Positivity-preserving method for high-order conservative schemes solving compressible Euler equations[J]. Journal of Computational Physics, 2013, 242(6): 169-180.

[21] Liu N, Wang Z, Sun M, et al. Simulation of liquid jet primary breakup in a supersonic crossflow under adaptive mesh refinement framework[J]. Aerospace Science and Technology, 2019, 91: 456-473.

[22] Meng J C, Colonius T. Numerical simulations of the early stages of high-speed droplet breakup[J]. Shock Waves, 2014, 25: 399-414.

[23] Coralic V, Colonius T. Finite-volume WENO scheme for viscous compressible multicomponent flows[J]. Journal of Computational Physics, 2014, 274: 95-121.

[24] So K K, Hu X Y, Adams N A. Anti-diffusion interface sharpening technique for two-phase compressible flow simulations[J]. Journal of Computational Physics, 2012, 231(11): 4304-4323.

[25] Berger M J, Colella P. Local adaptive mesh refinement for shock hydrodynamics[J]. Journal of Computational Physics, 1989, 82(1): 64-84.

[26] Bell J, Berger M, Saltzman J, et al. Three-dimensional adaptive mesh refinement for hyperbolic conservation laws[J]. SIAM Journal on Scientific Computing, 1994, 15(1): 127-138.

[27] Sembian S, Liverts M, Tillmark N, et al. Plane shock wave interaction with a cylindrical water column[J]. Physics of Fluids, 2016, 28(5): 741-757.

[28] Ladeinde F. Dynamics of supersonic spray combustion[C]. Cincinnati: AIAA Propulsion and Energy Forum 2018 Joint Propulsion Conference, 2018.

[29] Miller R S, Harstad K, Bellan J. Evaluation of equilibrium and non-equilibrium evaporation models for many-droplet gas-liquid flow simulations[J]. International Journal of Multiphase Flow, 1998, 24(6): 1025-1055.

[30] Loth E. Compressibility and rarefaction effects on drag of a spherical particle[J]. AIAA Journal, 2008, 46(9): 2219-2228.

[31] Henderson C B. Drag coefficients of spheres in continuum and rarefied flows[J]. AIAA Journal, 1976, 14(6): 707-708.

[32] Im K S, Lin K C, Lai M C, et al. Breakup modeling of a liquid jet in cross flow[J]. International Journal of Automotive Technology, 2011, 12(4): 489-496.

[33] Ling Y, Wagner J L, Beresh S J, et al. Interaction of a planar shock wave with a dense particle curtain: Modeling and experiments[J]. Physics of Fluids, 2012, 24(11): 113301.

[34] Liu A B, Mather D, Reitz R D. Modeling the effects of drop drag and breakup on fuel sprays[C]. Detroit: International Congress and Exposition, 1993.

[35] Moin P, Apte S V. Large-eddy simulation of realistic gas turbine combustors[J]. AIAA

Journal, 2006, 44(4): 698 - 708.

[36] O'Rourke P J, Amsden A A. The TAB method for numerical calculation of spray droplet breakup[C]. Toronto: International Fuels and Lubricants Meeting and Exposition, 1987.

[37] Apte S V, Mahesh K, Moin P, et al. Large-eddy simulation of swirling particle-laden flows in a coaxial-jet combustor [J]. International Journal of Multiphase Flow, 2003, 29 (8): 1311 - 1331.

[38] Réveillon J, Demoulin F X, Pera C. Simulation approaches for spray combustion [C]. London: Autumn Meeting of the Combustion Institute, British Section, 2005.

[39] Apte S V, Gorokhovski M, Moin P. LES of atomizing spray with stochastic modeling of secondary breakup[J]. International Journal of Multiphase Flow, 2003, 29 (9): 1503 - 1522.

[40] Shams E, Finn J, Apte S V. A numerical scheme for Euler-Lagrange simulation of bubbly flows in complex systems[J]. International Journal for Numerical Methods in Fluids, 2010, 1: 1 - 41.

[41] Jones W P, Marquis A J, Vogiatzaki K. Large-eddy simulation of spray combustion in a gas turbine combustor[J]. Combustion and Flame, 2014, 161(1): 222 - 239.

[42] Zhang Y Z, Haworth D C. A general mass consistency algorithm for hybrid particle/finite-volume PDF methods[J]. Journal of Computational Physics, 2004, 194(1): 156 - 193.

[43] 李佩波.超声速气流中横向喷雾的混合及燃烧过程数值模拟[D].长沙: 国防科技大学,2019.

[44] Ren Z, Wang B, Xiang G, et al. Effect of the multiphase composition in a premixed fuel-air stream on wedge-induced oblique detonation stabilisation[J]. Journal of Fluid Mechanics, 2018, 846: 411 - 427.

[45] Baba Y, Kurose R. Analysis and flamelet modelling for spray combustion[J]. Journal of Fluid Mechanics, 2008, 612: 45 - 79.

[46] Reveillon J, Vervisch L. Analysis of weakly turbulent dilute-spray flames and spray combustion regimes[J]. Journal of Fluid Mechanics, 2005, 537: 317 - 347.

[47] 罗坤.气固两相自由剪切流动的直接数值模拟和实验研究[D].杭州: 浙江大学,2005.

[48] Khare P, Wang S, Yang V. Modeling of finite-size droplets and particles in multiphase flows [J]. Chinese Journal of Aeronautics, 2015, 28(4): 974 - 982.

[49] Apte S V, Mahesh K, Lundgren T. Accounting for finite-size effects in simulations of disperse particle-laden flows[J]. International Journal of Multiphase Flow, 2008, 34(3): 260 - 271.

[50] Li P, Wang Z, Sun M, et al. Numerical simulation of the gas-liquid interaction of a liquid jet in supersonic crossflow[J]. Acta Astronautica, 2017, 134: 333 - 344.

[51] Theofanous T G. Aerobreakup of Newtonian and viscoelastic liquids[J]. Annual Review of Fluid Mechanics, 2011, 43(1): 661 - 690.

[52] Li G J, Dinh T N, Theofanous T G. An experimental study of droplet breakup in supersonic flow: The effect of long-range interactions[C]. Reno: AIAA - 2004 - 968, 42nd AIAA Aerospace Sciences Meeting and Exhibit, 2004.

[53] Theofanous T G, Li G J, Dinh T N, et al. Aerobreakup in disturbed subsonic and supersonic

flow fields[J]. Journal of Fluid Mechanics, 2007, 593(2007): 131 - 170.

[54] Kim Y, Hermanson J C. Breakup and vaporization of droplets under locally supersonic conditions[J]. Physics of Fluids, 2012, 24(7): 1 - 24.

[55] Pilch M, Erdman C A. Use of breakup time data and velocity history data to predict the maximum size of stable fragments for acceleration-induced breakup of a liquid-drop [J]. International Journal of Multiphase Flow, 1987, 13(6): 741 - 757.

[56] Lin K-C, Kennedy P J, Jackson T A. Structures of water jets in a Mach 1.94 supersonic crossflow[C]. Reno: AIAA - 2004 - 971, 42nd AIAA Aerospace Sciences Meeting and Exhibit. 2004.

[57] Sazhin S S. Advanced models of fuel droplet heating and evaporation[J]. Progress in Energy and Combustion Science, 2006, 32(2): 162 - 214.

[58] Knudsen E, Shashank, Pitsch H. Modeling partially premixed combustion behavior in multiphase LES[J]. Combustion and Flame, 2015, 162(1): 159 - 180.

[59] Li X, Liu W, Pan Y, et al. Characterization of kerosene distribution around the ignition cavity in a scramjet combustor[J]. Acta Astronautica, 2017, 134: 11 - 16.

[60] Franzelli B, Riber E, Sanjosé M, et al. A two-step chemical scheme for kerosene-air premixed flames[J]. Combustion and Flame, 2010, 157(7): 1364 - 1373.

[61] Park K, Lee D, Rai A, et al. Size-resolved kinetic measurements of aluminum nanoparticle oxidation with single particle mass spectrometry.[J]. Physical Chemistry B, 2005, 109(15): 7290 - 7299.

[62] Trunov M A, Schoenitz M, Dreizin E L. Effect of polymorphic phase transformations in alumina layer on ignition of aluminium particles.[J]. Combustion Theory and Modelling, 2006, 10(4): 603 - 623.

[63] DesJardin P, Felske J, Carrara M. Mechanistic model for aluminum particle ignition and combustion in air.[J]. Journal of Propulsion and Power, 2005, 21(3): 478 - 485.

[64] Yang H, Lee J, Kim K, et al. Simplified model for single aluminum particle combustion[C]. Orlando: 47th AIAA Aerospace Science Including the New Horizons Forum and Aerospace Exposition, 2009: 1 - 9.

[65] Mohan S, Trunov M A, Dreizin E L. Heating and ignition of metal particles in the transition heat transfer regime[J]. Journal of Heat Transfer, 2008, 130(10): 104505 - 104509.

[66] Huang Y, Risha G A, Yang V, et al. Effect of particle size on combustion of aluminum particle dust in air[J]. Combustion and Flame, 2009, 156(1): 5 - 13.

[67] 孙明波, 汪洪波, 李佩波, 等.2020 年高超声速冲压发动机技术重点实验室基础研究工作报告[R].长沙: 国防科技大学,2020.

[68] Beckstead M W, Liang Y, Pudduppakkam K V. Numerical simulation of single aluminum particle combustion[J]. Combustion, Explosion and Shock Waves, 2005, 41(6): 622 - 638.

[69] Bazyn T, Krier H, Glumac N. Evidence for the transition from the diffusion-limit in aluminum particle combustion[J]. Proceedings of the Combustion Institute, 2007, 31(2): 2021 - 2028.

[70] Bazyn T, Krier H, Glumac N. Oxidizer and pressure effects on the combustion of 10-micron

aluminum particles[J]. Journal of Propulsion and Power, 2005, 21(4): 577 - 582.

[71] Parr T P, Johnson C, Hanson-Parr D, et al. Evaluation of advanced fuels for underwater propulsion[C]. 39th JANNAF Combustion Subcommittee Meeting, 2003.

[72] Prasanth G P, DesJardin P. Effects of heterogeneous surface reactions on the ignition of aluminum particles[C]. Reno: AIAA - 2004 - 790, 42nd AIAA Aerospace Sciences Meeting and Exhibit, 2004.

[73] Catoire L, Jen-Francois L, Marc G. Kinetic model for aluminum-sensitized ram accelerator combustion[J]. Journal of Propulsion and Power, 2003, 19(2): 196 - 202.

第4章

超声速湍流燃烧火焰面模型

火焰面模型具有计算效率高、物理直观等优点,已广泛应用于燃烧数值模拟。然而,火焰面模型是从低速流中发展而来的,超声速条件下的激波、局部熄火/自点火等复杂物理化学过程给火焰面模型带来了诸多挑战,需要对模型进行必要的修正。本章首先对层流扩散火焰面理论和层流火焰面数据库生成方法进行介绍,在此基础上对湍流燃烧火焰面模型相关理论和火焰面数据库生成方法进行阐述。针对超声速流的特点发展了压力修正方法和交互式火焰面模型。其次,针对传统火焰面模型中未考虑非稳态燃烧分支的问题,建立了超声速火焰面/进度变量模型,并介绍了一种考虑可压缩性的高效率温度简化处理方法。最后,建立了两相燃烧火焰面模型。

4.1 超声速湍流燃烧稳态火焰面模型

4.1.1 层流扩散火焰面模型

扩散燃烧是指燃料与氧化剂被分别供入燃烧室,然后燃料/氧化剂边混合边燃烧的一类燃烧现象,如图 4.1 所示。此时燃烧除了由燃料氧化的化学动力学过程决定外,还受燃料与氧化剂的扩散混合过程影响。日常生活及发动机燃烧室内的燃烧大都属于扩散燃烧。在层流扩散燃烧火焰分析中,最典型、最常用的是对撞扩散火焰,这是由于其可近似看成一维,且广泛存在于各种类型的扩散燃烧中。因此,本节以层流对撞扩散火焰为例对层流扩散火焰面的基本理论进行阐述。首先介绍层流对撞扩散火焰的基本结构,然后从数学层面上对其进行描述,最后给出基于层流对撞扩散火焰的火焰面方程解,即层流火焰面数据库。

混合分数 Z 采用文献[2]中的定义方式,即定义为来自燃料流的质量与总

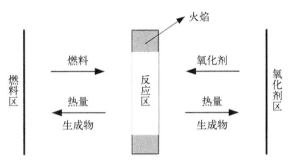

图 4.1 典型层流扩散燃烧火焰结构[1]

质量之比:

$$Z = \frac{\dot{m}_1}{\dot{m}_1 + \dot{m}_2} \tag{4.1}$$

其中, $\dot{m}_1$、$\dot{m}_2$ 分别代表来自燃料流和氧化剂流的质量。由于 $0 \leqslant \dot{m}_1 \leqslant \dot{m}_1 + \dot{m}_2$, 因此 $0 \leqslant Z \leqslant 1$。在燃料流一侧, 由于 $\dot{m}_2 = 0$, 因此 $Z = 1$; 同样在氧化剂流一侧, 由于 $\dot{m}_1 = 0$, 因此 $Z = 0$。根据质量守恒定律, 虽然在燃烧过程中燃料的质量发生了改变, 但由燃料流生成的质量及总质量均不变, 所以混合分数 Z 也不变, 即 Z 是守恒标量。

在扩散火焰中, 通常选择混合分数 Z 在燃料/氧化剂处于化学恰当当量比时的等值面 $Z(x_i, t) = Z_{st}$ 作为化学反应面(即火焰面), 燃烧就发生在这一曲面附近的薄层内, 图 4.2、图 4.3 分别给出了对撞扩散火焰和射流扩散火焰示意图。

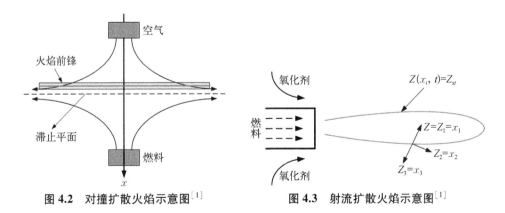

图 4.2 对撞扩散火焰示意图[1]　　　　**图 4.3 射流扩散火焰示意图**[1]

由混合分数的定义和组分连续方程, 可以推导出混合分数 Z 满足的控制方程为

$$\frac{\partial \rho Z}{\partial t} + \nabla \cdot (\rho u Z - \rho D \nabla Z) = 0 \tag{4.2}$$

其中，ρ、u 分别为气体的密度和速度；D 为层流扩散系数。

火焰面内部的反应-扩散结构满足如下方程：

$$\rho \frac{\partial Y_i}{\partial t} + \rho u_j \frac{\partial Y_i}{\partial x_j} = \frac{1}{Le_i} \frac{\partial}{\partial x_j} \left(\rho D \frac{\partial Y_i}{\partial x_j} \right) + \dot{\omega}_i (i = 1, 2, \cdots, n, j = 1, 2, 3)$$

$$\tag{4.3}$$

$$\rho c_p \frac{\partial T}{\partial t} + \rho c_p u_j \frac{\partial T}{\partial x_j} = \frac{\partial}{\partial x_j} \left(\rho c_p D \frac{\partial T}{\partial x_j} \right) - \sum_{i=1}^{n} h_i \dot{\omega}_i + q_R + \frac{\partial p}{\partial t} \tag{4.4}$$

其中，u_j、T、p 分别为速度、温度和压力；Y_i、Le_i、$\dot{\omega}_i$、h_i 分别为组分 i 的组分质量分数、Lewis 数（为了简化，假设 Lewis 数为 1）、化学反应源项和焓；c_p 为混合气体的定压比热；q_R 为辐射热损失。

在燃烧流场的计算中，通常需要将火焰面结构从物理空间转化到混合分数空间。考虑图 4.3 中瞬时火焰面中的一个面元，原点取在等值面 $Z(x_i, t) = Z_{st}$ 上的一个局部坐标系中，与火焰面面元垂直的方向定义为 $Z = Z_1 = x_1$，与火焰面相切的两个方向分别定义为 $Z_2 = x_2$、$Z_3 = x_3$、$\tau = t$。

作 Crocco 类型的坐标变换[3]：

$$\frac{\partial}{\partial t} = \frac{\partial}{\partial \tau} + \frac{\partial Z}{\partial t} \frac{\partial}{\partial Z}$$

$$\frac{\partial}{\partial x_k} = \frac{\partial}{\partial Z_k} + \frac{\partial Z}{\partial x_k} \frac{\partial}{\partial Z}, \ (k = 2, 3) \tag{4.5}$$

$$\frac{\partial}{\partial x_1} = \frac{\partial}{\partial x_1} \frac{\partial}{\partial Z}$$

并将式（4.5）代入温度的输运方程（4.4）中，得

$$\rho c_p \left(\frac{\partial T}{\partial \tau} + u_2 \frac{\partial T}{\partial Z_2} + u_3 \frac{\partial T}{\partial Z_3} \right) - \sum_{k=2}^{3} \frac{\partial (\rho c_p D)}{\partial x_k} \frac{\partial T}{\partial Z_k}$$

$$- \rho c_p D \left[(\nabla Z)^2 \frac{\partial^2 T}{\partial Z^2} + 2 \sum_{k=2}^{3} \frac{\partial Z}{\partial x_k} \frac{\partial^2 T}{\partial Z \partial Z_k} + \sum_{k=2}^{3} \frac{\partial^2 T}{\partial Z_k^2} \right] \tag{4.6}$$

$$+ \left\{ \rho \frac{\partial Z}{\partial t} + \rho u_j \frac{\partial Z}{\partial u_j} - \nabla \cdot (\rho D \nabla Z) \right\} c_p \frac{\partial T}{\partial Z} = - \sum_{i=1}^{n} h_i \dot{\omega}_i + q_R + \frac{\partial p}{\partial t}$$

假定火焰面在 Z 方向很薄,则温度在垂直于火焰面方向的梯度远远大于平行于火焰面方向的梯度,即

$$\frac{\partial}{\partial Z} \gg \frac{\partial}{\partial Z_2} \sim \frac{\partial}{\partial Z_3} \qquad (4.7)$$

根据量级分析可知,与 $\partial^2 / \partial Z^2$ 相比,方程(4.6)左边与 $\partial/\partial Z_2$、$\partial/\partial Z_3$ 相关的项可忽略。再根据方程(4.2),方程(4.6)可以简化为

$$\rho c_p \frac{\partial T}{\partial \tau} - \rho c_p \frac{\chi}{2} \frac{\partial^2 T}{\partial Z^2} = -\sum_{i=1}^{n} h_i \dot{\omega}_i + q_R + \frac{\partial p}{\partial t} \qquad (4.8)$$

其中,χ 为标量耗散率,且满足

$$\chi = 2D(\nabla Z)^2 \qquad (4.9)$$

χ 的量纲为 s^{-1},由式(4.9)可以看出,当 $\chi \to 0$ 时,$\nabla Z \to 0$,说明反应区很薄,化学反应无限快,火焰处于化学平衡状态,流场中的化学热力学状态完全由混合分数 Z 决定,此时是一种非常理想化的极限情况,这在实际流场中几乎不存在,尤其是超声速流中。因此,流场中的 χ 实际代表了化学非平衡效应的影响。

对组分方程(4.3)也进行上述类似的坐标变换,可以得到混合分数空间的组分方程为

$$\rho \frac{\partial Y_i}{\partial \tau} - \frac{\rho}{Le_i} D_T (\nabla Z)^2 \frac{\partial^2 Y_i}{\partial Z^2} + \left[\frac{\partial \rho Z}{\partial t} + \nabla \cdot (\rho u Z - \rho D_i \nabla Z) \right] = \dot{\omega}_i \quad (4.10)$$

方程(4.8)和方程(4.10)就是混合分数空间的火焰面方程,它只有一维并且不包含对流项,形式非常简单。求解火焰面方程(4.8)和方程(4.10),即可得到火焰面方程的解,其表征了层流扩散火焰的化学热力学状态。

在层流对撞扩散火焰中,标量耗散率 χ 与混合分数 Z 的关系为[4]

$$\chi = g(Z) = \frac{a_s}{\pi} \exp\{-2[\mathrm{erfc}^{-1}(2Z)]^2\} \qquad (4.11)$$

其中,a_s 代表火焰拉伸率;erfc^{-1} 是补余误差函数的反函数。将式(4.11)代入火焰面方程(4.8)和方程(4.10)中,在给定相应的边界条件后,求解火焰面方程即可得到由时间 t、混合分数 Z 和火焰拉伸率 a_s 表征的火焰面方程的解,即

$$\phi = \phi(t, Z, a_s) \qquad (4.12)$$

其中，ϕ 代表流场中的化学热力学状态，如组分、温度等。拉伸率 a_s 也可以由一个等价的特征参数 χ_{st}（恰当当量比时的标量耗散率）代替，将式（4.11）应用于化学恰当当量比条件，标量耗散率的定义：

$$\chi = \chi_{st} \cdot \frac{g(Z)}{g(Z_{st})} = \chi_{st} \cdot \frac{\exp\{-2[\text{erfc}^{-1}(2Z)]^2\}}{\exp\{-2[\text{erfc}^{-1}(2Z_{st})]^2\}} \tag{4.13}$$

根据式（4.13），式（4.12）也可以表示为

$$\phi = \phi(t, Z, \chi_{st}) \tag{4.14}$$

根据 Peters[4] 的分析，火焰面方程中的非稳态项只有在接近熄火或湍流场引起的扰动时间尺度非常短时才会比较大，其他情形可忽略，因此火焰面解 ϕ 可以简化为

$$\phi = \phi^{\text{steady}}(Z, \chi_{st}) \tag{4.15}$$

由于式（4.15）中没有包含时间相关项，通常称其为稳态火焰面解，相应地由其生成的数据库被称为稳态火焰面数据库。稳态火焰面数据库与流场当前状态无关，仅与来流边界条件有关，因此可以预先计算，且使用时只需要查询和插值，效率非常高。

4.1.2 湍流燃烧火焰面模型

湍流燃烧火焰面模型的基本思想：当火焰厚度小于湍流的 Kolmogorov 尺度时，火焰极薄，其内部微元保持层流结构，这时湍流燃烧火焰可用拉伸的层流扩散火焰面系综表示，且湍流场中的平均火焰结构由层流火焰系综作统计平均得到，即

$$\tilde{\phi} = \iint \phi(Z, \chi_{st}) P(Z, \chi_{st}) \, \text{d}Z \text{d}\chi_{st} \tag{4.16}$$

其中，$\tilde{\phi}$ 代表湍流火焰中的平均标量值；$P(Z, \chi_{st})$ 代表混合分数和标量耗散率的联合概率密度函数；$\phi(Z, \chi_{st})$ 是计算得到的层流火焰面数据库中对应的标量值。

在实际应用中，通常假定混合分数和标量耗散率统计上互相独立，则联合概率密度函数 $P(Z, \chi_{st})$ 可以表示为两个边缘概率密度函数的乘积：

$$P(Z, \chi_{st}) = P(Z) P(\chi_{st}) \tag{4.17}$$

本章采用预先假定概率密度函数分布的方法来得到混合分数和标量耗散率的边缘概率密度函数。常用的概率密度函数有双 δ 函数分布[5]、截尾高斯分布[6] 和 β 函数分布[7],这里针对混合分数采用 β 函数分布,标量耗散率采用对数正态分布。

混合分数 Z 满足的 β 概率密度函数分布,如下:

$$P(Z) = \frac{Z^{a-1}(1-Z)^{b-1}}{\int_0^1 Z^{a-1}(1-Z)^{b-1}\mathrm{d}Z} \tag{4.18}$$

其中,参数 a、b 满足:

$$a = \tilde{Z}\left[\frac{\tilde{Z}(1-\tilde{Z})}{\widetilde{Z''^2}} - 1\right] \tag{4.19}$$

$$b = (1-\tilde{Z})\left[\frac{\tilde{Z}(1-\tilde{Z})}{\widetilde{Z''^2}} - 1\right] \tag{4.20}$$

$\tilde{Z}$ 和 $\widetilde{Z''^2}$ 分别是混合分数的均值和方差。

$\tilde{\chi}_{st}$ 的求解如下式所示:

$$\tilde{\chi}_{st} = \frac{\tilde{\chi}f(Z_{st})}{\int_0^1 f(Z)\tilde{P}(Z)\mathrm{d}Z} \tag{4.21}$$

标量耗散率满足的对数正态分布为

$$P(\chi_{st}) = \mathrm{LogNormal}(\chi_{st};\mu,\sigma) = \frac{1}{\chi_{st}\sigma\sqrt{2\pi}}\exp\frac{-[\ln(\chi_{st})-\mu]^2}{2\sigma^2} \tag{4.22}$$

其中,分布函数 $P(\chi_{st})$ 的均值 $\overline{\chi_{st}}$、方差 $\overline{\chi'^2_{st}}$ 与 μ、σ 有关:

$$\overline{\chi_{st}} = \mathrm{e}^{\mu+\frac{1}{2}\sigma^2}, \quad \overline{\chi'^2_{st}} = \overline{\chi_{st}}^2(\mathrm{e}^{\sigma^2}-1) \tag{4.23}$$

由此,通过 $\overline{\chi_{st}}$ 与 σ 的值,就可以计算得到 $P(\chi_{st})$。本节参考 Jimenez 等[8] 的研究认为,选择对数正态分布作为标量耗散率的概率密度函数,文中 σ 暂且取 1.0[9]。

这里首先介绍概率密度函数对湍流火焰面数据库的影响过程,然后基于两种概率密度函数方法对数据库进行比较[10-12]。为了分析不同湍流火焰面数据库预处理方法对燃烧流场的影响,本节引入 DLR 支板喷氢燃烧流场为研究对象,分别针对 $P(Z)$ 应用 δ 分布和 β 分布 PDF 函数系综平均得到的湍流火焰面数据库进行计算,将预测的燃烧流场与实验数据进行对比,以考察概率密度函数的影响[13,14]。

如图 4.4 为 DLR 支板构型图[15,16]。燃烧室入口高 50 mm、宽 40 mm,氢气通过支板底部上的 15 个小孔被供入燃烧室,喷孔直径为 1 mm。采用的二维计算网格数约为 20 万。基于二维混合 RANS/LES 程序[1],燃烧流场的计算采用湍流扩散稳态火焰面模型。

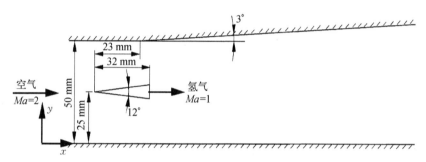

图 4.4　DLR 支板算例构型示意图[13]

详细的入口条件与燃料射流条件列在表 4.1 中。由于研究的是超声速流场,因此入口给定温度、密度、速度、压力及湍流参数等全部来流参数。出口只给数值边界条件;燃烧室上下壁面取不可穿透、无滑移边界条件;喷口尺寸是三维条件下 15 个小孔按照面积等效换算成二维条件下的等效尺寸。

表 4.1　DLR 支板算例空气来流与燃料喷流条件

	Ma	T/K	$P/10^5$ Pa	$\rho/(\text{kg/m}^3)$	Y_{O_2}	Y_{N_2}	Y_{H_2O}	Y_{H_2}
空气来流	2.0	340	1	1.002	0.232	0.736	0.032	0
燃料喷流	1.0	250	1	0.097	0	0	0	1

为了便于对比,选取特定的混合分数方差,横坐标采用对数坐标。混合分数方差在混合分数 β 分布的数据库中等分成 100 份。从图 4.5 中可以明显看出,由于考虑了混合分数的影响,在混合分数方差取较小值时 β 分布比 δ 分布的 OH 基含量要多。随着 β 分布数据库中混合分数方差取值增大,OH 基含量减少,但是在较大的混合分数范围内都有 OH 基存在。

图 4.6 展示了不同预处理方法得到的不同火焰面平均热力学参数数据库计算得到的燃烧流场数值纹影图和实验纹影图。通过对比发现,混合分数 β 分布

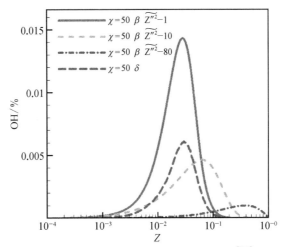

图 4.5　β 和 δ 分布数据库中间组分对比[13]

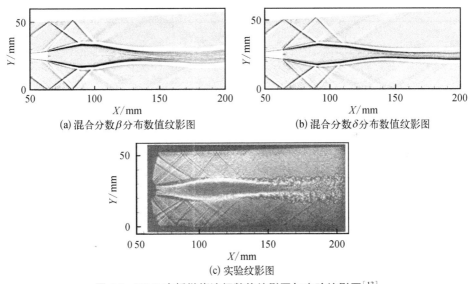

(a) 混合分数 β 分布数值纹影图　　　　(b) 混合分数 δ 分布数值纹影图

(c) 实验纹影图

图 4.6　DLR 支板燃烧流场数值纹影图与实验纹影图[13]

计算结果较比混合分数 δ 分布计算结果更好地捕捉到了与实验一致的流场特征，比如激波数量和形状上更加接近实验，尾部反应区厚度也更加接近实验。图 4.7 展示了喷口附近混合分数方差分布，图 4.8 和图 4.9 给出的是不同预处理方法的 DLR 支板燃烧流场瞬时分布对比图。从图中可以看出，混合分数 β 分布计算结果较比混合分数 δ 分布计算结果脉动因素更加突出。图 4.8 是算例燃烧流场瞬时 H_2O 分布图，混合分数 β 分布计算结果较混合分数 δ 分布计算结果有较大的差异,反应区内可以看到较为明显的湍流漩涡,尾部脉动因素更加突出,采用混合分数 β 分布数据库算例中生成的 H_2O 含量多,证实在流场区域中混合分数方差都比较小。

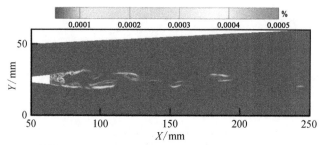

图 4.7　DLR 算例燃烧流场混合分数 β 分布混合分数方差流场分布图[13]

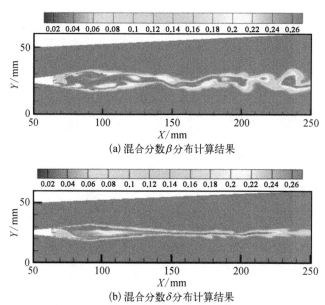

(a) 混合分数 β 分布计算结果

(b) 混合分数 δ 分布计算结果

图 4.8　不同分布形式的 DLR 算例燃烧流场瞬时 H_2O 分布[13]

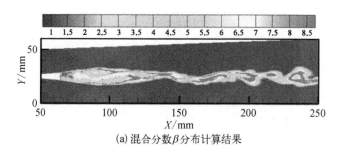

(a) 混合分数 β 分布计算结果

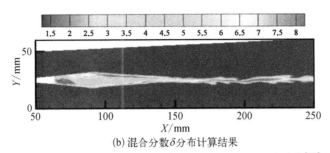

(b) 混合分数 δ 分布计算结果

图 4.9　不同分布形式的 DLR 算例燃烧流场瞬时温度分布[13]

图 4.10 和图 4.11 给出了不同位置处的时均分布,flamelet-1 代表混合分数 β 分布计算结果,flamelet-2 代表混合分数 δ 分布计算结果,间断点代表实验测量值。图 4.10 给出了时均速度在燃烧流场不同位置分布,在两侧未反应区,时均速度值 u 与实验测量值符合较好,两种数据库应用在冷流区域中不考虑化学反应的影响仅考虑流体流动,因此模拟结果较好;在中间反应区,将化学反应与流体流动解耦,两种方法计算的时均速度与实验存在一定偏差,并且两种数据库模拟结果差别也较大。在喷口附近($x=78$ mm),两种火焰面预处理方法计算结果均产生回流且未能较好地捕捉到速度剖面的双峰分布;在 $x=125$ mm 处,混合分数 β 分布计算结果数值上与实验测量值符合较好,而混合分数 δ 分布计算结果低估了反应区速度;在 $x=207$ mm 处,两种计算结果的反应区速度剖面都与实验存在一定的差异,但是混合分数 δ 分布计算结果略好。以上验证了混合分数 β 分布数据库在时均速度模拟中的良好性能。

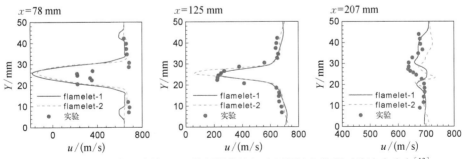

图 4.10　不同分布形式的 DLR 算例燃烧流场在不同流向位置时均速度分布[13]

图 4.11 是燃烧流场不同位置处 u、v 方向时均脉动速度分布图。可以看出越靠近喷口位置处,u、v 方向的脉动速度越大,并且 u 方向脉动速度比 v 方向脉动速度大。在喷口附近,混合分数 β 分布较混合分数 δ 分布计算结果的时均脉

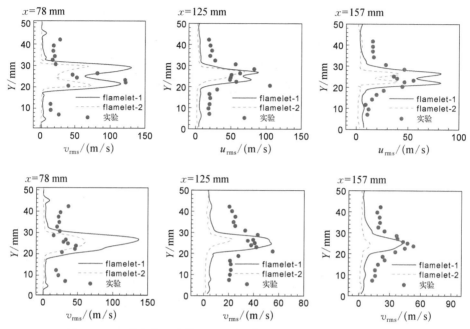

**图 4.11　不同分布形式的 DLR 支板算例燃烧流场不同位置处 u、v
方向时均脉动速度分布图**[13]

动因素更加突出。对于 u 方向脉动速度,两种 PDF 方法都捕捉到了双峰分布。

在无反应区域,应用两种数据库模拟结果均比实验值小,可能是由于数据库
容量较小,大量插值淹没了其中脉动的因素。而反应流区域中由于在混合分数
β 分布数据库中考虑了反应脉动性质的混合分数方差,混合分数 β 分布模拟结
果与实验值更加接近。喷口附近湍流作用效应最为强烈,因此混合分数 β 分布
的数值模拟结果更为合理,其他文献[1]也得到了与此一致的结论。

4.2　超声速湍流燃烧稳态火焰面模型修正

火焰面模型是从低速流中发展起来的,目前认为超声速湍流燃烧采用火焰
面模型存在若干困难,主要有超声速流中密度、速度、温度、压力之间强烈耦合,
动能改变引起的温度变化甚至超过化学反应释热的量级,因此,相应的火焰面数
据库也应该包含动能的影响。而基于低马赫数假设的火焰面的计算导致一个常
压空间,火焰面数据库中也仅包含了密度、组分和温度等信息,忽略了动能的

影响。

针对上述超声速流中火焰面模型应用的若干困难,人们对传统低速条件下的火焰面模型进行了各种修正。Zheng 和 Bray[17] 首先扩展了不可压火焰面模型,将动能改变引起的温度变化修正到温度的计算中,且采用修正模型对 Evans 等[18] 的超声速扩散火焰进行计算,发现计算结果与实验符合较好。Secundov[19] 在 Zheng 和 Bray[17] 修正模型的基础上,建立了多个压力状态的火焰面数据库,且进一步考虑了混合分数脉动的速度条件矩修正,同样对 Evans 等[18] 的超声速扩散火焰进行计算,发现计算得到的 H_2/空气超声速扩散火焰温度好于 Zheng 和 Bray[17] 修正模型的结果。另一种方法是由 Mittal 和 Pitch[20] 在研究压力对预混燃烧影响提出的,利用二阶对数多项式将不同压力下的数据库与参考压力下的数据库关联起来,需要调用某压力下数据库时仅需要参考压力数据库和该多项式。该方法在保证准确性的同时,明显减少了数据库容量。在 Zheng 和 Bray[17] 以及 Secundov[19] 的修正方法中,火焰面数据库中的温度和连续方程的解被一起存放,并被用于计算压力。然而,当使用数据库中的温度时,就不能计及速度和温度的强耦合作用。更重要的是,激波捕捉算法不能再使用。为了配合激波捕捉算法,Oevermann[16] 直接舍弃了火焰面数据库中的温度,仅使用数据库中的组分质量分数,当地的温度则由能量方程隐式求解得到。具体来讲,其方法结合能量方程来考虑当地的温度,温度隐式求

$$\tilde{E} = \tilde{e} + \frac{1}{2}\tilde{u}_k\tilde{u}_k + \tilde{k} = \sum_{m=1}^{N} h_m(\tilde{T})\tilde{Y}_m - \bar{p}/\bar{\rho} + \frac{1}{2}\tilde{u}_k\tilde{u}_k + \tilde{k}$$

$$h_m = \int_{T_0}^{T} c_{p,m}\,\mathrm{d}T + h_m^0$$

$$C_{p,m} = R_m \cdot (a_{1,m} + a_{2,m}T + a_{3,m}T^2 + a_{4,m}T^3 + a_{5,m}T^4)$$

$$a_{1,m} \sim a_{5,m}\quad\text{查询热力学数据}$$

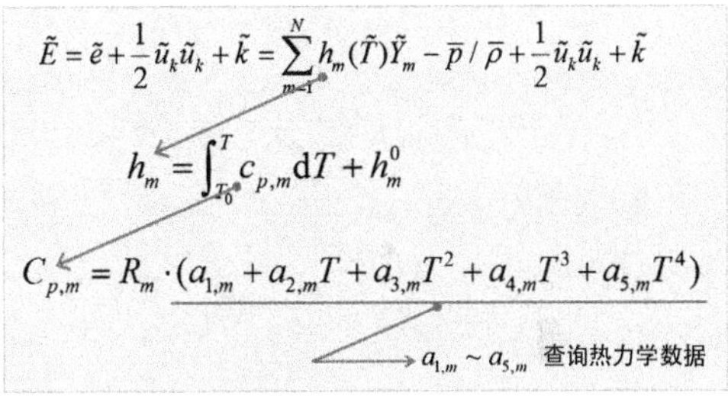

图 4.12　温度隐式求解方法计算流程[21]

解方法的计算流程如图 4.12 所示,流场中,能量是从输运方程的解中确定的,当地的内能为 $\tilde{e} = \sum_{m=1}^{N_m} Y_m h_m - \dfrac{p}{\rho}$,其中 h_m 为第 m 种组分的焓值,即 $h_m = \int_{T_0}^{T} c_{p,m}\,\mathrm{d}T + h_m^0$,这里 $C_{p,m}$ 为第 m 种组分的定压比热容,可以通过温度多项式求解,即 $C_{p,m} = R_m \cdot (a_{1,m} + a_{2,m}T + a_{3,m}T^2 + a_{4,m}T^3 + a_{5,m}T^4)$,其中,$R_m$ 为组分 m 的气体常数。由于当地的内能是由能量方程求解得到的,因此,可以借此隐式求解当地的温度(如牛顿迭代法),而不用对火焰面模型做更多的修正。该处理方法简化了激波问题,鉴于 Oevermann 的修正方法简便易行、且考虑了激波捕捉算法,文中在应用火焰面模型时,也采取了 Oevermann 的修正方法。

另外,瞬态火焰面中标量耗散率变化梯度较大,且各组分和温度随时间呈现

强烈的无序随机波动,导致化学反应速率也随时间呈现波动现象,火焰面方程中的非定常效应问题突出。为了解决该问题,发展一套可实现数据库时时更新的方法,称为代表性互动式火焰面(representative interactive flamelet,RIF)模型。Pitsch 等[22]首次将 RIF 应用在 RANS 数值模拟中,计算结果表明 RIF 模型计算结果能够与实验吻合较好。随后 Barths 等[23]提出了多重互动式火焰面(multiple interactive flamelets,MIF)模型,其随时间的推进不断增加求解火焰面方程个数,整个湍流燃烧流场的发展由多重火焰面数据库共同作用影响,与单重火焰面模型的计算结果相比,多重火焰面模型计算结果与实验数据符合更好。互动式火焰面模型现已成功应用于国内外的内燃机燃烧的数值模拟过程中[24-28]。

本节首先优化了概率密度函数分布形式,补充了数据库在混合分数方差方向变化的信息,提高了湍流火焰面模型的精确度。另外,采用高精度的拟合公式将不同压力下的数据库与参考压力下的数据库关联起来,达到不同压力条件下的数据库更新。针对瞬态火焰面当标量耗散率变化梯度较大时,火焰面方程中的非定常效应突出问题,为了更好地描述湍流流动与燃烧之间的相互作用,发展出交互式火焰面模型。

4.2.1 非均匀压力火焰面模型

低速条件下来流气体可压缩性较弱,因此采用等压条件的火焰面模型来模拟燃烧存在一定合理性。而超声速来流具有很强的可压缩性,燃烧流场中压力随空间分布是不均匀的,因此超声速燃烧中考虑火焰面模型压力修正是很有必要的。压力的变化影响密度和反应速率:单分子裂解速率随着压力的升高而提高,化学反应的中间组分随着压力的升高而减少[2]。另外,采用 Oevermann 的处理方法虽然简化了激波问题,但对于压力不均匀流场,如何避免多个离散火焰面数据库插值带来的流场状态不连续,以及流场当前状态如何与计算层流火焰面数据库时燃料/氧化剂的边界条件对应,都是十分困难的问题。Mittal 和 Pitsch[20]在研究压力对预混燃烧影响时提出一种描述多压力条件下燃烧的方法,利用二阶对数多项式将不同压力下的数据库与参考压力下的数据库关联起来,需要调用某压力下数据库时仅需要参考压力数据库和该多项式。下面将对 Mittal 和 Pitsch[20]的处理方法进一步改进,提高拟合公式的准确性,并将传统火焰面模型与改进火焰面模型流场计算结果进行对比。

4.2.1.1 压力修正模型

文献[3]和文献[29]介绍了非预混燃烧火焰面模型,该模型最基本的假设是化学特征时间非常小,其中化学反应主导的化学混合尺度比湍流最小尺度涡小。基于 Oevermann[16] 的修正方法,采用能量方程隐式求解方法得到当地温度可以解决火焰面模型应用于超声速燃烧的难点问题。

Mittal 和 Pitsch[20] 介绍了预混条件下,考虑多压力数据库的处理方法。由于化学反应源项和压力的幂次成正比 $\dot{\omega} \sim P^n$,取对数得 $\ln \dot{\omega} \sim n\ln P$,而组分质量分数又与化学反应源项紧紧相关,从而假设质量分数和压力的幂次成正比,即 $\ln Y \sim \ln \dot{\omega} \sim n\ln P$。与参考压力关联的拟合公式可以写为

$$\lg \frac{Y}{Y_{ref}} = a_{Y,2}\left(\lg \frac{P}{P_{ref}}\right)^2 + a_{Y,1}\left(\lg \frac{P}{P_{ref}}\right) \tag{4.24}$$

其中,P_{ref} 是参考压力;P 是实际压力;Y_{ref} 是参考压力下的各组分质量分数;$a_{Y,1}$、$a_{Y,2}$ 是拟合系数;Y 是湍流数据库中各组分质量分数;引入二阶修正项 $a_{Y,2}\left(\lg \frac{P}{P_{ref}}\right)^2$。

Mittal 和 Pitsch[20] 在论文中承认式(4.24)并不能精确地保证各组分的准确性,因此可借鉴 Mittal 和 Pitsch 对不同压力的处理方法,从 $Y \sim \dot{\omega} \sim P^n$ 关系中直接假设与参考压力关联的六阶线性多项式拟合公式,以提高拟合精度:

$$\frac{Y}{Y_{ref}} = a_{Y,6}\left(\frac{P}{P_{ref}}\right)^6 + a_{Y,5}\left(\frac{P}{P_{ref}}\right)^5 + a_{Y,4}\left(\frac{P}{P_{ref}}\right)^4 \\ + a_{Y,3}\left(\frac{P}{P_{ref}}\right)^3 + a_{Y,2}\left(\frac{P}{P_{ref}}\right)^2 + a_{Y,1}\left(\frac{P}{P_{ref}}\right) + a_{Y,0} \tag{4.25}$$

其中,$a_{Y,i}(i=1,2,\cdots,6)$ 是拟合系数,可以通过多个数据库内的组分信息预先得到。

某一标量耗散率、某一组分、某一混合分数方差条件下,不同压力对应的曲线具有相似性,可以通过峰值作为参数来代替曲线。在实际计算时应用式(4.25)将实际压力下的数据库与参考压力下数据库关联起来,只需要通过参考压力数据库就可以计算出当前压力的数据库,并且该方法仅需在流动模拟前进行一次计算,明显节省计算成本。

4.2.1.2　算例验证

以 OH 基为例,如图 4.13(a)所示,可使用式(4.25)基于最小二乘方法求出拟合系数 $a_{Y,i}(i=1,2,\cdots,6)$。

图 4.13(b)中相同形状的离散点是不同压力下的 OH 基峰值与参考压力下

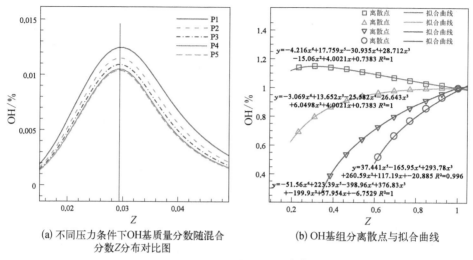

(a) 不同压力条件下OH基质量分数随混合
分数Z分布对比图

(b) OH基组分离散点与拟合曲线

图 4.13　OH 基中间组分[10]

OH 基峰值之比。不同形状的离散点代表不同标量耗散率,一系列曲线是利用
式(4.25)基于最小二乘方法求出的拟合曲线。可以看出拟合曲线与不同压力下
离散点吻合得非常好。

　　本小节采用 Sunami 等[30-32]的燃烧室算例对改进火焰面模型进行验证。基
于三维混合 RANS/LES 程序[1],采用 Sunami 燃烧室算例对比验证不同湍流火焰
面数据库计算结果。网格数约为 600 万,无黏项采用五阶 WENO 格式。燃烧室
上下壁面认为是固壁,详细的入口条件及燃料喷注条件如表 4.2 所示。如
图 4.14 所示,喷注支板采用型号为 ONH10(支板厚度为 10 mm)和 ONH15(支板

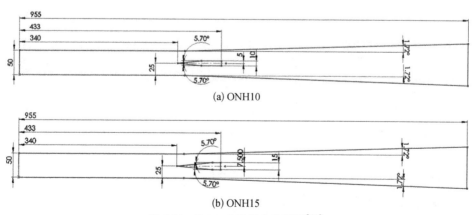

(a) ONH10

(b) ONH15

图 4.14　Sunami 燃烧室构型图[31]

厚度为 15 mm)。为了减少计算量,数值计算中截断燃烧室前端 300 mm。流场中压力变化范围是 0.036 Mpa~0.12 Mpa。根据压力变化范围选取单压力数据库中的参考压力为 0.08 Mpa,而非均匀压力数据库选取参考压力分布为 0.03 Mpa、0.04 Mpa、…、0.13 Mpa,共十一个压力范围的数据库。

表 4.2 Sunami 支板算例详细的入口条件及燃料喷注条件[32]

	超声速来流	氢气喷流
马赫数	2.5	2.5
温度/K	830	280
压力/kPa	34.200	76.086
Y_{O_2}	0.25	0
Y_{N_2}	0.623	0
Y_{H_2O}	0.127	0
Y_{H_2}	0	1.0

从图 4.15(a)的实验结果中可以看到在支板的下游立刻出现了强烈的燃烧,由于燃烧产生的释热造成在支板后缘一定距离处产生高压区并使得回流区增大。火焰厚度逐渐变厚直到在支板后缘 90 mm 左右处突然增加到约 30 mm 厚度,此处火焰在竖直方向 20 mm 至 40 mm 范围内无规则波动。图 4.15(b)的实验结果中燃烧的位置更加靠前,这可能是由于支板厚度增加后,回流区的面积增大,从而使混合与稳焰效果增强,因此燃烧更加剧烈。图 4.16 给出了无量纲壁面压力曲线与实验值对比图。计算没有能够准确预测支板喷注上游的壁面压力,然而在支板下游处的燃烧流场区域中的壁面压力与实验值符合得较好。

(a) ONH10   (b) ONH15

图 4.15 实验高速摄影图像[32]

图 4.17 展示了两个三维算例数值计算得到的时均温度分布图。在图(a)和图(b)中,燃烧仅仅发生在空气来流与燃料喷流之间较薄的混合层之中。在靠

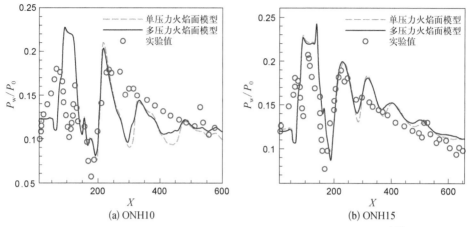

图 4.16　数值模拟无量纲壁面压力及实验无量纲壁面压力对比图[32]

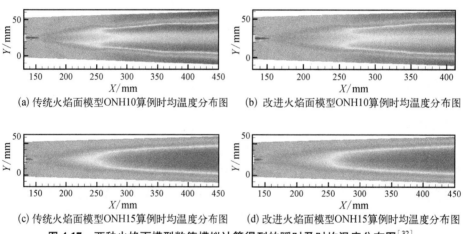

(a) 传统火焰面模型ONH10算例时均温度分布图　　(b) 改进火焰面模型ONH10算例时均温度分布图

(c) 传统火焰面模型ONH15算例时均温度分布图　　(d) 改进火焰面模型ONH15算例时均温度分布图

图 4.17　两种火焰面模型数值模拟计算得到的瞬时及时均温度分布图[32]

近喷口位置处,燃料与氧化剂混合不够充分,导致燃烧反应相当微弱。在图(c)和图(d)中,数值模拟展现出了在实验观测中相同的现象,火焰厚度逐渐变厚直到在支板后缘 90 mm 左右处突然增加到 30 mm 厚度,此处火焰在竖直方向20 mm 至 40 mm 范围内无规则波动。并且随着喷注燃料向下游发展,混合过程伴随着大涡的发展及流场中心处剧烈燃烧而得到逐步提升。数值模拟计算得到的燃烧流场数值结果与实验结果吻合较好。

如图 4.18 所示为 OH 基质量分数流场分布图,OH 基作为主要的燃烧中间产物,可以用来标示燃烧反应比较剧烈的位置,由于模型考虑了压力在空间分布中的不均匀性,因此,改进的火焰面模型数值模拟结果中中间组分含量减少,表明化学反应更加微弱。在 OH 基分布图中又证实了 ONH15 型号支板的回流区较大,OH 基分布范围较广,从而燃烧区域较广。不同燃烧模型计算得到不同燃烧强度反过来又影响流场中的压力分布。

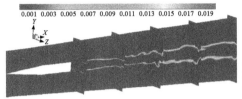 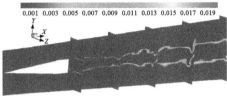

(a) 改进火焰面模型ONH10算例三维OH基分布图　　(b) 改进火焰面模型ONH15算例三维OH基分布图

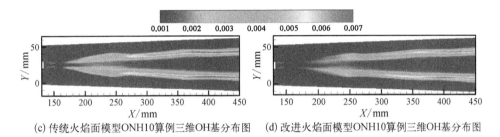

(c) 传统火焰面模型ONH10算例三维OH基分布图　　(d) 改进火焰面模型ONH10算例三维OH基分布图

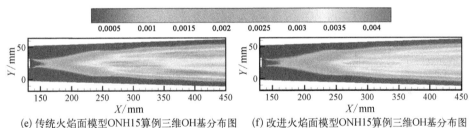

(e) 传统火焰面模型ONH15算例三维OH基分布图　　(f) 改进火焰面模型ONH15算例三维OH基分布图

图 4.18　两种火焰面模型计算得到的时均 OH 基分布图[32]

图 4.19 和图 4.20 分别是两支板在不同位置截面处的温度曲线和压力曲线,可以看到模型能够准确预测到温度的双峰结构。只有在支板后缘中心处,燃烧的主要区域,或者说是调用数据库的区域,温度和压力有明显的变化。在 $X = 415$ mm 处,改进的火焰面模型预测的燃烧强度较弱;在 $X = 650$ mm 处,改进的火焰面模型预测的压力变化较为明显。由于模型的不同导致预测的燃烧流场中的温度分布不同,进一步影响了流场中的压力分布。总之,改进的火焰面模型应用于流场中压力变化剧烈的燃烧算例中可以更有效地体现出其优越性。该模型不仅能够保证一定的计算准确性,而且在不增加计算耗时的同时能够明显减少多压力数据库的内存占用量。

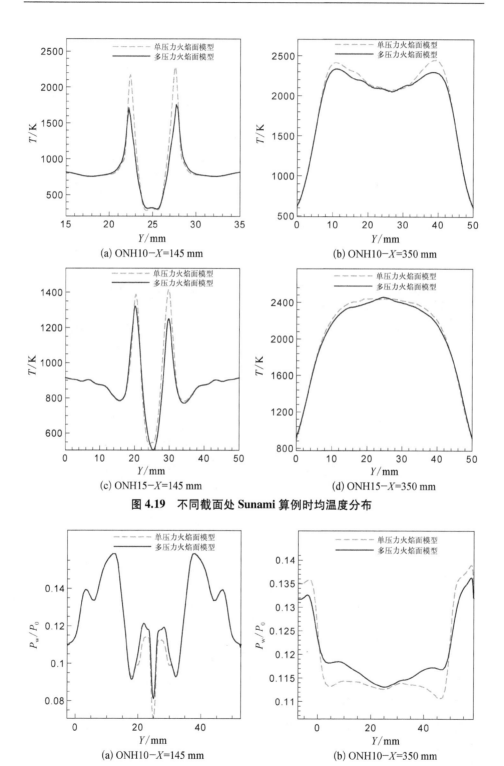

(a) ONH10−X=145 mm

(b) ONH10−X=350 mm

(c) ONH15−X=145 mm

(d) ONH15−X=350 mm

图 4.19　不同截面处 Sunami 算例时均温度分布

(a) ONH10−X=145 mm

(b) ONH10−X=350 mm

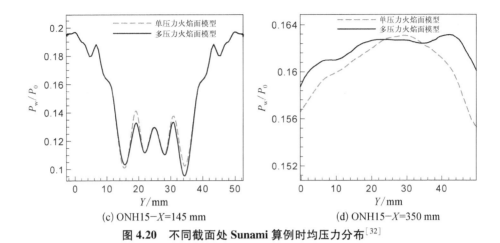

(c) ONH15−X=145 mm　　　　(d) ONH15−X=350 mm

图 4.20　不同截面处 Sunami 算例时均压力分布[32]

本小节对比分析了两种算例,Sunami 算例中燃烧流场压力变化范围较大,能够明显分辨出压力修正造成的流场形态和数值的变化,且多压力数据库的计算结果相对单压力数据库的计算结果与实验值更接近。对于 DLR 算例,虽然燃烧流场压力变化范围不是很大,但仍可以看出多压力数据库的温度计算结果比单压力数据库的计算结果温度低,并且更靠近实验值。

4.2.2　代表性互动式火焰面模型

火焰面模型在经历了三十多年的发展后取得了显著的应用成果,例如在早期的层流稳态火焰面模型基础上瞬态火焰面考虑了当标量耗散率变化梯度较大时火焰面方程中的非定常效应而发展出代表性互动式火焰面模型,该模型不同于传统的非互动式火焰面模型,其数据库的建立并不预先生成,而是通过与 CFD 流场计算实现数据交换,实时更新。

4.2.2.1　互动式火焰面控制方程与 RANS/LES 方法结合

4.1 节中有关于火焰面控制方程的介绍,这里不再赘述。假设化学反应速率无穷大,则当化学恰当当量比时,反应区域中燃料和氧化剂完全消耗完毕,此时反应区极薄,火焰位置可以由一维标量混合分数 Z 标定。假设能量方程中不考虑辐射换热影响,可首先忽略压力变化对求解火焰面方程的影响,在生成定压火焰面数据库后利用 4.2.1 小节的压力非均匀性修正方法将压力变化的影响再次考虑进数据库中。可以写成如下形式:

$$\frac{\partial Y_i}{\partial \tau} = \frac{\chi}{2} \frac{\partial^2 Y_i}{\partial Z^2} + \frac{\dot{m}_i}{\rho}$$

$$c_P \frac{\partial T}{\partial \tau} = \frac{\chi}{2} \frac{\partial^2 h}{\partial Z^2} - \sum_{i=1}^{N} h_i \left(\frac{\chi}{2} \frac{\partial^2 Y_i}{\partial Z^2} + \frac{\dot{m}_i}{\rho} \right)$$

$$(4.26)$$

其中，Y_i 表示第 i 种组分质量分数；T 表示温度；h 表示焓；$\dot{m}_i$ 表示第 i 种组分质量变化率；c_P 表示定压比热比；χ 表示标量耗散率。火焰面控制方程中不含有对流项，这就是引入相对空间坐标变换的好处。质量生成率 $\dot{m}_i$ 可以采用化学非平衡流程序求解。

标量耗散率 χ 和混合分数 Z 是求解火焰面方程使用的两个重要变量，它们决定了火焰面的结构和动态特性。除了标量耗散率与混合分数外，求解火焰面方程还需要给定边界条件例如组分边界条件、能量边界条件。除此之外还需要流场提供压力等影响火焰面发展的参数。求解火焰面方程得到各组分随混合分数在 0~1 之间变化的平均热力学状态 $Y_i(Z, t)$。

时间项的离散通常采用一阶后向差分，需要特别指出的是，在使用火焰面方程求解燃烧化学反应动力学过程中，同样采用时间迭代的方法，但是，这里的时间 τ 与 RANS/LES 程序计算流场信息时采用的时间 t 不同，这里的时间 τ 并没有实际意义，它仅为了使得火焰面方法求解收敛。组分方程中的质量分数二阶导数项与能量方程中的焓的二阶导数项均采用四阶中心差分离散。为了精细求解火焰面方程，虚拟时间迭代步 $\Delta \tau$ 取 1.0×10^{-8}，收敛条件取相对残差 ε 取 1.0×10^{-4}。

超声速流场特点决定了流场中标量耗散率的变化范围比较大，如果每个计算点都进行火焰面方程解算，计算量是非常巨大的。故采用体平均的方法，只解算一个火焰面方程，相应的标量耗散率的模化公式为

$$\hat{\chi}_{st} = \frac{\displaystyle\int_V \bar{\rho}(x, y, z) \tilde{\chi}_{st}(x, y, z)^{\frac{3}{2}} P(Z_{st}) \, \mathrm{d}V}{\displaystyle\int_V \bar{\rho}(x, y, z) \tilde{\chi}_{st}(x, y, z)^{\frac{1}{2}} P(Z_{st}) \, \mathrm{d}V}$$

$$(4.27)$$

流场求解的 $\hat{\chi}_{st}$ 值提供给火焰面方程作为 χ_{st} 值使用。

4.2.2.2　算例验证

本小节进一步采用 Sunami 支板喷氢实验作为验证算例，以便从定性上的流场形态和定量上的曲线分析采用互动式火焰面模型对预测燃烧流场的改进。算例的结构尺寸，网格展示、初始边界条件及数值离散方法在 4.2.1 小节中有详细

的介绍。

　　图 4.21 分别为型号 ONH15 的燃烧室燃烧流场温度分布图。可以看到,燃烧产生的高温并没有直接出现在支板后缘,而是出现在距离支板一定距离 $X =$ 250 mm 处。并且火焰宽度为 20 mm 至 40 mm 范围内。随着喷注燃料向下游发展,混合过程伴随着大涡的发展及流场中心处剧烈燃烧而得到逐步提升,从而致使燃烧较为充分,燃烧温度较高。可以发现采用了互动火焰面模型预测得到的燃烧流场燃烧剧烈,温度较高。这是由于互动式火焰面模型考虑了超声速燃烧条件中强烈的非稳态效应,标量耗散率的急剧变化得以考虑。

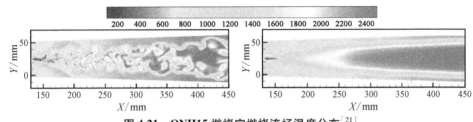

图 4.21　ONH15 燃烧室燃烧流场温度分布[21]

　　图 4.22 为型号 ONH15 燃烧室燃烧流场 OH 基分布。可以看到由于在支板后缘一定距离处燃料与空气接触区域混合相对充分,该处温度较高,火焰呈现抬举状态,大涡结构发展较好,空气与燃料接触面积较大,混合更加充分,燃烧强度更高。

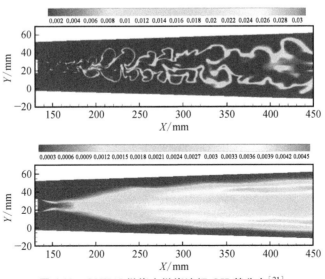

图 4.22　ONH15 燃烧室燃烧流场 OH 基分布[21]

图 4.23 和图 4.24 分别是支板在不同位置截面处的温度曲线和压力曲线。从图 4.23 中可以看到模型能够准确预测到温度的双峰结构。只有在支板后缘中心处,燃烧的主要区域,或者说是调用数据库的区域,温度和压力有明显的变化。在 $X = 145$ mm 处,RIF 模型的温度计算结果明显比传统火焰面模型计算结果要低;在 $X = 350$ mm 处,改进的火焰面模型预测的压力变化较为明显。总之,RIF 火焰面模型应用于流场中非定常效应剧烈的燃烧算例中可以更有效的体现出其优越性。该模型能够充分体现互动式火焰面考虑时间维度上的非定常效应,而且能够考虑压力在空间分布不均匀性因素。

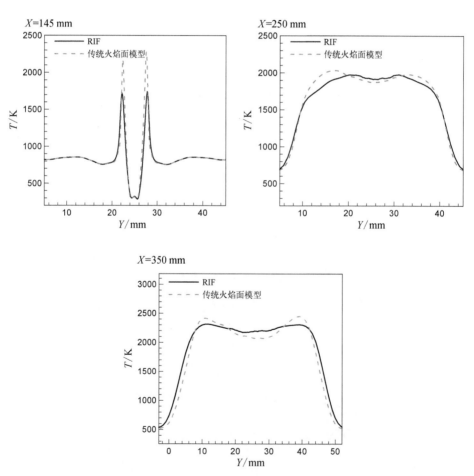

图 4.23 不同位置处互动式火焰面与传统火焰面模型的
温度曲线对比(**ONH15** 结果) [21]

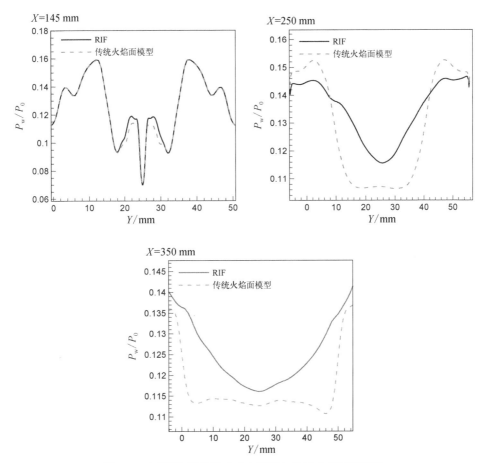

图 4.24　不同位置处互动式火焰面与传统火焰面模型的
无量纲压力曲线对比(**ONH15 结果**)[21]

4.3　超声速非稳态燃烧火焰面模型

　　经典的稳态火焰面模型由于没有考虑数据库中的时间相关项,可以独立于湍流场之外提前计算,大大提高了计算效率,并得到了比较广泛的应用。但稳态火焰面模型仅采用了火焰面方程解的稳态燃烧分支,其在临界标量耗散率附近的处理方法会导致解的不连续,进而可能引发流场非物理解和数值不稳定。另外,由于采用的解空间有限,稳态火焰面模型还不能准确描述稳态燃烧解与完全熄火之间的中间状态,因此也不能描述流场中的局部点火和熄火现象。近年来,

Pierce 和 Moin[9,34] 提出的火焰面/进度变量模型(flame progress variable model)通过求解两个标量(混合分数和进度变量)的输运方程来描述化学反应,且生成数据库时采用了火焰面方程解的三个完整分支:稳态燃烧分支、具有部分熄火状态的非稳态燃烧分支和完全熄火分支,较好地解决了稳态火焰面模型在临界标量耗散率附近解的不连续问题。另外,还有部分学者[9]认为,火焰面/进度变量模型可以处理燃烧流场中的局部点火、熄火问题。鉴于火焰面/进度变量模型所具有的上述优点,以及避免了湍流火焰传播速度的计算,其有可能成为未来熄火问题数值研究的主要发展方向。但是,火焰面/进度变量模型是基于低马赫数假设发展起来的,目前极少被用于超声速流的计算中[35,36]。

为了将火焰面/进度变量模型向超声速流中推广,本节首先对低速流条件下的火焰面/进度变量模型进行介绍,在此基础上考虑可压缩性和激波的影响,对超声速流中的火焰面/进度变量模型进行修正,最后以并联凹腔超声速燃烧为测试验证算例。

4.3.1　火焰面/进度变量模型

图 4.25 给出了计算得到的 DLR 支板算例火焰面方程解的 S 曲线,表征了最大火焰温度随标量耗散率的变化。该曲线包含三个分支:稳态燃烧分支、具有部分熄火状态的非稳态燃烧分支和完全熄火分支。在稳态燃烧分支,随着标量耗散率 χ 的增加,最大火焰温度降低,这是由于标量耗散率增加,导致燃料/氧化剂间混合增强,反应物浓度增加,相应生成物浓度减少,因而火焰温度降低。当标量耗散率达到临界点时,火焰温度处于局部最低值,由此导致化学反应速率相对较低,但此时反应物浓度仍在增加,只是增长速率非常缓慢。在非稳态燃烧分支,为了维持燃烧,随着温度降低,标量耗散率 χ

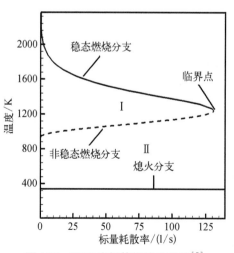

图 4.25　DLR 支板算例的 S 曲线[9]

将减小。在完全熄火分支,最大火焰温度与标量耗散率 χ 无关。在经典的稳态火焰面模型中,生成火焰面数据库时仅采用了 S 曲线上的稳态燃烧分支,当 χ 大于临界标量耗散率时认为发生熄火(即采用 S 曲线中的完全熄火分支),如

图 4.26 所示。不难看出,稳态火焰面模型在临界标量耗散率附近的处理方法会导致解的不连续,进而可能引发流场非物理解和数值不稳定性。另外,稳态火焰面模型还不能准确描述稳态燃烧解与完全熄火之间的中间状态。

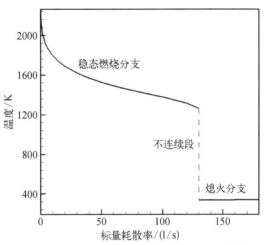

图 4.26　稳态火焰面模型中采用的解分支[9]

为了弥补稳态火焰面模型的缺陷,Pierce 和 Moin[9] 提出了火焰面/进度变量模型。在该模型中,包括非稳态燃烧分支在内的 S 曲线的三个分支均被采用。因此,其是对火焰状态的完整描述,有部分学者[9,35]还认为这种做法可以描述火焰的局部点火和熄火现象。

由图 4.25 还可以看出,除临界点外,对于任意给定的标量耗散率,在稳态燃烧分支和非稳态燃烧分支上各存在一个火焰状态与之对应。在经典的稳态火焰面模型中,由于仅采用了 S 曲线上的稳态燃烧分支,因此由标量耗散率即可确定出火焰状态。而在火焰面/进度变量模型中,稳态燃烧分支和非稳态燃烧分支均被采用,在给定标量耗散率的情况下,稳态燃烧分支和非稳态燃烧分支上各存在一个火焰状态与之对应,这样就会出现一个标量耗散率对应两个燃烧状态的情形,从而使得我们难以判别所需要的燃烧状态。如果判别出现错误,将会影响整个流场的准确预测。为了解决这一问题,引入一个新参数代替标量耗散率来描述 S 曲线上的火焰状态,这一新参数就是进度变量 C,且 C 满足:对于给定的 C 值,包含完整解分支的 S 曲线上存在唯一的火焰状态与之对应。

在火焰面/进度变量模型中,进度变量的定义有多种方式。对于一步总包反应,当混合分数已知时,系统的自由度为 1,得知任一组分的浓度都可以计算出整个化学热力学状态。因此,任一组分的浓度均可以作为进度变量。对于多步反应,进度变量的选取应遵循以下原则:① 进度变量必须能较好地反映整个化学反应的进程;② 进度变量必须与包含完整解分支 S 曲线上的火焰状态一一对应,如图 4.25 中的标量耗散率与火焰状态之间并不满足一一对应。另外,中间组分也不宜作为进度变量。由于化学反应的最终目的是将反应物转化为生成物,因此化学反应的发展程度可以用生成物的质量分数来描述。在本节中,由于研究的是煤油/空气的燃烧,所以选择水与二氧化碳质量分数的线性组合作为进度变量。图 4.27 给出了不同标量耗散率下 C 随混合分数 Z 的变化,其中,实线代表非稳态燃烧分支解,虚线代表稳态燃烧分支解。从图中可以看出,对于给定的 (C, Z),存在唯一的火焰状态与之对应,这说明用 C 来描述包含完整解分支 S 曲线上的火焰状态是合理的。

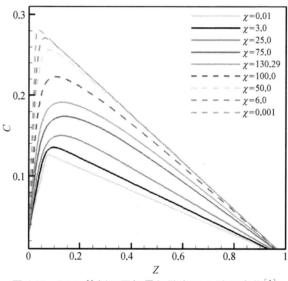

图 4.27 DLR 算例不同标量耗散率下 C 随 Z 变化[1]

在火焰面/进度变量模型中,进度变量与混合分数一起被用于表述火焰状态。因此,与稳态火焰面模型相比,火焰面/进度变量模型中除了需要求解混合分数方程外,还需要求解进度变量的输运方程:

$$\frac{\partial \rho C}{\partial t} + \nabla \cdot (\rho u C - \rho D \nabla C) = \rho \omega_c \qquad (4.28)$$

其中,ω_c 为源项,一般为选取为进度变量组分的生成率;u 为速度矢量。相应的流场中的化学热力学状态表示为

$$Y_i = Y_i(Z, C), \ T = T(Z, C), \ \rho = \rho(Z, C) \qquad (4.29)$$

其中,Y_i、T、ρ 分别为流体的组分、温度与密度。

根据式(4.29),流场中水和二氧化碳的质量分数可由火焰面数据库得到,即

$$Y_{\text{H}_2\text{O}+\text{CO}_2} = Y_{\text{H}_2\text{O}+\text{CO}_2}(Z, C) = C_{\text{flamedata}}(Z, C) \qquad (4.30)$$

同时也可以由方程(4.28)计算得到,并将其记为 $C_{\text{transport}}$。为了保持式(4.30)与方程(4.28)之间的相容性,必须保证:

$$C_{\text{transport}} = C_{\text{flamedata}}(Z,\ C) \tag{4.31}$$

其中,方程(4.31)右端括号内的 C 为进度变量,用于区分不同的火焰燃烧状态(即火焰面数据库)。为防止混淆,此处引入一个伪标量耗散率 χ_0 用于表征火焰状态,即

$$C_{\text{transport}} = C_{\text{flamedata}}(Z,\ \chi_0) \tag{4.32}$$

由于 χ_0 与火焰状态之间一一对应,因此:

$$\chi_0 = \chi_0(Z,\ C) \tag{4.33}$$

即 χ_0 由式(4.33)决定,这与第 2 章所述真实流场中的广义标量耗散率 χ 不同,因为 $\chi = 2D_T(\nabla Z)^2$ 主要由流场中的混合分数梯度决定。火焰面/进度变量模型中的火焰面方程为

$$\rho\chi_0 \frac{\mathrm{d}^2 Y_i}{\mathrm{d}Z^2} = -\rho\omega_i \tag{4.34}$$

将式(4.34)改写为如下形式:

$$\rho(\chi - \chi_0)\frac{\mathrm{d}^2 Y_i}{\mathrm{d}Z^2} = \rho\chi\frac{\mathrm{d}^2 Y_i}{\mathrm{d}Z^2} + \rho\omega_i \tag{4.35}$$

考虑到文献[4]中给出的非稳态火焰面方程为

$$\rho\frac{\partial Y_i}{\partial t} = \rho\chi\frac{\mathrm{d}^2 Y_i}{\mathrm{d}Z^2} + \rho\omega_i \tag{4.36}$$

将方程(4.35)与方程(4.36)进行对比,则可以认为方程(4.35)中等号的左边项代表了方程(4.37)所给出火焰面方程的非稳态项:

$$\rho\frac{\partial Y_i}{\partial t} \approx \rho(\chi - \chi_0)\frac{\mathrm{d}^2 Y_i}{\mathrm{d}Z^2} \tag{4.37}$$

其中,真实标量耗散率 χ 与伪标量耗散率 χ_0 之间的差异表征了非稳态项的强度。对于给定的标量耗散率 χ,此种形式的非稳态项可以看成是一种松弛机制,它将以非常接近稳态火焰面的解进行演化。也就是说,当 $\chi_0 = \chi$ 时,χ_0 可以认为是包

含早期火焰结构的迟滞标量耗散率。伪标量耗散率 χ_0 由于可以表征火焰面的演化过程,与 Cuenot 和 Egolfopoulos[37] 的"等拉伸率"概念非常相似。需要说明的是,由方程(4.37)给出的非稳态解实际上包含在进度变量的输运方程中,且化学反应和标量耗散率以类似于方程(4.36)的形式直接影响进度变量的输运。

在火焰面/进度变量模型中,采用 S 曲线的非稳态燃烧分支曾被认为是不符合物理实际的。但是,下面我们将证明,采用非稳态分支的解实际上与非稳态火焰面解类似。在图 4.25 中,给定一个最大火焰温度,曲线上将存在唯一一个伪标量耗散率 χ_0 与其对应,而真实标量耗散率 χ 对应于区域 Ⅰ 或区域 Ⅱ 中一点。若 χ 位于区域 Ⅰ 中,则有 $\chi < \chi_0$,考虑到当温度达到局部最大值时,有 $d^2T/dZ^2 < 0$,参考方程(4.37),有

$$\frac{\partial T}{\partial t} \approx (\chi - \chi_0)\frac{d^2 T}{dZ^2} > 0 \tag{4.38}$$

即非稳态项为正值,这表明火焰状态逐渐向稳态燃烧分支移动。类似地,若 χ 位于区域 Ⅱ 中,有 $\chi > \chi_0$,则

$$\frac{\partial T}{\partial t} \approx (\chi - \chi_0)\frac{d^2 T}{dZ^2} < 0 \tag{4.39}$$

即非稳态项为负值,表明火焰状态逐渐向熄火分支移动(若初始火焰状态位于稳态燃烧分支,则将沿稳态燃烧分支向临界点移动)。以上分析表明,非稳态燃烧分支可以描述 Ⅰ、Ⅱ 区以及火焰点火、熄火之间的中间状态,即可以描述燃烧流场中的非稳态过程,从物理上来说其与非稳态火焰面模型一致。

4.3.2 超声速气流中的修正方法

与稳态火焰面模型类似,火焰面/进度变量模型也是从低速流中发展起来的,为了能够将其应用到超声速流中,必须对其进行修正。本小节主要对超声速湍流燃烧火焰面/进度变量模型进行研究,首先介绍所采取的超声速流修正方法,然后根据火焰面/进度变量模型的特点,介绍了一种新的、高效的火焰面数据库生成方法。

火焰面/进度变量模型也是从低速流中发展起来的,其在超声速反应流中的应用困难与稳态火焰面模型类似,也主要体现为激波与可压缩性的影响。关于火焰面模型的修正,前人已做了大量工作。如 Zheng 和 Bray[17] 扩展了不可压层

流火焰面数据库,将动能改变引起的温度变化修正到温度的计算中,Secundov[19]建立了多个压力状态的火焰面数据库以及 Oevermann[16]的激波捕捉算法等。由于 Oevermann 的处理方法简单易行,且可以考虑激波捕捉算法,目前应用较多。火焰面/进度变量模型的核心是火焰面模型,因此对其修正也主要体现为火焰面模型的修正。此处也采取了 Oevermann 的处理方法,只利用火焰面数据库中的组分质量分数,流场局部的温度由能量方程隐式求解得到。

大涡过滤后进度变量 C 的控制方程为

$$\frac{\partial \bar{\rho} \tilde{C}}{\partial t} + \nabla \cdot (\bar{\rho} \tilde{u} \tilde{C} - \bar{\rho} \bar{D} \nabla \tilde{C} + \tilde{C}^{\text{sgs}}) = \bar{\rho} \bar{\omega}_C \tag{4.40}$$

其中,$\tilde{C}^{\text{sgs}}$ 为不封闭的亚格子项。参照 $\tilde{Z}^{\text{sgs}}$ 的封闭方法,$\tilde{C}^{\text{sgs}}$ 采用下式进行封闭:

$$\tilde{C}^{\text{sgs}} = \frac{\mu_t}{Pr_t} \nabla \tilde{C} \tag{4.41}$$

其中,μ_t、Pr_t 分别为湍流黏性系数和湍流普朗特数。考虑流场中混合分数和进度变量亚格子脉动的影响,化学热力学参数的过滤值由 $\tilde{Z}$ 和 $\tilde{C}$ 的联合概率密度函数 $P(\tilde{Z}, \tilde{C})$ 计算得到:

$$\tilde{Y}_i = \int Y_i(\tilde{Z}, \tilde{C}) P(\tilde{Z}, \tilde{C}) \mathrm{d}\tilde{Z} \mathrm{d}\tilde{C} \tag{4.42}$$

$$\bar{\omega}_C = \int \omega_C(\tilde{Z}, \tilde{C}) P(\tilde{Z}, \tilde{C}) \mathrm{d}\tilde{Z} \mathrm{d}\tilde{C} \tag{4.43}$$

其中,$Y_i(\tilde{Z}, \tilde{C})$、$\omega_C(\tilde{Z}, \tilde{C})$ 分别为层流火焰面数据库中的组分质量分数和源项。联合概率密度函数 $P(\tilde{Z}, \tilde{C})$ 可以表示为

$$P(\tilde{Z}, \tilde{C}) = P(\tilde{C} \mid \tilde{Z}) P(\tilde{Z}) \tag{4.44}$$

其中,$P(\tilde{C} \mid \tilde{Z})$ 为条件概率密度函数。假定 $\tilde{Z}$ 服从 β 分布,则 $P(\tilde{Z})$ 可由第 2 章中式(2.20)计算。计算 $P(\tilde{C} \mid \tilde{Z})$ 时,假定每一亚格子内的化学热力学状态仅有唯一的火焰燃烧状态描述,则数学上 $P(\tilde{C} \mid \tilde{Z})$ 可由 δ 函数计算,即

$$P(\tilde{C} \mid \tilde{Z}) = \delta(\tilde{C} - \widetilde{\tilde{C} \mid \tilde{Z}}) \tag{4.45}$$

其中,$\widetilde{\tilde{C} \mid \tilde{Z}}$ 由某一火焰面数据库给出:

$$\widetilde{\tilde{C} \mid \tilde{Z}} = C(\tilde{Z}, \widetilde{\chi_0}) \tag{4.46}$$

且 $\widetilde{\chi_0}$ 满足

$$\tilde{C} = \int C(\tilde{Z}, \widetilde{\chi_0}) P(\tilde{Z}) \, \mathrm{d}\tilde{Z} \tag{4.47}$$

需要说明的是, $\tilde{Z}$ 和 $\tilde{C} \mid \tilde{Z}$ 的分布函数会给计算结果带来较大影响,但是目前它们的分布函数具体该如何选取,尚未有统一的定论,还有待进一步深入地研究。待计算出 $P(\tilde{Z})$ 和 $P(\tilde{C} \mid \tilde{Z})$ 之后,代入式(4.44)即可得到 $P(\tilde{Z}, \tilde{C})$。

　　火焰面/进度变量模型与稳态火焰面模型类似,也是通过火焰面数据库来描述燃烧状态。因此在应用火焰面/进度变量模型时,也需要首先生成层流火焰面数据库,然后再按照式(4.42)和式(4.43)计算化学热力学状态的过滤值,并生成以 $\tilde{Z}$、$\widetilde{Z''^2}$、$\tilde{C}$ 为参变量的三维数据表。唯一不同的是多求解了 $\tilde{C}$ 的方程及利用进度变量代替标量耗散率来区分不同的火焰面数据库。因此,与稳态火焰面模型相比,火焰面/进度变量模型的计算量几乎没有增加。

4.3.3　火焰面温度简化处理模型

4.3.3.1　Oevermann 温度求解方法的局限性

Oevermann 的方法是可行的,它结合考虑了当地的能量和反应组分的热力学信息,成功地解决了强可压缩性条件下火焰面模型的温度求解问题,一度成为火焰面系列模型模拟超声速反应流的标准方法。但是,Oevermann 的这种方法也有一定的弊端。诚然,对于仅包含数十种组分的氢气、乙烯等的典型化学反应机理,Oevermann 的方法是可行的,但是随着研究的深入,采用更加复杂的化学反应机理就会引入更多的中间组分,也势必造成更大的计算开销,而这些不必要的计算开销主要被用在了隐式求解温度时组分定压比热和熵值的求解上。

4.3.3.2　简化的温度求解方法

FPV 模型考虑了火焰面方程的完整解空间,认为流场中的热力学参量 ϕ 由混合分数 $\tilde{Z}$、混合分数方差 $\widetilde{Z''^2}$ 和进度变量和 $\tilde{C}$ 决定,如图4.28所示是在某一进度变量下的一个典型的火焰面数据库的结构,图中展示的产物 H_2O 的组分信息可以完全由当地的混合分数、混合分数方差和进度变量确定。

　　进一步考虑流场可压缩性的可压缩火焰面进度变量(compressible flamelet progress variable[38], CFPV)模型认为参量 ϕ 还应与当地的压力 $\bar{p}$ 和内能 $\tilde{e}$ 有关,即 $\phi = \phi(\tilde{Z}, \widetilde{Z''^2}, \tilde{C}, \bar{p}, \tilde{e})$。通过对火焰面数据的分析,可以做出假设:

(1) 压力和温度变化不大时,组分质量分数、气体常数也基本保持不变。

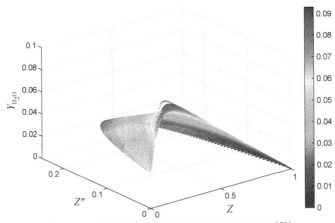

图 4.28　某进度变量下组分 H_2O 的分布信息[21]

其中,组分信息 $\tilde{Y}_m$ 和气体常数 $\tilde{R}$ 可以直接从基准工况下的火焰面数据库中读取,即

$$Y_m(\tilde{Z},\ \widetilde{Z''^2},\ \tilde{C};\ \bar{p},\ \tilde{e}) = Y_{m,0}(\tilde{Z},\ \widetilde{Z''^2},\ \tilde{C};\ \bar{p}_0,\ \tilde{e}_0) \tag{4.48}$$

$$R(\tilde{Z},\ \widetilde{Z''^2},\ \tilde{C};\ \bar{p},\ \tilde{e}) = R_0(\tilde{Z},\ \widetilde{Z''^2},\ \tilde{C};\ \bar{p}_0,\ \tilde{e}_0) \tag{4.49}$$

(2) 近似地,比热比 γ 的变化和温度 T 的变化呈线性关系。

也就是说不同工况与基准工况之间的温度关系可以用同一个系数表征,即

$$\tilde{\gamma}(T) = \tilde{\gamma}_0 + a_\gamma(\tilde{T} - T_0) \tag{4.50}$$

其中, a_γ 为表征比热比与温度对应关系的系数。

(3) 化学反应源项对温度和压力的变化敏感。

经过进一步地分析表明,化学反应源项与压力变化呈幂次关系,而与温度的变化近似符合 Arrhenius 公式的形式。

基于上述假设,可以通过建立两个工况下的火焰面数据库实现温度的高效求解,流程如图 4.29 所示,其中,作为基准工况的数据库用角标"0"表示。

温度和内能的关系为

$$\tilde{e} = \tilde{h} - \widetilde{RT} = \sum_{m=1}^{N} \widetilde{Y_m h_m} - \widetilde{RT} \tag{4.51}$$

其中,近似认为 $\widetilde{RT} \approx \tilde{R}\tilde{T}$;气体常数 $R = \dfrac{R_u}{W_0} = R_u \sum_\alpha \dfrac{Y_\alpha}{W_\alpha}$。

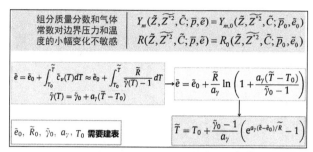

图 4.29 CFPV 模型温度求解过程[21]

这里,可以引入基准态的能量 $\tilde{e}_0$ 来表示:

$$\tilde{e} = \tilde{e}_0 + \int_{T_0}^{\tilde{T}} C_v(T)\mathrm{d}T = \tilde{e}_0 + \int_{T_0}^{\tilde{T}} \frac{\tilde{R}}{\tilde{\gamma}(T) - 1}\mathrm{d}T \tag{4.52}$$

其中,由式(4.50),比热比 γ 可以用温度的线性函数来表示,代入式(4.52)可得

$$\tilde{e} = \tilde{e}_0 + \tilde{R} \cdot \int_{T_0}^{\tilde{T}} \frac{1}{\tilde{\gamma}_0 + a_\gamma(\tilde{T} - T_0) - 1}\mathrm{d}T = \tilde{e}_0 + \frac{\tilde{R}}{a_\gamma}\ln\left(1 + \frac{a_\gamma(\tilde{T} - T_0)}{\tilde{\gamma}_0 - 1}\right) \tag{4.53}$$

因此,温度可以表示为

$$\tilde{T} = T_0 + \frac{\tilde{\gamma}_0 - 1}{a_\gamma}\left(e^{a_\gamma(\tilde{e} - \tilde{e}_0)/\tilde{R}} - 1\right) \tag{4.54}$$

压力可用理想气体假设 $\bar{p} = \bar{\rho}\widetilde{RT}$ 来计算。

这里,需要额外建入火焰面数据库的有: $\tilde{e}_0$、$\widetilde{R_0}$、$\tilde{\gamma}_0$、a_γ 和 T_0,而组分信息 $\tilde{Y}_m$ 和气体常数 $\tilde{R}_0$ 都可直接从基准工况的火焰面数据库中获得。因此,除了基准工况外,必须至少再选择一个工况与基准工况一起求解 a_γ[见式(4.50)]。

此外,对于化学反应源项,可以做出如下可压缩修正:

$$\frac{\overline{\dot{\omega}_C}}{\overline{\dot{\omega}_{C_0}}} = \left(\frac{\bar{\rho}}{\bar{\rho}_0}\right)^{a_\rho}\exp\left[-T_a\left(\frac{1}{\tilde{T}} - \frac{1}{T_0}\right)\right] \tag{4.55}$$

实际上,对于不同的燃料,这两个系数都有不同的取值,其中,对于氢气而言,可以取作 $a_\rho = 2.1$,$T_a = 10\,000$。

以氢气燃料为例,在燃料端温度均为 300 K,压力均为 1 bar① 时,选基准库氧化剂端温度为 1 550 K,高温库氧化剂端温度为 1 800 K,预测氧化剂端温度为 2 000 K 的工况,该简化模型预测值与实际值的差异在 50 K 以内,如图 4.30 所示。

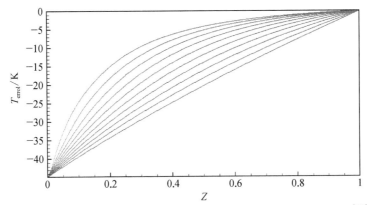

图 4.30　CPFV 模型对氢气燃料氧化剂端温度小幅变化时的预测误差[21]

通过上述工况对火焰面数据库的影响,可以合理地得出预先使用的假设:在温度和压力不偏离标准态温度太多时,可以认为组分质量分数和气体常数不会发生明显的变化。

4.3.4　DLR 支板算例验证

由于 DLR 支板算例实验结果较为丰富,常被用于燃烧模型的检验。因此,此处仍以 DLR 支板喷氢燃烧流场为验证算例,以便从定量上比较火焰面/进度变量模型与稳态火焰面模型之间的差异及其各自的预测能力。DLR 支板算例的物理模型、网格、边界条件以及数值离散方法等均与 4.1.3 小节相同,此处不再赘述,这里仅给出燃烧流场结果。

图 4.31~图 4.32 给出了利用火焰面/进度变量模型和稳态火焰面模型计算得到的燃烧流场不同截面的瞬时、时均 OH 分布。其中,展向截面选取 $x/H=$ 1.5~6.0,间隔 0.5 的 10 个截面;流向截面代表的是 $z/H=0$(即过喷孔中心的截面)。在氢气燃烧流场中,通常用 OH 基质量分数标示流场中火焰的位置。从图中可以看出,两种模型得到的喷口附近火焰分布存在较大差异。主要表现为:稳态火焰面模型得到的火焰紧贴在支板后缘壁面上,是一典型的附着火焰,而火

---

① 1 bar = 10^5 Pa。

焰面/进度变量模型预测的火焰稳定在距离支板后缘 2~10 cm 处,是一抬举火焰,这是因为此处发生了局部熄火,导致外部新鲜气流可以直接进入到火焰内部,由此使得局部 OH 基浓度急剧降低,从而形成了抬举火焰,这也表明火焰面/进度变量模型确实可以捕捉流场中的局部熄火和火焰抬举现象。

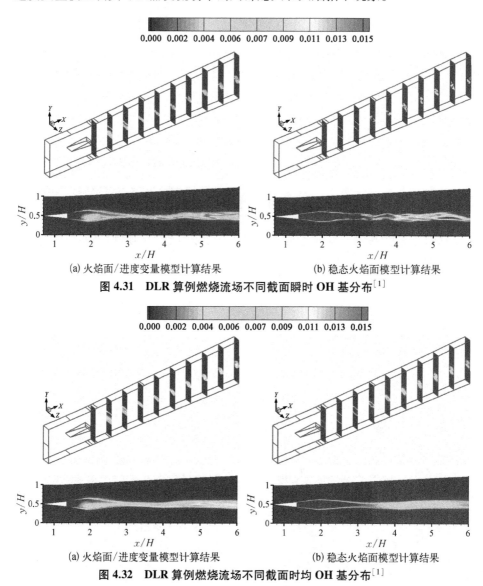

图 4.31　DLR 算例燃烧流场不同截面瞬时 OH 基分布[1]

图 4.32　DLR 算例燃烧流场不同截面时均 OH 基分布[1]

　　图 4.33 给出的是燃烧流场阴影图片。从图中可以看出,火焰面/进度变量模型和稳态火焰面模型预测的反应区分布以及流场中的波系结构、位置均与实

验结果比较一致。相比较而言,火焰面/进度变量模型预测的反应区较宽,由此导致支板前缘压缩激波的反射激波以及支板尾缘斜激波的位置相对稳态火焰面模型靠前,这些均与实验结果更为接近。需要说明的是,靠近流场下游($x/H>3$位置)两种模型预测的反应区分布均比实验的窄,且几乎没有捕捉到实验中所观察到的反应区边缘对称性的涡结构。

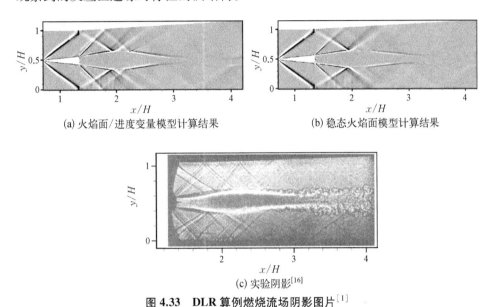

(a) 火焰面/进度变量模型计算结果　　　　(b) 稳态火焰面模型计算结果

(c) 实验阴影[16]

图 4.33　DLR 算例燃烧流场阴影图片[1]

图 4.34 给出的是燃烧流场不同流向位置的时均速度分布。从图中可以看出,在 $x = 78$ mm 和 $x = 125$ mm 两个位置处,火焰面/进度变量模型和稳态火焰面模型预测的速度剖面与实验一致,但火焰面/进度变量模型预测的速度数值上与实验结果更为接近;在 $x = 207$ mm 处,无论是火焰面/进度变量模型,还是稳态火焰面模型,它们预测的燃烧区速度剖面均与实验相反,文献[16]也得到了类似的结果,具体原因还有待进一步研究。

图 4.35 给出的是燃烧流场不同流向位置的时均脉动速度分布。从图中可以看出,在无反应区,两种模型得到的脉动速度分布一致,说明无反应区脉动速度与燃烧模型无关,主要由混合流场决定;在反应区,定性上两种模型得到的脉动速度分布与实验基本一致,即流向脉动速度呈双峰分布,而横向脉动速度呈单峰分布。但是,定量上而言,火焰面/进度变量模型预测的脉动速度数值上与实验相当,而稳态火焰面模型预测的脉动速度数值上明显要比实验的大得多,这说明脉动速度受燃烧模型的影响较大。

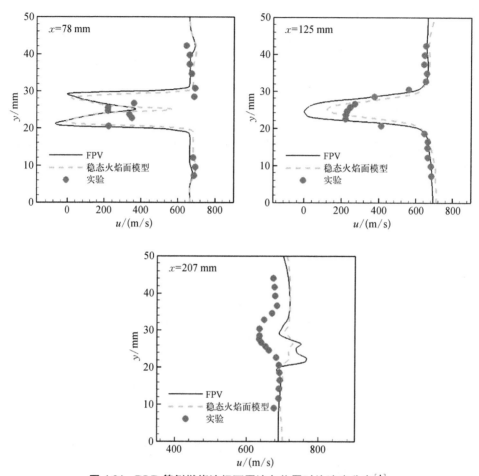

图 4.34 DLR 算例燃烧流场不同流向位置时均速度分布[1]

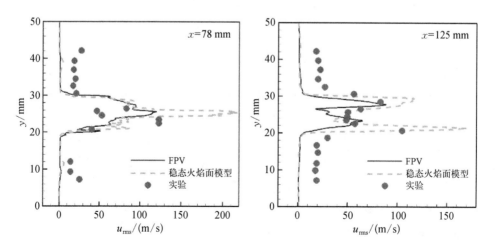

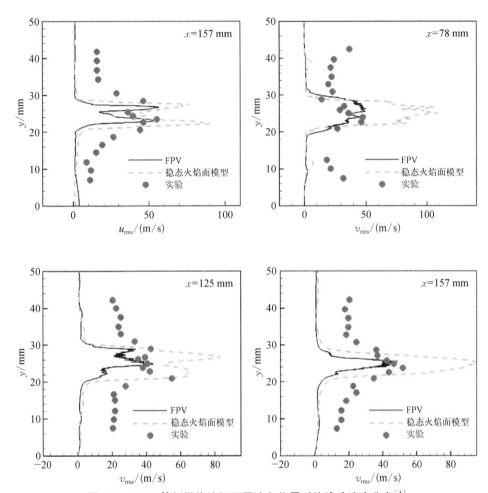

图 4.35　DLR 算例燃烧流场不同流向位置时均脉动速度分布[1]

图 4.36 给出的是燃烧流场不同流向位置的时均温度分布。可以看出,不同流向位置处两种燃烧模型得到的温度剖面分布及温度数值均与实验结果比较接近,其中 $x = 125$ mm 处,火焰面/进度变量模型预测的反应区略大,这与上文阴影结果一致;而 $x = 233$ mm 处,两种模型得到的反应区均比实验小,相比较而言,火焰面/进度变量模型预测的最大温度与实验的更为接近。

本算例研究结果表明,火焰面/进度变量模型不但可以捕捉到燃烧流场中的局部熄火和火焰抬举现象,而且其预测的燃烧区时均速度分布、时均脉动速度分布及时均温度分布与稳态火焰面模型的相比,与实验结果更为接近,说明本章所建立的火焰面/进度变量模型适用于超声速复杂燃烧流场的描述。

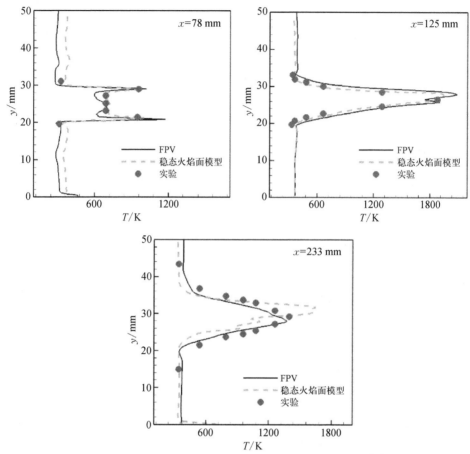

图 4.36 DLR 算例燃烧流场不同流向位置时均温度分布[1]

4.3.5 并联凹腔燃烧算例验证

另一个验证算例为国防科技大学超声速燃烧直连式实验[39]。直连式系统由试验基座、空气加热器、超声速喷管和超燃冲压发动机组成。超声速模型燃烧室结构如图 4.37 所示,包含一个入口尺寸为 54.5 mm×75 mm($H \times W$)的等截面矩形隔离段和三个扩张角分别为 2.5°、3.5° 和 4.0° 的扩张段。扩张段安装有两个尺寸相同的喷注与火焰稳定一体化凹腔,分别记为 T1 和 B1。凹腔结构如图 4.38 所示,深度 D、长度 L 和后缘倾角 A 分别为 15 mm、110 mm 和 45°。燃料通过安装于凹腔上游的可更换喷注模块喷注进入燃烧室,气态煤油通过 T1 与 B1 凹腔前的 I1 和 I2 喷嘴喷注,I1 和 I2 喷嘴的规格均为 3×Φ2.0 mm(喷孔数量×喷孔直径)。三孔喷嘴的喷孔展向分布如图 4.38 所示,喷孔距凹腔前缘 8 mm。

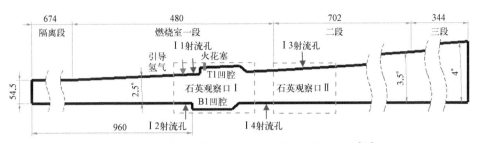

图 4.37　超燃冲压发动机构型示意图(单位: mm)[11]

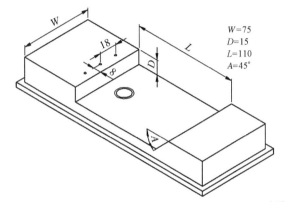

图 4.38　燃料喷注及火焰稳定凹腔模块(单位: mm)[11]

详细的入口条件与燃料喷流条件列在表 4.3 中。

表 4.3　并联凹腔燃烧室燃烧特性试验工况表

试验参数	当量比	T_0/K	P_0/MPa	P/kPa	T/K	Ma	Y_{O_2}/%	Y_{H_2O}/%	Y_{CO_2}/%	Y_{N_2}/%	$Y_{C_2H_4}$/%
空气		1 430	3.60	43	493	3.46	23.3	5.9	9.6	61.2	0.0
煤油	0.62	779	1.95	—	—	1.0	0.0	0.0	0.0	0.0	100.0

图 4.39 是实验高速摄影时均图。T1 和 B1 凹腔火焰形状呈上大下小分布。燃烧火焰主要集中在 T1 凹腔及喷注上游位置和 B1 凹腔回流区、凹腔剪切层及凹腔下游贴近壁面区域内。由于上壁面边界层分离,使燃烧其中汇集并促使边界层分离区进一步扩大,喷注深度明显增加,燃烧延伸到流道中。

基于三维 RANS 程序,引入热煤油超燃冲压发动机燃烧室测试了压力修正的火焰面/进度变量模型。三维网格量大约为 500 万,在边界层及喷口附近加密,为了减少计算量,展向取 37.5 mm 并采用对称边界条件,上下壁面只保留一

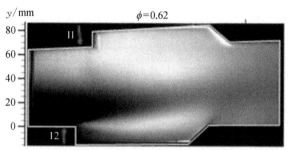

图 4.39　实验高速摄影时均图[39]

个半喷口。求解燃烧火焰面数据库时采用煤油氧气反应 255 组分 1 506 步化学反应机理[40]。

图 4.40、图 4.41 分别给出了数值计算得到的燃烧流场三维温度分布云图和产物 CO_2 分布云图,可以看出,煤油射流喷入燃烧室后在较短距离开始燃烧,大部分反应在主流中进行,但是部分燃料进入凹腔回流区并在回流区中燃烧,起到火焰稳定作用。主要的燃烧产物及高温区形成于射流边界区域,主要集中在 T1、B1 凹腔上游边界层、凹腔回流区、凹腔剪切层及凹腔下游贴近壁面区域中,并且呈现出与实验结果相似的"上强下弱"两个凹腔不对称分布结果。凹腔内及其下游一段距离处压力较高,经过单边扩张燃烧室,压力逐渐下降。喷注上游的分离区中出现了较弱的射流前侧点火,导致部分高温区的存在,因此燃料的喷注深度较高。从组分 CO_2 的分布图中看出,由于射流上游边界层和凹腔回流区的存在,其中存在一个 CO_2 含量较低且燃烧并不集中的区域,在该区域下游燃烧

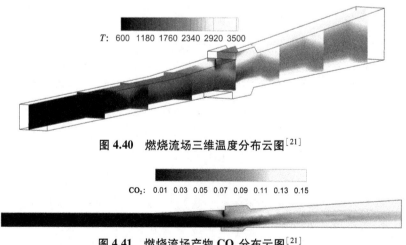

图 4.40　燃烧流场三维温度分布云图[21]

图 4.41　燃烧流场产物 CO_2 分布云图[21]

逐渐增强而产生了大量 CO_2，燃烧温度较高。另外流场结构也和图 4.39 实验观测符合较好，呈现"上强下弱"分布。

图 4.42 比较了当量比为 0.62 时计算得到的和试验测量的燃烧室壁面静压分布。如图所示，数值计算结果与试验结果符合较好，计算结果较准确地捕捉燃烧室压力峰值的大小及位置和压力起升点的位置。

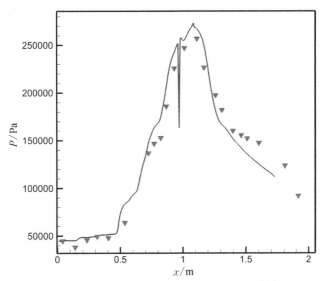

图 4.42　数值计算与实验壁面压力分布图[21]

4.4　两相火焰面模型

与气态燃料（如氢气）相比，液态燃料（如煤油）具有易储存、安全性好、单位体积热值高以及穿透深度高等优点。超声速气流中液体燃料射流的两相燃烧是研究超燃冲压发动机必不可少且十分关键的过程，其燃烧性能决定了超燃冲压发动机的整体性能。因此，在液体燃料超燃冲压发动机燃烧室内，气液两相燃烧是重要的燃烧模式，也是研究的难点，这对传统燃烧模型提出了巨大挑战。

4.4.1　两相火焰面模型物理描述

本节依据 RANS 数值方法模拟两相流动中的气相运动，采用 Lagrange 液滴追踪方法对液相进行仿真，添加液相的运动及破碎模型，考虑气液相互作用及气相燃烧的影响,建立起超声速条件下的两相火焰面模拟计算方法。其中描述多分组气相流动的 N-S 方程见本书 1.3 节,组分方程由火焰面进度变量 Z/C 方程替代,输运方程如下:

$$\frac{\partial \rho Z}{\partial t} + \frac{\partial \left[\rho Z (u_i + V_{i,z}) \right]}{\partial x_i} = S_Z \tag{4.56}$$

$$\frac{\partial \rho C}{\partial t} + \frac{\partial \left[\rho C (u_i + V_{i,c}) \right]}{\partial x_i} = \omega_C \tag{4.57}$$

其中,V_i 是扩散速度,定义为 $V_{i,z} = -\dfrac{D_m}{Z} \dfrac{\partial Z}{\partial x_i}$,$V_{i,c} = -\dfrac{D_m}{C} \dfrac{\partial C}{\partial x_i}$,$D_m$ 是混合物平均分子扩散系数;ω_C 为源项,一般为选取为进度变量组分的生成率,由火焰面数据库查询得到。

源项 S_Z 作为气相控制方程的右手项,描述了气液两相间的质量的传递(即由于蒸发而产生的混合分数生成项)。该源项在纯气相燃烧过程中为零,仅在液相蒸发时为正。根据 Z 的定义:

$$Z = \frac{\phi Y_V / Y_{V,0} - Y_O / Y_{O,0} + 1}{\phi + 1} \tag{4.58}$$

其中,Y_V 和 Y_O 分别表示气态燃料和氧化剂的质量分数(其中初始气态燃料质量分数 $Y_{V,0} = 1.0$ 和初始氧化剂质量分数 $Y_{O,0} = 0.233$);ϕ 表示化学当量比,$\phi = \upsilon_O W_O Y_{V,0} / \upsilon_V W_V Y_{O,0}$,其中 υ_O 和 υ_V 分别表示煤油氧化燃烧反应的氧化剂端和燃料端的化学计量系数。带入式(4.57)可以推导出:

$$\frac{\partial \rho Z}{\partial t} = \frac{1}{\phi + 1} \left(\frac{\phi}{Y_{V,0}} \frac{\partial \rho Y_V}{\partial t} - \frac{1}{Y_{O,0}} \frac{\partial \rho Y_O}{\partial t} + \frac{\partial \rho}{\partial t} \right) \tag{4.59}$$

由于液相蒸发导致的 Y_V 和 Y_O 随时间的变化关系式为 $\dfrac{\partial \rho Y_V}{\partial t} = S_{Y_V}$,$\dfrac{\partial \rho Y_O}{\partial t} = 0$。对于源项 S_Z 来说,其随时间的变化可以表示为

$$S_Z = \frac{\partial \rho Z}{\partial t} = \frac{1}{\phi + 1} (\phi S_{Y_V} - 0 + S_{Y_V}) = S_{Y_V} \tag{4.60}$$

因此根据本书 3.3.2.2 小节所述,可以得到:

$$S_Z = S_{Y_V} = \overline{\overline{S}}_m = -\frac{\omega_{d,k}}{\Delta V} \sum_{k=1}^{N_k} \frac{\mathrm{d} m_{d,k}}{\mathrm{d} t} \tag{4.61}$$

其中,m_k 是液滴的质量;ΔV 是网格控制体的体积。下标 k 表示对欧拉计算网格节点存在影响的所有 k 个计算液滴,相应的液项控制方程和雾化蒸发模型可参考本书第 3 章。

4.4.2　串联凹腔燃烧算例验证

下面针对国防科技大学 1 kg/s 直连式实验台上开展的液体煤油串联双凹腔燃烧室[41]开展计算验证。燃烧室示意图如图 4.43 所示,为了增强火焰的稳定性,前后两个凹腔串联布置,分别称为上游凹腔和下游凹腔,两个凹腔间距 93 mm。凹腔的深度为 11 mm,凹腔唇口处长度为 77 mm,后缘倾角为 45°。射流布置在上游凹腔的上游 30 mm 位置处,距离隔离段入口 233 mm,4 个直径 0.5 mm 的喷注孔等间距布置在流道中,煤油射流喷注的总压力为 3.11 MPa,对应的总当量比为 0.187。来流条件基于 1 kg/s 直连式实验台的实验条件设置,即来流总温 1 486 K,总压为 1.6 MPa,马赫数为 2.52,具体实验条件见表 4.4。

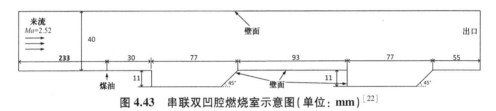

图 4.43　串联双凹腔燃烧室示意图(单位:mm)[22]

表 4.4　空气加热器设计工况参数

空气加热器		喷管出口(即超声速燃烧室入口)				
总温/K	1 486	马赫数	2.52			
总压/MPa	1.6	静温/K	753.8			
空气流量/(g/s)	837.06	静压/kPa	86.2			
氧气流量/(g/s)	157.7	热空气中各组分的质量百分比	O_2	H_2O	CO_2	N_2
酒精流量/(g/s)	52.4		23.38%	6.22%	10.16%	60.24%

为了节省计算量,计算过程中只模拟一个喷注孔喷注的情况。计算域的展向宽度为 10 mm,高度为 40 mm,上下壁面都是无滑移壁面,左右边界均设置为周期性边界条件。网格在煤油射流喷口位置、凹腔剪切层以及壁面处进行加密。主流道内总的网格量为 501×81×31,上游凹腔内总的网格量为 101×41×31,下游凹腔内总的网格量为 51×41×31。在凹腔与射流之间由于有大量液雾存在,故在

该区域保持网格缓慢拉伸。求解燃烧火焰面数据库时采用 255 组分 1 506 步的正十二烷化学反应机理作为煤油氧气化学反应替代模型[40]。

图 4.44 显示了实验观测得到的火焰平均分布及火焰方差分布[41]。火焰平均结果显示火焰主要分布在上游凹腔的剪切层及射流尾迹区域。图 4.45 和图 4.46 分别给出了数值模拟获得的气相平均温度以及液滴分布和中间产物 CO 的分布。剧烈燃烧过程引起的高温区域分布在射流及两个凹腔附近的广泛区域里,温度最高的区域位于射流与上游凹腔之间。中间产物 CO 主要分布在射流喷孔与上游凹腔的附近,表明主要的燃烧过程在该区域附近发生,且 CO 在向下游输运过程中基本消耗完毕。数值模拟显示的高温区及中间产物区域与实验观测的火焰位置吻合较好。

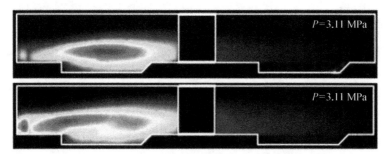

图 4.44　实验测得的火焰平均分布及火焰方差分布[41]

图 4.45　数值仿真得到的温度分布云图[21]

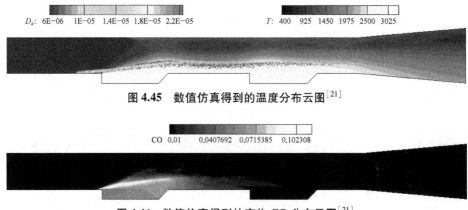

图 4.46　数值仿真得到的产物 CO 分布云图[21]

图 4.47 进一步给出了壁面沿程压力分布与实验结果的对比,数值模拟的压力分布与实验结果基本吻合。实验结果观测到两个凹腔内的测点压力大幅提升,且燃烧区域的压力峰值在 270 kPa 左右。数值模拟的压力分布虽然在定量

上存在些许差距,但其增长趋势与实验结果保持一致。压力定量上的误差可能由反应机理以及壁面区域湍流黏性预测存在误差导致。由于构型在尾部由等值壁面转为扩张壁面,故最后压力值下降较快。

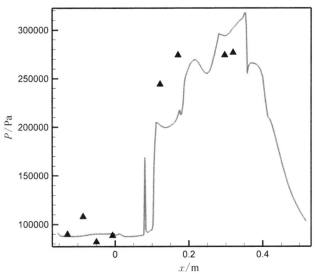

图 4.47　数值模拟得到的压力分布与实验结果对比[21]

参考文献

[1] 范周琴.声速湍流燃烧火焰面模型判别建模及应用研究[D].长沙:国防科技大学,2011.

[2] Turns S R. An introduction to combustion: Concepts and applications [M]. New York: McGraw-Hill, 2000.

[3] Peters N. Local quenching due to flame stretch and non-premixed turbulent combustion[J]. Combustion Science and Technology, 1983, 30(1-6): 1-17.

[4] Peters N. Laminar diffusion flamelet models in non-premixed turbulent combustion [J]. Progress in Energy and Combustion Science, 1984, 10(3): 319-339.

[5] Spalding D B. Mathematical models of turbulent flames: A review[J]. Combustion Science and Technology, 1976, 13: 3-25.

[6] Lockwood F C, Naguib A S. The prediction of the fluctuation in the properties of free, round-jet, turbulent diffusion flame[J]. Combustion and Flame, 1975, 24: 109-124.

[7] Peters N. Turbulent combustion[M]. Cambridge: Cambridge University Press, 2000.

[8] Jimenez J, Linan A, Rogers M. A prior testing of subgrid models for chemically reacting non-premixed turbulent shear flows[J]. Journal of Fluid Mechanics, 1997, 349: 149-171.

[9] Pierce C D, Moin P. Progress-variable approach for large eddy simulation of non-premixed turbulent combustion[J]. Journal of Fluid Mechanics, 2004, 504: 73-97.

[10] Zhao G-Y, Sun M-B, Wu J-S, et al. A flamelet model for supersonic non-premixed

combustion with pressure variation[J]. Modern Physics Letters B, 2015, 29(21): 1550117.

[11] Zhao G-Y, Sun M-B, Wang H-B, et al. Investigation of combustion characteristics in a scramjet combustor using a modified flamelet model[J]. Acta Astronautica, 2018, 148: 32-40.

[12] 赵国焱.超声速气流中火焰闪回诱发与火焰传播机制研究[D].长沙：国防科技大学,2019.

[13] 赵国焱,孙明波,吴锦水.基于不同 PDF 的超声速扩散燃烧火焰面模型对比[J].推进技术,2015,36(2): 232-237.

[14] 孙明波,吴锦水,赵国焱.超声速湍流燃烧 G/Z 方程模型验证[J].热科学与技术,2015,14(1): 68-74.

[15] 邢建文,乐嘉陵.火焰面模型在超燃冲压发动机数值模拟中的应用[J].实验流体力学,2008,22(2): 40-45.

[16] Oevermann M. Numerical investigation of turbulent hydrogen combustion in a SCRAMJET using flamelet modeling[J]. Aerospace Science and Technology, 2000, 4(7): 463-480.

[17] Zheng L L, Bray K N C. The application of new combustion and turbulence models to H_2-Air nonpremixed supersonic combustion[J]. Combustion and Flame, 1994, 99: 440-448.

[18] Evans J S, Schexnayder J C, Beach H L. Applicaton of a two-dimensional parabolic computer program to prediction of turbulent reacting flows[R]. NASA-1169, 1978.

[19] Secundov A. Flamelet model application for non-premixed turbulent combustion[R]. NASA NONCCW-75, 1996.

[20] Mittal V, Pitsch H. A flamelet model for premixed combustion under variable pressure conditions[J]. Proceedings of the Combustion Institute, 2013, 34(2): 2995-3003.

[21] 孙明波,汪洪波,李佩波,等.2020 年高超声速冲压发动机技术重点实验室基础研究工作报告[R].2020.

[22] Pitsch H, Barths H, Peters N. Three-dimensional modeling of NO_x and soot formation in DI-Diesel engines using detailed chemistry based on the interactive flamelet approach[C]. San Antonio: International Fall Fuels & Lubricants Meeting & Exposition, 1996.

[23] Barths H, Antoni C, Peters N. Three-dimensional simulation of pollutant formation in a DI Diesel engine using multiple interactive flamelets[J]. SAE Transactions, 1998,107.

[24] Hasse C,Peters N. A two mixture fraction flamelet model applied to split injections in a DI Diesel engine[J]. Proceedings of the Combustion Institute, 2005, 30(2): 2755-2762.

[25] 刘戈,解茂昭,贾明.利用 RIF 模型对内燃机燃烧过程的模拟[J].内燃机学报,2011,29(5): 398-404.

[26] 刘戈,解茂昭,贾明.基于互动小火焰模型的内燃机燃烧过程大涡模拟[J].化工学报,2011,62(9): 2490-2498.

[27] Hasse C. A Two-dimensional flamelet model for multiple injections in diesel engines[M]. Göttingen: Cuvillier Verlag, 2004.

[28] Felsch C, Gauding M, Hasse C, et al. An extended flamelet model for multiple injections in DI Diesel engines[J]. Proceedings of the Combustion Institute 2009, 32: 2775-2783.

[29] 丁猛,李桦,范晓樯.等截面隔离段中激波串结构的数值模拟[J].国防科技大学学报,

2001,23(1): 15 - 18.

[30] Sunami T, Itoh K, Satoh K, Komuro T. Mach 8 ground tests of the hypermixer scramjet for HyShort-Ⅳ flight experiment[C]. Canberra: AIAA - 2006 - 8026, 14th AIAA/AHI Space Planes and Hypersonic Systems and Technologies Conference, 2006.

[31] Sunami T, Kodera M. Numerical investigation of a detonation wave system in a scramjet combustor[C]. Tours: AIAA - 2012 - 5861, 18th AIAA/3AF International Space Planes and Hypersonic Systems and Technologies Conference, 2012.

[32] Sunami T, Magre P, Bresson A, et al. Experimental study of strut injectors in a supersonic combustor using OH-PLIF[C]. Capua: AIAA - 2005 - 3304, AIAA/CIRA 13th International Space Planes and Hypersonics Systems and Technologies Conference, 2005.

[33] Berglund M, Fedina E, Fureby C, et al. Finite rate chemistry large-eddy simulation of self-ignition in supersonic combustion ramjet[J]. AIAA Journal, 2010, 48(3): 540 - 550.

[34] Pierce C D. Progress-variable approach for large eddy simulation of turbulent combustion[D]. Stanford: Stanford university, 2001.

[35] Terrapon V E, Ham F, Pecnik R, et al. A flamelet-based model for supersonic combustion [R]. Center for Turbulence Research, Annual Research Briefs 2009, 2009.

[36] Gamba M, Mungal M G, Hanson R K. Ignition and near-wall burning in transverse hydrogen jets in supersonic crossflow[C]. Orlando: AIAA - 2011 - 319, 49th AIAA Aerospace Sciences Meeting including the New Horizons Forum and Aerospace Exposition, 2011.

[37] Cuenot B, Egolfopoulos F N, Poinsot T. An unsteady laminar flamelet model for non premixed combustion[J]. Combustion Theory Modelling, 2000, 4(1): 77 - 97.

[38] Saghafian A, Terrapon V E, Pitsch H. An efficient flamelet-based combustion model for compressible flows[J]. Combustion and Flame, 2015, 162(3): 652 - 667.

[39] Zhong Z, Wang Z, Sun M. Effects of fuel cracking on combustion characteristics of a supersonic model combustor[J]. Acta Astronautica, 2015, 110: 1 - 8.

[40] Narayanaswamy K, Pitsch H, Pepiot P. A chemical mechanism for low to high temperature oxidation of n-dodecane as a component of transportation fuel surrogates[J]. Combustion and Flame, 2015, 162(4): 1193 - 1213.

[41] 李西鹏.超声速气流中煤油喷注混合及点火过程研究[D].长沙:国防科技大学,2018.

第 5 章

超声速湍流燃烧模拟概率密度函数方法

湍流是一种极不规则的流动现象,表现出三维、非定常、随机等特征。不规则运动属于随机过程或随机场,湍流物理量(随机变量)最基本的可预测性就是它的概率及其概率密度分布。因此在湍流的研究中,往往可以将湍流简化为空间上某一位置的随机过程,或者时间上某一时刻的随机场,通过研究统计量(各阶矩、关联矩等)来获知湍流流动状态。对于燃烧流场,将概率密度函数(probability density function, PDF)方法用于 RANS 或者 LES 中,即形成一种湍流燃烧模型,如果已知温度和组分的概率密度分布函数,即可直接求解平均或者滤波的化学反应源项。目前主要有设定型和输运型两种概率密度函数模型来封闭化学反应源项。本章分别介绍设定型和输运型两种概率密度函数方法在超声速湍流燃烧模拟中的发展与应用。

5.1 设定型概率密度函数方法

设定型 PDF 的基本思想就是引入基于有限数目的矩信息构造的温度和组分的 PDF 函数,从而将未封闭的化学反应源项直接求解出来,设定型 PDF 方法首先是与 RANS 结合使用的。Frankel 等[1]发展了一种 RANS/设定型 PDF 模型并用于模拟超声速混合层的湍流燃烧,计算结果较之原来的"类层流"计算有一定的改善。同时,计算表明 PDF 的具体形式对结果没有明显影响。Girimaji[2]提出了一种描述联合标量 PDF 的多变量 β-PDF 函数。基于此未封闭的化学反应源项可以表示为标量均值和湍流标量能量的简单函数。Förster 和 Sattelmayer[3]验证了一种温度采用高斯分布,组分采用多变量 β-PDF 的设定型 PDF 模型。计算和分析表明,这种设定型 PDF 非常适合于模拟超声速燃烧,在准确给定

PDF 方差的条件下可以获得很好的结果。Baurle 等[4]采用设定型 PDF 与 RANS 结合的方法模拟了超声速同轴氢气–空气射流燃烧,获得了与实验比较一致的结果。

设定型 PDF 方法同样可以与 LES 结合,此时 PDF 实际上变成了描述网格单元内标量随机行为的亚格子(过滤的、大涡)PDF。LES 已被证明可以为湍流燃烧问题提供比 RANS 方法更准确的结果。即使使用相当简单的化学模型,LES 也可能取得比采用复杂化学模型的 RANS 更准确的结果。LES 的另一个优点是对逆梯度输运现象的模拟。虽然未直接求解部分的标量流量几乎随滤波尺度的增加而线性增加,但是其类型(梯度或逆梯度)不会改变。又因为逆梯度输运涉及所有的特征长度尺度,所以一部分逆梯度输运现象可以通过 LES 中的直接求解部分而得到直接描述。基于此,可以认为,即使使用梯度类型的亚格子封闭模型,LES 也将逆梯度输运现象考虑进来了。Cook 和 Riley[5] 提出了混合分数的 β-PDF 函数用以模拟 LES 中的化学反应源项。实验和 DNS 数据均显示,在准确给定过滤标量及其方差的情况下,该模型可以得到很精确的结果。同时建议采用尺度相似模型给定标量方差。Forkel 和 Janicka[6] 用 LES 与混合分数的 β-PDF 函数相结合模拟了氢气湍流扩散燃烧,计算结果与实验符合较好。本节介绍一种与 LES 结合的设定型 PDF 模型。

5.1.1　数学模型和数值方法

设定型 PDF 方法在层流有限速率模型的基础上利用概率密度函数基本思想,引入有限数目的矩信息构造的温度和组分的概率密度分布函数,将未封闭的化学反应源项表示为标量均值和湍流标量的形式。因为已有研究证明 PDF 模型对使用的 PDF 函数形式一定程度上不敏感,所以可以预先设定好分布类型,这也是设定型 PDF 的前提。下面介绍一种设定型亚格子 PDF 模型及其应用[7,8]。

根据质量作用定律,组分输运方程中的化学反应源项可以表示为(包括第三体影响)

$$\dot{\omega}_\alpha = M_\alpha \sum_{j=1}^{n} (\nu''_{\alpha j} - \nu'_{\alpha j}) \times \left(k_{fj}\rho^{m_j} \prod_{s=1}^{N+1} \left(\frac{Y_s}{M_s} \right)^{\nu'_{sj}} - k_{bj}\rho^{n_j} \prod_{s=1}^{N+1} \left(\frac{Y_s}{M_s} \right)^{\nu''_{sj}} \right) \quad (5.1)$$

其中,M_α 为组分 α 的摩尔质量;k_{fj} 和 k_{bj} 分别为反应 j 的正向和逆向反应速率系数;$\nu'_{\alpha j}$ 和 $\nu''_{\alpha j}$ 分别为组分 α 在反应 j 中左右两侧的化学计量数,且:

$$m_j = \sum_{s=1}^{N+1} \nu'_{sj}, \; n_j = \sum_{s=1}^{N+1} \nu''_{sj} \tag{5.2}$$

$$\frac{Y_{N+1}}{M_{N+1}} = \sum_{s=1}^{N} \frac{t_{sj}}{M_s} Y_s \tag{5.3}$$

式(5.3)表示第三体组分，t_{sj} 为对应的三体系数。当存在三体反应时 $\nu'_{N+1,j}$，$\nu''_{N+1,j}$ 取 1，否则取 0。

如果温度与组分的单点联合 PDF 函数 P 已知，过滤后的化学反应源项可写为

$$\widetilde{\dot{\omega}_\alpha} = \int \dot{\omega}_\alpha(T, Y_1, \cdots, Y_N) P(T, Y_1, \cdots, Y_N) \mathrm{d}T \mathrm{d}Y_1 \cdots Y_N \tag{5.4}$$

设定温度为高斯分布，组分浓度为多变量 β - PDF 分布；同时假定温度、组分和密度为统计独立的变量，则 PDF 函数可写为

$$P(T, Y_1, \cdots, Y_N) = P_T(T) P_Y(Y_1, \cdots, Y_N) \delta(\rho - \bar{\rho}) \tag{5.5}$$

相应地，过滤后的反应源项可写为

$$\widetilde{\dot{\omega}_\alpha} = M_\alpha \sum_{j=1}^{n} (\nu''_{\alpha j} - \nu'_{\alpha j}) \times \left[\widetilde{k_{fj}} \rho^{m_j} \left(\prod_{s=1}^{N} M_s^{-\nu'_{sj}} \right) I_{fj} - \widetilde{k_{bj}} \rho^{n_j} \left(\prod_{s=1}^{N} M_s^{-\nu''_{sj}} \right) I_{bj} \right] \tag{5.6}$$

其中，

$$\widetilde{k_{fj}} = \widetilde{A_j T^{B_j} e^{-E_{aj}/RT}}, \; \widetilde{k_{bj}} = \widetilde{k_{fj}/K_{cj}}$$

$$I_{fj} = \overline{\prod_{s=1}^{N} Y_s^{\nu'_{sj}} \left(\sum_{s=1}^{N} \frac{t_{sj}}{M_s} Y_s \right)^{\nu'_{N+1,j}}}, \; I_{bj} = \overline{\prod_{s=1}^{N} Y_s^{\nu''_{sj}} \left(\sum_{s=1}^{N} \frac{t_{sj}}{M_s} Y_s \right)^{\nu''_{N+1,j}}} \tag{5.7}$$

其中，K_{cj} 为平衡常数；$\widetilde{k_{fj}}$、$\widetilde{k_{bj}}$、I_{fj} 和 I_{bj} 由 PDF 函数进行封闭。

$\widetilde{k_{fj}}$ 和 $\widetilde{k_{bj}}$ 可以通过温度的 PDF 求得：

$$\widetilde{k_{fj}} = \int A_j T^{B_j} e^{-E_{aj}/RT} P_T(T) \mathrm{d}T$$

$$\widetilde{k_{bj}} = \int A_j T^{B_j} e^{-E_{aj}/RT} / K_{cj} P_T(T) \mathrm{d}T \tag{5.8}$$

其中，

$$P_T(T) = \frac{1}{\sqrt{2\pi\,\widetilde{T''^2}}}\exp\left(-\frac{(T-\tilde{T})^2}{2\,\widetilde{T''^2}}\right) \tag{5.9}$$

对上述积分设置上下限,并用 δ 函数进行归一化补偿:

$$P_T(T) = \frac{1}{\sqrt{2\pi\,\widetilde{T''^2}}}\exp\left(-\frac{(T-\tilde{T})^2}{2\,\widetilde{T''^2}}\right)\big[H(T-T_{\min})$$
$$-H(T-T_{\max})\big] + A_1\delta(T-T_{\min}) + A_2\delta(T-T_{\max}) \tag{5.10}$$

式中, A_1、A_2 为截断部分面积;取 $T_{\min} = 100\,\text{K}$, $T_{\max} = 3\,500\,\text{K}$, $\widetilde{T''^2}$ 用尺度相似方法进行构造。

为了避免每一步进行式(5.8)的积分计算,可在计算之前将过滤后的化学反应速率系数 $\widetilde{k_{fj}}$ 和 $\widetilde{k_{bj}}$ 的值制成表格,计算中通过温度 $\tilde{T}$ 及其亚格子脉动强度 $\sqrt{\widetilde{T''^2}}/\tilde{T}$ 查表并插值得到相应的化学反应速率系数。

I_{fj} 和 I_{bj} 是组分的函数,可以采用多变量 β-PDF 函数作为组分概率密度分布,即

$$P_Y(Y_1,\cdots,Y_N) = \frac{\Gamma(\beta_1+\cdots+\beta_N)}{\Gamma(\beta_1)\times\cdots\times\Gamma(\beta_N)}\times\left(\prod_{s=1}^{N}Y_s^{\beta_s-1}\right)\delta\left(1-\sum_{s=1}^{N}Y_s\right) \tag{5.11}$$

参数 β_s 为组分质量分数和亚格子标量能量 $\sigma_Y = \sum\limits_{s=1}^{N}\widetilde{Y''^2}$ 的函数:

$$\beta_s = \widetilde{Y}_s\left(\frac{1-S}{\sigma_Y}-1\right),\quad S = \sum_{s=1}^{N}\widetilde{Y}_s^2 \tag{5.12}$$

以上过程中 $\widetilde{T''^2}$、σ_Y 需要进一步模化,在 RANS 中由于无法构造脉动的二阶信息,需要对这两个量进行额外的输运。而在 LES 中,可以通过基于湍流分形特征的尺度相似模型重构脉动的方差。其基本思想就是,小尺度结构的统计信息可以通过直接求解的大尺度结构获得:

$$\widetilde{f''^2} \approx c(\hat{\tilde{f}}^2 - \hat{\tilde{f}}^2) \tag{5.13}$$

通过选择 c 和滤波宽度 $\hat{\Delta}(> \tilde{\Delta})$ 即可构造出亚格子方差项,若取 $\hat{\Delta} = 2\tilde{\Delta}$ 则可得到:

$$\widetilde{f''^2}_{ijk} \approx \frac{1}{12}\big[6(\tilde{f}_{i,j,k} - \hat{\tilde{f}}_{i,j,k})^2 + (\tilde{f}_{i-1,j,k} - \hat{\tilde{f}}_{i,j,k})^2 + (\tilde{f}_{i+1,j,k} - \hat{\tilde{f}}_{i,j,k})^2$$
$$(\tilde{f}_{i,j-1,k} - \hat{\tilde{f}}_{i,j,k})^2 + (\tilde{f}_{i,j+1,k} - \hat{\tilde{f}}_{i,j,k})^2$$
$$+ (\tilde{f}_{i,j,k-1} - \hat{\tilde{f}}_{i,j,k})^2 + (\tilde{f}_{i,j,k+1} - \hat{\tilde{f}}_{i,j,k})^2 \big] \tag{5.14}$$

为解决化学反应速率引起的数值刚性问题,下面给出一种基于以上 PDF 模型的半隐式求解方法。

将式(5.6)整理成如下形式:

$$\widetilde{\dot{\omega}}_\alpha = - C_\alpha \rho_\alpha + D_\alpha \tag{5.15}$$

其中,

$$C_\alpha = M_\alpha \sum_{j=1}^n \Big[v''_{\alpha j} \times \widetilde{k_{bj}} \rho^{n_j-1} \big(\prod_{s=1}^N M_s^{-v'_{sj}} \big) I'_{bj} + v'_{\alpha j} \times \widetilde{k_{fj}} \rho^{m_j-1} \big(\prod_{s=1}^N M_s^{-v'_{sj}} \big) I'_{fj} \Big] \tag{5.16}$$

$$D_\alpha = M_\alpha \sum_{j=1}^n \Big[v''_{\alpha j} \times \widetilde{k_{fj}} \rho^{m_j} \big(\prod_{s=1}^N M_s^{-v'_{sj}} \big) I_{fj} + v'_{\alpha j} \times \widetilde{k_{bj}} \rho^{n_j} \big(\prod_{s=1}^N M_s^{-v''_{sj}} \big) I_{bj} \Big]$$

而:

$$\widetilde{\dot{\omega}}_\alpha = \frac{\rho_\alpha^{n+1} - \rho_\alpha^n}{\Delta t} \tag{5.17}$$

则采用半隐式的二阶方法进行离散:

$$\rho_\alpha^{n+1} = \big[\rho_\alpha^n (1 - C_\alpha \Delta t/2) + D_\alpha \Delta t \big] / (1 + C_\alpha \Delta t/2) \tag{5.18}$$

5.1.2　算例验证

本小节将对照经典实验数据开展超声速气流中射流燃烧的三维大涡模拟,以验证设定型 PDF 方法。

5.1.2.1　Burrows/Kurkov 台阶壁面燃烧室氢气射流燃烧算例

Burrows/Kurkov 实验[9] 构型的计算域如图 5.1 所示。由二维的平板 RANS 计算给出入口边界层,取入口边界层厚度为 10 mm;展向尺寸取 10 mm,并在两侧面使用周期条件。为了再现激波在上壁面的反射同时避免网格的加密,上壁面采用反射条件;出口边界条件在超声速下由内部点外推得到;下壁面采用无滑移壁面。来流和射流的条件详见表 5.1。

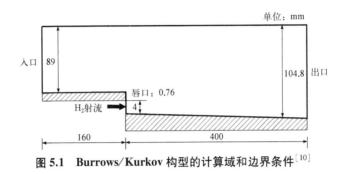

图 5.1　Burrows/Kurkov 构型的计算域和边界条件[10]

表 5.1　Burrows/Kurkov 实验来流及射流工况

参数	超声速横向流	声速射流
Ma	2.4	1
T/K	1 237.9	261.7
P/Pa	96 000.0	114 465.5
Y_{O_2}	0.258	0.0
Y_{H_2O}	0.256	0.0
Y_{H_2}	0.0	1.0
Y_{N_2}	0.486	0.0

为了验证 CFD 代码和设定型 PDF 方法的有效性。首先对仿真得到的结果与实验进行比较。总温是流动和燃烧过程中的重要参数,数值和实验得到的出口处(x = 356 mm)总温分布如图 5.2。数值结果由曲线给出,实验结果由方形标记给出。可以看到在近壁区,总温的上升与实验数据吻合很好,远离反应区的主流区域总温也基本与实验一致。但是反应区中心位置的总温计算峰值与实验值略有偏差。图 5.2 也给出了相同位置的组分对比结果,计算与实验的变化趋势基本一致,只是反应区略薄且更靠近壁面。

总温与组分峰值的差别可能由以下原因导致。首先,边界条件的设置往往会在很大程度上影响计算结果的准确性,计算中壁面条件采用了无滑移等温壁面,可能难以反映实验中真实的物理传热过程,因此准确的壁面条件对模拟湍流和反应是很重要的。其次,反应产物和温度参数的偏差很可能受反应机理影响,所用的反应机理可能低估了反应剧烈程度(反应速率和平衡温度)。再次,湍流

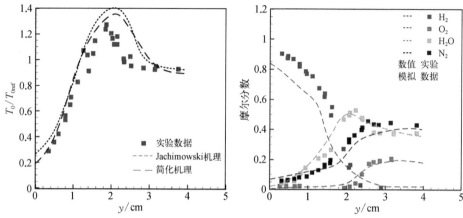

图 5.2   出口位置($x=356\,\text{mm}$)总温(左)和组分(右)分布对比[11]

模型参数可以通过影响组分的输运从而影响反应流场。另外,实验测量中引入的误差是不可避免的。考虑到这些影响因素的复杂性,可以认为 PDF 模型总体上是可靠的。

图 5.3 所示为混合算例和反应算例的中心截面温度云图。其中第一幅为混合流场的温度分布,混合层内低温燃料在与高温氧化剂的混合过程中被加热。下面两幅图分别为未使用湍流生成技术的反应流场和使用回收调节添加湍流入口的反应流场。流场中高温区在上游成指状,上游的预热和火核的输运形成了稳定的火焰,在下游成片状高温区域。相比于拟层流入口,湍流入口条件下燃烧更剧烈,释热形成的激波角度更大,反应区域更厚。

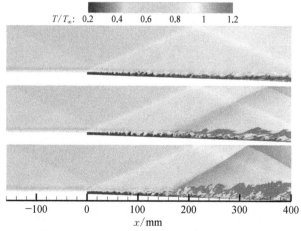

图 5.3   中心截面温度云图:冷流混合(上),无入口湍流(中),有入口湍流(下)[10]

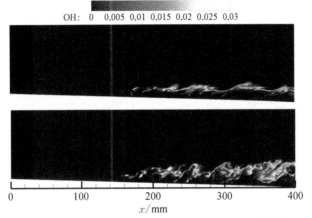

OH: 0　0.005　0.01　0.015　0.02　0.025　0.03

图 5.4　中心截面 OH 基云图：无回收调节（上），有回收调节（下）[10]

火焰稳定在激波后，一方面说明反应是激波产生的原因，另一方面激波很可能对火焰稳定有重要作用。由图 5.4 所示，经过混合区的点火延迟，高释热率区域内化学反应处于快速进行阶段，释放的热量和生成的 OH 基向下游输运。图 5.5 所示为释热率云图叠加声速线，可以看到较高的释热率仅分布在火焰抬举高度附近的一段区域，也就是自点火区域的后半部分和火焰区的开始部分。在 $x = 200$ mm 附近，反应迅速进行到稳定阶段，升温膨胀形成的激波保持波后高温高压状态，且波前的自点火持续向下游输送高温活化产物，使下游火焰得以稳定和扩散。

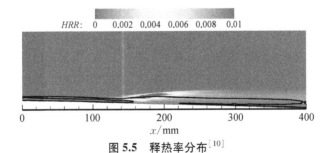

HRR: 0　0.002　0.004　0.006　0.008　0.01

图 5.5　释热率分布[10]

5.1.2.2　后缘突扩凹腔燃烧室乙烯射流燃烧算例

杨揖心[11]基于大涡模拟和设定型 PDF 耦合方法对后缘突扩凹腔稳焰燃烧室内乙烯燃料的喷注燃烧进行了仿真。仿真采用的构型如图 5.6 所示，空气来流的总温和总压分别为 1 650 K 和 2.6 MPa，马赫数为 2.92，对应于 6 马赫的飞行条件。滞止温度 $T_0 = 300$ K，滞止压力 $P_0 = 2.14$ MPa 的乙烯从凹腔上游 10 mm 处沿壁面法向喷注进入燃烧室。来流和射流参数见表 5.2。

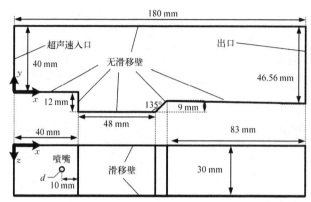

图 5.6   后缘突扩凹腔稳焰燃烧室计算域构型示意图[12]

表 5.2   来流和射流参数

	Ma	T_0/K	P_0/MPa	Y_{O_2}	$Y_{C_2H_4}$	Y_{N_2}
入口来流	2.92	1 650	2.6	0.233 8	0.0	0.766 2
射流	1.0	300	2.14	0.0	1.0	0.0

图 5.7 显示了仿真结果与实验数据之间的比较。尽管受限于计算域尺寸,计算未包含下游的高压区,但在凹腔及后缘附近这一范围内,仿真结果与实验数据整体吻合得较好,这也验证了设定型 PDF 方法对燃烧流场反应区的分布规律的预测较为合理。

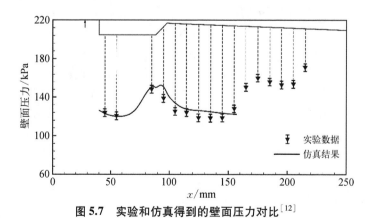

图 5.7   实验和仿真得到的壁面压力对比[12]

图 5.8 显示了中心部分的无量纲释热率(HRR)着色的速度梯度张量第二不变量 Q 的等值面和密度梯度云图。其中弓形激波是最典型的波系结构,在上壁

面反射再次进入主流。在此过程中,它将与射流边缘的大尺度涡结构引起的非稳态局部激波或压缩波干扰,从而使射流通过马赫盘后进入一个充满复杂压缩波系统的通道。弓形激波产生的干扰影响射流迎风混合层中燃料的输运过程。上游再循环区域诱导强烈的分离激波,与壁附近的弓形激波相交而形成 λ 激波。这些激波有助于射流的穿透。射流迎风面上产生一系列大尺度的涡流,这些涡流进一步促进了燃料与空气的混合。凹腔剪切层卷吸燃料进入凹腔回流区中对燃料的混合尤为重要,展向涡使位于射流高速区的更多燃料进入低速区与当地空气接触进行混合,从而稳定反应区的燃烧。反应释热区仍旧主要集中于凹腔内,凹腔下游将散布诸多反应气团,并在近壁区形成较为稳定的尾焰释热区。

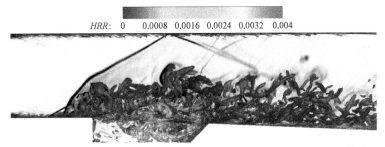

图 5.8　释热率染色的 Q 值等值面叠加中心截面的密度梯度云图[11]

如图 5.9 所示凹腔回流区前部靠近剪切层附近的区域具有全流场最高的温度,与前述剪切层集中释热区吻合。此外,靠近凹腔后缘的射流中心区域以及凹腔下游展向中心截面附近温度也较高,这些区域被外侧较冷的主流包裹着,但与此同时,外部主流也将更多的氧气提供给了核心区的火焰。喷孔上游的主流在碰撞到燃料射流后向两侧及上方分开,两翼的新鲜空气将一部分被卷吸进入回

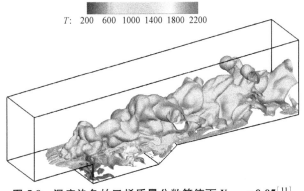

图 5.9　温度染色的乙烯质量分数等值面 $Y_{C_2H_4} = 0.05$[11]

流区中,并形成由两侧向展向中心靠拢的运动趋势。不难看出,凹腔前部剪切层是兼备优良混合条件与速度条件的区域,也为该区域内火焰基底的形成提供了合适场所。可以看到,尽管许多燃料在凹腔剪切层/回流区内被消耗,但仍旧有相当一部分被射流携带至下游区域。

5.2 输运型概率密度函数方法

5.2.1 输运型概率密度函数方法概述

PDF 方法的根本出发点是考虑湍流脉动的随机特性,把湍流参数视为随机变量。以一次湍流混合的实验测量为例,在两次相同的测量中,尽管给定的初始条件和边界条件完全相同,但实际上却存在差别。实验开始时的微小扰动就会造成初始条件的差别;设备的微小振动等会使边界条件发生变化;气体中的杂质等也会使流体参数不尽相同。这些微小的不同,由于湍流脉动的干扰放大作用,可能会使得两次测量结果差异明显。可以认为,对于任意的湍流,其实验的边界条件和初始条件都无法严格地给定,流动本身是不确定的。因此,比较合适的方法就是将流动参数作为随机变量,温度、速度、密度、压力等参数以及可以由这些参数确定的函数都可以认为是随机变量。

基于随机变量假设的概率密度函数方法并没有尝试去预测随机变量的单次值,实际上这些值往往是无法确定的。PDF 方法的目的是确定随机变量取得某些特定范围值的概率,或者给出关心参数的统计值。输运型 PDF 方法的基本思想就是从湍流随机特性出发,基于流体守恒方程建立并求解随机物理量的单点联合 PDF 输运方程。

5.2.1.1 概率密度函数输运方程

对气相多组分反应系统,混合气的化学热力学参数和化学反应源项 S_α 等都可由质量分数、焓和压力描述:

$$\rho = \rho(Y, h, p), \ S_\alpha = S_\alpha(Y, h, p) \tag{5.19}$$

定义描述化学热力学状态的标量 ϕ:

$$\phi = (Y_1, Y_2, \cdots, Y_{N_s}, h) \tag{5.20}$$

则化学热力学参数和反应源项等可以由标量 ϕ 和压力 p 确定。在 LES 框架下,定义标量滤波质量密度函数 FMDF：

$$\mathcal{F}_\phi(\psi; x, t) = \int_{-\infty}^{+\infty} \rho(x', t)\zeta[\psi; \phi(x', t)]G(x', x)\mathrm{d}x' \qquad (5.21)$$

其中，

$$\zeta[\psi; \phi(x', t)] = \prod_{\alpha=1}^{N_s+1} \delta[\psi_\alpha - \phi_\alpha(x', t)] \qquad (5.22)$$

在上述方程中，δ 表示单位脉冲函数；$\phi(x', t)$ 和 ψ 分别表示标量向量和样本空间的标量向量；ζ 项称之为细粒（fine-grained）密度[13,14]；$G(x', x)$ 为滤波核函数。可以看出，FMDF 实际上为细粒密度的质量加权空间滤波值。

由标量守恒方程可以直接推导得到精确的 FMDF 输运方程。可压缩条件下组分和显焓的守恒方程如下：

$$\frac{\partial \rho h}{\partial t} + \frac{\partial \rho h u_i}{\partial x_i} = -\frac{\partial J_i^h}{\partial x_i} + \rho S_h \qquad (5.23)$$

$$\frac{\partial \rho Y_\alpha}{\partial t} + \frac{\partial \rho Y_\alpha u_i}{\partial x_i} = -\frac{J_i^\alpha}{\partial x_i} + \rho S_\alpha, \ \alpha = 1, 2, \cdots, N_s \qquad (5.24)$$

其中，组分方程中 ρS_α 为化学反应源项，$\rho S_\alpha = \dot{\omega}_\alpha$，$\dot{\omega}_\alpha$ 为各组分的质量生成率，由质量相互作用定律确定。焓方程中 ρS_h 为焓源项，包括压力功和黏性耗散项等。由于其只在高速流中才变得重要，因此本书中将该项统称为高速源项。

$$\rho S_h = \frac{\partial p}{\partial t} + u_i\frac{\partial p}{\partial x_i} + \tau_{ij}\frac{\partial u_i}{\partial x_j} \qquad (5.25)$$

结合标量守恒方程和质量密度函数的定义，可以得到精确的 FMDF 输运方程。具体的推导过程可见文献[15]，这里直接给出输运方程的最终形式：

$$\frac{\partial \mathcal{F}_\phi}{\partial t} + \frac{\partial \tilde{u}_i \mathcal{F}_\phi}{\partial x_i} + \frac{\partial \hat{S}_\alpha \mathcal{F}_\phi}{\partial \psi_\alpha} = \frac{\partial}{\partial x_i}[(\tilde{u}_i - \langle u_i \mid \psi \rangle)\mathcal{F}_\phi]$$

$$+ \frac{\partial}{\partial \psi_\alpha}\left[\left\langle \rho^{-1}\left(\frac{J_i^\alpha}{\partial x_i}\right) \mid \psi \right\rangle \mathcal{F}_\phi\right] + \frac{\partial \langle S_h \mid \psi \rangle \mathcal{F}_\phi}{\partial \psi_\alpha}$$

$$(5.26)$$

其中，$\tilde{u}_i$ 为滤波速度；S_α 为化学反应源项。在不可压流中，压力变化很小，S_α 是温度和组分的函数 $S_\alpha = S_\alpha(\phi)$，所以反应源项在输运方程中是封闭的。而在可压缩流中,受压力影响,是温度、组分以及压力的函数,$S_\alpha = S_\alpha(\phi, p)$。因为标量 FMDF 中仅考虑了组分和焓,并不包含压力,严格来讲,该源项也不再是完全封闭的,需要模型进行封闭。但是对该项的准确建模是十分复杂的,基于亚格子不可压假设[16-18],可将该项的条件滤波模化为 $\langle S_\alpha \mid \psi \rangle \triangleq \hat{S}_\alpha(\phi, \langle p \rangle)$,其中滤波压力 $\langle p \rangle$ 由可压缩 LES 求解器确定,因此认为方程左端的项仍然都是封闭的。

方程右端第一项 $(\tilde{u}_i - \langle u_i \mid \psi \rangle)$ 代表以标量为条件的亚格子湍流速度脉动对 PDF 在物理空间的输运,即湍流输运项。湍流输运项通常由梯度扩散模型封闭:

$$-\frac{\partial}{\partial x_i}\left[(\tilde{u}_i - \langle u_i \mid \psi \rangle)\mathcal{F}_\phi\right] \triangleq \frac{\partial}{\partial x_i}\left[\frac{\Gamma_t}{\bar{\rho}}\frac{\partial \mathcal{F}_\phi}{\partial x_i}\right] \quad (5.27)$$

其中,Γ_t 表示湍流扩散系数,$\Gamma_t = \mu_t/Sc_t$,μ_t 为湍流黏性系数,由大涡模拟求解器提供,Sc_t 为湍流 Schmidt 数。

方程右端第二项 $\langle (J_i^\alpha / \partial x_i) \mid \psi \rangle$ 是条件分子扩散项引起的 PDF 在组分空间的输运,可由小尺度混合模型封闭。以 IEM 小尺度模型为例,则条件分子扩散项可以模化为

$$\frac{\partial}{\partial \psi_\alpha}\left[\langle \rho^{-1}(J_i^\alpha/\partial x_i) \mid \psi \rangle \mathcal{F}_\phi\right] \triangleq \frac{\partial}{\partial x_i}\left[\frac{\Gamma}{\bar{\rho}}\frac{\partial \mathcal{F}_\phi}{\partial x_i}\right] + \frac{\partial}{\partial \psi_\alpha}\left[\Omega_m(\psi_\alpha - \tilde{\phi}_\alpha)\mathcal{F}_\phi\right]$$

$$(5.28)$$

式中,Γ 表示分子扩散系数,在单位 Lewis 数假设下有 $\Gamma = \mu/Sc$。Ω_m 为亚格子混合频率常数,通常由分子扩散系数 Γ、亚格子扩散系数 Γ_t 和滤波尺度 Δ 得到,即

$$\Omega_m = \frac{1}{2}C_\phi \Omega = \frac{1}{2}C_\phi \frac{(\Gamma + \Gamma_t)}{\bar{\rho}\Delta^2} \quad (5.29)$$

式中,C_ϕ 为混合频率常数。

方程右端第三项为高速源项 $\langle S_h \mid \psi \rangle$ 引起的 FMDF 在标量空间的输运。一般认为,在不可压流中该项是可以忽略的,但是在可压缩尤其是超声速流中,该项的影响将变得十分显著,必须考虑对高速源项 $\langle S_h \mid \psi \rangle$ 的准确建模。

5.2.1.2 拉格朗日粒子方法

由于 PDF 输运方程的维度(跟随机变量个数相关)很高,用传统的有限差分方法求解计算量过大(计算量随方程维数呈指数上升)。自 20 世纪 80 年代[19]

以来,拉格朗日蒙特卡罗方法成为求解 PDF 方程的主流方法。该方法并不直接求解 PDF 输运方程本身,而是将输运方程转化为随机微分方程(stochastic differential equation, SDE)来求解。此时流体系统由大量遵循随机微分方程的名义粒子的系统来描述,粒子上携带有标量信息和位置信息,最后对演化后的粒子作系综平均得到 PDF 和各阶统计矩。蒙特卡罗粒子方法虽然拥有可以精确处理对流项、单点源项等优点,但其缺点也很明显:统计量不可避免地存在统计误差,这种误差在计算统计量的高阶导数时表现得更加明显。而以有限差分为代表的网格类方法经过多年的发展,具备成熟、鲁棒地求解守恒方程的优点。鉴于此,耦合拉格朗日粒子/欧拉网格(Lagrangian particle/Eulerian mesh, LPEM)方法成为现今用于 PDF 数值实现的主流方法。

图 5.10 给出了 LES-PDF 混合拉格朗日粒子/欧拉网格方法示意图。PDF 主要用于求解标量场的演化,其中速度场以及多点信息由 LES 提供,密度、温度(即能量)是冗余求解的。尽管从控制方程层面上来讲,两种方法是完全相容的;但是由于两者的数值处理过程完全不同,其冗余项的数值解可能存在较大差别。特别是对于超声速流动燃烧,激波等间断的存在可能带来数值不稳定,大大增加冗余项不一致的可能。目前,国际上针对面向高速流动燃烧 LES-PDF 方法的拉格朗日粒子与欧拉网格之间的耦合一致性问题研究极少,很多根本性的问题诸如提高一致性的基本原则、确定性方法和随机性方法的耦合带来的数值不稳定等都没有解决。

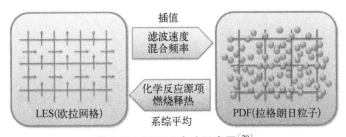

图 5.10　LPEM 方法示意图[20]

除了上述两种方法外,PDF 输运方程还可以通过稀疏拉格朗日粒子方法、欧拉粒子方法以及欧拉场方法进行求解。文献[21]中对上述几种求解方法的优缺点进行了比较详尽的分析。总的来看,混合粒子网格方法计算量略大,但是在计算精度上要优于其他方法。

在拉格朗日蒙特卡罗粒子方法中,流体由大量的拉格朗日名义粒子来描述,每个粒子根据随机微分方程随时间演化。下面分别将其称为流体系统(真实的流体)和粒子系统(拉格朗日名义粒子)。通常,一个拉格朗日粒子具备质量、位置和标量(同样代表组分质量分数和能量变量)参数,分别由 m^*、$X^*(t)$ 和 $\phi^*(t)$ 表示[22]。粒子系统和流体系统有着本质的不同:流体系统中包含大量的瞬时场信息(含多点结构),由 N-S 方程控制;但是在粒子系统中不存在瞬时的场信息(PDF 是单点结构),只有某一点的平均量信息。考虑到这个本质的不同,粒子系统只能有限的模拟流体系统,即能够在单点单时间统计量上与流体系统对应。对于粒子系统,相同(或相近)位置的两个粒子很可能有着完全不同的标量值(即 PDF 的两个独立的样本)。因此,拉格朗日粒子可以看作是流体系统的不同实现。

对于 PDF 方法的拉格朗日蒙特卡罗粒子实现,一般采用扩散过程(diffusion process)。扩散过程是一种随机过程,是一种时间连续、样本路径连续的马尔可夫过程(Markov process)。为了便于后文的建模应用,这里考虑扩散过程的一个矢量变量 $U(t)$,描述 $U(t)$ 的 PDF 定义为 $f(V;t)$,简写为 f。f 服从 Fokker-Planck 方程:

$$\frac{\partial f}{\partial t} = -\frac{\partial}{\partial V_i}(a_i f) + \frac{1}{2}\frac{\partial^2}{\partial V_i \partial V_j}(B_{ij} f) \tag{5.30}$$

式中,$a(V;t) = a_i(V;t)$、$B(V;t) = B_{ij}(V;t)$ 分别为迁移系数矢量和扩散系数矩阵,可由扩散过程本身的性质确定。由其定义式可知,B 为对称的半正定矩阵。

由于扩散过程本身是不可微的,因此无法使用传统的微分计算,也无法采用微分方程来描述。对于扩散过程,一般采用 Ito 计算,并通过随机微分方程(stochastic differential equations, SDE)来描述。用来描述上述矢量 $U(t)$ 的随机微分方程形式如下:

$$dU_i(t) = a_i[U(t),t]dt + b_{ij}[U(t),t]dW_j(t) \tag{5.31}$$

其中,系数 b_{ij} 满足下式:

$$b_{ik}b_{jk} = B_{ij} \tag{5.32}$$

由该式可知,矩阵 $b = b_{ij}$ 不能由对称矩阵 B 唯一确定,也就是说矩阵 b 的选择具备多样性。一般采用两种确定方式,一是取 B 的对称方根阵,二是对 B 进行 Cholesky 分解得到的下三角阵。尽管 b 的具体表达式可能不同,但方程(5.31)描述的仍是统计一致的扩散过程。$W_j(t)$ 表示矢量维纳过程(Wiener process) $W(t)$ 的一个分量。矢量维纳过程的增量 $\mathrm{d}W(t)$ 满足联合正态分布,其均值为零,方差为 $\langle \mathrm{d}W_i \mathrm{d}W_j \rangle = \mathrm{d}t\delta_{ij}$。

根据随机微分方程的性质以及 PDF 输运方程,可以推导得到 PDF 输运方程对应的随机微分方程为

$$\mathrm{d}x_i^* = \left(\tilde{u}_i + \frac{1}{\bar{\rho}} \frac{\partial(\Gamma + \Gamma_t)}{\partial x_i} \right)^* \mathrm{d}t + \sqrt{2(\Gamma + \Gamma_t)/\bar{\rho}}^* \mathrm{d}W_i \quad (5.33)$$

$$\mathrm{d}\phi_\alpha^* = -\Omega_m(\phi_\alpha^* - \tilde{\phi}_\alpha)\mathrm{d}t + S(\phi_\alpha^*)\mathrm{d}t, \ \alpha = 1, \cdots, N_s + 1 \quad (5.34)$$

上述两个方程中,上标"$*$"表示一个通用的拉格朗日蒙特卡罗粒子;而平均量或者滤波量上的"$*$"则表示基于该平均量在粒子位置 x_i^* 处的预估(一般为拉格朗日插值)结果。上述两式描述的扩散过程其对应的 Fokker-Planck 方程与 FMDF 输运方程完全一致。

5.2.2　超声速 LES-标量 FMDF 方法

同其他湍流燃烧模型一样,PDF 方法也发源于低速不可压流,在处理低速反应流时通常忽略压力脉动对密度、化学反应速率和焓的影响,一般假设压力为常量,同时忽略了黏性耗散,假设焓为守恒标量。在可压缩流中,这些假设不再成立,焓的输运受压力做功和黏性应力做功的影响。为了将 PDF 方法应用到可压缩湍流燃烧中,必须考虑高速源项的影响。张林[15]将可压缩 LES 求解器与标量 PDF 粒子求解器相耦合,PDF 的独立变量仍只考虑各组分的质量分数和焓(或者温度),而 PDF 输运方程中的高速源项则由可压缩 LES 来进行模化计算,将可压缩性的影响以源项的形式传递给 PDF,发展了适用于超声速燃烧模拟的LES-标量 FMDF 方法。

由于 PDF 不包含多点信息,因此高速源项在 PDF 输运方程的建模过程中无法直接封闭,必须借助 LES 进行建模,且对于 PDF 该项表现为能量源项的形式。在传统的可压缩流 LES 方法中,需要对高速项的亚格子部分进行建模。对于超声速流,高速项的亚格子部分将变得十分重要。虽然 LES 已发展多年,但对于亚格子高速项进行建模仍然十分困难[23]。虽然也发展了一些模型,但大都针对特定的流动类型或者基于早期的 RANS 结果,时至今日仍没有广泛适用且被学者认可的普适性模型。而对于 PDF 方法,其亚格子部分往往是基于条件滤波而非 LES 中传统的空间(或时空)滤波,这使得对高速源项的亚格子部分进行建模

的难度进一步增加。

5.2.2.1 传统的高速源项模型

Hsu 等[24]最先开始尝试在 RANS 框架下将 PDF 方法应用到可压缩流动中。该方法中采用比焓作为 PDF 的能量变量。实际上,对于非反应流,比焓和显焓的结果是可以等效一致的(假设生成焓为零,不考虑燃烧释热)。在高速源项中,Hsu 等[24]忽略了黏性耗散的影响,通过假设脉动压力和脉动速度的关联量对于条件标量统计独立,则可以将条件平均近似为非条件平均。Hsu 等的模型可以写为

$$\left\langle \frac{\partial p}{\partial t} + u_i \frac{\partial p}{\partial x_i} + \tau_{ij} \frac{\partial u_i}{\partial x_j} \middle| \psi \right\rangle = \frac{\partial \bar{p}}{\partial t} + \tilde{u}_i \frac{\partial \bar{p}}{\partial x_i} + \frac{\partial \overline{p' u_i''}}{\partial x_i} - \overline{p' \frac{\partial u_i''}{\partial x_i}} \quad (5.35)$$

上式中等式右端的第一项和第二项直接由 RANS 计算得到;第三项和第四项采用 RANS 中已有的封闭模型来建模。在 Hsu 等的处理中,并没有提到高速源项中密度的处理方式。Hsu 等的模型经验性很强,无法直接推广到 LES 中,脉动量的二阶关联量统计独立于标量的假设可能带来较大误差。

Jaberi 等[25]首先提出了滤波质量密度函数 FMDF 方法,将 FDF 方法发展到了可压缩流动中。他们考虑低马赫数和低释热率的反应流,同时忽略了黏性耗散和热辐射,高速源项仅剩下了压力的时间导数项。考虑到压力变化不大,该项也可以忽略。基于以上简化,标量源项退化为标量的完全函数。然而,该方法中整个高速源项都予以忽略,因此仅适用于低马赫数低燃烧释热的情况。

Möbus 等[26]发展了标量-速度-湍流频率联合 PDF 方法并将其应用到了超声速湍流燃烧中。他们对高速源项进行了较为详尽的分析和建模,认为可压缩效应随着流动马赫数的增加效果愈加明显,是 PDF 方法从低速发展到高速的最大难点之一。考虑到缺乏试验数据或者 DNS 数据的有效验证,他们先后摒弃了 Eifler 和 Kollmann[27]以及 Delarue 和 Pope[28,29]的模型。最终,Möbus 等[26]在 Hsu 等[24]模型的基础上进行了改进:各项的建模与之完全一致,只是在式(5.35)等式右端第二项中的平均压力梯度的计算中不采用 RANS 中的变量计算压力梯度,而是引入了双曲守恒系统中的 Rankine - Hugoniot 间断关系式来计算,即

$$\tilde{u}_i \frac{\partial \bar{p}}{\partial x_i} = \Delta h = \frac{\bar{p}_{i+1} - \bar{p}_{i-1}}{2} \left(\frac{1}{\bar{\rho}_i} + \frac{1}{\bar{\rho}_{i+1}} \right) \quad (5.36)$$

上式可由能量守恒方程在激波间断处进行简化得到。如果粒子在网格间进行了

移动,其焓值发生变化,改变量由上式确定。从平均量上来看,Möbus 等的处理与 Hsu 等的处理完全一致。其区别体现在,由于粒子在网格内的真实驻留时间是一个随机量,如果引入平均压力梯度则会引入焓的非物理方差,导致温度误差,而采用 Rankine - Hugoniot 关系式的处理则不存在该问题。这种方法虽然数值上更为稳定,但处理中却完全忽略了亚格子信息,可能给高阶量带来误差。此外,该方法耗散更加严重,在光滑区域可能造成误差。

　　Banaeizadeh 和 Jaberi[17] 将标量 FMDF 方法发展到了超声速湍流燃烧中。在该方法中,作者考虑了高速源项的全部三项,但仅考虑了可解部分,忽略了条件亚格子部分,同时将密度直接近似为 LES 中的滤波密度 $\langle \rho \rangle_l$,其模型可以表述为

$$\left\langle \frac{1}{\rho} \left[\frac{\partial p}{\partial t} + u_i \frac{\partial p}{\partial x_i} + \tau_{ij} \frac{\partial u_i}{\partial x_j} \right] \middle| \psi \right\rangle = \frac{1}{\langle \rho \rangle_1} \left[\frac{\partial \langle p \rangle_1}{\partial t} + \langle u_i \rangle_L \frac{\partial \langle p \rangle_1}{\partial x_i} + \langle \tau_{ij} \rangle_L \frac{\partial \langle u_i \rangle_L}{\partial x_j} \right]$$

(5.37)

同时,作者强调,条件亚格子高速源项在高速流中可能变得十分重要,其精确建模有待对于该效应的深入理解,有赖于 DNS 和试验方面的细致研究。考虑到滤波压力导数的计算可能存在噪声,从而得到不正确或者非物理的 PDF 分布。为了解决此问题,作者在压力导数的计算中引入了限制器,期望以此控制经过激波时粒子的非物理运动。

$$\frac{\partial \langle p \rangle_1}{\partial x_i} = \min \mathrm{mod} \left(\theta \frac{\langle p_i \rangle_1 - \langle p_{i-1} \rangle_1}{\Delta x}, \frac{\langle p_{i+1} \rangle_1 - \langle p_{i-1} \rangle_1}{2\Delta x}, \theta \frac{\langle p_{i+1} \rangle_1 - \langle p_i \rangle_1}{\Delta x} \right)$$

(5.38)

上式中的 θ 为介于 0 和 1 之间的模型常数,但该常数的取值并没有相应的物理基础和参考标准,且在不同的工况下其值往往不同,这使得该方法很难用到复杂的超声速反应流中。

　　总的来说,现有的高速源项条件滤波的主要建模思路是将密度模化为平均/滤波密度,将空间结构量模化为可解部分,忽略其亚格子部分。这种处理仅使用了 LES 中的可解量对高速源项进行建模,仍然相对简单粗糙,适用性和精度明显不足。

5.2.2.2　守恒高速源项模型

通常,高速源项可以分解为可解部分和条件亚格子部分:

$$\langle S_{hs} \mid \psi \rangle_l = \langle S_{hs} \rangle_l + \left[\langle S_{hs} \mid \psi \rangle_l - \langle S_{hs} \rangle_l \right] \tag{5.39}$$

其中,等号右端第一项称之为可解高速源项;第二项即中括号内的项称为条件亚格子高速源项。因此要保证 PDF 数值计算中能量求解的精度,需要同时保证高速源项的可解部分和条件亚格子部分数值解的精度。受限于条件滤波,条件亚格子项的精确建模极其困难。为了暂时避免对条件亚格子项的建模,张林[15]从高速源项的可解部分出发,通过对 PDF 能量方程以及高速源项形式的分析,提出了一种新的模化思路,即通过选择 PDF 能量方程形式,使得条件亚格子高速源项的量级相比显焓方法有明显的降低。为了保证 PDF 方法在超声速流中的精度,不仅其亚格子高速源项的量级相对较小,而且能量方程中高速源项可解部分的表达式还应该为严格的守恒型。

从方程(5.35)可以看出,显焓 PDF 方法中的高速源项中的第二项和第三项都是非守恒形式。特别是第二项,表现为对流项即非守恒乘积的形式。众所周知,在高速流尤其是超声速流的数值模拟中,通常要求对流项保持守恒形式,这对于正确地捕捉流场中可能的间断十分重要,非守恒形式则很难保证间断处数值解的精度。尽管近年来面向非守恒双曲系统弱解的数值方法发展迅速,但距离通用鲁棒的目标还相距甚远。

为了对能量方程的高速源项进行分析对比,这里给出非化学总焓-组分 PDF 的输运方程。在多组分理想气体反应流中,非化学总焓的输运方程[30]满足:

$$\frac{\partial \rho H}{\partial t} + \frac{\partial \rho H u_i}{\partial x_i} = \dot{\omega}_T + \frac{\partial}{\partial x_i} \left(\lambda \frac{\partial T}{\partial x_i} \right) + \frac{\partial p}{\partial t} + \frac{\partial}{\partial x_i} \left(\rho \sum_{\alpha=1}^{N} h_{s,\alpha} D_{(\alpha)} \frac{\partial Y_\alpha}{\partial x_i} \right) + \frac{\partial \tau_{i,j} u_i}{\partial x_j} \tag{5.40}$$

为了方便 PDF 输运方程的建模并直接应用混合模型,通常需要将能量方程写成与组分方程类似的分子扩散形式。对上述方程进行变换,可以得到最终的方程形式(其详细推导过程见文献[15]):

$$\frac{\partial \rho H}{\partial t} + \frac{\partial \rho H u_i}{\partial x_i} = \dot{\omega}_T + \frac{\partial}{\partial x_i} \left(\frac{\mu}{Pr} \frac{\partial H}{\partial x_i} \right) - \frac{\partial}{\partial x_i} \left[\frac{\mu}{Pr} \frac{\partial}{\partial x_i} \left(\frac{u_k u_k}{2} \right) \right] + \frac{\partial p}{\partial t} + \frac{\partial \tau_{i,j} u_i}{\partial x_j}$$

$$+ \sum_{\alpha=1}^{N_s} \left[\frac{\partial}{\partial x_i} h_{s,\alpha} \mu \left(\frac{1}{Sc_{(\alpha)}} - \frac{1}{Pr} \right) \frac{\partial Y_\alpha}{\partial x_i} \right] \tag{5.41}$$

如果假设普朗特数 Pr 和组分施密特数 $Sc_{(\alpha)}$ 相等(也就是组分刘易斯数 $Le_{(\alpha)} = 1$),那么方程(5.41)等式右端最后一项为零。这个假设在高雷诺数湍流反应流中是合理的,因为此时的差异扩散很小几乎可以忽略。另外值得强调的是,即使差异扩散明显即方程(5.41)等式右端最后一项不能忽略,该方法依旧是完全适用的,其区别仅是高速源项中又多了一项。但从公式的简洁性出发,仍然采用此假设。这样,标量的输运方程可以写成统一的表达形式:

$$\frac{\partial \rho \phi_\alpha}{\partial t} + \frac{\partial \rho \phi_\alpha u_i}{\partial x_i} = -\frac{\partial J_i^\alpha}{\partial x_i} + \rho S_\alpha \tag{5.42}$$

此式中,标量 $\phi_\alpha(\alpha = 1, 2, \cdots, N_s + 1)$ 包括非化学总焓和各组分质量分数。J_i^α 表示标量通量,其表达式为

$$J_i^\alpha = \rho D_{(\alpha)} \frac{\partial \phi_\alpha}{\partial x_i} = \frac{\mu}{Sc_{(\alpha)}} \frac{\partial \phi_\alpha}{\partial x_i}, \quad \alpha = 1, \cdots, N_s + 1 \tag{5.43}$$

对照方程(5.41)可知, $Sc_{(N_s+1)} = Pr$, $D_{(N_s+1)} = \lambda / \rho C_p$。式(5.42)等式右端最后一项中的 S_α 依旧表示单位质量的标量生成项,其表达式为

$$S_\alpha = \begin{cases} \dot{\omega}_\alpha / \rho, & \alpha = 1, \cdots, N_s \\ \dfrac{\dot{\omega}_T}{\rho} + \dfrac{1}{\rho} \left\{ \dfrac{\partial p}{\partial t} + \dfrac{\partial \tau_{i,j} u_i}{\partial x_j} - \dfrac{\partial}{\partial x_i} \left[\dfrac{\mu}{Pr} \dfrac{\partial}{\partial x_i} \left(\dfrac{u_k u_k}{2} \right) \right] \right\}, & \alpha = N_s + 1 \end{cases} \tag{5.44}$$

这里定义能量生成项中的中括号中的表达式为高速源项:

$$S_{ht} = \frac{\partial p}{\partial t} + \frac{\partial \tau_{i,j} u_i}{\partial x_j} - \frac{\partial}{\partial x_i} \left[\frac{\mu}{Pr} \frac{\partial}{\partial x_i} \left(\frac{u_k u_k}{2} \right) \right] \tag{5.45}$$

尽管采用的能量变量不同,其 PDF 输运方程从形式上来看与显焓 PDF 的输运方程完全一致,其区别仅体现在高速源项的表达式不同。非化学总焓的条件亚格子高速源项可以写为

$$\underbrace{\left[\left\langle \frac{\partial p}{\partial t} \middle| \psi \right\rangle_1 - \frac{\partial \langle p \rangle_1}{\partial t} \right]}_{T1} + \underbrace{\left[\left\langle \frac{\partial \tau_{i,j} u_i}{\partial x_j} \middle| \psi \right\rangle_1 - \frac{\partial \langle \tau_{ij} \rangle_1 \langle u_i \rangle_L}{\partial x_j} \right]}_{T2}$$

$$- \underbrace{\left\{ \left\langle \frac{\partial}{\partial x_i} \left(\frac{\mu}{Pr} \frac{\partial}{\partial x_i} \left(\frac{u_k u_k}{2} \right) \right) \middle| \psi \right\rangle_1 - \frac{\partial}{\partial x_i} \left[\frac{\mu}{Pr} \frac{\partial}{\partial x_i} \left(\frac{\langle u_k \rangle_L \langle u_k \rangle_L}{2} \right) \right] \right\}}_{T3},$$

$$\tag{5.46}$$

而显焓的条件亚格子高速源项为

$$
\underbrace{\left[\left\langle\frac{\partial p}{\partial t}\,\bigg|\,\psi\right\rangle_1-\frac{\partial\langle p\rangle_1}{\partial t}\right]}_{\text{S1}}+\underbrace{\left[\left\langle\tau_{i,j}\frac{\partial u_i}{\partial x_j}\,\bigg|\,\psi\right\rangle_1-\langle\tau_{ij}\rangle_1\frac{\partial\langle u_i\rangle_{\text{L}}}{\partial x_j}\right]}_{\text{S2}}
$$
$$
+\underbrace{\left[\left\langle u_i\frac{\partial p}{\partial x_i}\,\bigg|\,\psi\right\rangle_1-\langle u_i\rangle_{\text{L}}\frac{\partial\langle p\rangle_1}{\partial x_i}\right]}_{\text{S3}}
\tag{5.47}
$$

显然,上述两式中的第一项(即 T1 项和 S1 项)完全一致,这里暂时不对他们进行分析对比。Garnier 等[23]将亚格子项按照量级大小分为大量、中等量、小量和可忽略量四个等级,并认为黏性相关的亚格子项至多为小量,而压力对流项的亚格子部分即 S3 项则为中等量,也就是说,上述两式的 6 项中,T2、T3 以及 S2 项均为小量,而只有 S3 项为中等量。因此,除了共同的第一项之外,式(5.46)的量级为小量,而式(5.47)的量级为中等量。S3 项是上述两式中量级最大的量,而式(5.46)中并不包含该项,因此其条件亚格子高速源项要小于式(5.47)。由于条件亚格子高速源项建模困难,通常可以忽略,因此对于非化学总焓该忽略带来的误差要明显小于显焓方法中忽略亚格子高速源项带来的误差。

5.2.2.3 算例验证

张林[15]基于 Sod 激波管问题验证了守恒型高速源项模型。其考虑的初始条件为

$$
(\rho,\,u,\,p)=\begin{cases}(1,\,0,\,1), & -0.5\leqslant x<0\\(0.125,\,0,\,0.1), & 0\leqslant x<0.5\end{cases}
\tag{5.48}
$$

图 5.11 对比了采用非化学总焓作为能量变量和采用显焓作为 PDF 能量变量的方法的结果。"FMDF_TNCE"表示采用非化学总焓作为 PDF 能量变量所得结果,而"FMDF_SE"表示采用显焓作为 PDF 能量变量所得结果。从图中可以看出,采用显焓作为 PDF 能量变量的方法,在激波后区域的温度与精确解仍然存在明显的误差。采用了本章介绍的新方法,即非化学总焓作为 PDF 的能量变量,激波后的温度与精确解吻合得很好。直观来看改善并不十分显著,可能是因为该流动比较简单,守恒型格式的优点表现的不够充分。两种方法下的粒子能量一致性误差的时间演化过程如图 5.11(b)所示。可以看出,尽管新方法在计算早期的能量一致性误差较大(可能是受限于速度插值不具备迎风性质),但其

误差的增长过程明显小于采用显焓作为 PDF 能量变量的方法,使得计算结束时其温度误差明显较小。考虑到显焓 FMDF 和非化学总焓 FMDF 在建模求解过程中的主要差距体现在高速源项上,守恒型方法的数值优点就体现了出来。

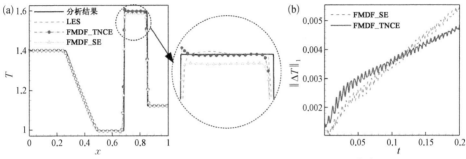

图 5.11　两种 PDF 方法所得的温度分布及误差对比[15]

5.2.3　LES-FMDF 方法在高速流中的应用

5.2.3.1　时间发展混合层

时间发展混合层尽管与实际问题相去甚远,但其计算代价小,很容易得到各种复杂的流动结构,是研究标量混合问题和混合层的基本算例。鉴于此,在发展新的 PDF 方法的过程中,也大量采用时间发展混合层作为基本算例[25,31-33]。张林[15]分别采用传统大涡模拟方法、可压缩 LES-标量 FMDF 方法和 DNS 对时间发展可压缩平面混合流进行了模拟,对比验证可压缩 LES-标量 FMDF 方法的准确性。随时间发展的混合层流动如图 5.12 所示,由两股相反的平行流发展而成。

初始流场由平均流加扰动波得到,平均流速度的初值为双曲正切分布 $\bar{u} = \tanh(y)$。施加的小扰动参考文献[35]中 Rayleigh 方程的不稳定解,将扰动流函数取为

$$\varphi_1(\alpha, x, y, t)\,|_{t=0} = \mathrm{e}^{-0.7y^2}\cos\alpha x - y\mathrm{e}^{-0.8y}\sin\alpha x \tag{5.49}$$

对于双曲正切平均速度分布下的二维无黏平面混合流,由时间模式线性稳定性分析得到最不稳定扰动波数为 $\alpha = 0.4446$,扰动波长 $\lambda = 2\pi/\alpha = 14.1322$。由此得到初始速度场:

$$\begin{cases} u = \tanh(y) + \varepsilon\,\partial\varphi_1(\alpha, x, y, t)/\partial y\,|_{t=0} \\ v = -\varepsilon\,\partial\varphi_1(\alpha, x, y, t)/\partial x\,|_{t=0} \end{cases} \tag{5.50}$$

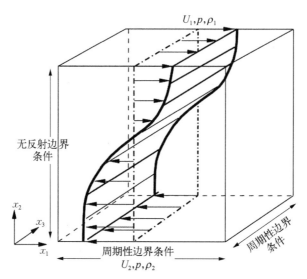

图 5.12 时间发展混合层及边界条件示意图[34]

其中,扰动量级 ε 取为 0.1。初始压力取来流值,无量纲定义下初始压力为 $p = 1/(\gamma Ma_c^2)$,初始温度由 Busemann – Crocco 关系确定:

$$T_1 = T_2 = 1 + (\gamma - 1)Ma_c^2(1 - \bar{u}^2)/2 \tag{5.51}$$

式中,Ma_c 为对流马赫数,取 $Ma_c = 0.4$。初始密度则由完全气体状态方程确定。选取初始涡量厚度 δ_ω 为特征长度,δ_ω 定义为

$$\delta_\omega = 2u \left/ \left[\frac{\partial \bar{u}(t, y)}{\partial y} \right]_{\max} \right. \tag{5.52}$$

基于混合层涡量厚度 δ_ω,计算来流雷诺数 $Re = U\delta_\omega^0/v = 2\,800$。$x$ 方向取周期性边界条件,为了与周期性边界相匹配,计算域流向取两个扰动波波长,即 $0 \leqslant Lx \leqslant 2\lambda$ 双周期问题,因此,计算域长度取为 28.26。对于 y 方向,采用出口边界条件,同时将横向计算域取得较大,以减小简化处理对混合流场的影响。组分的初始化考虑双组分流体,第一组分对于上层流体为 0,下层流体为 1。

包含组分的 LES 中,采用 Smagorinsky 模型[36]来封闭不可解的雷诺应力,采用梯度扩散模型封闭亚格子组分对流通量项,为了与 LES – SFMDF 中的 LES(此 LES 不计算组分方程)相区分,将此方法称为 CLES。除了组分计算之外,LES – SFMDF 中的 LES 和 CLES 均采用相同的模型和有限差分格式。LES – SFMDF 和

CLES 的计算网格均为 65×81×4,DNS 的计算网格数目为 501×801×4。由于展向网格较少,可认为是准二维计算。

图 5.13 给出了在 $t=40$ 以及 $t=80$ 时刻的基于 FMDF 粒子显示的标量云图,并与传统的 LES 结果和 DNS 模拟的结果进行对比。从图中可以看出,传统的 LES 方法在标量界面处有着很强的耗散,即使在 $t=40$ 时刻双涡刚开始合并的时刻,在混合层中心处的标量已经被抹平。这是因为采用的网格比较稀疏,解析度不够,引起了较强的耗散。相对而言 LES - FMDF 方法中,FMDF 部分由基于拉格朗日体系的蒙特卡罗粒子方法求解,避免了单独的 LES 方法中由于网格分辨率不够产生的伪湍流扩散效应。从图中两个时刻标量的对比结果可以看出,LES -标量 FMDF 方法较好的捕捉了标量的界面,保留了很多 LES 方法难以模拟的细节,与 DNS 计算的标量结果十分接近。

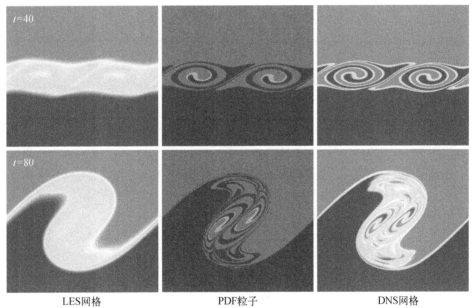

LES网格　　　　　　　PDF粒子　　　　　　　DNS网格

图 5.13　三种方法计算的标量分布结果对比[37]

为了方便对比,需要将 DNS 的数据在 LES 网格上做平均,其结果称为 FDNS。为了深入对比统计结果,引入变量 Q 或 Favre 滤波量 $\langle Q \rangle_{\mathrm{L}}$ 的"雷诺平均"值[31,32],通过对周期性方向(即流向和展向)做空间平均得到。为了避免符号重复,雷诺平均量由符号 $\overline{Q_x}$ 或 $\overline{\langle Q \rangle_{\mathrm{L}x}}$ 表示。进一步,考虑雷诺平均高阶量的可解部分和总体部分,前者表示为 $\overline{R(a,b)_x}$,其中关联项 $R(a,b)$ 定义为

$$R(a,b) = (\langle a \rangle_{\mathrm{L}} - \overline{\langle a \rangle_{\mathrm{L}x}})(\langle b \rangle_{\mathrm{L}} - \overline{\langle b \rangle_{\mathrm{L}x}}) \tag{5.53}$$

后者表示为 $\overline{r(a,b)_x}$，其中关联项 $r(a,b)$ 定义为

$$r(a,b) = (a - \bar{a}_x)(b - \bar{b}_x) \tag{5.54}$$

在 DNS 和 PDF 中，总体部分可以分别由较细的 DNS 网格和 MC 粒子直接得到；而对于 LES，通过如下方式近似[31,32]：

$$\overline{r(a,b)_x} = \overline{R(a,b)_x} + \overline{\tau_{\mathrm{L}}(a,b)_x} \tag{5.55}$$

其中，

$$\tau_{\mathrm{L}}(a,b) = \langle ab \rangle_{\mathrm{L}} - \langle a \rangle_{\mathrm{L}} \langle b \rangle_{\mathrm{L}} \tag{5.56}$$

该项称为亚格子部分，通过传统的 Smagorinsky 模型得到。由于这里关心的是标量、压力、温度的关联项，而 LES 中采用的 Smagorinsky 模型无法提供这些信息，因此将 $\tau_{\mathrm{L}}(\phi,\phi)$ 和 $\tau_{\mathrm{L}}(\phi,T)$ 均设为 0。

　　雷诺平均的滤波温度和滤波混合分数沿横向的变化如图 5.14 所示。与传统的 CLES 方法相比，LES–SFMDF 方法计算得到的滤波温度结果与 FDNS 结果吻合得更好。考虑到对流马赫数为 0.4 且高速效应并不强烈，此时亚格子高速效应在平均量上的表现仍不明显。尽管在 $y = \pm 4$ 附近混合过程相比 FDNS 稍有不足，LES–SFMDF 方法仍能够较好地捕捉混合分数的总体剖面及其变化趋势，而 CLES 由于非物理扩散较大，严重高估了混合过程，预估的混合分数剖面过于

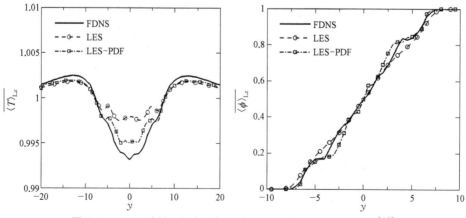

图 5.14　$t = 70$ 时刻不同方法得到的雷诺平均温度和标量对比[15]

光滑,因而无法捕捉这一变化。

LES-SFMDF 方法的优势在图 5.15 中二阶关联项的雷诺平均量的对比中表现得更加明显。即使采用不同的混合频率常数,PDF 方法仍可以很好地捕捉到混合分数二阶矩可解部分的雷诺平均量 $\overline{R(\phi,\phi)}_x$ 在混合层中心处的峰值,而 CLES 的计算结果在混合层中心附近误差较大。尽管在其建模中都忽略了亚格子高速项,CLES 和 PDF 得到温度二阶矩可解部分的雷诺平均量 $\overline{R(T,T)}_x$ 都与 FDNS 结果吻合得很好,其原因是亚格子高速源项的影响并不重要。IEM 模型中的混合频率常数的敏感性分析如图 5.15 和图 5.16 所示。可以看出,对于二阶矩可解部分的雷诺平均量,混合频率常数的影响并不明显;但该模型常数却强烈影响二阶矩亚格子部分的雷诺平均量,同时也说明了混合频率常数不应该为一常

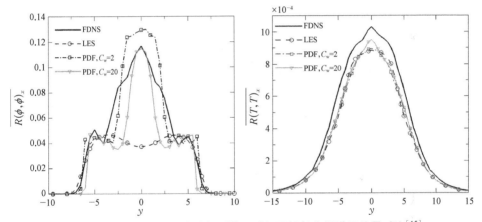

图 5.15　$t=70$ 时刻不同方法得到的二阶矩可解部分雷诺平均量对比[15]

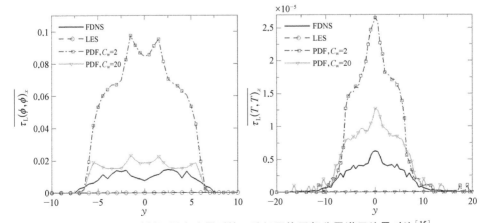

图 5.16　$t=70$ 时刻不同方法得到的二阶矩亚格子部分雷诺平均量对比[15]

值,而应该是当地流动和混合状态的依赖函数,这与已有文献的结论是一致的。

为了更加明显地给出守恒型源项和非守恒型源项在数值上的差距,进一步在对流马赫数 Ma_c 为 0.8 的超声速时间混合层中进行了测试,混合层的参考雷诺数为 5600。同样采用准二维的网格计算 LES – FMDF,网格数为 $101 \times 101 \times 6$。DNS 采用的网格数目为 $1\,601 \times 1\,601 \times 6$。图 5.17 给出了基于非化学总焓和显焓的 LES – FMDF 方法所得的能量一致性在可解尺度和亚格子尺度的对比结果。从图 5.17(a)可以看出,即使采用基于显焓的 LES – FMDF 方法,其所得的温度结果在分布趋势上与 FDNS 也是保持一致的。但是,其温度值在混合层中心位置特别是 $y = \pm5$ 和 $y = 0$ 处却有着明显的误差。此外,显焓的结果围绕混合层中心并没有展现出对称性。这些结果都表明了非守恒型源项在数值计算中存在的问题。而采用了基于非化学总焓的 FMDF 方法后,其雷诺平均温度与 FDNS 结果吻合得很好。关于雷诺平均温度的对比,尽管其温度值的绝对差别很小,但是其相对误差非常明显,因为沿着整个混合层温度的绝对变化值仅约 0.01。即使相对于成熟的 LES,非化学总焓的 FMDF 方法在 $y = \pm7$ 附近仍有微小改善,该改善可能源于 FMDF 所采用的拉格朗日粒子数值过程。

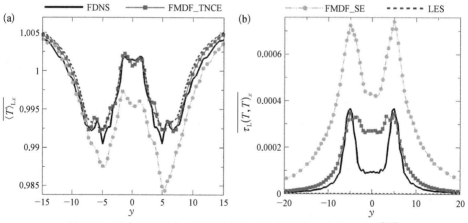

图 5.17　温度以及温度二阶亚格子关联项的雷诺平均结果对比[15]

非化学总焓的 FMDF 方法的优势在图 5.17(b)中体现得更加明显。考虑到 LES 中忽略了温度自身的亚格子关联量,因此其温度的亚格子二阶关联量总是零。所有的 FMDF 和 FDNS 结果都表明,温度方差的雷诺平均值在 $y = \pm5$ 处达到峰值,而在混合层中心位置温度分布则相对均匀,这是因为混合层中心处的流体经历混合的时间更长,所以混合得更加充分。相比于显焓方法,非化学总焓方法所得的温度亚格子二阶关联量与 FDNS 结果吻合得更好,其主要原因在于非化学总焓方法的条件亚格子高速项要小得多。因此,可以认为基于非化学总焓的 FMDF 方法在反应流中相比显焓方法更具竞争力,因为化学反应本身就受到温度亚格子关联量的影响。但是也要注意到,非化学总焓方法在混合层中心附近则严重低估了亚格子内温度的均匀性。分析认为,有两方面的原因可能造成这个结果:一是 IEM 混合模型在亚格子层面存在误差(如混合频率常数,甚至混合模型本身),二是忽略条件亚格子高速项带来的误差,即使此时的条件亚格子高速项相比于显焓方法已有所减小。

5.2.3.2　超声速三维反应时间混合层

为了验证 PDF 方法在反应流中的优势,可采用 LES - PDF 方法进一步对三维超声速反应混合层进行了数值模拟,三维反应混合层构型以及粒子分布如图 5.18 所示。三个方向的尺寸为 $320 \times 800 \times 80\delta_{\theta, 0}$,其中参考长度 $\delta_{\theta, 0}$ 为混合层初始动量厚度。同时采用 LES - PDF 和 LES - WSR(well stirred reactor)以及 DNS 进行了计算,以便开展直接对比。其中 LES 计算网格分布为 $129 \times 251 \times 33$,约 100 万网格,DNS 计算网格分布为 $501 \times 1\,001 \times 115$,共约 6\,000 万网格。

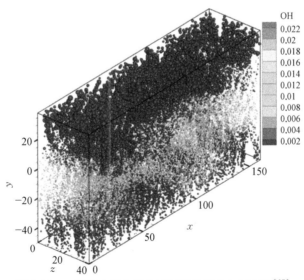

图 5.18　三维反应混合层构型以及粒子分布示意图[37]

混合层上下两层的初始化参数如表 5.3 所示。氧化剂环境温度选为 1\,500 K,该温度位于当前压力下氢气点火的跨越温度(crossover temperature)之上,有利于反应的进行。在污染空气即氧化剂流中,中间产物的浓度对反应燃烧过程影响明显,这里采用 Ferrer 等的结果[38],中间组分浓度是根据化学平衡状态计算得到的。这种处理可以加快化学反应,降低计算耗费,同时也能增加可燃极限的范围。此外氢气/空气反应机理采用了 ÓConaire 等的 9 组分 21 步反应机理[39]。

表 5.3　3D 超声速反应混合层初始化参数

参数/单位	燃料流(上层)	氧化剂流(下层)
压力/Pa	94 232.25	94 232.25
温度/K	500	1 500
密度/(kg/m³)	0.34	0.203
速度/(m/s)	950.3	950.3
马赫数	1.53	1.20

计算所得的瞬时反应流场如图 5.19 所示。可以看出,反应偏向于燃料流一侧,主要原因是这里的混合情况更好,更接近恰当当量比。瞬态的反应流场难以对燃烧效果进行准确的评估,因此对结果进行进一步的统计对比分析。

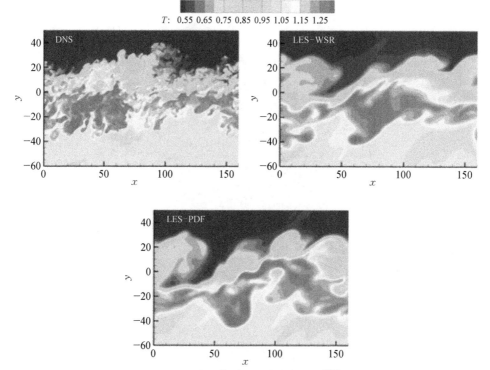

图 5.19　中心截面上温度瞬时云图[37]

在充分发展的湍流阶段,对瞬态结果沿着流向和展向进行统计平均,分别得到 LES－WSR、LES－PDF 以及 FDNS 的基本统计结果。图 5.20 给出了温度沿着横向的平均剖面,从图中可以看出,LES－PDF 与 DNS 结果在整个横向范围都符合的较好,说明 PDF 比较准确地预测了湍流与化学反应的相互作用,而 LES－WSR 在混合层下层,即在富氧的氧化剂一侧,其预测的燃烧明显偏强。从图 5.21 中 OH 基的分布中也可以看出同样的规律。

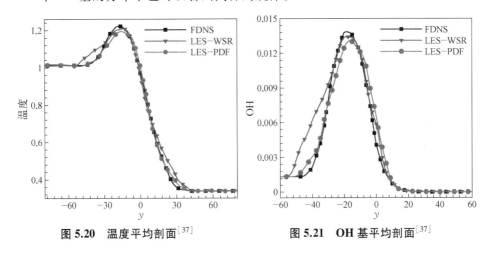

图 5.20　温度平均剖面[37]　　　　图 5.21　OH 基平均剖面[37]

图 5.22 分别给出了两种中间组分 OH 和 HO_2 在混合分数空间的散点分布。可以看出,与 DNS 结果对比,PDF 模型对于 HO_2 的预测要明显的好于 WSR 模型。HO_2 的准确预估对自点火过程的模拟十分重要,PDF 方法可以封闭湍流/化学反应相互作用,因此对于自点火等复杂燃烧过程的计算更加准确,可以获得更加真实的温度场和关键组分场信息,而 LES－WSR 模型则完全忽略了湍流与化学反应的相互作用,很难准确预测 HO_2 等关键中间组分。总体而言,在超声速湍流燃烧模拟中,发展的超声速 LES－FMDF 方法体现出了精确处理湍流化学反应相互作用的优势。

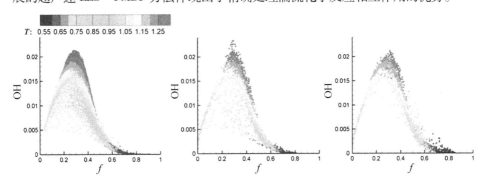

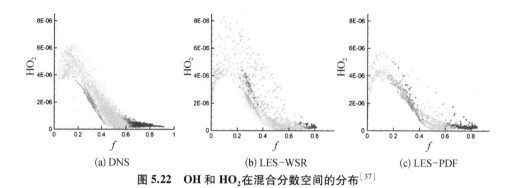

|(a) DNS|(b) LES-WSR|(c) LES-PDF|

图 5.22 OH 和 HO₂在混合分数空间的分布[37]

参考文献

[1] Frankel S H, Hassan H A, Drummond J P. A hybrid Reynolds averaged/PDF closure model for supersonic turbulent combustion[C]. Seattle: AIAA－1990－1573, 21st Fluid Dynamics, Plasma Dynamics and Lasers Conference, 1990.

[2] Girimaji S. A simple recipe for modeling reaction-rate in flows with turbulent-combustion[C]. Honolulu: AIAA － 1991 － 1792, 22nd Fluid Dynamics, Plasma Dynamics and Lasers Conference, 1991.

[3] Förster H, Sattelmayer T. Validity of an assumed PDF combustion model for SCRAMJET applications[C]. Dayton: AIAA－2008－2585, 15th AIAA International Space Planes and Hypersonic Systems and Technologies Conference, 2013.

[4] Baurle R, Drummond J, Hassan H. An assumed PDF approach for the calculation of supersonic mixing layers[C]. Reno: AIAA－1992－182, 30th Aerospace Sciences Meeting and Exhibit, 1992.

[5] Cook A W, Riley J J. A subgrid model for equilibrium chemistry in turbulent flows[J]. Physics of Fluids, 1994, 6(8): 2868－2870.

[6] Forkel H, Janicka J. Large-eddy simulation of a turbulent hydrogen diffusion flame[J]. Flow, Turbulence and Combustion, 2000, 65(2): 163－175.

[7] Wang H, Qin N, Sun M, et al. A hybrid LES (large eddy simulation)/assumed sub-grid PDF (probability density function) model for supersonic turbulent combustion[J]. Science China Technological Sciences, 2011, 54(10): 2694.

[8] 王振国,孙明波.超声速湍流流动、燃烧的建模与大涡模拟[M].北京: 科学出版社,2013.

[9] Burrows M C, Kurkov AP. Supersonic combustion of hydrogen in a vitiated air stream using stepped-wall injection[C]. Salt Lake City: AIAA－1971－721,7th Propulsion Joint Specialist Conference, 1971.

[10] Zhang J, Sun M, Wang Z, et al. Stabilization mechanisms of lifted flames in a supersonic stepped-wall jet combustor[J]. Journal of Zhejiang University: SCIENCE A, 2021, 22(4): 314－330.

[11] 杨揖心.后缘突扩型凹腔超声速流动模式与稳焰机理研究[D].长沙: 国防科技大

学, 2018.

[12] Li G X, Sun M B, Yang Y X, et al. Spatial structural characteristics of a combustion flow field in an ethylene-fueled supersonic combustor with a rear-wall-expansion cavity[J]. Modern Physics Letters B, 2020: 2050208.

[13] Pope S B. PDF methods for turbulent reactive flows[J]. Progress in Energy and Combustion Science, 1985, 11: 119-192.

[14] O'Brien E E. Turbulent eacting lows: The probability density function (PDF) approach to reacting turbulent flows[M]. New York: Springer-Verlag, 1980: 99, 185-218.

[15] 张林.高速湍流燃烧 LES-TPDF 方法及其应用研究[D].长沙: 国防科技大学, 2018.

[16] Li Z, Banaeizadeh A, Rezaeiravesh S, et al. Advanced modeling of high speed turbulent reacting[C]. Nashville: AIAA-2012-116, 50th AIAA Aerospace Sciences Meeting including the New Horizons Forum and Aerospace Exposition, 2012.

[17] Banaeizadeh A, Li Z, Jaberi F A. Compressible scalar filtered mass density function model for high-speed turbulent flows[J]. AIAA Journal, 2011, 49(10): 2130-2143.

[18] Banaeizadeh A, Afshari A, Schock H, et al. Large-eddy simulations of turbulent flows in internal combustion engines[J]. International Journal of Heat and Mass Transfer, 2013, 60: 781-796.

[19] Haworth D C, Tahry S H EI. A PDF approach for multidimensional turbulent flow calculations with application to in-cylinder flows in reciprocating engines[J]. AIAA Journal, 1991, 29: 208-218.

[20] Ren Z, Lu Z, Hou L, et al. Numerical simulation of turbulent combustion: Scientific challenges[J]. Science China Physics, Mechanics & Astronomy, 2014, 57(8): 1495-1503.

[21] Haworth D C. Progress in probability density function methods for turbulent reacting flows[J]. Progress in Energy and Combustion Science, 2010, 36(2): 168-259.

[22] McDermott R, Pope S B. A particle formulation for treating differential diffusion in filtered density function methods[J]. Journal of Computational Physics, 2007, 226: 947-993.

[23] Garnier E, Adams N, Sagaut P. Large eddy simulation for compressible flows[M]. Berlin: Springer, 2009.

[24] Hsu A T, Tsai Y-L P, Rajut M S. Probability density function approach for compressible turbulent reacting flows[J]. AIAA Journal, 1994, 32(2): 1407-1415.

[25] Jaberi F A, Colucci P J, James S, et al. Filtered mass density function for large-eddy simulation of turbulent reacting flows[J]. Journal of Fluid Mechanics, 1999, 401: 85-121.

[26] Möbus H, Gerlinger P, Brüggemann D. Scalar and joint scalar-velocity-frequency Monte Carlo PDF simulation of supersonic combustion[J]. Combustion and Flame, 2003, 132(1): 3-24.

[27] Eifler P, Kollmann W. PDF prediction of supersonic hydrogen flames[C]. Reno: AIAA-93-0448, 31st Aerospace Sciences Meeting, 1993.

[28] Delarue B J, Pope S B. Application of PDF methods to compressible turbulent flows[J]. Physics of Fluids, 1997, 9(9): 2704-2715.

[29] Delarue B J, Pope S B. Calculations of subsonic and supersonic turbulent reacting mixing layers using probability density function methods[J]. Physics of Fluids, 1998, 10(2): 487-498.

[30] Poinsot T, Veynante D. Theoretical and numerical combustion [M]. Philadelphia: Edwards, 2005.

[31] Sheikhi M R H, Drozda T G, Givi P, et al. Velocity-scalar filtered density function for large eddy simulation of turbulent flows[J]. Physics of Fluids, 2003, 15(8): 2321-2337.

[32] Sheikhi M R H, Givi P, Pope S B. Velocity-scalar filtered mass density function for large eddy simulation of turbulent reacting flows[J]. Physics of Fluids, 2007, 19(9): 095106-1-21.

[33] Sheikhi M R H, Givi P, Pope S B. Frequency-velocity-scalar filtered mass density function for large eddy simulation of turbulent flows[J]. Physics of Fluids, 2009, 21(7): 075102-1-14.

[34] Foysi H, Sarkar S. The compressible mixing layer: An LES study [J]. Theoretical and Computational Fluid Dynamics, 2010, 24: 565-588.

[35] Michalke A. On the inviscid instability of the hyperbolic tangent velocity profile[J]. Journal of Fluid Mechanics, 2006, 19(4): 543-556.

[36] Yoshizawa A, Horiuti K. A statistically-derived subgrid scale kinetic energy model for large-eddy simulation of turbulent flows[J]. Journal of the Physical Society of Japan, 1985, 54(8): 2834-2839.

[37] Lin Zhang J L, Mingbo Sun, Yue Yang, et al. A conservative and consistant scalar filtered mass density function method for supersonic flows[J]. Journal of Computational Physics, 2021, 33(2): 026101.

[38] Ferrer P J M, Lehnasch G, Mura A. Compressibility and finite-rate chemistry influence on reactive shear layers development[C]. Izmir: Eighth Mediterranean Combustion Symposium, 2013.

[39] ÓConaire M, Curran H J, Simmie J M, et al. A comprehensive modeling study of hydrogen oxidation[J]. International Journal of Chemical Kinetics, 2004, 36(11): 603-622.

第6章

数 值 方 法

6.1 概述

6.1.1 网格生成方法

数值仿真结果的可信度依赖于网格的总量和生成质量。一般来说,数值仿真网格可以分为结构网格、非结构网格和混合网格,这三种网格基本能够解决大部分数值仿真所需的构型。结构网格具有简单、易实现的特点,但是对于一些较为复杂的构型,往往无法得到满意的结构网格,甚至这些构型无法使用结构网格。而采用非结构网格则能较好对复杂构型进行网格划分,但是相比结构网格,非结构网格总量成几何倍增长。混合网格结合了结构网格易于实现的优点和非结构网格对于复杂构型的适用性,目前也得到了广泛应用。

对于工程实际问题,如本书的主要研究对象,即超燃冲压发动机的燃烧与流动,对其某一个部件进行仿真尚能够使用上述方法。但是,当对整个系统进行数值仿真时,特别是系统中存在活动部件的时候,需要对数值仿真网格进行特殊处理。对于此类问题的处理就涉及网格跟随运动部件的运动而做出相应的变化。一种做法为刚性网格方法,即网格不变形而是随着物体移动的方法。这种方法对网格技术要求较为简单,但是无法处理部件之间存在相对运动的问题,如对于火箭级间分离的数值仿真。此时,需要采用嵌套(overset)网格,或者重叠网格(overlapping grid)的方法。网格在运动部件的表面上随之运动,并且在不同区域的重合位置处通过插值进行区域间的流场信息传递。这种网格生成方法虽然在一定程度上降低了网格生成的难度,但是流场信息搜索和插值会严重影响并行计算的效率。另外一种有效的方法是动网格技术,即在计算的每一时间步后根据计算域和流场参数对网格进行相应调整。动网格技术分为网格重构法和网格变形法。网格重构法在不同时间步上的网格数量和拓扑结构会发生变化,而网格变形法则保持网格数量和拓扑结构不变,只是改变网格的形状和大小。由于网格变形法易于实现流场数值求解,并且效率更高,现阶段得到广泛应用。

6.1.2 曲线坐标系下的无量纲 N‑S 方程

为了方便 N‑S 方程在曲线坐标系下的表达,这里将无量纲 N‑S 方程写成矢量形式:

$$\frac{\partial \boldsymbol{Q}}{\partial t} + \frac{\partial \boldsymbol{f}_c}{\partial x} + \frac{\partial \boldsymbol{g}_c}{\partial y} + \frac{\partial \boldsymbol{h}_c}{\partial z} - \frac{1}{Re_{\text{ref}}}\left(\frac{\partial \boldsymbol{f}_v}{\partial x} + \frac{\partial \boldsymbol{g}_v}{\partial y} + \frac{\partial \boldsymbol{h}_v}{\partial z}\right) = \boldsymbol{S} \tag{6.1}$$

其中,守恒变量矢量 $\boldsymbol{Q}$、对流通量矢量 $\boldsymbol{f}_c$、$\boldsymbol{g}_c$、$\boldsymbol{h}_c$,黏性通量矢量 $\boldsymbol{f}_v$、$\boldsymbol{g}_v$、$\boldsymbol{h}_v$,以及源项矢量 $\boldsymbol{S}$ 的具体表达式分别为

$$\boldsymbol{Q} = \begin{pmatrix} \rho & \rho u & \rho v & \rho w & \rho e_t & \rho Y_1 & \cdots & \rho Y_{N_s-1} \end{pmatrix}^{\mathrm{T}} \tag{6.2}$$

$$\boldsymbol{f}_c = \begin{pmatrix} \rho u \\ \rho uu + p \\ \rho uv \\ \rho uw \\ \rho ue_t + pu \\ \rho uY_1 \\ \vdots \\ \rho uY_{N_s-1} \end{pmatrix},\ \boldsymbol{g}_c = \begin{pmatrix} \rho v \\ \rho vu \\ \rho vv + p \\ \rho vw \\ \rho ve_t + pv \\ \rho vY_1 \\ \vdots \\ \rho vY_{N_s-1} \end{pmatrix},\ \boldsymbol{h}_c = \begin{pmatrix} \rho w \\ \rho wu \\ \rho wv \\ \rho ww + p \\ \rho we_t + pw \\ \rho wY_1 \\ \vdots \\ \rho wY_{N_s-1} \end{pmatrix} \tag{6.3}$$

$$\boldsymbol{f}_v = \begin{pmatrix} 0 \\ \tau_{xx} \\ \tau_{xy} \\ \tau_{xz} \\ u\tau_{xx} + v\tau_{xy} + w\tau_{zz} + q_x \\ \rho D_{(1)}\dfrac{\partial Y_1}{\partial x} \\ \vdots \\ \rho D_{(N_s-1)}\dfrac{\partial Y_{N_z-1}}{\partial x} \end{pmatrix},\ \boldsymbol{g}_v = \begin{pmatrix} 0 \\ \tau_{xy} \\ \tau_{yy} \\ \tau_{yz} \\ u\tau_{xy} + v\tau_{yy} + w\tau_{yz} + q_y \\ \rho D_{(1)}\dfrac{\partial Y_1}{\partial y} \\ \vdots \\ \rho D_{(N_s-1)}\dfrac{\partial Y_{N_s-1}}{\partial y} \end{pmatrix},\ \boldsymbol{h}_v = \begin{pmatrix} 0 \\ \tau_{xz} \\ \tau_{yz} \\ \tau_{zz} \\ u\tau_{xz} + v\tau_{yz} + w\tau_{zz} + q_z \\ \rho D_{(1)}\dfrac{\partial Y_1}{\partial z} \\ \vdots \\ \rho D_{(N_s-1)}\dfrac{\partial Y_{N_s-1}}{\partial z} \end{pmatrix}$$

$$\tag{6.4}$$

$$S = (0 \quad 0 \quad 0 \quad 0 \quad 0 \quad \dot{\omega}_1 \quad \cdots \quad \dot{\omega}_{N_s-1})^{\mathrm{T}} \tag{6.5}$$

6.1.3　坐标变换

在流动燃烧计算中,往往需要贴体坐标才能更好地描述计算域的特征,因而一般需要将直角坐标系下的方程转换到曲线坐标系下。这里不考虑动网格,利用曲线坐标系 $\boldsymbol{\xi} \equiv (\xi, \eta, \zeta)$ 与直角坐标系 $\boldsymbol{x} \equiv (x, y, z)$ 之间的转换关系,可以得到曲线坐标系下的 N‐S 方程。这里直接给出如下向量形式(具体推导过程可参考流体力学教材[1]等相关文献):

$$\frac{\partial \hat{\boldsymbol{Q}}}{\partial t} + \frac{\partial \hat{\boldsymbol{f}}_c}{\partial \xi} + \frac{\partial \hat{\boldsymbol{g}}_c}{\partial \eta} + \frac{\partial \hat{\boldsymbol{h}}_c}{\partial \zeta} - \frac{1}{Re_{\mathrm{ref}}} \left(\frac{\partial \hat{\boldsymbol{f}}_v}{\partial \xi} + \frac{\partial \hat{\boldsymbol{g}}_v}{\partial \eta} + \frac{\partial \hat{\boldsymbol{h}}_v}{\partial \zeta} \right) = \hat{\boldsymbol{S}} \tag{6.6}$$

式中,守恒矢量、源项矢量、对流通量矢量以及黏性通量矢量的具体表达式分别为

$$\hat{\boldsymbol{Q}} = \frac{\boldsymbol{Q}}{J} = \frac{1}{J} (\rho \quad \rho u \quad \rho v \quad \rho w \quad \rho e_t \quad \rho Y_1 \quad \cdots \quad \rho Y_{N_s-1})^{\mathrm{T}} \tag{6.7}$$

$$S = (0 \quad 0 \quad 0 \quad 0 \quad 0 \quad \dot{\omega}_1 \quad \cdots \quad \dot{\omega}_{N_s-1})^{\mathrm{T}} \tag{6.8}$$

$$\hat{\boldsymbol{f}}_c = \frac{\xi_x \boldsymbol{f}_c + \xi_y \boldsymbol{g}_c + \xi_z \boldsymbol{h}_c}{J}$$

$$\hat{\boldsymbol{g}}_c = \frac{\eta_x \boldsymbol{f}_c + \eta_y \boldsymbol{g}_c + \eta_z \boldsymbol{h}_c}{J} \tag{6.9}$$

$$\hat{\boldsymbol{h}}_c = \frac{\zeta_x \boldsymbol{f}_c + \zeta_y \boldsymbol{g}_c + \zeta_z \boldsymbol{h}_c}{J}$$

$$\hat{\boldsymbol{f}}_v = \frac{\xi_x \boldsymbol{f}_v + \xi_y \boldsymbol{g}_v + \xi_z \boldsymbol{h}_v}{J}$$

$$\hat{\boldsymbol{g}}_v = \frac{\eta_x \boldsymbol{f}_v + \eta_y \boldsymbol{g}_v + \eta_z \boldsymbol{h}_v}{J} \tag{6.10}$$

$$\hat{\boldsymbol{h}}_v = \frac{\zeta_x \boldsymbol{f}_v + \zeta_y \boldsymbol{g}_v + \zeta_z \boldsymbol{h}_v}{J}$$

式中, J 表示坐标变换的雅可比(Jacobian)系数矩阵对应的行列式值,可由度量系数求得:

$$J = \begin{vmatrix} \xi_x & \xi_y & \xi_z \\ \eta_x & \eta_y & \eta_z \\ \zeta_x & \zeta_y & \zeta_z \end{vmatrix} = \begin{vmatrix} x_\xi & x_\eta & x_\zeta \\ y_\xi & y_\eta & y_\zeta \\ z_\xi & z_\eta & z_\zeta \end{vmatrix}^{-1} \qquad (6.11)$$

6.1.4　空间离散形式

对流通量导数与黏性通量导数的计算方法被称为空间离散方法,本章讨论空间离散方法和数值格式。N-S方程的残差计算式为(此处不考虑源项)

$$R(\boldsymbol{Q}) = -\left[\left(\frac{\partial \hat{\boldsymbol{F}}_c}{\partial \xi} + \frac{\partial \hat{\boldsymbol{G}}_c}{\partial \eta} + \frac{\partial \hat{\boldsymbol{H}}_c}{\partial \zeta}\right) - \frac{1}{Re_{\mathrm{ref}}}\left(\frac{\partial \hat{\boldsymbol{F}}_v}{\partial \xi} + \frac{\partial \hat{\boldsymbol{G}}_v}{\partial \eta} + \frac{\partial \hat{\boldsymbol{H}}_v}{\partial \zeta}\right)\right] \quad (6.12)$$

可见,残差中包含对流通量导数与黏性通量导数,这两部分的计算量较大,而且其计算方法属于计算空气动力学的重要研究内容。对于欧拉或N-S方程的离散来讲,对流项是超声速等含激波流场中离散方法中最棘手的待处理项。因为对流项具有极强的非线性特征,且其传播往往遵循特征方向,因而需要在数值格式中考虑差分格式的方向性。

本节的空间离散和数值格式针对的主要对象即是对流无黏通量。而关于黏性通量,由于其数学性质不具有明显的方向性,一般采用中心差分即可满足需求。对流项的离散在方程中体现为空间一阶导数项,因此本章主要讨论对流项一阶导数离散的数值格式。

对理想气体而言,超声速无黏流动的模型控制方程为Euler方程,是一组非线性偏微分方程,它的数值求解可以归结为双曲守恒律问题,其守恒形式为

$$\frac{\partial \boldsymbol{u}}{\partial t} + \mathrm{div}[f(\boldsymbol{u})] = 0 \qquad (6.13)$$

$$u(x, 0) = u_0(x) \qquad (6.14)$$

在合适的边界条件下可以求解上述方程。这里,函数 $\boldsymbol{u} = (u_1, \cdots, u_m)$ 是守恒变量的 m 维向量,而通量 $\boldsymbol{f}(u)$ 是包含 m 个分量的向量函数,这里考虑 m 维空间坐标系 $(x_1, \cdots, x_m)$。方程(6.13)具有双曲性质的条件是通量函数的雅可比矩阵 $\boldsymbol{A} = \dfrac{\partial \boldsymbol{f}}{\partial \boldsymbol{u}}$ 的所有特征值都为实数,并且右特征向量是完备的。在给定初始和边界条件下,双曲型方程的真实解可能发展出间断的情况,也就是说它最终导致为包含间断的分片光滑的数值解。因此,如何稳定而又鲁棒地处理间断是数值格式

需要重点关注的问题之一。

6.2　激波捕捉格式

超声速流场中往往出现强间断以及位置未知的情况(例如在非工程条件下的超声速射流,机翼上的跨声速流动以及超声速燃烧入口等)。针对这类情况,稳定的数值模拟一般是基于下述两种考虑:① 精确求解激波分布,即在激波分布面上设置足够多的离散点[2]。这种方法仅适用于流场中存在非常弱的激波或涉及分子黏性的问题(N-S 方程组,例如求解可压缩湍流中的涡流弱激波[3,4],尖锐的超声速射流嵌入羽流中[5]等);然而,当激波属于中等强度或不涉及分子黏性时(Euler 方程组),精确求解激波因计算量过于庞大而难以实现。② 采用激波捕捉格式以获得稳定的激波分布,该方法仅保证激波的基本动力学特性(Rankine-Hugoniot 关系)[6-8],而放弃激波内的精细结构,其主要思想是在不连续点附近局部激活或增强数值耗散(或多或少)以防止(或限制)Gibbs 振荡的发生并稳定计算[8,9]。对于工程而言,通常关注的是稳定的激波分布,因此通常采用激波捕捉格式。本节介绍几种常用的激波捕捉格式。

6.2.1　传统的激波捕捉格式

6.2.1.1　TVD 型差分格式

20 世纪 80 年代初,Harten[10]在系统分析传统差分格式在激波附近产生非物理振荡的原因之后,提出一种极具代表性的总变差不增 TVD(total variation diminishing)差分格式概念,并构造了一种具有二阶精度,能保证激波附近无振荡的 TVD 格式。该差分格式是在反扩散概念的基础上,采用通量修正方法构造的。TVD 差分格式在理论上较为完备,激波捕捉的分辨率较高。因此,该算法一经提出,便受到国内外学者的普遍关注。该 TVD 差分概念开创了近代高分辨率激波捕捉技术的新局面,被广泛应用于构造各种形式的二阶精度格式,如 Osher-Chakravarthy TVD、Harten-Yee TVD、Roe-Sweby 和 van Leer TVD 等格式。

虽然该算法在工程上取得了巨大成功,但是仍然存在局部极值点处降阶等缺点。经过多年的发展,逐渐形成了一系列 TVD 型高分辨率的差分格式,例如,国际上著名的差分格式:FCT 差分格式、TVD 差分格式、Roe 差分格式、MUSCL

差分格式、PPM 差分格式、ENO 差分格式和 WENO 差分格式等;国内著名差分格式:NND 差分格式、MMB 差分格式、耗散比拟紧致(COMPACT)差分格式、频散可控差分格式(DCD)和一致二阶自适应差分格式等。这里简单介绍 TVD 差分格式的设计思想。

考虑非线性矢量方程:

$$u_t + f_x = \mathbf{0}, \ A(u) = \frac{\partial f}{\partial x} \tag{6.15}$$

其初始条件为

$$u(x, 0) = g_0(x) \tag{6.16}$$

采用某种差分格式进行数值离散时,每个网格点上离散值为 $n_j^n = u(j\Delta x, n\Delta t)$,将 $V(u) = |u_{j+1} - u_j|$ 称为该差分格式的变差。

定义:

$$TV(u) = \sum |u_{j+1} - u_j| \tag{6.17}$$

为该差分格式的总变差,记作 $TV(u)$。

Lax 研究指出,总变差有如下数学特性:

(1)如果解是连续的,则特征线是散开的,每个网格点之间解的总变差增减是守恒的,单调差分格式解的总变差应该相等。设:

$$TV(u) = \int_{-\infty}^{+\infty} \left| \frac{\partial u(x, t)}{\partial x} \right| \mathrm{d}x \tag{6.18}$$

则有

$$TV^{n+1}(u) = TV^n(u) = \cdots = TV^0(u) \tag{6.19}$$

(2)如果解是有激波间断的,激波是同族特征线相交而形成的,解的总变差有所损失,单调差分格式解的总变差总是下降的,即

$$TV^{n+1}(u) \leqslant TV^n(u) \tag{6.20}$$

TVD 条件即满足总变差不增条件,TVD 类型差分格式即为满足总变差不增条件的差分格式。

在 Lax 研究结果的基础上,Harten 进一步指出:当差分格式和微分方程相容时,差分格式满足 TVD 条件和熵不等式时,单调差分格式解一定收敛于物理

解。Harten 构造了高阶精度的 TVD 差分格式,成功地解决了高分辨率捕捉激波问题。

6.2.1.2　AUSM 差分格式

20 世纪 90 年代还出现了其他一些著名的计算格式,其典型代表是 Liou 和 Steffen 构造的 AUSM(advection upstream splitting method)格式及其改进型格式[11,12]。AUSM 格式从理论上将流动对流特征中的线性场(与特征速度 u 有关)和非线性场(与特征速度 $u±a$ 有关)相区别,并且将对流通量和压力项分别分裂。从格式构造角度,AUSM 格式是 Van Leer[13]格式的一种改进,但从其耗散项来分析,这是一种 FVS(flux vector splitting)与 FDS(flux difference splitting)的复合格式。AUSM 格式兼具 Roe 格式的间断分辨率和 Van Leer 格式的计算效率,并且克服了二者的部分缺点。该格式不存在数值毛刺现象,也无须熵修正,因其标量的耗散形式,计算量小于 Roe 格式,与 Van Leer 格式相近,也因此易于推广至其他双曲型系统(如平衡流,非平衡流等),计算量仅随之线性增加。这类方法目前仍在不断发展中,其突出的分辨率和计算效率已经得到了广泛认可,成为最受欢迎的迎风格式之一。AUSM+[12]格式还具有标量(如密度)的正值保持性,因为压力是单独处理,从而很容易推广到真实气体,在实际应用种具有高效可靠的性能。

6.2.2　经典的激波捕捉格式

基本无振荡(essentially non-osciuatory,ENO)格式[14]作为代表性的高阶激波捕捉格式,其构造方法是通过计算局部的光滑指标从而选取某一模板,该方法既实现了光滑区域的高阶精度,又降低了模板穿越不连续性间断的可能性,从而避免了间断区产生 Gibbs 振荡现象。ENO 格式可以构造任何精度,并且可以适应较强激波。但是 ENO 格式的不足之处在于,在求解光滑区域时,仅选用了候选模板中最光滑的一个子模板,从而浪费了其余模板的贡献。基于此,Jiang 和 Shu[15]通过引入“加权”思想从而构造了具有 TVD 性质的 WENO 格式,这也是现阶段应用最广的激波捕捉方法之一。具体而言,其是在 ENO 格式的基础上对多个候选模板进行线性重构,权重取决于每个模板上解的局部光滑度。WENO 格式是典型的高阶激波捕捉格式,其鲁棒性非常好,当与特征值分裂方法一同使用时,其能够在不引入伪数值振荡的情况下快速求解流动中的不连续问题。正因为 WENO 格式依赖于非线性光滑指标来识别流场的非连续性,该算法在局部位置处的精度不得不降低。总体而言,WENO 格式[15-17]作为经典的激波捕捉格式,广泛地应用到计算流体力学和计算气动声学中,用于稳定地求解包含强间断的问题,成为最经典的激波捕捉格式之一。

近年来出现了多种改进型格式以降低传统 WENO 格式的强耗散特性。其中一种改进思想是通过修改加权策略以增加光滑区域最大迎风模板的权重。Henrick 等[18]通过调节 WENO 权重发展出 WENO - M 格式,使得其保持五阶精度的同时可以更加光滑地求得最优值。WENO - Z[19],WENO - RL 和 WENO - RLTV 格式[20]也使用类似的设计方法。WENO - SYMOO 和 WENO - SYMBO 格式[21]采用另一种加权策略,通过引入背风模板从而引入中心差分思想。然而,使用这种方法获得的 WENO - SYMBO 格式在光滑区域会出现精度退化现象,并且在会接触间断附近引入数值不稳定性。Brehm 等[22]利用一系列测试算例,测试了众多高阶精度有限差分格式在间断处和光滑区域的激波捕捉和格式耗散特性。单调性保持(MP)格式[23]通过使用限制器在数值上强制保持单调性条件,从而实现统一的高精度特性。有时也使用上述方法的组合,例如Balsara 和 Shu[24]开发的单调性保持 WENO(MPWENO)格式,其将 MP 限制器并入经典的 WENO 格式中。采用类似改进思想的格式还有很多,这里不予赘述。

6.2.2.1　WENO 格式的构造形式

WENO 格式基于 ENO 格式[14]引入了加权重构的思想,其利用所有的候选子模板进行非线性组合来提高数值通量的精度,能够在激波附近保持基本无振荡的性质,同时在光滑区域,对于 r 模板,其收敛精度理论上可以达到 $2r - 1$ 阶[24-26]。无黏控制方程组经过特征变换后,可以解耦为线性方程组,每个方程的形式本质上与标量方程一致。这里以最经典的 WENO5 为例,说明其构造思想和无黏项的离散过程,详细的推导过程可参考文献[16]。

假设流体是无黏可压缩的,一维守恒型标量方程为

$$\frac{\partial u}{\partial t} + \frac{\partial f(u)}{\partial x} = 0, \ u(x, 0) = u_0(x), \ -\infty < x < +\infty \tag{6.21}$$

其中,$u(x)$ 表示守恒变量;$f(u)$ 表示数值通量。假设 $\dfrac{\partial f(u)}{\partial x} > 0$,对于间距为 h、节点 $x_i = i \cdot h$ 的均匀网格,公式(6.21)的半离散形式为

$$\frac{\mathrm{d}u}{\mathrm{d}t} = -\left. \frac{\partial f(u)}{\partial x} \right|_{x = x_i}, \ i = 0, \cdots, N \tag{6.22}$$

在获得空间导数项(右手项)的离散值后,通过 Runge－Kutta 方法可以实现时间推进。守恒型有限差分格式需要求解单元面处的数值通量,Shu 和 Osher[16]采用如下隐函数来维持方程的守恒性:

$$f(x) = \frac{1}{\Delta x} \int_{x-\Delta x/2}^{x+\Delta x/2} h(\xi) \, \mathrm{d}\xi \tag{6.23}$$

对式(6.23)求导得到:

$$\frac{\mathrm{d}u_i}{\mathrm{d}t} = -\frac{1}{\Delta x}(h_{i+1/2} - h_{i-1/2}) \tag{6.24}$$

由此保证了方程的守恒性,通过高阶方法近似式(6.24)数值通量 $h(x)$ 后得到:

$$\frac{\mathrm{d}u_i}{\mathrm{d}t} \approx -\frac{1}{\Delta x}(\hat{f}_{i+1/2} - \hat{f}_{i-1/2}) \tag{6.25}$$

其中,通过矢通量分裂算法按照正负特征值分裂构造单元面处通量 $\hat{f}_{i+1/2}^{\pm}$ 以正确判断流动方向,左侧单元面处重构模板如图 6.1 所示。采用三个三点的低阶迎风子模板的数值通量 $\hat{f}_{k,\,i+1/2}$ 通过凸性加权得到单元面处的数值通量 $\hat{f}_{i+1/2}$:

$$\hat{f}_{i+1/2} = \sum_{k=0}^{r-1} \omega_k \hat{f}_{k,\,i+1/2}, \ r = 3 \tag{6.26}$$

每个子模板通量 S_0, S_1, S_2 都是 $h(x)$ 的三阶近似,其公式如下:

$$S_l = \{x_{i-2+l}, \cdots, x_{i+l}\}, \ l = 0, 1, 2 \tag{6.27}$$

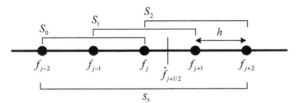

图 6.1　WENO5 在左侧单元面 $x_{i+1/2}$ 处重构过程[27]

对于 $\hat{f}_{k,\,i+1/2}$,假设其具有如下多项式形式:

$$h(x) \approx \hat{f}_k(x) = b_0 + b_1 x + \cdots + b_{r-1} x^{r-1}, \ r = 3 \tag{6.28}$$

其中,b_0、$\cdots$、b_{r-1} 表示待定系数,需要通过公式(6.23)计算获得。由此,对于每个子模板,均能获得数值通量函数的一个近似三阶多项式。每个子模板的数值通量函数如下：

$$\hat{f}_0(x) = \frac{-f_{i-2} + 2f_{i-1} + 23f_i}{24} + \left(\frac{f_{i-2} - 4f_{i-1} + 3f_i}{2\Delta x}\right)x + \left(\frac{f_{i-2} - 2f_{i-1} + f_i}{2\Delta x^2}\right)x^2$$

$$\hat{f}_1(x) = \frac{-f_{i-1} + 26f_i - f_{i+1}}{24} + \left(\frac{-f_{i-1} + f_{i+1}}{2\Delta x}\right)x + \left(\frac{f_{i-1} - 2f_i + f_{i+1}}{2\Delta x^2}\right)x^2$$

$$\hat{f}_2(x) = \frac{23f_i + 2f_{i+1} - 1f_{i+2}}{24} + \left(\frac{-3f_i + 4f_{i+1} - 1f_{i+2}}{2\Delta x}\right)x + \left(\frac{f_i - 2f_{i+1} + 1f_{i+2}}{2\Delta x^2}\right)x^2$$

$$(6.29)$$

值得注意的是，对于每个方程而言，b_1 和 $2b_2$ 分别表示 f_i' 和 f_i'' 的有限差分近似。各子模板在单元面处的数值通量 $\hat{f}_{k,\,i+1/2}$ 如下：

$$\hat{f}_{0,\,i+1/2}(x) = \frac{2f_{i-2} - 7f_{i-1} + 11f_i}{6}$$

$$\hat{f}_{1,\,i+1/2}(x) = \frac{-f_{i-1} + 5f_i + 2f_{i+1}}{6} \qquad (6.30)$$

$$\hat{f}_{2,\,i+1/2}(x) = \frac{2f_i + 5f_{i+1} - f_{i+2}}{6}$$

对于全局模板而言，假设其具有如下多项式：

$$h(x) \approx \hat{f}_k(x) = a_0 + a_1 x + \cdots + a_{2r-2}x^{2r-2},\ r = 3 \qquad (6.31)$$

其中，a_0、$\cdots$、a_4 均表示待定系数，通过公式(6.23)积分得到：

$$f(x) = a_0 + a_1 x + a_2\left(x^2 + \frac{\Delta x^2}{12}\right) + a_3\left(x^3 + \frac{\Delta x^2 x}{4}\right) + a_4\left(x^4 + \frac{\Delta x^2 x^2}{2}\right)$$

$$(6.32)$$

通过待定系数法得到单元面处的全局模板数值通量 $\hat{f}_{i+1/2}$ 如下：

$$\hat{f}_{i+1/2}(x) = \frac{2f_{i-2} - 13f_{i-1} + 47f_i + 27f_{i+1} - 3f_{i+2}}{60} \qquad (6.33)$$

式(6.33)为 WENO 通量的线性格式，联立公式(6.33)和公式(6.30)得到：

$$\hat{f}_{i+1/2}(x) = \frac{1}{6} \begin{pmatrix} 2f_{i-2} & -7f_{i-1} & 11f_i \\ -f_{i-1} & 5f_i & 2f_{i+1} \\ 2f_i & 5f_{i+1} & -f_{i+2} \end{pmatrix}^{\mathrm{T}} \cdot \begin{pmatrix} d_0 \\ d_1 \\ d_2 \end{pmatrix} \tag{6.34}$$

$$= \frac{1}{60}(2f_{i-2} - 13f_{i-1} + 47f_i + 27f_{i+1} - 3f_{i+2})$$

从而得到最优权重 d_k：

$$d_0 = 1/10, \ d_1 = 6/10, \ d_2 = 3/10 \tag{6.35}$$

非线性权重 ω_k 定义如下：

$$\omega_k = \frac{\alpha_k}{\sum\limits_{k=0}^{r-1} \alpha_k}, \ \alpha_k = \frac{d_k}{(\varepsilon + \beta_k)^2}, \ r = 3 \tag{6.36}$$

其中,为了避免分母为零,在公式(6.36)中添加小量 $\varepsilon = 10^{-6}$。β_k 表示光滑指示器,其公式为

$$\beta_k = \sum_{i=1}^{r-1} \Delta x^{2i-1} \int_{x_{j-1/2}}^{x_{j+12}} \left(\frac{\mathrm{d}^i \hat{f}^k}{\mathrm{d}x^i} \right)^2 \mathrm{d}x, \ r = 3 \tag{6.37}$$

根据插值多项式的形式 $\hat{f}_k(x) = b_0 + b_1 x + \cdots + b_{r-1} x^{r-1}$, $r = 3$, 得到:

$$\beta_k = b_1^2 \Delta x^2 + \frac{13}{3} b_2^2 \Delta x^4 \tag{6.38}$$

从而得到:

$$\begin{cases} \beta_0 = \dfrac{13}{12}(f_{i-2} - 2f_{i-1} + f_i)^2 + \dfrac{1}{4}(3f_i - 4f_{i-1} + f_{i-2})^2 \\[2mm] \beta_1 = \dfrac{13}{12}(f_{i-1} - 2f_i + f_{i+1})^2 + \dfrac{1}{4}(f_{i+1} - f_{i-1})^2 \\[2mm] \beta_2 = \dfrac{13}{12}(f_{i+2} - 2f_{i+1} + f_i)^2 + \dfrac{1}{4}(f_{i+2} - 4f_{i+1} + 3f_i)^2 \end{cases} \tag{6.39}$$

至此,以 $\hat{f}_{i+1/2} > 0$ 为例,给出了数值通量 $\hat{f}_{i+1/2}^+$。根据量级分析可知,WENO5 在光滑区域能达到五阶精度。对于 $\hat{f}_{i+1/2} < 0$, 只需采用与上述关于

$x_{i+1/2}$ 点对称的三个子模板即可得到 $\hat{f}_{i+1/2}^-$。半点通量计算如下:

$$\hat{f}_{i+1/2} = \hat{f}_{i+1/2}^+ + \hat{f}_{i+1/2}^- \tag{6.40}$$

WENO7 的构造过程与 WENO5 类似,表 6.1 所示其最优权重和子模板的多项式重构系数,构造过程不予赘述。

表 6.1　WENO7 中最优权重和子模板的多项式重构系数

l	d_l	$m = 0$	$m = 1$	$m = 2$	$m = 3$
3	4/35	1/4	13/12	−5/12	1/12
2	18/35	−1/12	7/12	7/12	−1/12
1	12/35	1/12	−5/12	13/12	1/4
0	1/35	−1/4	13/12	−23/12	25/12

6.2.2.2　WENOCU 格式的构造形式

中心迎风型 WENOCU 格式是由 Hu 等[28,29] 提出的具有代表性的改进型格式。以四阶 WENOCU4(CU4) 为例,该格式借鉴了 WENO3－Z 构造权重的思想,在 WENO3 重构模板的基础上添加了背风模板 S_2 的贡献以及四阶精度中心对称模板 S_4 的最优权重,理论上其能在光滑区域达到四阶精度。图 6.2 所示左侧单元面处 WENOCU4 的重构模板。

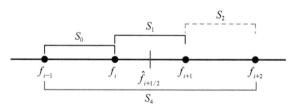

图 6.2　WENOCU4 在左侧单元面 $x_{i+1/2}$ 处重构过程[30]

子模板 $\hat{f}_{k,\,i+1/2}$ 的数值通量及其光滑指示器 β_k 分别为

$$\begin{cases} \hat{f}_{0,i+1/2} = -\dfrac{1}{2}f_{i-1} + \dfrac{3}{2}f_i \\[2mm] \hat{f}_{1,i+1/2} = \dfrac{1}{2}f_i + \dfrac{1}{2}f_{i+1} \\[2mm] \hat{f}_{2,i+1/2} = \dfrac{3}{2}f_{i+1} - \dfrac{1}{2}f_{i+2} \end{cases} \tag{6.41}$$

$$\begin{cases} \beta_0 = (-f_{i-1} + f_i)^2 \\ \beta_1 = (-f_i + f_{i+1})^2 \\ \beta_2 = (-f_{i+1} + f_{i+2})^2 \end{cases} \tag{6.42}$$

四阶中心对称模板 S_4 的数值通量 $\hat{f}_{4,\,i+1/2}$ 及其光滑指示器 β_4 分别为

$$\hat{f}_{4,\,i+1/2} = -\frac{1}{12}f_{i-1} + \frac{7}{12}f_i + \frac{7}{12}f_{i+1} - \frac{1}{12}f_{i+2} \tag{6.43}$$

$$\beta_4 = \frac{1}{36}(-2f_{i-1} - 3f_i + 6f_{i+1} - f_{i+2})^2 + \frac{13}{12}(f_{i-1} - 2f_i + f_{i+1})^2$$
$$+ \frac{781}{720}(-f_{i-1} + 3f_i - 3f_{i+1} + f_{i+2})^2 \tag{6.44}$$

最优线性权重 d_k 为

$$d_0 = \frac{1}{6}, \ d_1 = \frac{2}{3}, \ d_2 = \frac{1}{6} \tag{6.45}$$

类似 WENO3 – Z,非线性权重 ω_k 为

$$\omega_k = \frac{\alpha_k}{\sum\limits_{k=0}^{2}\alpha_k}, \ \alpha_k = d_k\left(C + \frac{\tau_4}{\beta_k + \varepsilon}\right), \ k = 0, \ 1, \ 2 \tag{6.46}$$

其中,τ_4 表示参考光滑指示器,最优中心模板 S_4 的光滑指示器 β_4 替代 β_2 用于构造数值通量。公式(6.46)能够有效判断迎风模板和逆风模板的权重,对于流场中足够光滑的区域,格式趋近于最优的四阶中心差分格式,反之对于大梯度变化区域,逆风模板作用消失,格式退化为经典 WENO 格式。在激波等间断附近,通过比较迎风模板的权重系数判断哪个子模板占主导作用,从而确定激波位置;当所有光滑指示器均具有相同量级时,即对于光滑区域,通过引入参数 C 促使权重趋向于最优权重。由此 WENOCU4 格式能根据流动参数的变化自适应地判断和使用模板类型,在同 WENO3 的全局模板宽度上,可以实现光滑区域的更高阶精度,并且即使多计算一个模板也不会对计算效率带来显著的降低。

对于参数 C 量级的影响,当其取值较小时,可以较好地保持激波捕捉能力,但是会在光滑区域包含较多的数值耗散;当参数 C 取值较大时,可以有效地抑制光滑区域的抹平效应,但是可能在间断区域附近引入明显的数值振荡。现有研究表明 C 的量级应该为 $O(10)$,通过广泛的数值测试[30],本节提供 WENOCU4

的建议值为 $C = 40$。同理,WENOCU6 格式[28,29]基于 WENO5 – Z[19] 的思想,其构造过程与 WENOCU4 类似,目前普遍选取 $C = 20$ 为建议值,这里不予赘述。

6.2.2.3 无黏项求解过程

设有守恒型方程组 $\dfrac{\partial \boldsymbol{U}}{\partial t} + \dfrac{\partial \boldsymbol{F}}{\partial \xi} = 0$,$\boldsymbol{U} = (\bar{\rho}, \bar{\rho}\tilde{u}, \bar{\rho}\tilde{v}, \bar{\rho}\tilde{w}, \bar{\rho}\tilde{e})$ 表示守恒变量,$\boldsymbol{F}$ 表示无黏通量,存在 Jacobian 系数矩阵 $\boldsymbol{A} = \dfrac{\partial \boldsymbol{F}}{\partial \boldsymbol{U}}$,得到:

$$\frac{\partial \boldsymbol{U}}{\partial t} + \boldsymbol{A}\,\frac{\partial \boldsymbol{U}}{\partial \xi} = 0 \qquad (6.47)$$

其中,$\boldsymbol{A}$ 表示基于 Roe 平均方法得到的 Jacobian 矩阵。

考虑局部特征分解形式,对守恒变量和无黏通量进行通量分裂,计算单元面处的数值通量,过程如下。

(1) 将守恒变量和无黏通量投影到特征空间,该过程需要特征矩阵,通常采用 Roe 平均方法,即:

$$\boldsymbol{q} = \boldsymbol{R}^{-1}\boldsymbol{U}, \ \boldsymbol{f} = \boldsymbol{R}^{-1}\boldsymbol{F} \qquad (6.48)$$

其中,$\boldsymbol{q}$ 和 $\boldsymbol{f}$ 分别表示守恒变量和无黏通量经由 Jacobian 矩阵的左特征矩阵 $\boldsymbol{R}^{-1}$ 作用后投影到特征空间的特征通量。按照 Roe 平均方法定义物理量,即 $\bar{\rho}_{i+\frac{1}{2}} = \sqrt{\bar{\rho}_i} \cdot \sqrt{\bar{\rho}_{i+1}}$,$\tilde{u}_{i+\frac{1}{2}} = \dfrac{\tilde{u}_{i+1}\sqrt{\bar{\rho}_{i+1}} + \tilde{u}_i\sqrt{\bar{\rho}_i}}{\sqrt{\bar{\rho}_{i+1}} + \sqrt{\bar{\rho}_i}}$,$\tilde{v}_{i+\frac{1}{2}}$,$\tilde{w}_{i+\frac{1}{2}}$ 等计算过程类似。

(2) 通过矢通量分裂方法计算正负方向的数值通量。目前常用 Steger – Warming 和 Lax – Friedrichs(L – F)方法。通常来说,前者的数值耗散较低,但是对于复杂算例容易发生数值失稳情况;后者则可以较好地平衡耗散性和稳定性的两者关系。为此,本节采用全局 L – F 分裂方法,即采用局部 Jacobian 矩阵最大特征值(谱半径)分裂方法,则无黏通量 $\boldsymbol{f}$ 可根据特征值的正负分为正向、负向亚矢量 $\boldsymbol{f}^+$、$\boldsymbol{f}^-$,对于 $\boldsymbol{f}$ 中的一个元素 f,有:

$$f^{(l)\pm} = (f^{(l)} \pm \lambda_{\max(l)} q^{(l)})/2 \qquad (6.49)$$

其中,$\lambda_{\max(l)} = \max|\lambda_i^{(l)}|$,$i = 1, \cdots, N$ 表示当地 Jacobian 矩阵的最大的特征值。

(3) 利用 WENO 格式重构计算单元面处 $i + 1/2$ 的数值通量。

(4) 将上述数值通量通过特征矩阵 $\boldsymbol{U} = \boldsymbol{Rq}$ 反变换到物理空间,得到原始变量。

6.2.3　一类高精度的激波感知器

评价激波感知器性能的准则为：首先能够准确地标记出间断区域的位置而没有过多的误判，其次是分辨率要尽可能高，即识别的激波厚度要尽可能小，由此显著地区分间断区域和光滑区域。目前，激波感知器一般包括四类：第一类是经典的感知器（Harten[31]、Jameson 等[32]、Ren 等[33]）严重依赖于当地流场参数的绝对变化率（如密度）来判断间断区域的位置，其实际计算精度和效率需要进一步改进；第二类是基于流场物理信息的 Ducros 感知器[34]以及各种变种[35,36]，但该算法不适用于一维模拟，其在实际应用中也存在识别精度较差等问题；第三类是传统的基于 WENO 权重的感知器（Hill 和 Pullin[37]、Visbal 和 Gaitonde[38]、Movahed 和 Johnsen[39]），多采用的是一阶或者二阶的流场信息变化来判别流场的光滑性，所以在实际使用中也会出现对于间断区域的错误标记；第四类是基于 multi-resolution（MR）[40]分析的激波感知器，这类激波感知器构造形式复杂，但是识别精度较高，也获得了广泛应用[40]。在有针对性的理论分析和广泛的数值测试后发现现有的激波感知器或多或少存在激波识别区域出现误判，并且分辨率低等不足。

本节介绍一种鲁棒性强、具有高分辨率的基于 WENO 权重的新型感知器（记为 Present）[27,41]。该激波感知器基于经典 WENO 格式的基本原理：在强间断区域，对于给定模板的非线性权重 ω_l 将自动降为零，而在充分光滑的区域，非线性权重 ω_l 等于理想权重 d_l。因此，ω_l 和 d_l 的相对偏差反映了流场的光滑程度。而且，这种激波感知器的设计思想基于 WENO 重构过程的计算思路，没有人为引入的设定参数，因此可以保证一定的数值鲁棒性和普适性，其表达式如下：

$$r_i = \frac{\sum_{l=0}^{\gamma-1} \left| \dfrac{\omega_l}{d_l} - 1 \right|^{\theta}}{\left| \dfrac{1}{\min_m d_m} - 1 \right|^{\theta} + (\gamma - 1)}, \quad l = m = 0, 1, \cdots, \gamma - 1 \qquad (6.50)$$

其中，l 和 m 均表示子模板的编号；θ 是控制线性与非线性权重相对偏差的敏感度的指数参数，一般采用 $\theta = 2$，6.3.3 小节将以混合格式为例给出 θ 对于数值解的影响；γ 为给定一个全局模板所包含的子模板的数量，分子表示给定某个全局模板的权重总偏差，分母表示分子可能取得的最大值，此举为归一化的目的，即 $0 \leqslant r_i \leqslant 1$，方便后续判断流场的间断与否。$r_i$ 越大，表示流场越不光滑，对于强间断区域, $r_i = 1$; 对于充分光滑区域, $r_i = 0$。采用密度信息用于激波感知器的计算。除了内置归一化并且没有引入任何参数外,该感知器的优势在于: 考虑了相对偏差的影响,并且所有子模板在光滑度判断方面具有相同的重要性,从理论上分析会保持较高的精度。6.3.3.1 小节将给出上述各类激波感知器的对比结果。

6.2.4　高效自适应 EWENO 型激波捕捉格式

在 WENOCU 格式的实际应用中,参数 C 量级的选取会显著地影响格式的鲁棒性、激波捕捉精度和光滑区的耗散性。为了维持 WENOCU 格式的数值稳定性,保持准确的激波捕捉特性,同时尽可能地降低光滑区的数值耗散,本节介绍一类高效自适应 EWENOCU 格式框架[27,30,42-45],通量分裂采用 Roe 平均算法结合 Lax - Friedrichs 方法。该格式的基本思想是根据局部流场信息的变化自适应地调节参数 C 的值,即在光滑区域应用 $C = C_{\max}$ 以有效地降低格式的数值耗散,而在间断附近应用 $C = C_{\min}$ 以有效地保留激波捕捉能力,自适应参数 C 定义为

$$C = (1 - \psi) \times (C_{\max} - C_{\min}) + C_{\min} \qquad (6.51)$$

其中,二进制型加权函数 ψ 由公式(6.86)定义,在广泛的测试后选取 $\xi = 0.7$ 作为参考值。一般来说,设定 $C_{\min} = C$。对于不同阶数的 EWENOCU 格式, $C_{\min}$ 和 $C_{\max}$ 取值往往存在显著差异,这是由于更高精度的数值格式往往伴随着更多的数值不稳定性,因此,对于 EWENOCU6 来说,需要适当降低自适应参数 C 值以避免产生数值振荡。在广泛的测试后,表 6.2 整理了两类 EWENOCU 格式的参考值。

表 6.2　EWENOCU 格式 $C_{\min}$ 和 $C_{\max}$ 取值[27,30]

数　值　格　式	$C_{\min}$	$C_{\max}$
EWENOCU4	40	400
EWENOCU6	20	200

需要注意的是,在求解公式(6.50)中 r_i 时,需要用到 WENO 重构过程中的 ω_k 信息。其处理原则如下: 以 EWENOCU4 格式为例,采用 WENO3 相关的参数来求解 ω_k 值,进而获得 r_i。其主要原因在于,WENOCU4 基于 WENO3 - Z 的构造原理,因此采用 WENO3 的参数求解 r_i 可以避免因采用 WENOCU4(需要初始

参数 C 值)的求解对于后续 EWENOCU4 格式构造以及对于选取参数 C_{max} 的影响。另一方面。仅采用 WENO3 迎风子模板可以适当提高计算效率。同理,对于 EWENOCU6 的 r_i 的求解,采用 WENO5 的参数。

6.3　线性差分格式及混合格式

高阶线性差分格式广泛应用于直接数值模拟、湍流大涡模拟以及计算气动声学问题中,尤其是对于流场光滑区域的处理,可以获得精细的流场结构。线性差分格式主要包括紧致差分格式和中心差分格式。然而,对于超声速流场中常常出现的强间断的情况,这两类格式本身的固有的色散特性将不可避免地产生非物理振荡,即 Gibbs 现象[46-48],并且这种振荡不会随网格加密而衰减。

另外,虽然非线性 WENO 格式能够鲁棒而又稳定地求解含激波等强间断的流场,并且可以构造任意阶精度,但是其不足之处包括:① 构造过程依赖于非线性光滑指示器的数值大小来识别激波位置,在局部位置处会导致格式降阶;② 数值黏性比较大,对于光滑波动具有明显的耗散抹平作用;③ 特征分裂过程中反复投影矩阵运算以及非线性加权过程的计算复杂度较高,在复杂流场中全场使用这类格式是不经济的做法。

解决上述问题的办法是耦合线性差分格式和非线性差分格式来构造混合格式[49-51]中,即将 WENO 的非线性加权过程造成的数值耗散限制在间断附近,而在流场的光滑区域采用线性差分格式,这类方法兼顾了高分辨率、高计算效率以及良好的鲁棒性。这里将分别选取迎风型紧致格式(upwind-compact,记为 UC)、能量一致中心差分格式(energy-conservation,记为 EC)、紧致/WENO 混合格式和中心差分/WENO 混合格式进行介绍。

6.3.1　紧致差分格式

紧致差分格式在处理复杂问题时兼具高精度和稳定性,在同基架上可达到比传统差分格式更高的精度,其分辨率接近谱方法,显著提高了计算效率以及稳定性,并且对于边界条件的处理相对容易,在大规模工程计算中能够减少迭代过程中的累积误差。因此,在各种复杂流动问题的数值模拟中得到了广泛应用与发展。

紧致差分格式分为中心型格式和迎风型格式,其中,中心型紧致格式本身无耗散,虽然在短波问题上具有良好的类谱性质,但是其色散型的截断误差难以抑制计算过程中的奇偶失联,即使在流场光滑区,也可能导致随着精度提高而增大的高频振荡,在实际使用中往往需要加入人工黏性。迎风型紧致格式本身具有一定数值黏性,能够有效地抑制高频非物理振荡,且具有较高的数值精度,更适合各种尺度范围的湍流结构的数值模拟。

Lele[2]对一类 Pade 格式进行了系统总结,提出了最高精度到十阶的中心型紧致差分格式,这类格式表现出良好的类谱性质,具有较高的分辨率,被广泛应用于剪切流的数值模拟。Tolstykh 和 Lipavskii[52]建立了一类具有固有耗散的线性迎风型紧致格式,Visbal 和 Gaitonde[53]采用滤波方法以消除紧致格式的伪数值振荡。Fu 和 Ma[54]开发了一种具有五阶精度的迎风型紧致格式,有效地解决了对流占优问题,为了进一步提高其精度,在模板点数不增的前提下提出了一类超紧致型格式[55]。刘秋生等[56]系统总结并推广了上述紧致格式,提出了广义型紧致格式。张涵信和庄逢甘[57]在深入研究高阶差分格式的稳定性后,认为其需要同时满足"抑制波动原则"和"稳定性原则"这两大准则,并且指出上述格式均不满足"抑制波动原则",即使这些格式均采用较小的模板宽度,并具有高精度的优势,在计算中仍然容易引发数值振荡甚至发散的问题。针对上述问题,沈孟育和蒋莉[58]发展了同时符合上述准则又具有高分辨率的广义型紧致差分格式。Chu 和 Fan[59]首先基于均匀网格,提出了具有一种具有六阶精度的联合紧致格式(CCDS),然后基于非均匀网格和交错网格,做了进一步的推广,这类格式也获得了广泛应用。近年来,Shukla 和 Zhong[60]、Zhang 等[61]、He 等[62]也进行了类似的工作。

紧致格式在实际求解时需要全局求解方程组,本节以五阶守恒型迎风型紧致格式(UC5)为例,介绍紧致格式的计算思想。

假设流体是无黏可压缩的,一维守恒型标量形式的对流方程为

$$\frac{\partial u}{\partial t} + \frac{\partial f(u)}{\partial x} = 0, \ u(x, 0) = u_0(x), \ -\infty < x < +\infty \qquad (6.52)$$

其中,$u(x_i, t)$ 表示守恒型输运量;$f(u)$ 表示数值通量。在均匀网格间距 h、节点 $x_i = i \cdot h$ 上公式(6.52)的半点离散形式为

$$\frac{dv_i}{dt} = -\frac{1}{h}(\hat{f}_{i+1/2} - \hat{f}_{i-1/2}) \approx \frac{\partial f(u)}{\partial x}\bigg|_i \qquad (6.53)$$

其中,$v_i(t) \approx u(x_i, t)$ 表示数值通量函数;$\hat{f}_{i+1/2}$ 表示期望通量值。一般而言,

对于一般的非线性微分方程,首先需要对数值通量 $\hat{f}$ 进行数值分裂以获得正负通量,这里采用 Lax-Friedrichs 分裂方法,并且仅给出 $\hat{f}^+$ 时的计算公式,对于 $\hat{f}^-$ 的情况,只需将下述过程作对称变换即可,为了方便记述,省略正负号的上标。

紧致格式的广义形式为

$$\sum_{l=-L_1}^{L_2} \alpha_l \hat{f}_{i+1/2+l} = \sum_{m=-M_1}^{M_2} \alpha_m f_{i+m} \tag{6.54}$$

根据泰勒展开,若使公式 (6.54) 为 p 阶精度,则需满足:

$$(n+1)\sum_{l=-L_1}^{L_2} \alpha_l l^n - \sum_{m=-M_1}^{M_2} \alpha_m \left[m^{n+1} - (m_1)^{n+1} \right] = 0, \quad n = 0, \cdots, p-1 \tag{6.55}$$

其对应的五阶迎风型紧致格式为

$$9\hat{f}_{i-1/2} + 18\hat{f}_{i+1/2} + 3\hat{f}_{i+3/2} = f_{i-1} + 19f_i + 10f_{i+1} \tag{6.56}$$

对于紧致格式而言,其边界处的误差可以传遍整个流场,合理的边界离散方法是非常有必要的。这里在边界处采用显式差分的形式:

$$\hat{f}_{1/2} = \frac{1}{4}f_0 + \frac{13}{12}f_1 - \frac{5}{12}f_2 + \frac{1}{12}f_3 \tag{6.57}$$

$$\hat{f}_{n+1/2} = \frac{25}{12}f_n - \frac{23}{12}f_{n-1} + \frac{13}{12}f_{n-2} - \frac{1}{4}f_{n-3} \tag{6.58}$$

右边界采用了外插的方法,对应出流边界条件,而左边界则采用了额外的虚拟点 x_0 上的值,来流的边界条件即加在该虚拟点上。

同理,七阶迎风紧致格式(UC7)的表达式如下,其计算过程与上述推导过程类似,不予赘述:

$$120\hat{f}_{i-1/2} + 240\hat{f}_{i+1/2} + 60\hat{f}_{i+3/2} = -f_{i-2} + 19f_{i-1} + 239f_i + 159f_{i+1} + 4f_{i+2} \tag{6.59}$$

6.3.2　中心差分格式

对于激波湍流相互作用的高精度数值模拟而言,一种强鲁棒的低耗散或无耗散的数值格式是非常必要的。然而,如果没有额外的数值黏性,经典的满足非线性守恒律的中心差分格式将不可避免地产生数值振荡[63]。这种不足主要是由非线性对流项的离散计算引起的混叠误差的积累[64],或者是不能离散地保持与守恒方程相关的二次不变量[65,66]。对于不可压缩极限情况下的无界(或周期)域,欧拉方程中总动能是守恒的。

通过保证对流项的熵守恒或能量守恒特性可以得到强鲁棒的中心差分格式,分别是熵一致型格式(entropy-consistent scheme)和能量一致型格式(energy-consistent scheme)[67]。熵一致型格式具有低耗散性和计算稳定性,但是计算效率较低,不利于大规模计算。能量一致型格式在光滑部分具有稳定、无耗散的优势,与迎风格式相比,能量一致型格式更加直观;与熵一致型格式相比,能量一致型格式稳定性更强;相比于同阶数的紧致差分格式,能量一致型格式具有更高的计算效率。

在算法设计上,能量一致型格式主要是对 Navier-Stokes(N-S)方程中对流项进行"斜分裂"构造以保持其能量守恒的特性。Feiereisen[68]和 Blaisdell 等[69]分别设计了一类"二次分裂"的形式以实现能量守恒的特性。然而,这类方法本质上并不满足能量守恒,因而在实际应用中受限。Kennedy 和 Gruber[70]进一步提出了一种"立方分裂"形式,当连续性方程也采用这种"斜分裂"形式时,对流项可以很好地满足能量守恒。Ducros 等[34]认为对于显式中心差分格式而言,对流项的一阶导数的精度可达六阶。Pirozzoli[63]系统地总结了上述研究,证明了"立方分裂"形式的数值解比"二次分裂"形式更稳定,特别是对于大梯度密度变化的流场。此外,Pirozzoli[71]证明了采用"斜分裂"形式的显式中心差分格式可以扩展到任意阶精度。

值得注意的是,在对流项处理方面,采用具有相同"斜分裂"构造的紧致差分格式的离散近似,无法保证其能量守恒特性。鉴于紧致格式的守恒性问题,采用能量一致型的中心差分格式来解析光滑波动更具应用前景。本节主要介绍能量一致型中心差分格式(EC)的构造原理,所采用的是 Pirozzoli[71]给出的广义"斜分裂"分裂形式。这里简单介绍能量一致型格式通过"斜分裂"形式来保持方程守恒性的思想。

对于可压缩流动而言,守恒变量的输运方程一般采用如下守恒形式:

$$\frac{\partial \rho \varphi}{\partial t} + \frac{\partial \rho u_i \varphi}{\partial x_i} = \frac{\partial F_{\varphi i}}{\partial x_i} \qquad (6.60)$$

其中,t 表示时间;x_i 表示空间坐标系;ρ 表示密度;u_i 表示速度向量的各分量;$F_{\varphi i}$ 表示通量 φ 的分量。"守恒形式"的物理意义缘于公式(6.60)的本质,对其进行高斯散度处理得到：

$$\frac{\mathrm{d}}{\mathrm{d}t}\int_V(\rho\varphi)\,\mathrm{d}V = \int_S\left(F_{\varphi i} - \rho u_i\varphi\right)n_i\mathrm{d}S \tag{6.61}$$

其中，S 表示体积 V 的表面积；n_i 表示控制体表面的外法向矢量。对于可压缩流动而言，如果没有流出表面的通量 $\left(F_{\varphi i} - \rho u_i\varphi\right)n_i$，那么控制体内的密度加权变量和 $\rho\varphi$ 将不随时间变化。这意味着把输运方程写成守恒形式时，对于周期性或无通量改变的流动，其体积内的 $\rho\varphi$ 将在时间上保持恒定。把公式（6.60）中的对流项记为散度形式。如果联立连续性方程 $\dfrac{\partial\rho}{\partial t} + \dfrac{\partial\rho u_i}{\partial x_i} = 0$，公式（6.60）的左手项等价为

$$\rho\frac{\partial\varphi}{\partial t} + \rho u_i\frac{\partial\varphi}{\partial x_i} = \frac{\partial F_{\varphi i}}{\partial x_i} \tag{6.62}$$

值得注意的是，由于连续性方程在离散过程中不是始终满足的，因此上述等价形式也不是始终成立的。分别把连续性方程、对流项的散度形式和对流项的对流形式分别记为 $(\mathrm{Cont.})$、$(\mathrm{Div.})_\varphi$ 和 $(\mathrm{Adv.})_\varphi$，即

$$\begin{aligned}
(\mathrm{Cont.}) &\equiv \frac{\partial\rho}{\partial t} + \frac{\partial\rho u_i}{\partial x_i}(= 0) \\[2mm]
(\mathrm{Div.})_\varphi &\equiv \frac{\partial\rho\varphi}{\partial t} + \frac{\partial\rho u_i\varphi}{\partial x_i} \\[2mm]
(\mathrm{Adv.})_\varphi &\equiv \rho\frac{\partial\varphi}{\partial t} + \rho u_i\frac{\partial\varphi}{\partial x_i}
\end{aligned} \tag{6.63}$$

由于连续性方程带来公式（6.60）和公式（6.62）的等价性，时间导数项也被包括在上述定义中，易得

$$(\mathrm{Div.})_\varphi = (\mathrm{Adv.})_\varphi + \varphi(\mathrm{Cont.}) \tag{6.64}$$

"斜分裂"形式的定义为对流项散度形式和对流形式的算术平均，即

$$\begin{aligned}
(\mathrm{Skew.})_\varphi &\equiv \frac{1}{2}(\mathrm{Div.})_\varphi + \frac{1}{2}(\mathrm{Adv.})_\varphi = (\mathrm{Div.})_\varphi - \frac{1}{2}\varphi(\mathrm{Cont.}) \\[2mm]
&= (\mathrm{Adv.})_\varphi + \frac{1}{2}\varphi(\mathrm{Cont.})
\end{aligned} \tag{6.65}$$

可以看到,如果(Cont.)= 0,那么"斜分裂"形式、对流项散度形式和对流形式是等价的。直接通过上述算术平均可以得到一种直观的"斜分裂"形式:

$$(\text{Skew.})_\varphi = \frac{1}{2}(\text{Div.})_\varphi + \frac{1}{2}(\text{Adv.})_\varphi = \frac{1}{2}\left(\frac{\partial \rho\varphi}{\partial t} + \rho\frac{\partial \varphi}{\partial t}\right) + \frac{1}{2}\left(\frac{\partial \rho u_i\varphi}{\partial x_i} + \rho u_i\frac{\partial \varphi}{\partial x_i}\right)$$

$$(6.66)$$

然而,上述"斜分裂"形式包含多个时间导数项,用显式时间积分较为困难。通过合理变换可以得到下述有效的"斜分裂"形式:

$$\frac{1}{2}\left(\frac{\partial \rho\varphi}{\partial t} + \rho\frac{\partial \varphi}{\partial t}\right) = \left(\frac{\partial \rho\varphi}{\partial t} - \frac{\varphi}{2}\frac{\partial \rho}{\partial t}\right) = \left(\rho\frac{\partial \varphi}{\partial t} + \frac{\varphi}{2}\frac{\partial \rho}{\partial t}\right) = \sqrt{\rho}\frac{\partial \sqrt{\rho}\,\varphi}{\partial t} \quad (6.67)$$

$$\frac{1}{2}\left(\frac{\partial \rho u_i\varphi}{\partial x_i} + \rho u_i\frac{\partial \varphi}{\partial x_i}\right) = \left(\frac{\partial \rho u_i\varphi}{\partial x_i} - \frac{\varphi}{2}\frac{\partial \rho u_i}{\partial x_i}\right) = \left(\rho u_i\frac{\partial \varphi}{\partial x_i} + \frac{\varphi}{2}\frac{\partial \rho u_i}{\partial x_i}\right) = \sqrt{\rho u_i}\frac{\partial \sqrt{\rho u_i}\,\varphi}{\partial x_i}$$

$$(6.68)$$

其中,$\sqrt{\rho u_i}\dfrac{\partial \sqrt{\rho u_i}\,\varphi}{\partial x_i} \equiv \displaystyle\sum_{i=1}^{3}\sqrt{\rho u_i}\dfrac{\partial \sqrt{\rho u_i}\,\varphi}{\partial x_i}$ 用于三维问题。从而得到:

$$(\text{Skew.})_\varphi \equiv \sqrt{\rho}\frac{\partial \sqrt{\rho}\,\varphi}{\partial t} + \frac{1}{2}\left(\frac{\partial \rho u_i\varphi}{\partial x_i} + \rho u_i\frac{\partial \varphi}{\partial x_i}\right) \tag{6.69}$$

由于对流项的散度形式本身具备守恒性,也就是不依赖于连续性方程。这里给出"斜分裂"守恒性的证明:

$$\varphi(\text{Skew.})_\varphi = \frac{\partial \rho\varphi^2/2}{\partial t} + \frac{\partial \rho u_i\varphi^2/2}{\partial x_i} \tag{6.70}$$

以 Feiereisen[68] 所提出的"二次分裂"形式为例,介绍"斜分裂"形式的守恒性:

$$(\text{qSkD.})_\varphi \equiv \frac{\partial \rho\varphi}{\partial t} + \frac{1}{2}\left(\frac{\partial \rho u_i\varphi}{\partial x_i} + \rho u_i\frac{\partial \varphi}{\partial x_i} + \varphi\frac{\partial \rho u_i}{\partial x_i}\right) \tag{6.71}$$

根据公式(6.65)~公式(6.68),并简单推导可以发现,采用"斜分裂"形式,式(6.71)可以始终保持守恒性,即

$$(\text{qSkD.})_\varphi = (\text{Skew.})_\varphi + \frac{1}{2}\varphi(\text{Cont.}) = (\text{Div.})_\varphi \tag{6.72}$$

接下来,介绍三种常见的"斜分裂"形式和离散形式。对于 N‑S 方程而言,广义的对流项导数的有限差分形式如下:

$$\frac{\partial \rho u_k \varphi}{\partial x_k} \tag{6.73}$$

其中,φ 表示标量形式的数值通量,对于连续性方程取值为 1、动量方程取值为 u_k,能量方程取值为 $H = \dfrac{\gamma}{\gamma - 1}\dfrac{p}{\rho} + \dfrac{u^2}{2}$。

为了简化分析,以一维斜分裂形式在均匀间距 h、节点 $x_i = i \cdot h$ 网格上的离散形式为例,对流导数的守恒型有限差分近似为

$$\left. \frac{\partial \rho u \varphi}{\partial x} \right|_{x = x_i} \approx \frac{1}{h}(\hat{f}_{i+1/2} - \hat{f}_{i-1/2}) \tag{6.74}$$

其中,$\hat{f}_{i+1/2}$ 为数值通量。

三种具有代表性的采用密度加权的"斜分裂"形式如下。

Feiereisen[68] 提出的"二次分裂"方式如下(FE‑SF):

$$\frac{\partial \rho u_i \varphi}{\partial x_i} = \frac{1}{2}\frac{\partial \rho u_i \varphi}{\partial x_i} + \frac{1}{2}\varphi\frac{\partial \rho u_i}{\partial x_i} + \frac{1}{2}\rho u_i \frac{\partial \varphi}{\partial x_i} \tag{6.75}$$

虽然 FE‑SF 分裂形式能保持动能守恒,并最小化中心差分格式的混叠误差,但这种形式仅适合不可压缩流或密度变化较弱的流场。

Blaisdell 等[69] 提出的"二次分裂"方式如下(BL‑SF):

$$\frac{\partial \rho u_i \varphi}{\partial x_i} = \frac{1}{2}\frac{\partial \rho u_i \varphi}{\partial x_i} + \frac{1}{2}u_i\frac{\partial \rho \varphi}{\partial x_i} + \frac{1}{2}\rho\varphi\frac{\partial u_i}{\partial x_i} \tag{6.76}$$

然而,BL‑SF 分裂形式无法保证动能守恒。

Kennedy 和 Gruber[70] 提出的广义"立方分裂"形式的分裂方法(KG‑SF)如下,这种稳定而鲁棒的形式适用于大梯度密度变化的流场。

$$\frac{\partial \rho u_i \varphi}{\partial x_i} = \alpha \frac{\partial \rho u_i \varphi}{\partial x_i} + \beta\left(u_i\frac{\partial \rho \varphi}{\partial x_i} + \rho\frac{\partial u_i \varphi}{\partial x_i} + \varphi\frac{\partial \rho u_i}{\partial x_i}\right)$$
$$+ (1 - \alpha - 2\beta)\left(\rho u_i\frac{\partial \varphi}{\partial x_i} + \rho\varphi\frac{\partial u_i}{\partial x_i} + u_i\varphi\frac{\partial \rho}{\partial x_i}\right) \tag{6.77}$$

Pirozzoli[63]证明了标准 KG - SF 分裂形式只有在 α、β 取特定值,即 $\alpha = \beta = \frac{1}{4}$ 时满足能量守恒性质(SP - SF)。

二阶标准中心差分及 SP - SF 分裂形式的半离散化形式为(EC2)

$$\hat{f}_{i+1/2} = \frac{f_{i+1} + f_i}{2} \tag{6.78}$$

$$\hat{f}_{i+1/2}^{\mathrm{EC}} = \frac{1}{8}\left[(\rho_{i+1} + \rho_i)(u_{i+1} + u_i)(\varphi_{i+1} + \varphi_i) + (\rho_i + \rho_i)(u_i + u_i)(\varphi_i + \varphi_i)\right] \tag{6.79}$$

四阶标准中心差分及 SP - SF 分裂形式的半离散化形式为(EC4)

$$\hat{f}_{i+1/2} = \frac{-f_{i+2} + 7f_{i+1} + 7f_i - f_{i-1}}{12} \tag{6.80}$$

$$\hat{f}_{i+1/2}^{\mathrm{EC}} = \frac{1}{48}\begin{bmatrix} -(\rho_{i+2} + \rho_i)(u_{i+2} + u_i)(\varphi_{i+2} + \varphi_i) \\ + 7(\rho_{i+1} + \rho_i)(u_{i+1} + u_i)(\varphi_{i+1} + \varphi_i) \\ + 7(\rho_i + \rho_i)(u_i + u_i)(\varphi_i + \varphi_i) \\ -(\rho_{i-1} + \rho_i)(u_{i-1} + u_i)(\varphi_{i-1} + \varphi_i) \end{bmatrix} \tag{6.81}$$

六阶标准中心差分及 SP - SF 分裂形式的半离散化形式为(EC6)

$$\hat{f}_{i+1/2} = \frac{f_{i+3} - 8f_{i+2} + 37f_{i+1} + 37f_i - 8f_{i-1} + f_{i-2}}{60} \tag{6.82}$$

$$\hat{f}_{i+1/2}^{\mathrm{EC}} = \frac{1}{240}\begin{bmatrix} (\rho_{i+3} + \rho_i)(u_{i+3} + u_i)(\varphi_{i+3} + \varphi_i) \\ - 8(\rho_{i+2} + \rho_i)(u_{i+2} + u_i)(\varphi_{i+2} + \varphi_i) \\ + 37(\rho_{i+1} + \rho_i)(u_{i+1} + u_i)(\varphi_{i+1} + \varphi_i) \\ + 37(\rho_i + \rho_i)(u_i + u_i)(\varphi_i + \varphi_i) \\ - 8(\rho_{i-1} + \rho_i)(u_{i-1} + u_i)(\varphi_{i-1} + \varphi_i) \\ + (\rho_{i-2} + \rho_i)(u_{i-2} + u_i)(\varphi_{i-2} + \varphi_i) \end{bmatrix} \tag{6.83}$$

八阶标准中心差分及 SP - SF 分裂形式的半离散化形式为(EC8)

$$\hat{f}_{i+1/2} = \frac{-3f_{i+4} + 29f_{i+3} - 139f_{i+2} + 533f_{i+1} + 533f_i - 139f_{i-1} + 29f_{i-2} - 3f_{i-2}}{840} \tag{6.84}$$

$$\hat{f}^{\text{EC}}_{i+1/2} = \frac{1}{3\,360} \begin{bmatrix} -\ 3(\rho_{i+4} + \rho_i)(u_{i+4} + u_i)(\varphi_{i+4} + \varphi_i) \\ +\ 32(\rho_{i+3} + \rho_i)(u_{i+3} + u_i)(\varphi_{i+3} + \varphi_i) \\ -\ 168(\rho_{i+2} + \rho_i)(u_{i+2} + u_i)(\varphi_{i+2} + \varphi_i) \\ +\ 672(\rho_{i+1} + \rho_i)(u_{i+1} + u_i)(\varphi_{i+1} + \varphi_i) \\ -\ 672(\rho_{i-1} + \rho_i)(u_{i-1} + u_i)(\varphi_{i-1} + \varphi_i) \\ +\ 168(\rho_{i-2} + \rho_i)(u_{i-2} + u_i)(\varphi_{i-2} + \varphi_i) \\ -\ 32(\rho_{i-3} + \rho_i)(u_{i-3} + u_i)(\varphi_{i-3} + \varphi_i) \\ +\ 3(\rho_{i-4} + \rho_i)(u_{i-4} + u_i)(\varphi_{i-4} + \varphi_i) \end{bmatrix} \tag{6.85}$$

6.3.3　混合格式

混合格式遵循的基本思想是：首先使用激波感知器识别激波位置，从而仅在流场的间断区域应用激波捕捉格式以发挥其稳定的激波捕捉特性，而在流场充分光滑区域应用线性差分格式以发挥其高精度、低耗散和高效率的特性。混合格式适用于研究复杂的激波/湍流相互作用，特别是在流场结构复杂但是不连续区域较少的流场计算中具有明显的优势，逐渐成为数值计算方法领域的热点问题，国内外学者在这方面做了很多的研究。Adams 和 Shariff[49] 率先提出了一种非保守型紧致/WENO 混合格式。Pirozzoli[50] 进一步发展了一种保守型紧致/WENO 混合格式。然而，上述混合格式采用的激波感知器是基于临界网格点附近的绝对偏差来识别流场的光滑度，难免会引起轻微的数值振荡和误判。Ren 等[33] 通过使用连续型激波感知器进一步提出一种紧致/WENO 混合格式，但该激波感知器严重依赖于一个与问题相关的参数，鲁棒性和适用性较差。Kim 和 Kwon[51] 开发了一种基于 Ren 等的改进型感知器的中心差分/WENO 混合格式，该格式与 Ren 等开发的格式在性能上接近，并且计算效率更高，但是对流项不满足能量守恒特性，因此也会存在数值不稳定现象。值得注意的是，通过设计不同激波感知器或者构造不同阶数的紧致/WENO 混合格式已经获得广泛研究。而对于中心差分/WENO 混合格式的研究相对较少，其主要原因是经典的中心差分格式容易产生数值不稳定性，特别是对于高雷诺数湍流的模拟。显然，高分辨率的激波感知器是保证混合格式稳定性、高精度和高效率的关键环节。与此同时，为了保证激波捕捉格式和线性差分格式的自适应切换，需要自适应的开关函数自动切换亚格式，从而充分发挥两种格式的优势并且保证稳定性。

本小节介绍两类高精度、强鲁棒、高效率的混合格式，第一类是紧致/WENO

混合格式,第二类是中心差分/WENOCU 混合格式,采用上节所介绍的高精度的激波感知器。

6.3.3.1 紧致/WENO 混合格式

紧致/WENO 混合格式的基本思想是仅在间断附近启动 WENO 激波捕捉格式,而在其他光滑区域迎风型紧致格式,这里以 UC7/WENO7 混合格式为例(记为 hybrid UC – WENO7 格式),介绍其通量混合的思想,其半节点的数值通量表示为

$$\hat{f}_{i+1/2} = (1 - \psi_{i+1/2})\hat{f}^{\mathrm{UC}}_{i+1/2} + \psi_{i+1/2}\hat{f}^{\mathrm{WENO}}_{i+1/2} \qquad (6.86)$$

其中,$\hat{f}^{\mathrm{UC}}_{i+1/2}$ 表示七阶迎风型紧致格式 UC7 的数值通量;$\hat{f}^{\mathrm{WENO}}_{i+1/2}$ 表示激波捕捉格式 WENO7 的数值通量,均采用全局 Lax – Friedrichs 通量分裂。二进制型开关函数 ψ_i 在激波附近为 1,其他位置为 0,对于半节点处,设定 $\psi_{i+1/2} = \max(\psi_i, \psi_{i+1})$。$\psi_i$ 定义如下:

$$\psi_i = \begin{cases} 1, & r_i \geq \varepsilon \\ 0, & \text{其他} \end{cases} \qquad (6.87)$$

其中,r_i 为式(6.50)激波感知器数值,ε 为某一阈值。

两种亚格式的相互转换过程可能降低混合格式的稳定性。为此,采用缓冲区方法来消除界面周围不同数值通量方法耦合引起的数值振荡,其主要思想是:当 $\psi_{i+1/2} = 1$ 时,采取 $\psi_{i-1/2} = \psi_{i+3/2} = 1$ 的方法在 WENO7 格式和 UC7 格式交界的区域构建缓冲区,从而增强混合格式的稳定性。缓冲区的方法使得混合格式的稳定性和鲁棒性大为提高,在广泛的测试中取得了不错的效果。

1. 声波折射模型

为了首先说明新型高精度基于 WENO 权重的激波感知器的性能,采用 Casper 和 Carpenter[72] 的方法来分析不同激波感知器在一维对流方程上的性能。声波折射模型假设某一线性扰动因 $x = 0$ 处左右两侧不同介质变化造成传播速度的突然变化,用于模拟实际的声波在不同介质中的传播问题,即

$$c = \begin{cases} c_1, & x \leq 0 \\ c_2, & x > 0 \end{cases} \qquad (6.88)$$

其中,$c_1 > c_2 > 0$。这条特征线从左向右传播并在 $x = 0$ 处不连续。假设间断上游的入射正弦波振幅为 $\epsilon_1 = \epsilon$、波数为 w_1,其精确解为

$$u(x,\ t) = \begin{cases} u_1(x,\ t) = c_2 + \epsilon_1 e^{iw_1(x-ct)}, & x \leqslant 0 \\ u_2(x,\ t) = c_1 + \epsilon_2 e^{jx_2(x-c_2t)}, & x > 0 \end{cases} \tag{6.89}$$

其中 $\epsilon_2 = \epsilon c_1/c_2$，$w_2 = w_1 c_1/c_2$，并且满足 Rankine－Hugoniot 条件[6-8]：

$$c_1 u_1(0,\ t) = c_2 u_2(0,\ t) \tag{6.90}$$

表 6.3 所示不同感知器的最大预估激波感知器阈值。采用边缘化的约化波数 $\varphi_2 = \omega_2 h \approx 1.12$，对应于每波长约 5 到 6 个点，刚好能捕捉一个波长的波形。

表 6.3　不同感知器的最大预估阈值

感知器	Harten	Jameson	Ren	MR	Hill	Visbal	Movahed
ϵ_{SC}	0.7	10^{-3}	0.5	0.5	14	10^{-5}	1.1
文献建议值				0.4~0.6	20~150	$10^{-7} \sim 10^{-2}$	

感知器	Present $(\theta = 1)$	Present $(\theta = 2)$	Present $(\theta = 4)$
ϵ_{SC}	0.8	0.7	0.45

图 6.3 给出了传统的激波感知器和新的激波感知器在一维线性对流方程上的数值解，可以看出所有感知器均在激波位置周围激活 WENO 格式，从而保证了良好的激波捕捉能力。然而，Harten、Jameson 和 Visbal 感知器在光滑区域也大面积地激活了 WENO 格式，使得在光滑区域表现出严重的数值耗散性，严重抹平了正弦波形。Ren 感知器相对较好，但是也出现较多零散的错误识别，使得

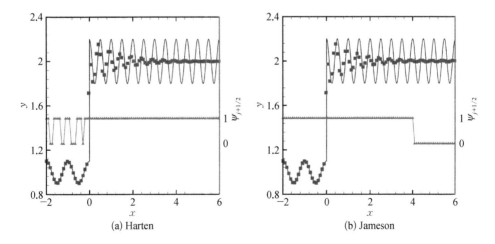

(a) Harten　　　　　　　　　　　　　　　(b) Jameson

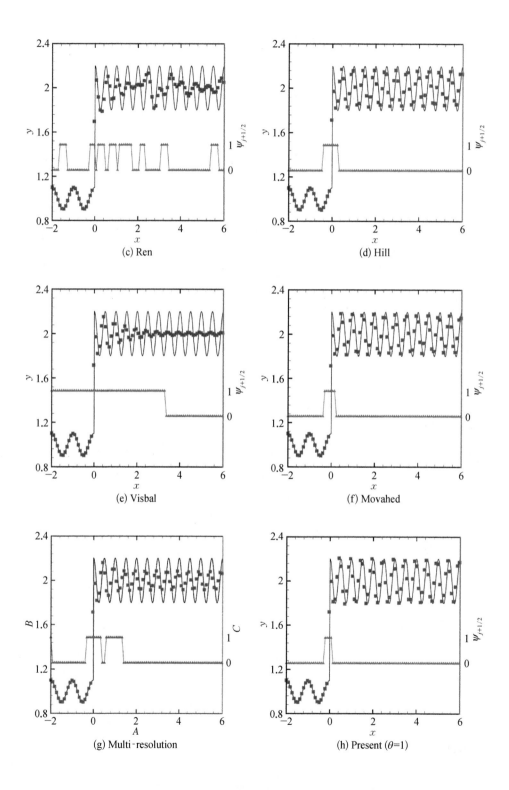

(c) Ren

(d) Hill

(e) Visbal

(f) Movahed

(g) Multi-resolution

(h) Present ($\theta=1$)

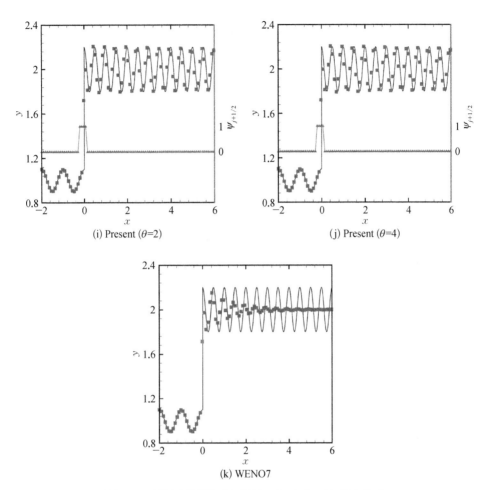

图 6.3　采用不同激波感知器的 **UC7/WENO7 混合格式**
在声波折射模型算例中的数值解[41]

激波下游的波形出现明显的抖动。其他的感知器表现较好,基本上仅在激波附
近激活 WENO 格式,但值得注意的是 Hill 和 Movahed 感知器标记激波的区域较
宽,Multi–resolution 激波感知器也在靠近激波的下游光滑区域出现明显的误
判。相比之下,新的激波感知器不仅精确地标记了激波位置,并且仅在激波附近
四个离散点处激活 WENO 格式,从而最大限度地减少了光滑区域的数值耗散。
与此同时,采用不同的 θ,新的激波感知器的数值表现类似,没有明显的差异,说
明其鲁棒性较好。值得注意的是,相比参考解果,数值结果具有一定的相位偏
移,该现象是由基准格式 WENO7 的色散本质造成的。

2. 二维黎曼问题

采用 Lax 和 Liu[73] 文献中的 3 号测试算例,其初始条件如下:

$$(\rho, u, v, p) = \begin{cases} (1.5, 0, 0, 1.5) & 0.5 \leq x \leq 1, 0.5 \leq y \leq 1 \\ (0.532\,3, 1.206, 0, 0.3) & 0 \leq x \leq 0.5, 0.5 \leq y \leq 1 \\ (0.138, 1.206, 1.206, 0.029) & 0 \leq x \leq 0.5, 0 \leq y \leq 0.5 \\ (0.532\,3, 0, 1.206, 0.3) & 0.5 \leq x \leq 1, 0 \leq y \leq 0.5 \end{cases}$$

$$(6.91)$$

计算截止时间 $t = 0.4$,该初始条件构成的四个界面形成四道激波,形成复杂的马赫反射模式,在三角点处的滑移线会形成涡旋。在这两条滑移线的相互作用下产生了一个指向左下角的蘑菇形射流。评价数值格式的标准在于能否捕获滑移线上 Kelvin–Helmholtz 不稳定性引起的涡结构,以及它们在射流头部的复杂相互作用。图 6.4 中左列给出在 800^2 网格上计算得到的流场密度图,而右列显示 WENO7 格式被激活的区域,感知器阈值仍然取表 6.3 中信息。在该网格分辨率下,WENO7 格式表现出极大的数值耗散性,仅能捕获主要的流动特征,包括激波,滑移线和射流,并没有任何涡旋结构。当使用经典感知器时,发现在射流尾迹中形成零星的涡旋[图 6.4(a)、(b)、(c)]。当使用高分辨率感知器时,可以发现更精细的细节,并且可以较早出现滑移线上的涡旋。当使用新的感知器时,观察到起始涡旋中更精细的细节,尤其是 $\theta = 1$ 结果中进一步证实新的感知器的激波识别精度。

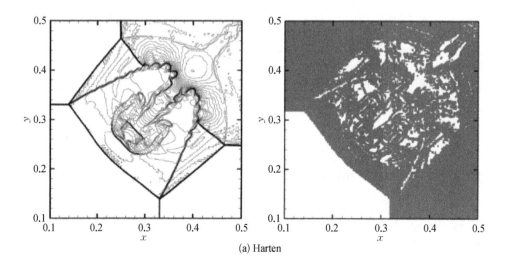

(a) Harten

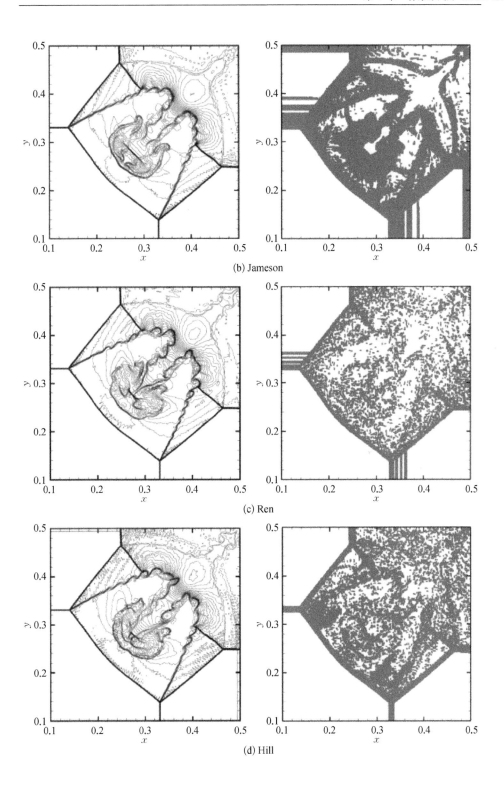

(b) Jameson

(c) Ren

(d) Hill

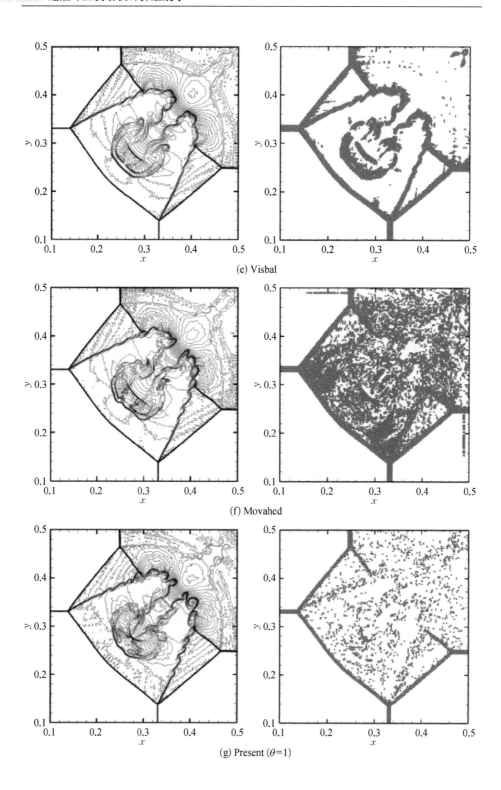

(e) Visbal

(f) Movahed

(g) Present ($\theta=1$)

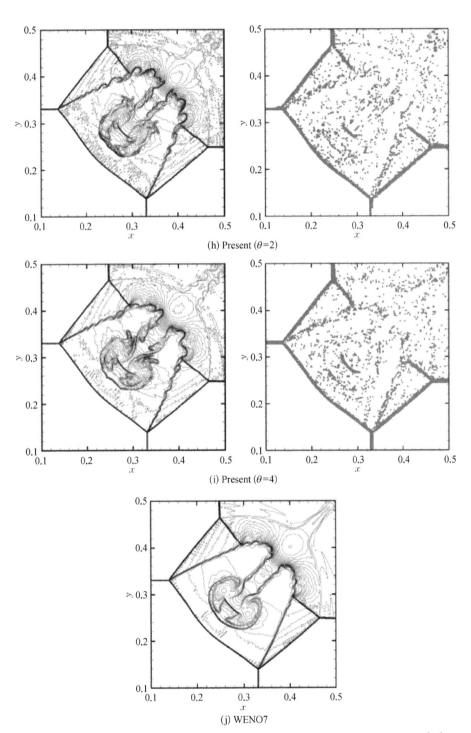

(h) Present ($\theta=2$)

(i) Present ($\theta=4$)

(j) WENO7

图 6.4　采用不同激波感知器的 **UC7/WENO7** 混合格式二维黎曼算例的数值解[41]

6.3.3.2 中心差分/WENO 混合格式

能量一致/WENCU 混合格式的基本思想是仅在间断附近启动激波捕捉 WENOCU 格式,而在其他光滑区域采用能量一致格式,这里以 EC4/WENOCU4 混合格式(记为 hybrid EC – CU4 格式)为例,介绍其通量混合的思想,其半节点的数值通量表示为

$$\hat{f}_{i+1/2} = (1 - \psi) \times \hat{f}^{EC}_{i+1/2} + \psi \hat{f}^{WENOCU}_{i+1/2} \tag{6.92}$$

其中,$\hat{f}^{EC}_{i+1/2}$ 表示能量一致亚格式的数值通量;$\hat{f}^{WENOCU}_{i+1/2}$ 表示 WENOCU4 亚格式的数值通量,其中,WENO 格式采用 Roe 平均算法结合 Lax – Friedrichs 通量分裂。本小节在评估多种类型的加权函数之后证实二进制型函数能够在间断区域附近有效地保证精准的激波捕捉能力。在某种程度上,它还可以在远离激波附近区域获得更高精度结果,二进制型加权函数定义为

$$\psi = \begin{cases} 1, & r_{i+1/2} > \xi \\ 0, & \text{其他} \end{cases} \tag{6.93}$$

经过广泛的数值测试,采用 $\xi = 0.8$。$r_{i+1/2} = \max(r_i, r_{i+i})$ 表示激波感知器的半节点值,r_i 为公式(6.50)所示激波感知器的节点值。加权函数 ψ 是介于 0 和 1 之间的二进制型开关。$\psi = 1$ 时,混合格式转化为 WENOCU4 格式;$\psi = 0$ 时,混合格式转化为能量一致格式。

通过在关键区域附近建立缓冲区来保证两个亚格式之间的光滑过渡。缓冲区内全部节点 x_i 均视为 WENO 子模板的节点,相应的 r_i 值设定为 1。该方法可以避免能量一致格式在求解对流导数通量时采用不连续节点值。图 6.5 所示为混合通量的构造过程和缓冲区方法的示意图。通常,如果节点值 x_i 被激波感知器识别为不连续模板,那么其相邻节点值 $\{x_{i-m}, \cdots, x_i, \cdots, x_{i+m}\}$ 也将被识别为不连续模板。一般来说,m 等于 WENO 迎风子模板中包含的节点数,对于 WENOCU4 格式来说,设为 $m = 2$。

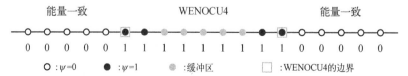

图 6.5 能量一致/WENOCU4 混合通量构造过程和缓冲区方法示意图[74]

对于更高阶数的 EC6/WENOCU6 等混合格式,构造过程基本一致,不予赘述。

1. 一维激波/熵波相互作用算例

该算例是激波/湍流相互作用的一维理想模型[75],数值解中由一个强激波、多个小激波和一个高度光滑的熵波区域组成,以重现来流 $Ma = 3$ 激波与密度呈现正弦波、振幅为 $\Delta \rho = 0.2$ 的熵波间的不稳定相互作用。对于该熵波区域的精确求解要求格式具有良好的扰动波解析精度。初始条件为

$$(\rho, u, p) = \begin{cases} (3.857\,14, \, 2.629\,369, \, 10.333\,33), & x < 5 \\ [1 + 0.2\sin(5x), \, 0, \, 1], & x \geqslant 5 \end{cases} \tag{6.94}$$

求解域为 $x \in [-5, 5]$,终止时间为 $t = 1.8$。左右边界均选取定值。图 6.6 所示 Shu-Osher 算例中不同格式的密度分布全局图和高频熵波区放大图,均匀网格量为 400,参考解由 WENO5 在网格量为 4 000 时的数值解。

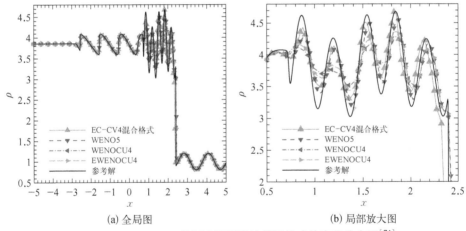

(a) 全局图 (b) 局部放大图

图 6.6 Shu-Osher 算例中不同激波捕捉格式的密度分布图[74]

EC-CU4 混合格式表现出良好的数值稳定性和鲁棒性,没有出现数值振荡。EC-CU4 混合格式数值耗散最低,WENOCU4 耗散最高,其次是 EWENOCU4 和 WENO5。EC-CU4 混合格式对于高频熵波区域的求解上具有出色的捕捉精度。相比于精确解,尽管有轻微的相位滞后,这主要是由于中心差分格式本身的色散特性以及亚格式之间的转换所造成的。总体来说,EC-CU4 混合格式表现出较好的综合性能。

高频熵波区具有平滑的函数特征,但这些流动结构往往被低分辨率的激波

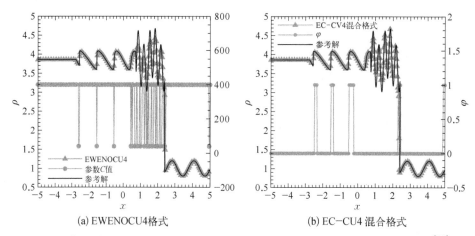

(a) EWENOCU4格式   (b) EC-CU4 混合格式

图 6.7 对比 EWENOCU4 和 EC - CU4 混合格式在 Shu - Osher 算例中的数值解[74]

线：参考解；三角形：密度分布；圆形：关键区域的分布

感知器错误地识别为间断。图 6.7(a)所示为 EWENOCU4 的密度和参数 C 分布，图 6.7(b)为 EC - CU4 混合格式的密度和权重函数分布图。由此可见，两种格式都可以精确捕捉到激波的位置。相比于 EWENOCU4，EC - CU4 混合格式没有将高频熵波区域错误识别为不连续区域。因此，EC - CU4 混合格式在求解复杂的小尺度流场特征和保持必要的数值耗散捕捉稳定的间断方面具有较好的性能。

2. 二维双马赫反射算例

双马赫反射问题[76]是测试高分辨率格式常用的算例，在滑移线附近产生的涡旋的丰富程度能够判断格式内在的耗散特性。初始条件为

$$
(\rho, u, v, p) = \begin{cases} (1.4, 0, 0, 1), & x > \dfrac{1}{6} + \dfrac{1}{\tan\dfrac{\pi}{3}}y \\[3mm] (8, 7.145, -4.125, 116.833\,3), & \text{其他} \end{cases}
$$

$$(6.95)$$

计算区域为 $[0, 4] \times [0, 1]$，采取 960×240 均匀网格。初始时刻，一道与 x 轴成 60° 的 $Ma = 10$ 激波从 $x = 1/6$ 位置处向右传播，从 $x = 1/6$ 到 $x = 4$ 设置为反射壁面条件，上边界选取 $Ma = 10$ 条件，左边界到初始激波前区域为无扰动波后区域。计算终止时间为 $t = 0.2$。在滑移线处会搓出一系列 Kelvin - Helmholtz 涡旋。图 6.8 所示为双马赫反射算例数值解中三相点和滑移线的局部密度分布图。

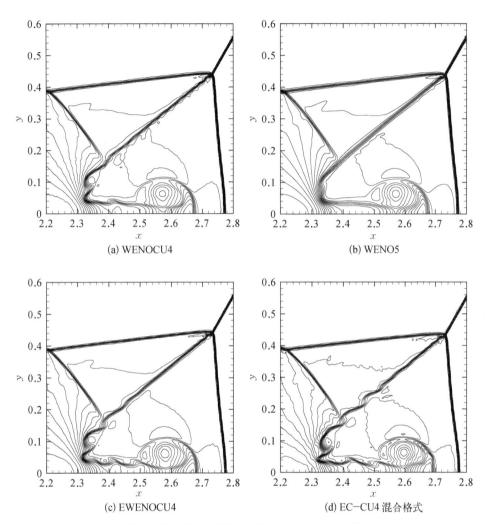

(a) WENOCU4

(b) WENO5

(c) EWENOCU4

(d) EC–CU4 混合格式

图 6.8　双马赫反射算例中不同格式的密度分布图,网格量 960×240,
密度从 2.2 到 19.7 共 36 层等值分布[74]

　　WENO5 包含较多的数值耗散,基本上无法捕捉到滑移线上的小尺度涡结构,
WENOCU4 可以捕捉一定的涡结构。相比于基准格式 WENOCU4,EWENOCU4 和
EC - CU4 混合格式求解出丰富的涡结构,并且混合格式显著优于 EWENOCU4,
表明混合格式在求解大尺度范围的流动特征上的优势。

　　3. 均匀各向同性衰减算例

　　考虑无黏均匀各向同性湍流衰减算例[3],计算域为 $2\pi^3$ 立方体,网格量为
64^3,所有的边界均设置为周期性边界条件,初始随机速度场 $u_{i,0}$ 满足:

$$\frac{3}{2}u_{\text{rms},0}^2 = \frac{\langle u_{i,0}u_{i,0}\rangle}{2} = \int_0^\infty E(k)\,\mathrm{d}k \qquad (6.96)$$

$$E(k) = A(k)^4 \mathrm{e}^{-2(k/k_0)^2} \qquad (6.97)$$

其中，$\langle\cdots\rangle$ 表示计算域内某一时刻的平均体积；$u_{\text{rms}} = \sqrt{\langle u_i u_i\rangle/3}$ 表示湍流速度场的均方根；k 表示波数；$k_0 = 8$ 表示最大能谱处的波数；$E(k)$ 表示能谱；$A = 0.00013$ 表示初始能谱的系数。

初始状态的无量纲热力学物理量波动均为零，即密度 $\rho_0 = 1.625$；温度 $T_0 = 1$；压力 $p_0 = 4.643$；比热比 $\gamma = 1.4$。湍流马赫数为 $Ma_t = \sqrt{\langle u_i u_i\rangle}/\langle c\rangle$，其中 c 代表当地声速；初始湍流马赫数为 $Ma_{t0} = \sqrt{3}\,u_{\text{rms},0}/\langle c_0\rangle = 0.5$；无量纲变量 k' 表示为 $k' = \langle u_{\text{rms}}^2\rangle/\langle c^2 Ma_{t0}^2\rangle$[77]，指代波动的时间历程；归一化的平均湍动能定义为 $K(t)/K_0$，其中 $K(t) = 0.5 \times \langle \rho u_i u_i\rangle$ 表示平均湍动能，$K_0 = \frac{3A}{64}\sqrt{2\pi}\,(k_0)^5$ 表示初始平均湍动能；t/τ 表示归一化时间，$\tau = \sqrt{\frac{32}{A}}(2\pi)^{1/4}(k_0)^{-7/2}$ 表示一个大涡反转时间。取 CFL $= 0.5$。

图 6.9(a)给出了各种格式的无量纲波动的时间历程。所有的波动解都是在一个大涡转时间后先达到一个峰值，然后衰减。EC-CU4 混合格式对湍流的分辨率明显优于其他格式。EWENOCU4 也比 WENOCU4 具有更好的性能。图 6.9(b)为归一化平均湍流动能的时间历程。可以看出，随着时间的推移，所有的结果衰减得更慢，最终达到平衡值。EC-CU4 混合格式衰减最慢，进一步证明

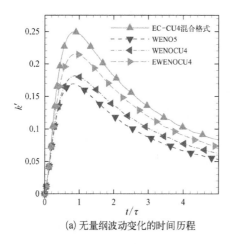

(a) 无量纲波动变化的时间历程

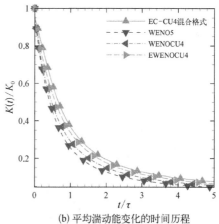

(b) 平均湍动能变化的时间历程

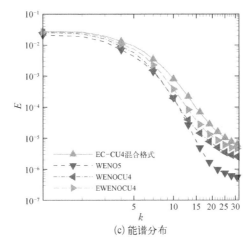

(c) 能谱分布

图 6.9 采用不同数值格式在 $Ma_{t0} = 0.5$ 的无黏均匀各向同性湍流衰减的数值解

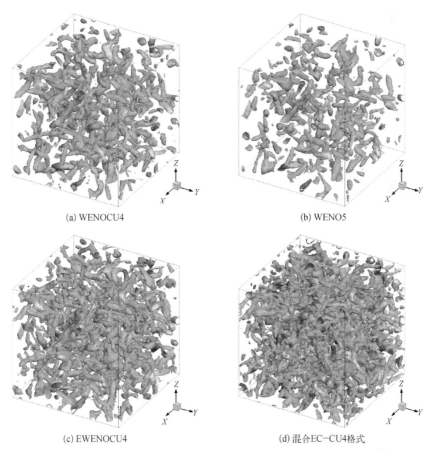

(a) WENOCU4

(b) WENO5

(c) EWENOCU4

(d) 混合EC-CU4格式

图 6.10 采用 $Q = 0.5$ 准则和温度着色获得的随机分布的旋涡结构[74]

其湍流模拟能力。图 6.9(c)给出了能谱分布。同样的,EC - CU4 混合格式明显优于其他格式。

基于一维和二维欧拉方程标准算例的数值解,评估格式的计算效率,这里列出所测试的所有算例的结果。表 6.4 所示不同格式的 CPU 耗时,以 WENOCU4 的结果为基准进行归一化。可以发现,EWENOCU4 耗时高于基准格式 WENOCU4,这是由于附加的激波感知器和自适应开关的求解过程。与基准格式 WENOCU4 相比,EC - CU4 混合格式的计算效率提高了约 1.3~2 倍,表明了中心差分亚格式的优越性。虽然在某些测试算例中,EWENOCU4 的低耗散特性可以与 EC - CU4 混合格式相媲美,但其计算成本要高出 2~3 倍。其根本原因是两种格式在光滑区域使用了不同的求解方法,即 EWENOCU4 采用了具有复杂通量重构过程的 WENO 格式,而 EC - CU4 混合格式则采用了计算成本更低的无耗散能量一致格式。

表 6.4 对比不同格式的 CPU 耗时,以 WENOCU4 为基准进行归一化[74]

测 试 算 例	网格量	WENOCU4	WENO5	EWENOCU4	EC - CU4 混合格式
Lax	400	1	1.119 3	1.586 5	0.500 7
Sod	400	1	1.127 4	1.590 5	0.499 5
Shu - Osher	400	1	1.103 4	1.598 8	0.526 1
Double Amach Reflection	240×960	1	1.097 2	1.633 8	0.476 4
Riemann case 3	800×800	1	1.106 5	1.642 1	0.746 8
Riemann case 13	800×800	1	1.094 1	1.622 4	0.659 7

6.4 时间积分方法

守恒型控制方程本质上是一个高度非线性的偏微分方程组,其时间导数项和空间导数项的离散可单独进行。目前广泛应用时间相关法来数值求解 N - S 方程,这是一种渐进方法,其基本思想是从非定常的 N-S 方程出发,沿时间方向推进求解。从物理域变换到计算域之后描述流动的齐次方程组可写为以下形式:

$$\frac{1}{J}\frac{\partial Q}{\partial t} = -R(Q) \tag{6.98}$$

$$R(Q) = \left(\frac{\partial \hat{F}_c}{\partial \xi} + \frac{\partial \hat{G}_c}{\partial \eta} + \frac{\partial \hat{H}_c}{\partial \zeta}\right) - \frac{1}{\mathrm{Re}}\left(\frac{\partial \hat{F}_v}{\partial \xi} + \frac{\partial \hat{G}_v}{\partial \eta} + \frac{\partial \hat{H}_v}{\partial \zeta}\right) - \hat{S} \tag{6.99}$$

式中，Q 为矢通量；$R(Q)$ 为位于方程右侧的空间导数项集合，即迭代求解的残差。J 为上述坐标变换 Jacobian 矩阵，$J = \partial(\xi, \eta, \zeta)/\partial(x, y, z)$。

对于非定常流的计算方法，时间导数项的求解可以分为显式和隐式两类。显式方法并不离散控制方程组的时间导数项，直接将原来的偏微分方程在迭代计算时转化为时间的常微分方程，这类求解思想以 Runge‐Kutta 方法为代表。隐式方法则具有较好的稳定性，这类求解思想以双时间步法为代表，目前获得了广泛应用。

本节将分别以具有 TVD 性质的显式 Runge‐Kutta 方法和隐式双时间步方法为例，介绍时间离散格式的构造思想和特点。

6.4.1 显式 Runge‐Kutta 方法

Jameson 等[32]将显式多步 Runge‐Kutta 方法应用于求解半离散的计算流体力学问题，随后 Shu 和 Osher[75]进一步发展成具有 TVD 性质的多步 Runge‐Kutta 方法。这类方法的优点是形式简单、容易实现高阶精度、占用内存小等；缺点是受稳定性限制，时间步长小，计算效率低，特别是对于高雷诺数的反应流场，在壁面和燃料射流附近往往需要很小的网格尺度，此时推进时间步长受全流场最小网格尺度的限制非常明显，从而导致整体计算效率极低。

二阶精度 TVD 性质的 Runge‐Kutta 方法可以表示为

$$Q^{(1)} = Q^{(0)} + J\Delta t R(Q^{(0)}) \tag{6.100}$$

$$Q^{(2)} = \frac{1}{2}Q^{(0)} + \frac{1}{2}Q^{(1)} + \frac{1}{2}J\Delta t R(Q^{(1)}) \tag{6.101}$$

$$Q^{n+1} = Q^{(2)} \tag{6.102}$$

三阶精度 TVD 性质的 Runge‐Kutta 方法可以表示为

$$Q^{(1)} = Q^{(0)} + J\Delta t R(Q^{(0)}) \tag{6.103}$$

$$Q^{(2)} = \frac{3}{4}Q^{(0)} + \frac{1}{4}Q^{(1)} + \frac{1}{4}J\Delta t R(Q^{(1)}) \tag{6.104}$$

$$Q^{(3)} = \frac{1}{3}Q^{(0)} + \frac{2}{3}Q^{(2)} + \frac{2}{3}J\Delta t R(Q^{(2)}) \tag{6.105}$$

$$Q^{n+1} = Q^{(3)} \tag{6.106}$$

6.4.2 隐式双时间步法

相比于上述显式 Runge-Kutta 方法,隐式方法具有更好的稳定性,其时间推进步长可根据物理问题来选取而不受稳定性限制,因此求解效率高。然而,隐式方法的离散方程往往比较复杂,直接求解困难,实际计算中往往都会采用诸如线化、近似因子分解和显式边界处理等一些近似处理方法,这些近似处理在非定常计算中往往造成严重的时间精度损失,不适合直接用于要求时间精度的非定常计算。极具代表性的是,Jameson[78] 所提出的隐式双时间步方法很好地解决了上述问题,使非定常计算得到巨大的发展。Lin 等[79] 以及 Shieh 和 Morris[80] 分别将双时间步方法应用于无黏和有黏气动声学计算,研究了声波传播及声源散射过程,均得到满意的结果,证实了该方法的有效性。邹正平和徐力平[81] 应用双时间步方法对圆柱绕流及翼型表面激波摆动等问题进行了计算,结果表明该方法具有较好的精度和较高的收敛速度。王保国等[82] 采用双时间步法计算了叶轮机械非定常流动过程,计算结果与实验结果吻合较好。

从物理域变换到计算域之后描述流动的齐次方程组可写为以下形式:

$$J^{-1}\frac{\partial Q}{\partial t} + R(Q) = 0 \tag{6.107}$$

其中,$J = \dfrac{\partial(\xi, \eta)}{\partial(x, y)}$ 为坐标变换 Jacobian 矩阵。

采用时间二阶精度的隐式三点后差离散,无黏及黏性通量采用隐式处理,则式(6.107)可表示为

$$J^{-1}\frac{3Q^{n-1} - 4Q^n + Q^{n-1}}{2\Delta t} + (\delta_\xi \bar{F} + \delta_\eta \bar{G})^{n+1} = (\bar{\delta}_\xi \bar{F} + \bar{\delta}_\eta \bar{G})^{n+1} \tag{6.108}$$

其中,δ 是无黏项差分算子;$\bar{\delta}$ 是黏性项差分算子。在式左端增加虚拟时间导数项,并采用一阶前差处理,同时在每一虚拟时间步对黏性通量采用显式处理,有

$$J^{-1}\frac{Q^{p+1} - Q^p}{\Delta\tau} + J^{-1}\frac{3Q^{n-1} - 4Q^n + Q^{n-1}}{2\Delta t} + (\delta_\xi \bar{F} + \delta_\eta \bar{G})^{p+1} = (\bar{\delta}_\xi \bar{F} + \bar{\delta}_\eta \bar{G})^p$$

$$\tag{6.109}$$

对无黏项采用线化处理,整理得到:

$$\left[\left(\frac{J^{-1}}{\Delta\tau}+\frac{3J^{-1}}{2\Delta\tau}\right)I+(\sigma_{\xi}\bar{A}+\delta_{\eta}\bar{B})\right]^{p}\Delta Q^{p}=RHS^{p} \tag{6.110}$$

其中,$RHS^{p}=-\left[J^{-1}\dfrac{Q^{p}-Q^{n}}{\Delta t}+(\delta_{\xi}\bar{F}+\delta_{\eta}\bar{G}+\bar{\delta}_{\xi}\bar{F}+\bar{\delta}_{\eta}\bar{G})^{p}\right]$,$\Delta Q^{p}=Q^{p-1}-Q^{p}$。当 $\Delta Q^{p}\to0$ 时内迭代收敛,令 $Q^{n+1}=Q^{p+1}$ 即得到相应时刻的非定常解。

本节采用隐式 LU-SGS 方法进行内迭代求解,收敛判据定义如下:

$$\varepsilon=\frac{\sum\parallel Q^{p+1}-Q^{p}\parallel_{2}}{\sum\parallel Q^{p+1}-Q^{n}\parallel_{2}} \tag{6.111}$$

根据文献[83]对收敛判据的研究结果,将内迭代收敛准则取为 $\varepsilon\leqslant0.01$。考虑到某些复杂流动计算残差收敛困难,同时限定最大迭代步数为 20 步。

6.4.2.1　LU-SGS 内迭代方法

首先构造近似 Jacobian 矩阵:

$$\begin{cases}\hat{A}^{\pm}=\dfrac{1}{2}\left[\bar{A}\pm\rho(\bar{A})I\right]\\[3mm]\hat{B}^{\pm}=\dfrac{1}{2}\left[\bar{B}\pm\rho(\bar{B})I\right]\end{cases} \tag{6.112}$$

式中,$\rho(\bar{A})=\beta\max[\mid\lambda(\bar{A})\mid]$,其中 $\lambda(\bar{A})$ 为矩阵特征值,β 为大于或等于 1 的常数,用来调节计算稳定性,$\rho(\bar{B})$ 的表达式类似。采用上述近似 Jacobian 矩阵,则式(6.110)可写为

$$\left[\left(\frac{J^{-1}}{\Delta\tau}+\frac{3J^{-1}}{2\Delta t}\right)I+(\delta_{\xi}^{-}\hat{A}^{+}+\delta_{\xi}^{+}\hat{A}^{-}+\delta_{\eta}^{-}\hat{B}^{+}+\delta_{\eta}^{+}\hat{B}^{-})\right]\Delta Q^{p}=RHS^{p} \tag{6.113}$$

将其整理为形式如下:

$$[D+\tilde{L}+\tilde{U}]\Delta Q^{p}=RHS^{p} \tag{6.114}$$

$$\begin{cases}D=\left(\dfrac{J^{-1}}{\Delta\tau}+\dfrac{3J^{-1}}{2\Delta t}\right)I+(\hat{A}^{+}+\hat{B}^{+}-\hat{A}^{-}-\hat{B}^{-})\\[3mm]\tilde{L}=\delta_{\xi}^{-}\hat{A}^{+}+\delta_{\eta}^{-}\hat{B}^{+}-\hat{A}^{+}-\hat{B}^{+}\\[3mm]\tilde{U}=\delta_{\xi}^{+}\hat{A}^{-}+\delta_{\eta}^{+}\hat{B}^{-}-\hat{A}^{-}-\hat{B}^{-}\end{cases} \tag{6.115}$$

令 $L = D + \tilde{L}$, $U = D + \tilde{U}$, 忽略小量 $\tilde{L}D^{-1}\tilde{U}$, 则式(6.114)变为

$$LD^{-1}U\Delta Q^p = RHS^p \tag{6.116}$$

其中,

$$\begin{cases} D = \rho_{ABC}I \\ L = \rho_{ABC}I - A^+_{i-1,j,k} - B^+_{i,j-1,k} \\ U = \rho_{ABC}I - A^-_{i+1,j,k} - B^-_{i,j+1,k} \end{cases} \tag{6.117}$$

$$\rho_{ABC} = \left(\frac{J^{-1}}{\Delta\tau} + \frac{3J^{-1}}{2\Delta t} \right) + \rho(A) + \rho(B) \tag{6.118}$$

其求解步骤为

$$\begin{cases} L\Delta Q^* = RHS^p \\ \Delta Q^{**} = D\Delta Q^* \\ U\Delta Q^p = \Delta Q^{**} \end{cases} \tag{6.119}$$

实际求解过程为一次向前扫描,一次标量求逆和一次向后扫描。

6.4.2.2 DP-LUR 内迭代方法

原始 LU-SGS 格式两步扫描过程是数据相关的,得到一个收敛解所需的迭代步数较多,因此 LU-SGS 格式出现了一系列的改进形式[84-87]。Candler 等[88]和 Wright 等[89]提出了一种无数据依赖性的有利于并行计算的 DP-LUR(Data-parallel Lower-upper Relaxation)方法,将 LU-SGS 方法中的对角扫掠替换为几次逐点松弛迭代过程。DP-LUR 可以在数据并行或消息传递模式下使用,对于无黏流动和黏性流动大规模数值求解非常有效。

就 GPU 架构而言,每一个计算单元之间是独立、并行的,GPU 这种执行模式要求计算数据具有无关性,因此 LU-SGS 方法移植到 GPU 上存在一定的困难。DP-LUR 方法由于其具有高度的数据并行性,非常适合在 GPU 上并行实施。下面给出基于非结构网格的 DP-LUR 方法的表达形式。

积分形式的可压缩三维流动 N-S 方程为

$$\frac{\partial}{\partial t} \int_\Omega W \mathrm{d}\Omega + \oint_{\partial\Omega} (F_c - F_v) \mathrm{d}S = 0 \tag{6.120}$$

对于控制体单元 I, 对式(6.120)进行空间离散:

$$\Omega_I \frac{\partial \boldsymbol{W}_I}{\partial t} + \sum_{J=1}^{N_A} (\boldsymbol{F}_{c, IJ} - \boldsymbol{F}_{v, IJ}) \Delta S_{IJ} = 0 \qquad (6.121)$$

对时间进行一阶后向欧拉法差分可以得到:

$$\frac{\Omega_I}{\Delta t_I} (\boldsymbol{W}_I^{n+1} - \boldsymbol{W}_I^n) + \sum_{J=1}^{N_A} (\boldsymbol{F}_{c, IJ}^{n+1} - \boldsymbol{F}_{v, IJ}^{n+1}) \Delta S_{IJ} = 0 \qquad (6.122)$$

根据残值的定义,可以得到:

$$\frac{\Omega_I}{\Delta t_I} \Delta \boldsymbol{W}_I^n + \sum_{J=1}^{N_A} (\Delta \boldsymbol{F}_{c, IJ}^n - \Delta \boldsymbol{F}_{v, IJ}^n) \Delta S_{IJ} = -\boldsymbol{R}_I \qquad (6.123)$$

式中, $\Delta \boldsymbol{W}_I^n = \boldsymbol{W}_I^{n+1} - \boldsymbol{W}_I^n$, $\Delta \boldsymbol{F}_{c, IJ}^n = \boldsymbol{F}_{c, IJ}^{n+1} - \boldsymbol{F}_{c, IJ}^n$, $\Delta \boldsymbol{F}_{v, IJ}^n = \boldsymbol{F}_{v, IJ}^{n+1} - \boldsymbol{F}_{v, IJ}^n$, N_A 为控制体面的数量。

$$\begin{aligned}
\Delta \boldsymbol{F}_{c, IJ}^n - \Delta \boldsymbol{F}_{v, IJ}^n &= [\boldsymbol{F}_c(\boldsymbol{W}_I^{n+1}, \boldsymbol{W}_J^{n+1}) - \boldsymbol{F}_c(\boldsymbol{W}_I^n, \boldsymbol{W}_J^{n+1})] \\
&\quad + [\boldsymbol{F}_c(\boldsymbol{W}_I^n, \boldsymbol{W}_J^{n+1}) - \boldsymbol{F}_c(\boldsymbol{W}_I^n, \boldsymbol{W}_J^n)] \\
&\quad - [\boldsymbol{F}_v(\boldsymbol{W}_I^{n+1}, \boldsymbol{W}_J^{n+1}) - \boldsymbol{F}_v(\boldsymbol{W}_I^n, \boldsymbol{W}_J^{n+1})] \\
&\quad - [\boldsymbol{F}_v(\boldsymbol{W}_I^n, \boldsymbol{W}_J^{n+1}) - \boldsymbol{F}_v(\boldsymbol{W}_I^n, \boldsymbol{W}_J^n)]
\end{aligned} \qquad (6.124)$$

对式(6.124)右端第一项和第三项进行泰勒展开,可以得到:

$$\boldsymbol{F}_c(\boldsymbol{W}_I^{n+1}, \boldsymbol{W}_J^{n+1}) - \boldsymbol{F}_c(\boldsymbol{W}_I^n, \boldsymbol{W}_J^{n+1}) \approx \frac{\partial \boldsymbol{F}_{c, IJ}}{\partial \boldsymbol{W}_I} \Delta \boldsymbol{W}_I^n \qquad (6.125)$$

$$\boldsymbol{F}_v(\boldsymbol{W}_I^{n+1}, \boldsymbol{W}_J^{n+1}) - \boldsymbol{F}_v(\boldsymbol{W}_I^n, \boldsymbol{W}_J^{n+1}) \approx \frac{\partial \boldsymbol{F}_{v, IJ}}{\partial \boldsymbol{W}_I} \Delta \boldsymbol{W}_I^n \qquad (6.126)$$

将式(6.124)~式(6.126)代入式(6.123)中可以得到:

$$\begin{aligned}
\boldsymbol{D} \Delta \boldsymbol{W}_I^n &+ \sum_{J=1}^{N_F} [\boldsymbol{F}_c(\boldsymbol{W}_I^n, \boldsymbol{W}_J^n + \Delta \boldsymbol{W}_J^n) - \boldsymbol{F}_c(\boldsymbol{W}_I^n, \boldsymbol{W}_J^n)] \Delta S_{IJ} \\
&- \sum_{J=1}^{N_F} [\boldsymbol{F}_v(\boldsymbol{W}_I^n, \boldsymbol{W}_J^n + \Delta \boldsymbol{W}_J^n) - \boldsymbol{F}_v(\boldsymbol{W}_I^n, \boldsymbol{W}_J^n)] \Delta S_{IJ} = -\boldsymbol{R}_I^n
\end{aligned} \qquad (6.127)$$

其中,矩阵 $\boldsymbol{D}$ 表示为

$$\boldsymbol{D} = \frac{\Omega_I}{\Delta t_I} \boldsymbol{I} + \sum_{J=1}^{N_F} \left(\frac{\partial \boldsymbol{F}_{c, IJ}}{\partial \boldsymbol{W}_I} - \frac{\partial \boldsymbol{F}_{v, IJ}}{\partial \boldsymbol{W}_I} \right) \Delta S_{IJ} \qquad (6.128)$$

式中，I 为单位矩阵。对式(6.128)中通量差分项进行离散可以得到：

$$F_{c,IJ} - F_{v,IJ} = \frac{1}{2}[F_{c,I} + F_{c,J} - \lambda_{IJ}(W_J - W_I)] \qquad (6.129)$$

式中，λ_{IJ} 是单元界面通量雅可比矩阵的谱半径，可以表示为

$$\lambda_{IJ} = |V_{IJ}| + c_{IJ} + \left(\frac{\mu_{IJ}}{Pr} + \frac{\mu_{T,IJ}}{Pr_T}\right)\frac{\gamma_{IJ}}{\rho_{IJ}\|n_{IJ} \cdot (r_J - r_I)\|_2} \qquad (6.130)$$

对于封闭网格有

$$\sum_{J=1}^{N_A} \frac{\partial F_{c,I}}{\partial W_I}\Delta S_{IJ} = 0 \qquad (6.131)$$

将式(6.129)和式(6.131)代入式(6.128)可以得到：

$$D = \left(\frac{\Omega_I}{\Delta t_I} + \frac{1}{2}\sum_{J=1}^{N_F} \lambda_{IJ}\Delta S_{IJ}\right) I \qquad (6.132)$$

将式(6.129)代入式(6.127)可以得到：

$$D\Delta W_I^n + \frac{1}{2}\sum_{J=1}^{N_F} \{[F_c(W_J^n + \Delta W_J^n) - F_c(W_J^n)] - \lambda_{IJ}\Delta W_J^n\}\Delta S_{IJ} = -R_I^n$$

$$(6.133)$$

以下为 DP-LUR 方法的求解步骤。

(1) 将式(6.133)左端非对角项忽略，得到迭代初值：

$$\Delta W_I^{(0)} = -D^{-1}R_I^n \qquad (6.134)$$

(2) 进行逐点松弛迭代（$k = 1, \cdots, k_{max}$）：

$$\Delta W_I^{(k)} = D^{-1}\left(-R_I^n - \frac{1}{2}\sum_{J=1}^{N_F} \{[F_c(W_J^n + \Delta W_J^{k-1}) - F_c(W_J^n)] - \lambda_{IJ}\Delta W_J^{k-1}\}\Delta S_{IJ}\right)$$

$$(6.135)$$

(3) 最终得到 $\Delta W_I^{(n+1)}$：

$$\Delta W_I^{(n+1)} = \Delta W_I^{(k_{max})} \qquad (6.136)$$

使用 DP-LUR 方法，已经在上一步中计算了每个松弛步骤所需的所有数据。因此，整个松弛步骤是并行执行的，没有任何数据依赖性。另外，由于对每

个网格单元执行相同的逐点计算,不会额外出现负载平衡的问题。研究表明,$k_{max}=4$ 时,它以较少的迭代次数收敛到稳态解[90]。

然而,DP－LUR 方法有一个主要缺点,那就是必须使用结构化网格来保持最近节点的通信,而由于大多数超声速发动机构型相对简单,因此该方法比较适用于超声速燃烧的仿真计算。

6.5　湍流入口边界条件

为了确保高分辨率的数值计算方法够用来模拟真实的流动,需要高质量的、物理上真实的边界条件,这些边界中最重要的是湍流入口。湍流入口的脉动必须模拟所研究问题的真实湍流,如果湍流入口的设置不合理,就需要很长的空间范围才能发展成真实的湍流,浪费大量的计算资源。理想的湍流入口边界条件需要具有以下特征:

(1)能够稳定地重建关于特定湍流问题的所有已知信息。这包括所需的湍流统计,包括单点一阶矩和高阶矩、两点空间相关性和湍流动能的谱分布,而且还要结合已知的最小分辨尺度的形状和方向的信息。为了确定非线性的能量分布,还需要校正两点速度之间的三阶相关性。此外,还应符合入口的其他物理特征,包括声学非反射边界,以及质量通量等;

(2)在入口处产生具有完全发展的湍流,无须在流场内进一步调整;

(3)不应在流场中引入任何非物理现象。比如不应在流场中注入任何非物理的周期性振荡;

(4)能够在数值模拟中实时生成湍流入口条件。由此能避免数值计算中不断地存储和读取数据,特别是对于需要运行大量时间步长的计算来说尤其重要;

(5)应独立于空间离散方法和网格类型。能够适用于有限差分、有限体积或有限元离散方法,以及结构化、非结构化或混合网格类型;

(6)应用相对简单,且容易针对各种流动问题进行相应调整;

(7)应易于用于并行计算,同时不显著增加计算耗时。是由于目前大多数LES 数值模拟均采用成百上千甚至数万计算机内核并行计算,为了避免在湍流入口处产生计算瓶颈,用于计算湍流入口的处理器耗时应该足够小。

现阶段,在数值计算的可接受范围内,许多方法能够成功地产生完全发展的湍流,但是实际使用的大多数湍流入口方法均无法完全满足上述所有条件。目前实际应用的湍流入口生成方法多分为如下四个类型：

（1）过渡诱导法，将最初的层流转变为湍流，而非在入口处直接产生波动速度场；

（2）湍流数据库法，它依赖于现有的湍流数据库来生成入流数据；

（3）回收调节法，该方法利用入口附近平衡区波动的再循环和重新标度来产生自我维持的湍流入口；

（4）合成湍流法，利用一些入流湍流的已知信息，产生人工合成的波动来模拟湍流，但是不能产生的湍流入口边界条件不满足理想特征，因此，人工的合成湍流脉动还需要经过一段适应区域，在这个区域中，这些脉动经过 N - S 方程的演化，逐渐变成真实的湍流。虽然该方法尚有不足之处，但是相对容易实现，并且所需的适应区域较短，因此，应用前景较为广泛。

在上述湍流入口生产方法中，最常见的是数值滤波法（合成湍流法）和回收调节法，下面详细介绍这两种方法的实现过程。

6.5.1 数值滤波法

假设 $\{r_k\}_{1 \le k \le p}$ 为一组正态分布随机数，其均值为 $\bar{r}_k = \sum_{k=1}^{p} r_k / p = 0$，方差为 $\overline{r_k r_k} = \sum_{k=1}^{p} r_k^2 / p = 1$。定义离散数值滤波为 F_N：

$$v_k \equiv F_N(r_k) = \sum_{j=-N}^{N} b_j r_{k+j} \tag{6.137}$$

其中，$\{b_j\}_{-N \le j \le N}$ 为一列实数滤波系数。上述滤波操作为线性滤波，因而滤波操作与均值计算顺序可以互换。由 $\{r_k\}_{1 \le k \le p}$ 的零均值单位方差性质可以得出：

$$\begin{cases} \bar{v}_k = 0 \\ \overline{v_k v_{k+q}} = \sum_{N+q}^{N} b_j b_{j-q} \end{cases} \tag{6.138}$$

针对湍流脉动，所构造的随机数序列需要具有一定相关性，以一维自相关为例：

$$R(x_k + x) = \exp\left(\frac{\pi x}{2 I_x}\right) \tag{6.139}$$

其中，x_k 为参考点；x 为离参考点的距离；I_x 为期望的积分长度。Gefroh 等[91]在最初工作中采用了 Gaussian 函数形式的自相关函数，Xie 和 Castro[92] 则认为自相关函数更接近指数分布,因而得出上述方程。这一近似将不可避免地在能量耗散谱中本应得到-5/3 律的位置得到-2 律的结果。然而由于耗散主要发生在小尺度湍流结构上,这一近似对大尺度湍流结构影响不大。小尺度上的模型误差可在湍流发展过程中迅速得到调整,并恢复到正常状态。

在计算网格上,定义 $I_x = n\Delta x$ 以及 $x = q\Delta x$,上述自相关方程可以写为

$$R(x_k + q\Delta x) \equiv \frac{\overline{v_k v_{k+q}}}{\overline{v_k v_k}} = \exp\left(-\frac{\pi q}{2n}\right) \tag{6.140}$$

基于上述对滤波器系数的定义得到:

$$\frac{\sum_{j=-N+q}^{N} b_j b_{j-q}}{\sum_{j=-N}^{N} b_j^2} = \exp\left(-\frac{\pi q}{2n}\right) \tag{6.141}$$

其近似解为

$$b_k \approx \frac{\tilde{b}_k}{\left(\sum_{j=-N}^{N} \tilde{b}_j^2\right)^{1/2}}, \text{ 其中 } \tilde{b}_k = \exp\left(-\frac{\pi k}{n}\right) \tag{6.142}$$

当 $N \geq 2n$ 时,上述近似解可给出较为合理的结果,有此可以得到预期的数字滤波器 F_N。基于该滤波器可在随机数序列 $\{r_k\}_{1\leq k\leq p}$ 基础上得到具有预期积分尺度 I_x 的新随机序列 v_k。将上述一维滤波操作扩展至二维滤波可直接采用滤波系数的卷积:$b_{jk} = b_j b_k$。

在具体应用中,首先给定不同方向上的积分尺度 I_x,I_y 及 I_z,在给定的网格尺度上可以得出其对应的网格点数,如 $n_{I_x} = I_x/\Delta x$,并设置滤波器长度 $N_{F_x} = 2n_{I_x}$。基于此计算出一组期望的滤波器系数 $\{b_k\}_{-N_{F_x}\leq k\leq N_{F_x}}$。随后需要生成一组正态分布的随机变量,为提高随机变量生成效率,这里采用了 Box - Muller 理论方法。如果变量 a 和 b 是 $(0, 1]$ 内均匀分布的独立变量,则其组合参数 $c = \sqrt{-2\ln(a)}\cos(2\pi b)$ 和 $d = \sqrt{-2\ln(a)}\cos(2\pi c)$ 将成为两个独立的标准正态随机序列。在此基础上通过滤波器进行滤波得到具有空间相关性的随机数:

$$v_k \equiv F_{N_{F_x}}(r_k) = \sum_{j=-N_{F_x}}^{N_{Fx}} b_j r_{k+j} \tag{6.143}$$

为了降低计算代价,Xie 和 Castro[92] 提出仅在入口平面采用滤波处理,即针

对 $y-z$ 平面采用 2D 滤波,而在 x 方向上采用时间相关进行处理来代替空间滤波,以避免 3D 滤波带来的巨大计算量。具体操作中,在得到新的 2D 随机数 v_k 后,需要与前一时刻得到的随机数进行整合才能作为下一步迭代的随机数,即

$$\rho_k = v_k^{\text{old}} \exp\left(-\frac{\pi\Delta t}{2\tau}\right) + v_k\sqrt{1 - \exp\left(-\frac{\pi\Delta t}{\tau}\right)} \tag{6.144}$$

这里 Δt 为计算之间步,$\tau = I_x/U$ 为与积分时间对应的拉格朗日时间尺度,U 和 I_x 分别为入口流向速度和积分尺度。这一处理使得不同时刻入口脉动包含所需的流向两点相关信息。湍流脉动的时间及空间尺度都得以体现。其次需要给定湍流脉动的单点自相关信息,这一点可通过[93]给定的方法来实现:

$$\rho_k = v_k^{\text{old}} \exp\left(-\frac{\pi\Delta t}{2\tau}\right) + v_k\sqrt{1 - \exp\left(-\frac{\pi\Delta t}{\tau}\right)} \tag{6.145}$$

$$\begin{bmatrix} u(0, y, z, t) \\ v(0, y, z, t) \\ w(0, y, z, t) \end{bmatrix} = \underbrace{\begin{bmatrix} \langle u(0, y, z, t) \rangle \\ \langle v(0, y, z, t) \rangle \\ \langle w(0, y, z, t) \rangle \end{bmatrix}}_{U_i(0, y, z)}$$

$$+ \underbrace{\begin{bmatrix} \sqrt{R_{11}} & 0 & 0 \\ R_{21}/\sqrt{R_{11}} & \sqrt{R_{22} - (R_{21}/\sqrt{R_{21}})^2} & 0 \\ 0 & 0 & \sqrt{R33} \end{bmatrix} \begin{bmatrix} \rho_k^u(y, z) \\ \rho_k^v(y, z) \\ \rho_k^w(y, z) \end{bmatrix}}_{u'(0, y, z, t)}$$

$$\tag{6.146}$$

其中,$\{R_{11}\}_{(i, j) \in [1, 2, 3]}$ 为预设的雷诺应力分量。

以上描述构造了速度场的时间相关量,还需要给定热力学变量。热力学变量的脉动通过与速度脉动之间的相关性,即强雷诺比拟(strong Reynolds analogy,SRA)来获得:

$$\frac{T'}{T} = -(\gamma - 1)Ma^2\frac{u'}{U} \tag{6.147}$$

其中,$Ma^2 = M^2\frac{U^2}{\bar{T}}$,$M$ 为当地马赫数;$\bar{T}$ 为当地时均温度。温度脉动可在忽略边界层压力梯度及脉动的前提下,直接由气体状态方程得出,即 $\rho'/\bar{\rho} = T'/\bar{T}$。

图 6.11 表示了数值滤波法得到的湍流边界层涡结构的空间发展。

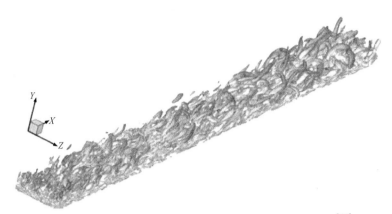

图 6.11　数值滤波法方法中湍流边界层涡结构的空间发展[94]

6.5.2　回收-调节法

回收调节方法(recycling-rescaling)是一种拟周期的湍流边界层维持生成方式[93,95-97],核心思想为在下游一定位置对湍流脉动进行采集,基于边界层的速度分布律对回收的脉动进行变换,随后将其作为入口脉动参数叠加于时均入口剖面。回收-调节法最显著的不足是其自身的拟周期性,即在非定常湍流问题研究中,该方法将引入与其流向长度相对应的虚假周期频率,从而影响到下游整个流场的非周期性。

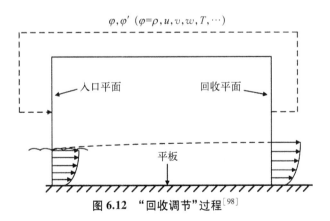

图 6.12　"回收调节"过程[98]

为了防止长时间计算导致边界层出现漂变,这里采用 Fan 等[99]的回收方式,即入口主流速度、静温、密度直接给定为事先由 RANS 方法计算出的边界层剖面,仅对脉动量进行回收处理。

在 Van‑Driest 变换下,内外层速度分布分别满足相似律:

$$\begin{cases} \text{内层：} u^{VD} = u_\tau f_1(y^+),\ y^+ = yu_\tau/\upsilon_{wall} \\ \text{外层：} u_\infty^{VD} - u^{VD} = u_\tau f_2(\eta),\ \eta = y/\delta \end{cases} \qquad (6.148)$$

记 $\beta = \dfrac{u_{\tau I}}{u_{\tau R}}$, $\alpha = \dfrac{\delta_I}{\delta_R}$, 下标 I 和 R 分别表示入口平面和回收平面。由以上表达式可知:

$$\begin{cases} \text{内层：} u_I^{VD}(y_I^+) = \beta u_R^{VD}(y_I^+) \\ \text{外层：} u_I^{VD}(\eta_I^+) = \beta u_R^{VD}(\eta_I^+) + (1-\beta)u_\infty^{VD} \end{cases} \qquad (6.149)$$

从出口回收变量时需要由 $y_R^+ = y_I^+$ 以及 $\eta_R^+ = \eta_I^+$ 寻找与入口 y_I 相对应的 y_R 值,显然由对内外层分别满足不同的相似律,该对应位置存在明显差异。经简单推导可知:

$$\begin{cases} \text{内层：} y_R = \beta y_I \\ \text{外层：} y_R = y_I/\alpha \end{cases} \qquad (6.150)$$

式中,α 和 β 可通过湍流边界层厚度发展的经验公式推导得出:

$$\rho_k = \upsilon_k^{old}\exp\left(-\frac{\pi\Delta t}{2\tau}\right) + \upsilon_k\sqrt{1-\exp\left(-\frac{\pi\Delta t}{\tau}\right)},\ \beta = \alpha^{-\frac{1}{10}} \qquad (6.151)$$

这里直接给出 Fan 等[99]推导出的相关回收表达式:

$$\begin{cases} u_I'(y_I',z,t) = \beta u_R'(y_I',z,t),\text{内层} \\ u_I'(\eta_I,z,t) = \beta u_R'(\eta_I,z,t),\text{外层} \end{cases} \qquad (6.152)$$

其余两个方向的速度脉动回收采用类似的方式。温度脉动的回收采用方式为

$$\begin{cases} T_I'(y_I^+,z,t) = T_R'(y_I',z,t),\text{内层} \\ T_I'(\eta_I,z,t) = T_R'(\eta_I,z,t),\text{外层} \end{cases} \qquad (6.153)$$

考虑到压力脉动,需要对密度进行回收,并通过状态方程求当地压力,其公式为

$$\begin{cases} \rho_I'(y_I^+,z,t) = \rho_R'(y_I',z,t),\text{内层} \\ \rho_I'(\eta_I,z,t) = \rho_R'(\eta_I,z,t),\text{外层} \end{cases} \qquad (6.154)$$

　　当得到内外层的回收脉动后,可通过适当方式进行混合,以得到最终的脉动回收值,即

$$F' = F'_{\text{inner}} \left[1 - W(\eta) \right] + F'_{\text{outer}} W(\eta) \tag{6.155}$$

其中,加权函数 $W(\eta) = \dfrac{1}{2} \left\{ 1 + \tanh \left[\dfrac{4(\eta - B)}{(1 - 2B)\eta + B} \right] \right\}$,选取控制参数 $B = 0.22$ 可将内外层混合区控制在对数律层外缘。

参考文献

[1] 刘巍,张理论,王勇献,等.计算空气动力学并行编程基础[M].北京:国防工业出版社,2013.

[2] Lele S K. Compact finite difference schemes with spectral-like resolution[J]. Journal of Computational Physics, 1992, 103(1): 16 - 42.

[3] Samtaney R, Pullin D I, Kosović B. Direct numerical simulation of decaying compressible turbulence and shocklet statistics[J]. Physics of Fluids, 2001, 13(5): 1415 - 1430.

[4] Pirozzoli S, Grasso F, Gatski T B. Direct numerical simulation and analysis of a spatially evolving supersonic turbulent boundary layer at M = 2.25[J]. Physics of Fluids, 2004, 16 (3): 530 - 545.

[5] Shen L Y, Tam V W Y. Implementation of environmental management in the Hong Kong construction industry [J]. International Journal of Project Management, 2002, 20 (7): 535 - 543.

[6] Rankine W J M. On the thermodynamic theory of waves of finite longitudinal disturbance[J]. Philosophical Transactions of the Royal Society of London, 1870(160): 277 - 288.

[7] Hugoniot H. Memoir on the propagation of movements in bodies, especially perfect gases (second part)[J]. Journal de l'Ecole Polytechnique, 1889, 58: 1 - 125.

[8] VonNeumann J, Richtmyer R D. A method for the numerical calculation of hydrodynamic shocks[J]. Journal of Applied Physics, 1950, 21(3): 232 - 237.

[9] Mattsson A E, Rider W J. Artificial viscosity: Back to the basics[J]. International Journal for Numerical Methods in Fluids, 2015, 77(7): 400 - 417.

[10] Harten A. High resolution schemes for hyperbolic conservation laws [J]. Journal of Computational Physics, 1983, 49(3): 357 - 393.

[11] Liou M S, Steffen C J. A new flux splitting scheme[J]. Journal of Computational Physics, 1993, 107(1): 23 - 39.

[12] Liou M S. A sequel to ausm: Ausm+[J]. Journal of Computational Physics, 1996, 129(2): 364 - 382.

[13] Van Leer B. Flux-vector splitting for the Euler equations[C]. Berlin: Eighth International Conference on Numerical Methods in Fluid Dynamics, 1982, 507 - 512.

[14] Harten A, Engquist B, Osher S, et al. Uniformly high order accurate essentially non-oscillatory schemes, Ⅲ[J]. Journal of Computational Physics, 1987, 71(2): 231 - 303.

[15] Jiang G S, Shu C W. Efficient implementation of weighted ENO schemes[J]. Journal of Computational Physics, 1996, 126(1): 202-228.

[16] Shu C W, Osher S. Efficient implementation of essentially non-oscillatory shock-capturing schemes, II[J]. Journal of Computational Physics, 1989, 83(1): 32-78.

[17] Liu X D, Osher S, Chan T. Weighted essentially non-oscillatory schemes[J]. Journal of Computational Physics, 1994, 115(1): 200-212.

[18] Henrick A K, Aslam T D, Powers J M. Mapped weighted essentially non-oscillatory schemes: Achieving optimal order near critical points[J]. Journal of Computational Physics, 2005, 207 (2): 542-567.

[19] Borges R, Carmona M, Costa B, et al. An improved weighted essentially non-oscillatory scheme for hyperbolic conservation laws[J]. Journal of Computational Physics, 2008, 227 (6): 3191-3211.

[20] Taylor E M, Wu M, Martín M P. Optimization of nonlinear error for weighted essentially non-oscillatory methods in direct numerical simulations of compressible turbulence[J]. Journal of Computational Physics, 2007, 223(1): 384-397.

[21] Martín M P, Taylor E M, Wu M, et al. A bandwidth-optimized WENO scheme for the effective direct numerical simulation of compressible turbulence[J]. Journal of Computational Physics, 2006, 220(1): 270-289.

[22] Brehm C, Barad M F, Housman J A, et al. A comparison of higher-order finite-difference shock capturing schemes[J]. Computers & Fluids, 2015, 122: 184-208.

[23] Suresh A, Huynh H T. Accurate monotonicity-preserving schemes with Runge-Kutta time stepping[J]. Journal of Computational Physics, 1997, 136(1): 83-99.

[24] Balsara D S, Shu C W. Monotonicity preserving weighted essentially non-oscillatory schemes with increasingly high order of accuracy[J]. Journal of Computational Physics, 2000, 160 (2): 405-452.

[25] Shu C W. High order weighted essentially nonoscillatory schemes for convection dominated problems[J]. SIAM Review, 2009, 51(1): 82-126.

[26] 张德良.计算流体力学教程[M].北京: 高等教育出版社,2010.

[27] Zhao G Y, Sun M B, Mei Y, et al. An efficient adaptive central-upwind WENO-CU6 numerical scheme with a new sensor[J]. Journal of Scientific Computing, 2019, 81(2): 649-670.

[28] Hu X Y, Wang Q, Adams N A. An adaptive central-upwind weighted essentially non-oscillatory scheme[J]. Journal of Computational Physics, 2010, 229(20): 8952-8965.

[29] Hu X Y, Adams N A. Scale separation for implicit large eddy simulation[J]. Journal of Computational Physics, 2011, 230(19): 7240-7249.

[30] Li L, Wang H B, Zhao G Y, Sun M B, Xiong D P, Tang T. Efficient WENOCU4 scheme with three different adaptive switches[J]. Journal of Zhejiang University: SCIENCE A (Applied Physics & Engineering), 2020, 21(9): 695-720.

[31] Harten A. The artificial compression method for computation of shocks and contact discontinuities. III. Self-adjusting hybrid schemes[J]. Mathematics of Computation, 1978, 32

(142): 363 - 389.

[32] Jameson A, Schmidt W, Turkel E. Numerical solution of the Euler equations by finite volume methods using Runge Kutta time stepping schemes[C]. Palo Alto: 14th Fluid and Plasma Dynamics Conference. 1981.

[33] Ren Y X, Liu M, Zhang H. A characteristic-wise hybrid compact-WENO scheme for solving hyperbolic conservation laws[J]. Journal of Computational Physics, 2003, 192: 365 - 386.

[34] Ducros F, Laporte F, Soulères T, et al. High-order fluxes for conservative skew-symmetric-like schemes in structured meshes: Application to compressible flows [J]. Journal of Computational Physics, 2000, 161(1): 114 - 139.

[35] Larsson J, Lele S, Moin P. Effect of numerical dissipation on the predicted spectra for compressible turbulence[J]. Annual Research Briefs, 2007, 1(1): 47 - 57.

[36] White J, Baurle R, Fisher T, et al. Low-dissipation advection schemes designed for large eddy simulations of hypersonic propulsion systems[C]. Atlanta: AIAA - 2012 - 4263, 48th AIAA/ASME/SAE/ASEE Joint Propulsion Conference & Exhibit, 2012, 4263.

[37] Hill D J, Pullin D I. Hybrid tuned center-difference-WENO method for large eddy simulations in the presence of strong shocks[J]. Journal of Computational Physics, 2004, 194(2): 435 - 450.

[38] Visbal M, Gaitonde D. Shock capturing using compact-differencing-based methods [C]. Reno: AIAA - 2005 - 1265, 43rd AIAA Aerospace Sciences Meeting and Exhibit, 2005.

[39] Movahed P, Johnsen E. A solution-adaptive method for efficient compressible multifluid simulations, with application to the Richtmyer-Meshkov instability [J]. Journal of Computational Physics, 2013, 239: 166 - 186.

[40] Sjögreen B, Yee H C. Multiresolution wavelet based adaptive numerical dissipation control for high order methods[J]. Journal of Scientific Computing, 2004, 20(2): 211 - 255.

[41] Zhao G Y, Sun M B, Pirozzoli S. On shock sensors for hybrid compact/WENO schemes[J]. Computers & Fluids, 2020, 199: 104439.

[42] Zhao G Y, Sun M B, Memmolo A, et al. A general framework for the evaluation of shock-capturing schemes[J]. Journal of Computational Physics, 2019, 376: 924 - 936.

[43] Zhao G Y, Sun M B. Robust and low-dissipation explicit formulation of improved adaptive WCNS scheme[C]. 31st International Symposium on Shock Waves, 2019.

[44] Zhao G Y, Sun M B, Xie S B, et al. Numerical dissipation control in an adaptive WCNS with a new smoothness indicator [J]. Applied Mathematics and Computation, 2018, 330: 239 - 253.

[45] Zhao G Y, Sun M B. Numerical dissipation control in an adaptive WCNS scheme for high-speed flows[C]. Xiamen: AIAA - 2017 - 2246, 21st AIAA International Space Planes and Hypersonics Technologies Conference, 2017.

[46] Wilbraham H. On a certain periodic function [J]. The Cambridge Dublin Mathematical Journal, 1848, 3: 198 - 201.

[47] Gibbs J W. Fourier's series[J]. Nature, 1898, 59(1522): 200.

[48] Carslaw H S. Introduction to the theory of Fourier's series and integrals [M]. London:

Macmillan and Company, limited, 1921.

[49] Adams N A, Shariff K. A high-resolution hybrid compact-ENO scheme for shock-turbulence interaction problems[J]. Journal of Computational Physics, 1996, 127(1): 27-51.

[50] Pirozzoli S. Conservative hybrid compact-WENO schemes for shock-turbulence interaction[J]. Journal of Computational Physics, 2002, 178(1): 81-117.

[51] Kim D, Kwon J H. A high-order accurate hybrid scheme using a central flux scheme and a WENO scheme for compressible flowfield analysis[J]. Journal of Computational Physics, 2005, 210(2): 554-583.

[52] Tolstykh A I, Lipavskii M V. On performance of methods with third-and fifth-order compact upwind differencing[J]. Journal of Computational Physics, 1998, 140(2): 205-232.

[53] Visbal M, Gordnier R. A high-order flow solver for deforming and moving meshes[C]. Denver: AIAA-2000-2619, Fluids 2000 Conference and Exhibit, 2000.

[54] Fu D, Ma Y. A high order accurate difference scheme for complex flow fields[J]. Journal of Computational Physics, 1997, 134(1): 1-15.

[55] 傅德薰,马延文.迎风紧致格式及多尺度物理问题的直接数值模拟[C].温州:第七届全国计算流体力学会议.1994.

[56] 刘秋生,沈孟育,刘晔.求解常微分方程边值问题新的数值方法[J].清华大学学报(自然科学版),1996,36(4): 7-12.

[57] 张涵信,庄逢甘.关于建立高阶精度差分格式的问题[C].浙江:第八届全国计算流体力学会议.1996.

[58] 沈孟育,蒋莉.满足熵增原则的高精度高分辨率格式[J].清华大学学报(自然科学版),1999,39(4): 1-5.

[59] Chu P C, Fan C. Sixth-order difference scheme for sigma coordinate ocean models[J]. Journal of Physical Oceanography, 1997, 27(9): 2064-2071.

[60] Shukla R K, Zhong X. Derivation of high-order compact finite difference schemes for non-uniform grid using polynomial interpolation[J]. Journal of Computational Physics, 2005, 204(2): 404-429.

[61] Zhang K K Q, Shotorban B, Minkowycz W J, et al. A compact finite difference method on staggered grid for Navier-Stokes flows[J]. International Journal for Numerical Methods in Fluids, 2006, 52(8): 867-881.

[62] He Z, Li X, Fu D, et al. A 5th order monotonicity-preserving upwind compact difference scheme[J]. Science China Physics, Mechanics and Astronomy, 2011, 54(3): 511-522.

[63] Pirozzoli S. Generalized conservative approximations of split convective derivative operators [J]. Journal of Computational Physics, 2010, 229(19): 7180-7190.

[64] Phillips N A. An example of non-linear computational instability[J]. The Atmosphere and the Sea in Motion, 1959, 501: 504.

[65] Lilly D K. On the computational stability of numerical solutions of time-dependent non-linear geophysical fluid dynamics problems[J]. Monthly Weather Review, 1965, 93(1): 11-26.

[66] Orlandi P. Fluid flow phenomena: a numerical toolkit[M]. Berlin: Springer Science & Business Media, 2012.

［67］ Pirozzoli S. Numerical methods for high-speed flows［J］. Annual Review of Fluid Mechanics, 2011, 43: 163 - 194.

［68］ Feiereisen W J. Numerical simulation of a compressible, homogeneous, turbulent shear flow［D］. Palo Alto: Stanford University, 1983.

［69］ Blaisdell G A, Spyropoulos E T, Qin J H. The effect of the formulation of nonlinear terms on aliasing errors in spectral methods［J］. Applied Numerical Mathematics, 1996, 21(3): 207 - 219.

［70］ Kennedy C A, Gruber A. Reduced aliasing formulations of the convective terms within the Navier-Stokes equations for a compressible fluid［J］. Journal of Computational Physics, 2008, 227(3): 1676 - 1700.

［71］ Pirozzoli S. Stabilized non-dissipative approximations of Euler equations in generalized curvilinear coordinates［J］. Journal of Computational Physics, 2011, 230(8): 2997 - 3014.

［72］ Casper J, Carpenter M H. Computational considerations for the simulation of shock-induced sound［J］. SIAM Journal on Scientific Computing, 1998, 19(3): 813 - 828.

［73］ Lax P D, Liu X D. Solution of two-dimensional Riemann problems of gas dynamics by positive schemes［J］. SIAM Journal on Scientific Computing, 1998, 19: 319 - 340.

［74］ Li L, Wang H B, Zhao G Y, et al. An efficient low-dissipation hybrid central/WENO scheme for compressible flows［J］. International Journal of Computational Fluid Dynamics, 2020, 34(10): 705 - 730.

［75］ Shu C W, Osher S. Efficient implementation of essentially non-oscillatory shock capturing schemes［J］. Journal of Computational Physics, 1988, 77: 439 - 471.

［76］ Woodward P, Colella P. The numerical simulation of two-dimensional fluid flow with strong shocks［J］. Journal of Computational Physics, 1984, 54(1): 115 - 173.

［77］ Honein A E, Moin P. Higher entropy conservation and numerical stability of compressible turbulence simulations［J］. Journal of Computational Physics, 2004, 201(2): 531 - 545.

［78］ Jameson A. Time dependent calculations using multigrid, with applications to unsteady flows past airfoils and wings［C］. Honolulu: AIAA - 1991 - 1596, 10th Computational Fluid Dynamics Conference, 1991.

［79］ Lin W, Rocketdyne P, Whitney. Application of dual-time stepping and finite-volume scheme in computational aeroacoustics［C］. Cambridge: AIAA - 2006 - 2472, 12th AIAA/CEAS Aeroacoustics Conference (27th AIAA Aeroacoustics Conference), 2006.

［80］ Shieh C, Morris P. High-order accurate dual time-stepping algorithm for viscous aeroacoustic simulations［C］. Toulouse: AIAA - 1998 - 2361, 4th AIAA/CEAS Aeroacoustics Conference, 1998.

［81］ 邹正平,徐力平.双重时间步方法在非定常流场模拟中的应用[J].航空学报,2000,21(4): 317 - 321.

［82］ 王保国,刘淑艳,张雅,等.双时间步长加权 ENO -强紧致高分辨率格式及在叶轮机械非定常流动中的应用[J].航空动力学报,2005(4): 534 - 539.

［83］ 赵海洋,刘伟,任兵.双时间隐式方法求解非定常绕流的相关问题[J].国防科技大学学报,2005,27(3): 25 - 29.

[84] Chen R F, Wang Z J. An improved LU-SGS scheme with faster convergence for unstructured grids of arbitrary topology[C]. Reno: AIAA-1999-935, 37th Aerospace Sciences Meeting and Exhibit. 1999.

[85] Chen R F, Wang Z J. Fast, block lower-upper symmetric Gauss-Seidel scheme for arbitrary grids[J]. AIAA Journal, 2000, 38(12): 2238-2245.

[86] Kim J S, Kwon O J. Improvement on block LU-SGS scheme for unstructured mesh navier-stokes computations[C]. Reno: AIAA-2002-1061, 40th AIAA Aerospace Sciences Meeting & Exhibit. 2002.

[87] Wang G, Jiang Y, Zhengyin Y E. An improved LU-SGS implicit scheme for high Reynolds number flow computations on hybrid unstructured mesh[J]. Chinese Journal of Aeronautics, 2012, 25(1): 33-41.

[88] Graham C, Michael W, Jeffrey M. Data-parallel LU-SGS method for reacting flows[J]. AIAA Journal, 1994, 32(12): 2380-2386.

[89] Wright M J, Candler G V, Prampolini M. Data-parallel lower-upper relaxation method for the Navier-Stokes equations[J]. AIAA Journal, 1996, 34(7): 1371-1377.

[90] Lin F, Gao Z, Xu K, et al. A multi-block viscous flow solver based on GPU parallel methodology[J]. Computers & Fluids, 2014, 95: 19-39.

[91] Gefroh D, Loth E, Dutton C, et al. Aeroelastically deflecting flaps for shock/boundary-layer interaction control[J]. Journal of Fluids & Structures, 2003, 17(7): 1001-1016.

[92] Xie Z T, Castro I P. Efficient generation of inflow conditions for large eddy simulation of street-scale flows[J]. Flow, Turbulence and Combustion, 2008, 81: 449-470.

[93] Lund T S, Wu X, Squires K D. Generation of turbulent inflow data for spatially-developing boundary layer simulations[J]. Journal of Computational Physics, 1998, 140(2): 233-258.

[94] 王博.激波/湍流边界层相互作用流场组织结构研究[D].长沙：国防科技大学,2015.

[95] Klein M, Sadiki A, Janicka J. Influence of the boundary conditions on the direct numerical simulation of a plane turbulent jet[C]. Second Symposium on Turbulence and Shear Flow Phenomena, 2001.

[96] Klein M, Sadiki A, Janicka J. Influence of the inflow conditions on the direct numerical simulation of primary breakup of liquid jets[C]. ILASS-Europe, 2001: 475-480.

[97] Stanley S A, Sarkar S. Influence of nozzle conditions and discrete forcing on turbulent planar jets[J]. AIAA journal, 2000, 38(9): 1615-1623.

[98] 赵国焱.超声速气流中火焰闪回诱发与火焰传播机制研究[D].长沙：国防科技大学,2019.

[99] Fan C C, Xiao X D, Edwards J R, et al. Hybrid large-eddy/Reynolds-averaged Navier-Stokes simulation of shock-separated flows[J]. Journal of spacecraft and rockets, 2004, 41(6): 897-906.

第7章

超燃冲压发动机计算燃烧学应用

7.1 概述

要将计算燃烧学应用于实际超燃冲压发动机的数值仿真研究,除了以上介绍的物理化学模型和数值方法外,还需解决高效计算的问题。相比飞行器外流场模拟来说,发动机燃烧数值模拟的模型复杂性更高,对计算性能的需求更大。超燃冲压发动机燃烧室中存在复杂的三维湍流流动与燃烧过程,是一个典型的时空多尺度问题(图 7.1)[1]。以目前研究的小尺度双模态超燃冲压发动机为例,其中流动最小湍流涡尺度通常在 10^{-6} m 量级,化学反应的尺度可能更小,而发动机长度约在 1 m 量级,此时若要进行 DNS 完全模拟,需要网格数为 10^{18} 量级,计算时间步数为 10^6 量级,如此巨大的计算量是目前计算设备无法承受的。即使采用 RANS 或 LES 模拟,所需要的网格量通常也在千万甚至上亿的量级,因此高效计算是超燃冲压发动机燃烧计算学的一个关键问题。

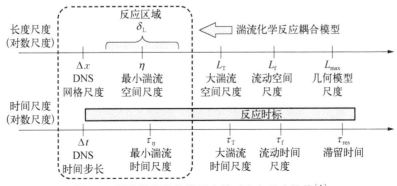

图 7.1 湍流燃烧数值模拟中的时空多尺度挑战[1]

针对超燃发动机燃烧数值模拟能力的需求,必须发展大规模高效并行计算技术。为此,美国能源部专门建立了湍流中的燃烧 E 级模拟中心[2],是其三个 E 级计算协同设计研究中心之一。从高性能计算机技术发展的角度看,目前国际上即将突破 E 级计算(每秒百亿亿次浮点运算)能力。超级计算机体系结构发展的一个趋势是并行规模扩大,例如当前天河二号、太湖之光和 Summit 分别包含 498.18 万、1 064.96 万和 228.25 万个计算核心。另一个明显趋势是通用图形处理单元(general-purpose graphic processing unit, GPGPU)、Intel 集成众核(many integrated core, MIC)、通用数字信号处理器(general-purpose digital signal processing, GPDSP)等加速部件在高性能计算机中使用越来越广泛,高性能计算机变得越来越异构[3]。在 2019 年 11 月发布的世界超级计算机排行榜(top500)中,前 10 台超级计算机有 8 台是异构体系结构。总体而言,现有和未来高性能计算系统融合了各种计算部件,系统中具有更多的并行层次,计算性能与访存、通信性能的差距扩大,“存储墙”“I/O 墙”问题愈加突出,大大增加了并行软件开发与性能优化难度。据估计,目前高性能计算领域应用程序获得的持续性能通常只能达到机器峰值性能的 5% ~ 10%,应用软件如何高效利用高性能计算机平台资源,是严峻的挑战。美国 NASA 在 2014 年发布的《2030 年 CFD 远景研究》(CFD vision 2030 study)[4]中也强调指出,随着高性能计算机硬件的快速发展,已经到了必须重新考虑当前 CFD 算法及软件转折点的程度。对发动机燃烧数值模拟来说,研究与新型高性能计算机体系结构相适应的大规模并行算法,提高其并行可扩展性与执行效率,缩小软件实际获得的持续性能与机器峰值性能的差距,对支撑航空航天发动机研制具有重要意义。

并行计算技术已经历数十年的发展,相应并行编程技术也经历了很多变化。目前,主流并行软件编程技术主要包括以下几类:① 面向共享存储并行系统的共享存储并行编程模型,主要的编程语言包括 OpenMP(open multi-processing)、Pthreads(POISX threads)、Intel Cilk Plus 等;② 面向消息传递并行系统的消息传递并行编程模型,主要的编程语言是 MPI(message passing interface);③ 面向异构并行系统的编程模型,由于异构并行系统中的加速器具有各种类型,因此有各种编程语言存在,例如面向 CPU+GPU 架构的编程语言有 CUDA(compute unified device architecture)、OpenCL(open computing language)、OpenACC、OpenMP 4.x/5.0 等。

基于上述并行编程语言,已经有一些发动机燃烧数值模拟软件实现了大规模并行计算。例如美国桑迪亚实验室开发的大规模直接数值模拟软件 S3D,该软件是国际上最著名的燃烧模拟软件之一,可以求解可压缩的反应 Navier - Stokes、能量与组分守恒等方程,也能够模拟详细的气相热动力学、化学与分子传输特性方程。Chen[5]优化了 S3D 的结点性能和并行 I/O 性能,对一个直接数值模拟算例,在橡树岭国家实验室 Cray XT3 超级计算机的约 10 000 个处理器上运行了 10 天,耗费约 350 万 CPU 核时。美国橡树岭国家实验室与 CRAY、NVIDIA 等合作实现了燃烧模拟软件 S3D 的 MPI/OpenMP 混合并行,并基于 OpenACC 实现了其 GPU 并行计算,使用 Fermi GPU 相对于 CPU 的加速为 1.2 倍,在 Titan 超级计算机上的测试规模最大达 8 192 节点[5]。美国 HyPerComp 公司 He 等[6] 针对一个燃烧与推进模拟的高阶精度求解器,采用 OpenCL 开发了其 GPU 版本, 针对一个 Benchmark 问题,使用 16 节点的 GPU 集群相对于只使用每节点 2 个 CPU 的加速比超过 3.0。Emmett 等针对燃烧直接数值模拟提出了一种数值算法来集成多组分、带反应、可压缩 N - S 方程[7],在混合 MPI/OpenMP 代码 SMC 中实现了其算法,并在 NERSC 的 Hopper 超级计算机上对 9 组分 H_2/O_2 燃烧进行模拟,使用了 98 304 核时,相对于 6 核(1 节点)获得 90%的并行效率提升。

目前主要有两种高效并行计算技术,一种是 MPI+OpenMP 两级混合并行算法[8],另一种是 CPU+GPU 异构并行算法。本章首先对这两类高效并行计算技术进行简要介绍,然后给出一些计算燃烧学在超燃冲压发动机内的应用实例。

7.2　高效并行计算技术

7.2.1　MPI+OpenMP 两级混合并行算法

当前并行计算机的体系结构呈现多级并行的特点,即使是纯 CPU 构成的并行计算机系统,通常也会包括多个节点,节点间通过高速网络互连,节点内通常包括多个 CPU,多个 CPU 之间可以共享大容量主存,而在每个 CPU 上会有多个计算核心(目前典型的有 8、12、16 个核心,Intel 最新的 Xeon Platinum CPU 核心数达到了 28 个)。从并行应用开发的角度看,在这种体系结构的并行计算机系统上单纯采用 MPI(message-passing interface)消息传递并行编程模式尽管仍然可行,但是面临一些性能方面的问题。为了利用节点上的每个 CPU 核,需要启动的 MPI 进程数至少应等于节点上的 CPU 核数之和,大量的 MPI 进程会带来大量的进程间通信开销,导致性能损失。

OpenMP(open multi-processing,开放多处理)是另一种并行编程的标准,是由 OpenMP ARB(architecture review board)牵头提出的一种基于共享存储器多处理器的编程规范和 API。OpenMP 支持的编程语言包括 C、C++和 Fortran,支持多种操作系统和处理器体系结构,目前得到了高性能计算领域硬件与软件厂商的广泛支持。OpenMP ARB 于 1997 年发布了 OpenMP 规范 1.0 版本;目前最新的版本是 2015 年发布的 OpenMP 4.5,该版本中提供了对 CPU 与协处理器(或加速器)协同计算的 offload 编程模式的支持。

针对目前节点间网络互连、节点内多 CPU 核共享存储的并行计算机系统,结合了 MPI 和 OpenMP 优点的 MPI/OpenMP 混合并行模式是最有潜力的并行编程模式,其中的 MPI 负责节点间通信,而在节点内部利用 OpenMP 多线程来利用各个 CPU 核,这样既达到充分利用全部计算核心的目标,又减少了 MPI 消息传递的开销,并且在一个节点内多 CPU 核间的数据交换基于共享主存方式实现,性能比基于消息传递方式的更高。下面以国防科技大学的 LESAP 程序为例,介绍在传统 MPI 并行程序基础上实现 MPI/OpenMP 混合并行设计的基本方法。

7.2.1.1　计算热点和计算性能分析

LESAP 软件的主要计算部分包含在一个时间步循环中,该时间步循环要迭代数万个时间步才能获得一个收敛的结果。初始化、前后处理过程的时间开销相对于大量时间步循环迭代来说可以忽略不计,时间步循环的性能是主要关注点。在主频 2.20 GHz 的 Intel 至强 E5 - 2692 v2 处理器上进行了性能测试,测试使用的数据为单块网格(含 510 300 个网格单元),使用 Intel Vtune 软件来测试各个子程序执行时间,在此基础上计算各个子程序占总执行时间的百分比。表7.1 给出了各个主要的子程序占总执行时间的百分比,可以看到软件的时间开销主要集中在与燃烧化学反应计算相关的子程序 ws、与流场通量计算相关的子程序 f_weno 上,这是并行化与性能优化要关注的重点。特别对 OpenMP 并行化来说,必须覆盖这里列出的主要子程序,否则根据 Amdal 定律,未并行化的串行部分的执行开销会限制最终所能获得的并行加速比。

表 7.1　软件计算热点-各个子程序所占执行时间的比例[9]

序号	子程序	占总执行时间的百分比
1	ws	89.76%
2	f_weno	7.71%

续表

序　号	子　程　序	占总执行时间的百分比
3	wvalue	2.41%
4	lusgs	1.43%
5	hei	0.93%
6	viscidflux	0.72%
7	abc	0.45%
8	reaction	0.25%
9	Other	0.80%

7.2.1.2　可扩展的 OpenMP 并行化策略

循环并行化是实现程序 OpenMP 并行化的主要手段,并行化过程需要考虑的主要因素有线程数、循环体大小、调度策略等。由于 OpenMP 线程的创建、销毁等需要一定的开销,为了降低额外开销、提高并行效率,需要尽可能地实现粗粒度的并行,这里采用了一种自顶向下的粗粒度并行化策略。在这种策略中,OpenMP 并行实现策略是沿着函数调用图以一种自顶向下的方式实现的,即从主程序开始寻找可以线程并行化的循环,使用 OpenMP 编译指导语句来并行化这些循环;然后继续深入到下级子程序中,寻找可实施 OpenMP 并行的循环。最终的结果如图 7.2 所示,其中在 reaction 子程序中的 OpenMP 并行化覆盖了子程序 WS 和 hei,在 ViscidFlux 和 InviscidFlux 中的 OpenMP 并行化覆盖了子程序 f_weno、cp,在 LUSGS 中的 OpenMP 并行化覆盖了子程序 abc。可见我们的 OpenMP 并行全部覆盖了表 7.1 中的主要子程序,避免了串行瓶颈。

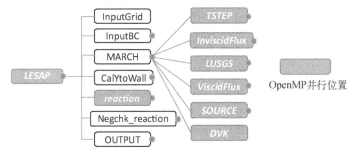

图 7.2　LESAP 中主要的 OpenMP 并行化位置[9]

7.2.1.3　LU - SGS 算法的 OpenMP 并行化

LU - SGS(lower-upper symmetric Gauss-Seidel)方法是 Yoon 和 Jameson 提出

的 CFD 隐式计算格式,具有较高稳定性,目前在 CFD 软件中得到广泛应用。我们的发动机燃烧数值模拟软件在时间离散上采用了双时间步迭代方法,其内迭代使用了 LU-SGS 算法。LU-SGS 算法的求解过程包含一次向前和一次向后扫描过程。在向前扫描中,每个(i, j, k)位置上变量 v 的计算都依赖于 v 在 (i-1, j, k),(i, j-1, k)以及(i, j, k-1)位置上的值,下面的程序段示意了标准三维情况下 LU-SGS 求解向前扫描过程的主要循环及数据依赖关系:

```
do k = 1, nk
do j = 1, nj
do i = 1, ni
    v(i, j, k) = v(i, j, k) + v(i-1, j, k) + v(i, j-1, k) + v(i, j, k-1)
end do
end do
end do
```

LU-SGS 向前扫描过程的数据依赖关系如图 7.3 所示(以二维为例)。由于依赖关系很强,串行求解只能严格按次序进行,先将数组赋零后,再从网格块三个方向索引号最小的角点开始计算(起点为显式计算),按数组在内存中保存的顺序逐点向前扫描求解;类似地,对于反向过程,也可按相反顺序对称地向后扫描。

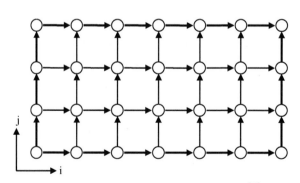

图 7.3 LU-SGS 向前扫描数据依赖关系[9]

由于 LU-SGS 算法在计算某个网格点上的物理量需要用到后方刚刚更新的值以及前方上一步的旧值(向前扫描时为零),这种数据依赖关系限制了按行或按列的并行,不能通过简单地添加 OpenMP 指导语句的方式来实现代码的 OpenMP 并行化。我们采用了流水线法来实现 OpenMP 并行化,其基本思路是将最外层的 k 循环包含在 OpenMP 的并行区内、但真正的多线程并行任

务划分放在次外层的 j 循环上,即每个线程负责 j 循环的一段区间。代码示意如下:

```
1          ! $OMP parallel private(k, iam)
2          iam = OMP_GET_THREAD_NUM( )
3          isync(iam) = 0      ! 初始化用于同步的数组
4
5          ! $OMP barrier
6          do k = 1, nk
7            ! (1) 等待上游邻居线程计算的完成
8            if (iam .gt. 0) then
9              do while(isync(iam-1) .eq. 0)
10                ! $OMP flush(isync)
11             end do
12             isync(iam-1) = 0
13                ! $OMP flush(isync,v)
14           end if
15
16           ! (2) 多线程并行计算
17           ! $OMP do schedule(static, nchunk)
18           do j = 1, nj; do i = 1, ni
19              v(i, j, k) = v(i, j, k) + v(i-1, j, k) + …
20           end do; end do
21           ! $OMP end do nowait
22
23           ! (3) 计算任务完成,通知下游邻居线程
24           if( iam .lt. nt) then
25             ! $OMP flush(isync,v)
26             do while (isync(iam) .eq. 1)
27                ! $OMP flush(isync)
28             end do
29             isync (iam) = 1
30             ! $OMP flush(isync)
31           end if
32         end do
           ! $OMP end parallel
```

其中,变量 nt 表示 OpenMP 的线程总数,数组 isync 共 nt 个元素,每个元素对应一个线程,充当信号灯的作用,用于控制多线程执行的时序关系。多线程主要针对 j 循环进行分割与并行计算,即 j 循环被静态地分割成 nt 段,每个线程负责计算 j 循环的一段,这种划分必须是静态的,以确保在最外层的 k 循环迭代

时,各线程负责的 j 循环段固定不变。当程序进入第一个 k=1 循环时,只有 0 号线程计算自己所负责的 j 循环段,其余线程均因 9~11 行的循环而等待,一旦当 0 号线程执行完成主体计算(18~20 行)后,它负责将自己的信号灯 isync(0)由 0 置 1(25~30 行);处于等待中的 1 号线程收到这个信号(即通过第 9 行的条件判断感知到这个信号)后结束等待,开始准备执行自己的计算任务,在此之前它首先将收到的信号灯 isync(0)重置回 0,以便下次重用此信号灯;然后 1 号线程开始完成自己负责的 j 循环段的计算,与此同时,0 号线程也开始了 k=2 循环。这个过程依次重复下去,当流水线充满时,在每个处理信号灯外的计算时刻,nt 个线程同时在计算,差别是线程 i 处理的是 k=k0 循环中的计算,线程 i+1 则处理的是 k=k0-1 循环中的计算……以此类推。以 4 个线程为例,流水线方法如图 7.4 所示。

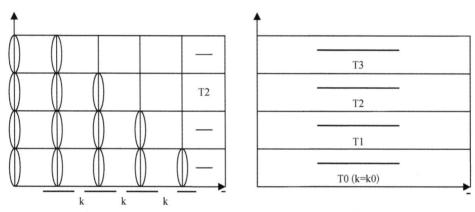

图 7.4 LU‐SGS 流水‐超线 4 线程并行示意图[9]

这种 OpenMP 并行算法的优点是一旦流水线充满后,各线程的计算负载可以分配得很均衡,而且数据的时间分布和空间分布局部性都较好;其主要缺点在于为了建立流水线的时序,需要进行较复杂的线程同步,同时需要对原串行程序进行修改。

7.2.1.4 针对 OpenMP 并行性的优化

为提高 OpenMP 的并行性,我们从以下几个方面出发进行了性能优化:

(1)由于线程的创建和销毁会带来一定的开销,在程序中寻找可合并的并行区,以尽可能高的级别并行化,使并行粒度尽可能大,以降低并行化开销,同时尽量减少同步操作以降低线程同步开销。

(2)对于有多层循环并且没有数据相关性的循环结构,比如软件中的通量计算和右端项计算部分,可采用 collapse 语句来从多重嵌套循环中开发 OpenMP 并行性;而 LU-SGS 求解过程因存在强数据依赖,则不可使用 collapse 语句。

(3) 程序在多核平台下运行时,线程在核之间的动态迁移会导致一定程度上的性能下降,且容易造成负载不均衡。如果将线程绑定在固定的核上运行,不仅可以提升应用程序性能,还能更充分利用多核平台的高性能计算能力,实现负载均衡。通过设置环境变量 KMP_AFFINITY 可以实现这种优化。

(4) 任务调度开销可能会对 OpenMP 性能产生很大的影响。Intel Vtune 可以针对并行区间进行 OpenMP 性能测试,该测试会针对相应并行区间产生一个理想运行时间,然后对比实际运行时间得到一个潜在性能提升时间,并将该潜在时间划分为 Imbalance、Lock Contention、Creation、Scheduling 等几个部分,选择时间较大的部分进行相应的优化。例如,线程在“barrier”处相互等待或者线程结束时间不相等会导致负载不均衡,负载不均衡会极大地影响程序性能,当线程负载不均衡时可以采用“dynamic”的任务调度方式代替“static”的任务调度方式。某些时候采用“dynamic”调度策略会产生过大的开销,此时可以将“dynamic”设置大一些,或者用“guided”代替“dynamic”。

7.2.1.5　性能测试

测试平台共含 24 个 CPU 核,分别取 OpenMP 线程数 1、2、4、8、12、16、24,测试其执行时间。表 7.2 给出了 CPU 上不同 OpenMP 线程数时的执行时间,以及并行加速比。从表中可见执行时间一直随线程数增加而明显降低,单线程时平均每时间步的执行时间 1 718.56 秒,24 线程时平均每时间步的执行时间只有87.233 5 秒,24 线程相对于 1 线程的并行加速比达 19.70 倍。

表 7.2　CPU 上不同 OpenMP 线程数时的执行时间及加速比[9]

线　程	1	2	4	8	12	16	24
时间/秒	1 718.56	892.823	461.721	238.559	162.912	124.291	87.233 5
并行加速比	1	1.92	3.72	7.2	10.55	13.83	19.7

在表 7.2 数据的基础上计算了程序的 OpenMP 并行效率,在图 7.5 中给出,其中横坐标是线程数,纵坐标是并行效率。可以看到,在线程数变化时,程序一直保持较高的 OpenMP 并行效率,当使用 24 线程(用满 24 核)时,相对于单线程的并行效率仍然达到 82.1%,这对 LESAP 这样复杂结构网格 CFD 应用程序来说是相当不错的,说明 OpenMP 并行化非常成功。

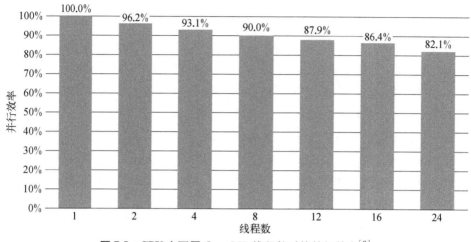

图 7.5　CPU 上不同 OpenMP 线程数时的并行效率[9]

7.2.2　CPU+GPU 异构并行算法

　　传统上,开展集群的并行计算是解决大规模科学计算问题的有效途径,而并行计算集群的性能在很大程度上依赖于 CPU 的更新换代。但是随着 CPU 单位面积内集成的晶体管数量增多,能量消耗和散热问题不可忽视,导致 CPU 的更新速度变缓,发展陷入瓶颈。图形处理单元(graphics processing units,GPU)在数据并行上具有强大的浮点运算能力和存储带宽[4],其作为一种新型的科学计算设备开始进入人们的视野。与 Intel CPU 相比,GPU 具有突出的性能优势。GPU 近年来在分子动力学(Molecular Dynamics,MD)、CFD、气象预测(Weather Forecast,WF)、人工智能(artificial intelligence,AI)等通用计算领域应用广泛[5,7-9]。GPU 的发展给 CFD 高性能计算领域带来了前所未有的机遇和挑战,在 GPU 上实现 CFD 大规模并行计算一直是 GPU 在通用计算领域的热点,将会对 CFD 的研究与应用产生巨大的推动作用。

　　传统上,GPU 仅限于图形渲染领域。NVIDIA 在 2007 年推出了统一计算设备架构(compute unified device architecture,CUDA),降低了编译程序的复杂性。CUDA 作为编程模型的出现标志着 GPU 开始在通用计算领域广泛应用。在 CFD 领域,国内外学者开始将 GPU 应用于 Euler 方程和 Navier-Stokes 方程的求解,并广泛应用于层流和湍流物理流动规律的分析,取得了一系列重要成果。

　　下面在 CPU/GPU 异构体系结构计算集群上,建立基于 MPI+CUDA 的异构并行可压缩流求解器。主要从 GPU 的架构特点和 CUDA 编程模型出发,基于

NVIDIA GPU 简要介绍 MPI+CUDA 的多 GPU 并行计算实现方法[10]。

7.2.2.1 CUDA 编程模型

CUDA 支持 C/C++、Fortran 等语言的扩展,具有较强的通用性。完整的 CUDA 程序包含主机端和设备端两部分,主机端代码在 CPU 上执行,设备端代码调用内核在 GPU 上执行。内核是 GPU 上的函数,对应于线程网格,一个线程网格由若干个线程块组成。对于 GTX 1070,一个线程块至多包含 1 024 个线程。在 CUDA 中,线程块数目和线程块中的线程数目对 GPU 计算性能具有重要影响。通过测试,当线程块中的线程数目设置为 256 时,GTX 1070 的计算性能可以达到最优,而线程块的数目需要根据计算规模来确定,在计算过程中,确保每个线程负载一个网格单元。

7.2.2.2 GPU 并行模式

传统上基于 CPU 的并行计算采用物理网格分块的方法,将计算域划分为若干个网格量相当的子区域,然后每个 CPU 核心负载一个子区域的计算量。在编程上采用单控制流多数据流(SPMD)模型,采用消息传递接口(MPI)实现数据的交换及同步。多 CPU 并行计算效率很大程度上依赖于中央处理器单元的性能,考虑到 CPU 发展速度变缓及 CPU 之间的通信带宽,不断增加 CPU 的数目并不能增加并行计算效率。

GPU 并行模式与多 CPU 并行模式存在较大的不同。以 GTX 1070 为例,其包含 15 个多流处理器(SM),同一个线程块内的线程保证在同一个 SM 上同时执行,并通过共享存储器实现数据的快速访存。SM 的架构称之为单指令多线程(SIMT),与单指令多数据(SIMD)架构类似。GPU 具有强大的计算能力,但其存储能力较弱,而 CPU 却相反,充分发挥 CPU 与 GPU 的优势,实现 CPU 与 GPU 的合理分工具有重要意义。图 7.6 为 GPU 并行模式示意图,CPU 负责流场的初始化和后处理、主机与设备之间的数据传输、内核程序的启动、完成与同步等管理性事务;而 GPU 内核程序则负责处理与网格相关的数值计算。对于 CPU 与 GPU 之间的数据传输需要用到全局内存,因其位于显存中,访问延迟很大,所以只针对原始变量进行数据传输,一般选取的原始变量为 $U = \begin{bmatrix} \rho & u & v & w & T \end{bmatrix}^{\mathrm{T}}$。

7.2.2.3 MPI+CUDA 多 GPU 并行算法

对于在多 GPU 上实现并行计算,目前应用最广泛的两种应用程序接口(API)是 OpenMP 和 MPI。这两种应用形成了 OpenMP+CUDA、MPI+CUDA 和 MPI+OpenMP+CUDA 并行程序包。OpenMP 基于共享式存储模型实现单节点内部的消息传递和同步,其传递效率较高;而 MPI 基于分布式存储模型或共享式

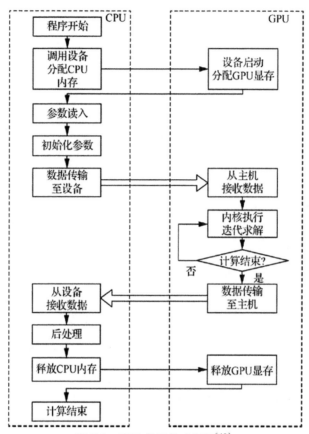

图 7.6　GPU 并行模式框图[10]

存储模型实现并行编程的消息传递和同步,其可用于节点内部和节点之间。虽然 MPI 的传递效率略低于 OpenMP,但是其编程性能良好,对于实现程序的可扩展性具有重要意义,因此 MPI 是目前应用最广泛的并行编程消息传递库。本章建立了基于 MPI+CUDA 编程模型的多 GPU 并行可压缩流求解器,实现了 GPU 并行计算程序的扩展。

图 7.7 为 MPI+CUDA 编程模型示意图,通过 MPI 实现多节点多 GPU 并行计算。在进行设备间的数据交换时,GPU 间的数据传递不能直接完成,需要通过 CPU 作为"媒介"来完成。对于位于不同设备上的相邻网格区域,首先将其边界数据通过 PCI‐e 总线(或 NVLink)传递至主机端,然后调用 MPI,在交换池中实现数据交换,并通过 PCI‐e 总线传递至设备端,GPU 间的数据交换示意图如图 7.8 所示。目前一些计算设备架构采用 NVLink 技术,能够在 GPU 和 GPU 间实

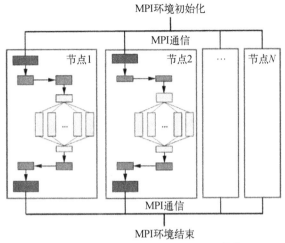

图 7.7 MPI+CUDA 混合编程模型[10]

现超高速的数据传输,传输速度是传统 PCI-e 总线速度的 5~12 倍。在多 GPU 的 CFD 并行计算中,考虑多个计算节点间及节点内各 GPU 之间的负载平衡问题,需要使各计算设备上负载的网格量一致。常用的网格分区方法有一维区域分解法和三维区域分解法。与三维区域分解技术相比,一维

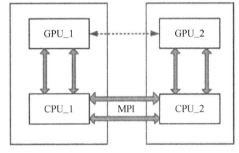

图 7.8 GPU 间数据交换原理图引用[10]

区域分解技术虽然增加了通信量,但是由于数据传递的连续性使得其传递效率高,因此本章网格分区使用一维区域分解方法,如图 7.9 所示。

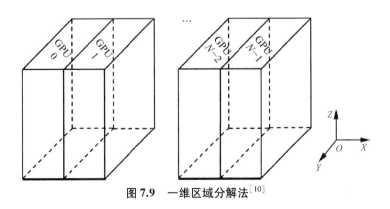

图 7.9 一维区域分解法[10]

7.3 超燃冲压发动机非稳态燃烧流动过程模拟

超燃冲压发动机内外流一体化仿真可以模拟发动机运行的全过程,有助于深入理解发动机运行规律,对超燃冲压发动机总体设计有重要作用。但是由于几何结构复杂,尺寸较大,导致整机网格复杂且数量巨大,并且由于内外流道流场复杂,涉及激波边界层、燃烧流动耦合、混合等一系列问题,对计算方法和模型精准度以及计算效率有较高要求。

7.3.1 燃料喷注及混合特性数值模拟

7.3.1.1 气相燃料喷注混合特性

凹腔是超燃冲压发动机中用于促进混合及稳定火焰的重要构型,本节应用高精度 LES 研究了超声速燃烧室内凹腔上游喷注燃料的射流混合特性[11]。如图 7.10 所示,其中笛卡儿坐标系原点位于计算域入口底壁中心。整个计算域长345 mm,安装在底壁的凹腔距入口 90 mm,其深度 15 mm,长深比 7,后缘角 135°。直径 $d = 4$ mm 的圆形喷注器位于上游流场中心线上,距离凹腔 10 mm。马赫 2.5 的自由来流总温、总压分别为 300 K 和 101 kPa;总温 300 K、总压 300 kPa 的射流以声速喷注进入超声速流场,喷注物采用分子质量与乙烯相当的氮气(N_2)。为了生成超声速湍流边界层,运用"回收/调节"方法,脉动的回收平面位于 $x = 40$ mm。超声速气流的时均入口参数是基于二维 RANS 预处理获得,提取边界层厚度 4 mm 位置的法向参数剖面赋值到三维计算域入口。超声速出口处的特征线指向流场外侧,无需提任何边界条件,可由流场内部参数插值得到。上下壁面及凹腔为绝热、无滑移、无穿透边界条件,侧壁提对称边界条件以降低计算量。

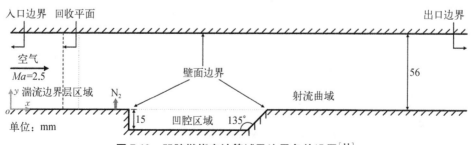

图 7.10 凹腔燃烧室计算域及边界条件设置[11]

计算域由矩形流道和凹腔组成,流向、法向以及展向方向上的网格数分别为 $926×201×201$,$301×101×201$。第一层网格到壁面的距离设置为 0.008 mm,确保无量纲参数 $y^+<1$。壁面垂直方向上的网格按照指数函数向外拉伸,主流最大网格尺度不大于第一层的 50 倍。更多的网格分布在射流喷孔周围,因为这里是初始拟序结构开始出现的地方。此外,凹腔剪切层内的网格也要进行局部加密,以捕捉流场内的大尺度剪切涡。除了喷孔周围,展向方向的网格均匀分布。以 $y^+=1$ 对应的空间尺度为单位,估计三个方向上的网格分辨率分别为 $\Delta x^+ = 6.25 \sim 50$,$\Delta y^+ = 1 \sim 50$ 和 $\Delta z^+ = 6.25 \sim 50$。

射流沿垂直平板方向喷注到超声速气流,反向旋转涡对主导了下游尾迹内的燃料掺混,同时在近壁区诱导一对旋转方向与之相反的流向涡对。这在以往的研究中已经做了详细的分析讨论。当射流耦合下游凹腔喷注时,同样观察到两组反向旋转涡对,区别在于上下流向涡的方向完全相同。基于已有的 PIV 数据难以解释这一特殊现象,但是很容易推断其形成机制必然与凹腔有关。下面,基于瞬时和时均 LES 结果分析凹腔燃烧室内的流体动力学过程,进而揭示流场内的涡演化机制。

射流喷注位置距离凹腔前缘 10 mm,两者之间耦合作用很强,因此凹腔燃烧室内的流动特性要比平板射流喷注系统复杂得多。图 7.11 展示了混合流场建立以后的瞬态结果,包括中心截面上的密度梯度云图、平行于底壁的流向速度云图以及标量质量分数等值面($Y=0.15$)。上下壁面附近形成超声速湍流边界层,并伴随着高低速度条带。受到垂直喷注燃料的阻塞,一系列压缩波在射流前方

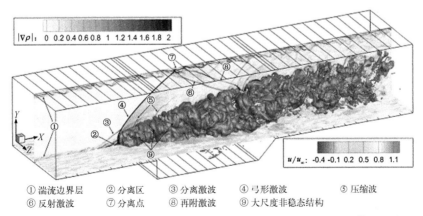

①湍流边界层　②分离区　③分离激波　④弓形激波　⑤压缩波
⑥反射激波　⑦分离点　⑧再附激波　⑨大尺度非稳态结构

图 7.11　瞬时流场结构:中心截面上的密度梯度云图,与底壁平行截面上的流向速度分布以及标量质量分数等值面[11]

汇聚,直至形成很强的弓形激波。射流作用下超声速湍流边界层分离,同时诱导一道弱激波附着在分离区之上。入射激波经过上壁面会发生反射,产生的逆压梯度引起上壁面湍流边界层的分离。流动经过分离点以后,运动方向恢复与壁面平行,在压缩作用下形成了再附激波。反射激波、再附激波与下游射流尾迹相互干扰,对后续的混合产生一定影响。射流与超声速气流在迎风面上剪切作用很强,产生密度梯度较大的压缩波。在向下游输运过程中,大尺度拟序结构逐渐破碎成尺度更小的湍流涡。

不同流向截面上的标量质量分数云图和声速线的叠加结果如图 7.12 所示,它显示了流场中燃料的瞬态分布,黑色的声速线将整个燃烧室分成亚声速区和超声速区。靠近喷注位置,射流柱在超声速气流的剪切作用下出现不稳定,并与周围空气发生微弱的掺混。当没有燃料喷注时,凹腔内存在低速回流区,其余主流内都是超声速气体。射流与超声速气流之间相互作用明显改变了凹腔内部的瞬时流动特性,反向旋转涡将凹腔内的亚声速流体卷入射流尾迹,在此过程中掺混非常迅速。与此同时,少部分燃料也输运到凹腔内部,与低速的空气形成混合气体。由于当地流速较低,燃料在凹腔内的驻留时间相对较长,有利于实现火焰稳定。经过凹腔以后,亚声速区不断被压缩,直到出口附近几乎完全消失,同时标量的质量分数沿流动方向不断降低。

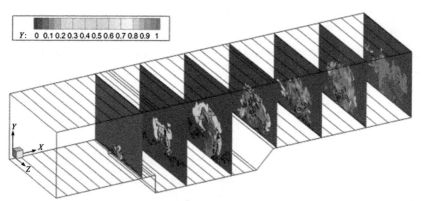

$Y:$ 0 0.1 0.2 0.3 0.4 0.5 0.6 0.7 0.8 0.9 1

图 7.12 不同截面上标量质量分数瞬时云图与声速线的叠加[11]

射流迎风剪切层内的大尺度涡随时间和空间不断演化,中心截面上连续的瞬时密度梯度和标量质量分数云图如图 7.13 所示,时间间隔 $\Delta t = 4u_\infty/d$。密度梯度较大的区域可以表征流场中一些典型结构,如激波、湍流边界层、剪切层和分离区。射流出口附近的迎风面最先开始出现褶皱,KH 不稳定是激发大尺度拟序结构产生的内在机制。本质上这是一种对流不稳定,如果没有连续的扰动源将无法维持。射流与周围气流之间存在速度剪切,持续为涡的演化提供能量。向下游输运过程中迎风剪切涡的空间尺度逐渐增长,并伴随着合并和破碎,如图中 1 和 2 所示。反向旋转涡对和迎风剪切涡的卷吸共同促进了燃料与超声速气流的快速混合。

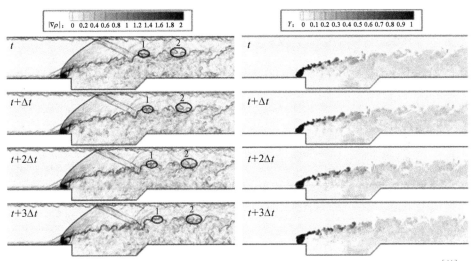

图 7.13　中心截面上密度梯度和标量混合分数的连续瞬时图像,时间间隔 $\Delta t = 4u_\infty / d$[11]

瞬态图像描述了三维非稳态流场的随机特点,不具备统计学意义。为了分析其时均特性,对 200 个无量纲时间内连续的瞬时流场进行平均,在这样的时间尺度内自由来流运动了 $200d$ 的距离。图 7.14 展示了时均流场结构,其中上面是中心截面上的合速度云图与二维流线的叠加。射流沿壁面垂直方向进入燃烧室后迅速膨胀,经过桶状激波和马赫盘以后速度有所下降。凹腔及射流尾迹内的速度相对较低,在下游逐渐恢复。超声速水平来流被射流柱压缩,形成一道弓形激波,导致流线向上偏转。流场内通过各种激波不断调整超声速来流的运动方向,下游基本恢复水平。喷孔前分离区内的回流速度很低,流动驻留时间较长。二维流线表明凹腔内并未形成传统意义的大尺度回流区,只存在负的流向速度分量,这与二维模拟区别很大。为了解释这一现象,显示了流经 $x = 0$、$y = 0.01d$ 直线的三维流线分布。发现贴近壁面的平行流线几乎无法穿过射流柱,而是分别从两侧进入凹腔,在撞击后缘壁面后发生回流。在反向旋转涡的卷吸作用下,一部分流体逃离凹腔、进入射流尾迹,因此产生向上的速度分量。随着不断地有流体流入、流出,凹腔与主流之间发生快速的质量交换。除了上游分离区,凹腔后缘壁面的压力很高,这主要是由于流入凹腔的空气与后缘倾斜壁面碰撞所致。经过凹腔以后是一个低压区,形成的顺压梯度驱动了射流尾迹的加速。

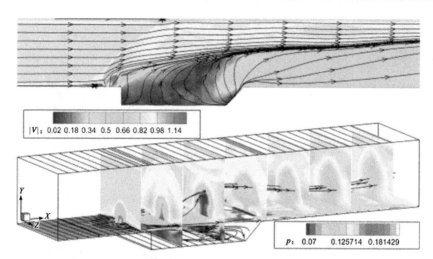

图 7.14　时均流场结构：中心截面上的速度云图与二维流线的叠加;不同流向截面上的速度云图、平行于底壁上的压力分布与三维流线[11]

为了深入理解凹腔燃烧室内流向涡的空间分布,图 7.15 显示了流向速度着色的速度梯度张量第二不变量 Q 等值面和不同截面上的流向涡量云图。对于可压缩流动,Q 准则可以用来显示三维流场内的涡。正如预期的那样,在射流出口前识别出一个由流动分离诱导的马蹄涡,同样在弓形激波入射到上壁面边界层位置出现类似的分离涡结构。实验研究在凹腔内观测到一对反向旋转的流向涡,并且其旋转方向与射流尾迹内 CVPs 保持一致,数值结果再现了这一有趣的

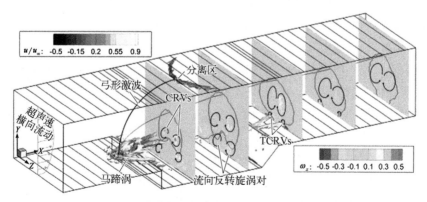

图 7.15　流向速度着色的 Q 等值面和不同流向截面上的涡量云图与化学恰当比等值线的叠加[11]

现象。二维切片上的涡量云图只能表征流向涡的旋转方向,无法显示真实的流动路径。结合三维流线显示可知,受到凹腔后缘壁面的阻挡,回流向流场中心汇聚,同时受到射流尾迹内 CVPs 的卷吸而向上运动,因此凹腔内回流会形成一对流向涡。由于凹腔内回流的运动方向与主流相反,流向涡的旋转方向恰好与 CVPs 相同,但是两者的形成机制截然不同。上面射流尾迹内的 CVPs 对是由射流与超声速气流的相互作用产生,主导着燃料与周围空气的掺混。位于凹腔内的流向涡则是回流受到射流尾迹的卷吸形成,能促进凹腔内外的质量交换。另一对小尺度的 TCVPs 出现在凹腔后缘的近壁区,这在以往的研究中并未发现。与平板射流喷注的原理相同,受到 CVPs 的抽吸作用,在近壁区诱导形成一对旋转方向与之相反的流向涡,其强度沿流动方向逐渐减弱。

7.3.1.2　液相燃料喷注混合特性

本节模拟低总温雾化风洞试验,研究凹腔附近液体射流的混合过程和液雾分布特性[12]。超声速气流和液体横向射流的详细参数列于表 7.3 中,凹腔燃烧室的三维计算域如图 7.16 所示,x、y 和 z 分别表示流向、纵向和展向方向。液体水从坐标原点垂直注入超声速气流中。底壁采用绝热和无滑移壁面条件,为减少计算量,顶壁采用滑移壁面条件。根据实验条件确定超声速来流的速度矢量、静压和静温,入口的速度剖面采用依据边界层厚度的 1/7 幂律分布。所有特征线都在计算域出口边界上离开计算域,因此出口参数简单地通过内部变量的二阶外推来获得。对于液相,100 μm 的大液滴从喷孔区域内的随机位置喷出,其喷注速度由气液动量比确定。为了模拟喷嘴流动的湍流效应,喷注的大液滴在三个轴线方向上获得随机扰动速度,其幅度范围为理论喷注速度的 0 至 10% 之间的随机值。采用 Tsuji 等[13]推荐的经验公式计算液滴和壁面之间的相互作用。

表 7.3　超声速横向气流和喷注出口流动条件[12]

超声速横向流动条件		液体射流出口条件	
马赫数 Ma	2.85	气液动量比 q_j	3.679
流向速度 U_∞ /(m/s)	609.99	喷注速度 V_j /(m/s)	44.76
静温 T_∞ /K	113.5	水密度 ρ_l /(kg/m³)	998.0
静压 P_∞ /Pa	47 804.1	液体流率 $\dot{m}_j$ /(g/s)	35.09
来流气相密度 ρ_∞ /(kg/m³)	1.461	表面张力 σ /(N/m)	0.072
边界层厚度 δ_∞ /mm	3.0	液体黏性 μ /[kg/(m·s)]	$2.67×10^{-3}$

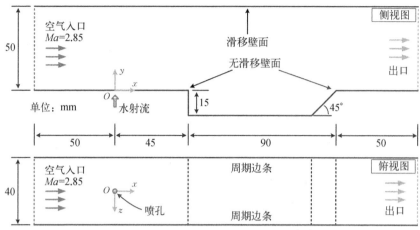

图 7.16　计算域和边界条件的示意图[12]

计算网格在喷孔、近壁区和凹腔剪切层附近进行加密。矩形流道的流向、纵向和展向网格点数为 701×176×169,在凹腔内网格为 351×101×169,进而使得整体网格单元总数为 2 646 万。根据自由来流的参数,满足无量纲距离 $y^+ < 1$ 的壁面第一层网格的尺度约为 0.01 mm。可以估计在不同方向上核心区域的相应网格分辨率大约为 $\Delta x^+ \approx 10 \sim 50$, $\Delta y^+ \approx 1 \sim 50$, $\Delta z^+ \approx 10 \sim 50$。在两相流场变得统计稳定后,计算域中跟踪的计算液滴总数大约为 500 万,且每个计算液滴代表 14 个真实液滴。

凹腔燃烧室中液体射流的喷雾分布和三维流动结构的总体特征如图 7.17所示,图中四个横截面显示了瞬时马赫数云图,燃烧室的底壁显示了瞬时压力云图。液体射流喷注进入燃烧室后,在超声速气流的剧烈影响下,大液滴迅速破碎成小液滴并迅速加速。大多数液滴流过凹腔向下游输运,仅有小部分液滴被卷

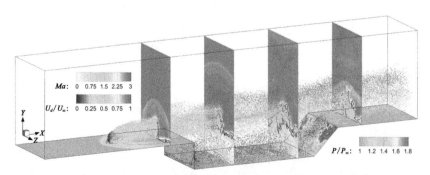

图 7.17　液体射流的喷雾分布和三维流动结构的总体特征[12]

吸到凹腔中并在凹腔内扩散。主流中液滴的速度相对较大,而凹腔中液滴的速度相对较小。由于射流的阻塞效应,马赫数云图中显示出了明显的弓形激波,且在液雾区域的中心存在明显的亚声速区域。

通过 PLS 技术获得的液体喷雾在中心平面上的分布如图 7.18(a)所示。可以看出,由于气液相互作用,在液体喷雾的上边界出现一系列涡结构,Wang 等[14]的实验也观察到了类似的结构。由于液雾上边界存在巨大的气液速度差异,故这些涡结构是由强剪切或 KH 不稳定引起,这类似于两相混合层中的涡结构[15]。图 7.18(b)显示了模拟得到的液体喷雾中心 500 μm 厚度中的液滴分布。结果还表明,涡结构中的液滴均是粒径较小的液滴,且每个涡瓣中的液滴都呈现分层迹象,即上部为较大的液滴,下部为较小的液滴。数值结果和实验结果均表明,大部分液滴主要存在于主流中,只有小部分液滴被卷吸进入凹腔内部。

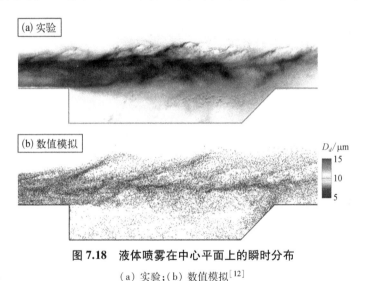

图 7.18　液体喷雾在中心平面上的瞬时分布

(a) 实验;(b) 数值模拟[12]

为了再现液体喷雾的三维特性,实验还观测了凹腔上方 $y = 4$ mm 位置处以及凹腔内部 $y = -8$ mm 位置处的液体喷雾水平分布,如图 7.19 和图 7.20 的上半部分所示。图中的下半部分是数值模拟获得的液雾分布。可以看出,在 $y = 4$ mm 的位置处,液雾的分布相对较窄,且液滴随着向下游运动而逐渐扩散得更宽。水平面上的液雾分布也观测到了存在于液雾外围的涡结构,这类似于图 7.18 所示液雾顶部的涡结构,表明在液体喷雾的周边区域均存在强烈的剪切混合效应。通过比较 $y = -8$ mm 位置与 $y = 4$ mm 位置处的液体喷雾分布,可以发现液雾在凹腔内分布广泛且扩散得相对均匀,而主流区域的液雾分布相对集中。

模拟结果可以非常好地再现主流和凹腔内液雾的分布特征。同时,模拟结果也可以很好地捕获 $y=4\ \mathrm{mm}$ 位置喷雾的涡结构,表明了计算模型的可靠性。

图 7.19　液体喷雾在主流($y=4\ \mathrm{mm}$)水平面上的瞬时分布[12]

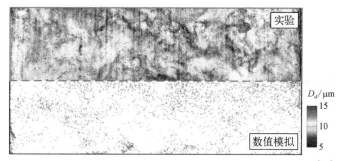

图 7.20　液体喷雾在凹腔内($y=-8\ \mathrm{mm}$)水平面上的瞬时分布[12]

为了进一步验证模拟结果,下面将模拟得到的平均结果与实验中穿透深度的关系式进行比较。由于涡结构对喷雾上边界的影响,在某些地方偶尔会出现液滴。为了减少由统计不足引起的不确定性,使用 $\langle \alpha^n \rangle = \dfrac{\sum_{k=1}^{Nn} \dfrac{1}{6}\pi D_{kn}^3}{\Delta V}$ 求解液滴体积分数,并采用统计总数 TN^n 来加权液滴体积分数 $\overline{\alpha_{TN}^n} = TN^n \cdot \overline{\alpha^n}$,即液滴总数加权的体积分数。统计值越高,此处液滴体积分数越高,且在该位置处检测到的液滴数量越多。图 7.21 显示了由数值模拟得到的喷雾边界带与实验总结的穿透深度关系式的比较。可以看出 Lin 等[16]基于 PDPA 观测的结果具有最大的穿透深度,而 Ghenai 等[17]基于高速摄影观测的结果具有最小的穿透深度。通过模拟得到的液体喷雾带状分布与实验穿透深度关系吻合,其中液体喷雾的低浓度等值线与 PDPA 结果吻合良好,高浓度等值线与高速摄影结果吻合良好。

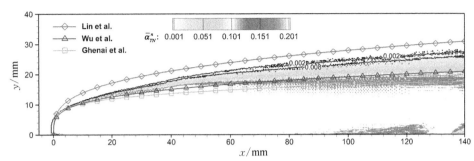

图 7.21　中心截面上模拟得到的液雾穿透深度与实验结果的比较[12]

横截面上液体喷雾的展向宽度也是评价三维混合特性的重要参数。Wu 等[18]通过三维 PIV 测量获得了超声速横向气流中液体水射流横截面的分布结果并总结出一个数学模型来描述液雾的空间分布。该数学模型包含了一个蛋椭圆曲线方程及五个系数模型。这里为了避免引入过多的复杂公式,依据本节数值模拟的流动条件及 Wu 等的系数模型来确认当前流动条件下液雾在 $x = 20$ mm 和 $x = 40$ mm 位置处的展向扩展关系式如下:

$$\frac{(z/d)^2}{51.547} + \frac{(y/d - 6.836)^2}{[-0.012\,5(y/d - 15.061) + 8.225]} = 1 \quad x = 20 \text{ mm} \quad (7.1)$$

$$\frac{(z/d)^2}{33.458} + \frac{(y/d - 6.095)^2}{[-0.062\,5(y/d - 12.600) + 6.504]} = 1 \quad x = 40 \text{ mm} \quad (7.2)$$

图 7.22 显示了数值模拟获得的喷雾分布与实验关系式在上述两个流向位置处的比较。从图中可以看出,随着射流向下游发展,液体喷雾扩展得更宽,液体喷雾的边界区域也变得更宽,表明射流边界混合层变厚。模拟获得的横截面中的液雾展向宽度与实验观测符合很好。

综合上述分析,数值模拟获得的液雾场整体结构合理,液雾瞬时分布与实验结果吻合较好,液雾的统计分布特征与实验总结的关系式保持一致。数值模拟结果可以很好地再现实验观测到的液雾分布特征和液雾边界的涡结构,表明该方法可以很好地模拟超声速凹腔燃烧室中液体横向射流的雾化和混合过程,并且具有较高保真度。

模拟过程中给每个液滴添加了一个"家族编号"。一个大的母液滴从喷孔喷出时,它会获得一个"家族编号",当该母液滴在向下游运动过程中发生破碎并产生子液滴时,这些子液滴将继承母液滴的"家族编号"。因此可以借助"家族编号"在下游位置跟踪最初来自相同母液滴的所有子液滴的分布。图 7.23 中

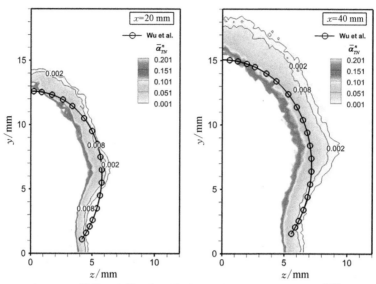

图 7.22 横截面上模拟得到的喷雾分布与实验结果的比较[12]

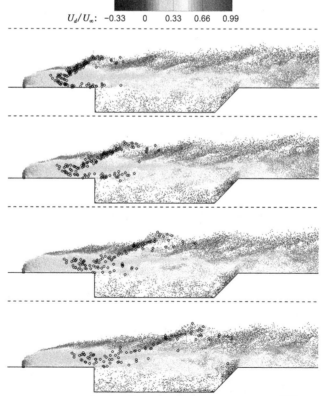

图 7.23 液雾的时间演变和涡结构($\Delta t = 8U_\infty/\delta_\infty$)[12]

示出了在中心切片附近 500 μm 宽度区间内液滴的时间演变过程。具有相同"家族编号"的液滴被放大并以黑色显示。

液滴家族最初呈现出反斜杠"\"的分布形态,如第三章的图 3.27 所示。随着液滴向下游发展,液滴家族中顶部的液滴由于受到更加强烈的气液相互作用而进一步破碎成较小的液滴,且破碎后的较小液滴随着气流迅速加速。液滴家族中中间和底部位置的液滴分布在相对低速的区域,该区域中气液相互作用相对温和,因此该位置处的液滴几乎不会继续破碎,且它们的加速过程相对较慢。故随着液滴家族向下游发展,其分布形态从反斜杠"\"类型变为小于号"<"类型。随着液滴继续向下游运动,喷雾上边界处的混合层变得更厚,且顶部更多液滴被加速。液滴越靠近顶部,其运动速度越快,因此液滴家族最终形成正斜杠"/"的分布类型。

图 7.24 显示了不同流向位置和凹腔底部的液滴平均速度及每个截面上液相流线的投影结果。图 7.25 显示了液相的三维流线。液相的输运特性可总结如下:① 大部分液滴从喷孔喷出后主要分布在主流区域,且液体喷雾跨过凹腔输运到凹腔下游;② 在凹腔上游主旋涡对的影响下,部分液滴向近壁区域运动,当它们遇到底壁旋涡对时,液滴向中心截面的两侧移动,因此近壁区域中的液滴在中心截面两侧位置具有较大的负纵向速度;③ 近壁区域中的少量液滴通过液雾下沉区被凹腔剪切层卷吸进入到凹腔内部;④ 在凹腔流向涡的影响下,液滴被携带到凹腔的两侧;⑤ 部分液滴在凹腔中部较大回流速度的携带下流回到凹腔前壁然后再次进入凹腔剪切层,并通过液雾上升区域进入到主流;⑥ 另一部分液滴则移动到凹腔底部及前壁区域,并在凹腔纵向涡的作用下旋转上升。这

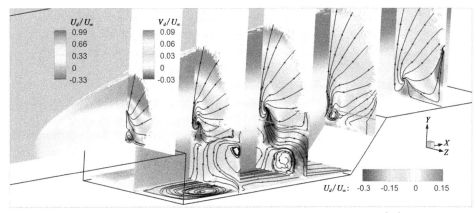

图 7.24　液相在不同流向位置及凹腔底部的平均速度及流线[12]

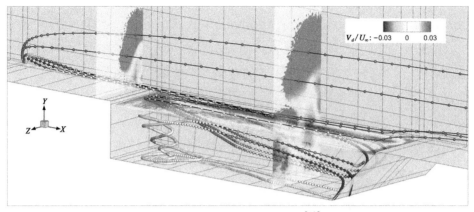

图 7.25 液相的三维流线分布[12]

些液滴的上升速度非常小,因此液滴容易在该区域积聚。凹腔内部复杂的旋涡结构可以大大增加液滴在凹腔内的驻留时间,进而促进混合过程。

7.3.2 点火及燃烧特性数值模拟

美国 X-51A 飞行器的成功试飞增加了发展碳氢燃料超燃冲压发动机的信心,因为这类燃料具有密度大、容易控制、安全系数高等优点。但是碳氢燃料的点火延迟时间相对较长,给发动机的点火和高效燃烧带来极大挑战。近年来,设计可靠的点火方案一直是超燃冲压发动机领域的热点问题,也是决定燃烧室能否正常工作的先决条件。下面几小节将具体介绍点火与燃烧特性数值分析。

7.3.2.1 强迫点火特性

此处数值分析的对象是在国防科技大学直连式超声速燃烧实验台上开展的乙烯激光点火实验,构型如图 7.26 所示。虚线包围的区域表示光学窗口,允许采用纹影成像系统和高速摄像机观测射流及凹腔附近的反应区。加热器产生的高焓气体总温 1650 K、总压 2 600 kPa,能够模拟马赫 6 的飞行条件。上游热空气进过喷管以后被加速到马赫 2.92,流动速度为 1 553.7 m/s。乙烯燃料的喷注位置在凹腔上游 10 mm,直径 2 mm 的圆形喷孔安装在底壁中心线上。沿垂直壁面方向燃料以 303.88 m/s 的速度喷注到单边扩张型燃烧室内,其喷前总温 300 K,总压 2 500 kPa。详细的超声速自由来流和燃料入口参数如表 7.4 所示。凹腔内流动速度比较低,提供了适宜的点火环境。波长 532 nm、脉冲能量 350 mJ 的激光聚焦在距凹腔前缘 45 mm、凹腔底壁以上 5 mm 的位置,瞬间达到极高温度并生成等离子体点燃混合气体。

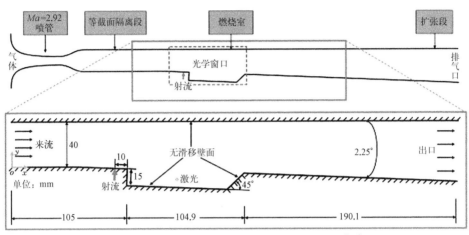

图 7.26 直连式燃烧实验设备侧视图及计算域[11]

表 7.4 超声速自由来流和乙烯射流工况[11]

	自 由 来 流	乙 烯 射 流
Ma	2.92	1.0
$P_{stag}/(kPa)$	2 600	2 500
$T_{stag}/(K)$	1 650	300
$V/(m/s)$	1 553.7	303.88
J	2	
ϕ	0.237	

图 7.26 下侧框内所示为三维计算域的侧视图,坐标原点位于入口端的底壁中心。水平上壁面的总长为 400 mm,入口截面宽 50 mm×高 40 mm。下壁面在离原点 60 mm 位置开始扩张,扩张角为 2.25°。根据超声速来流参数估计壁面满足 $y^+ = 1$ 时,第一层网格距壁面的物理尺度为 $4.5×10^{-3}$ mm,沿垂直壁面方向的网格按照指数函数向主流拉伸。更多的网格应该分布在射流出口附近,因为这里是射流迎风剪切涡最开始产生的地方。为了捕捉大尺度涡结构,凹腔及射流剪切层内的网格也需要局部细化。此外,在燃烧室出口附近设置一个流向网格很粗的缓冲区,避免下游发生伪数值反射。整个计算域包含矩形流场和凹腔,流向、法向和展向的网格数分别为 1 201×201×235、401×401×101。以壁面第一层网格尺度为单位,三个方向的网格分辨率分别为 $\Delta x^+ = 22 \sim 50$,$\Delta y^+ = 0.9 \sim 50$ 和 $\Delta z^+ = 22 \sim 50$。基于二维 RANS 预处理,计算域入口位置的边界层厚度大约为 5 mm。提取对应位置的流动参数剖面,经过加权以后作为三维计算域的时均入

口边界条件。运用针对多壁面的"回收/调节"方法,将下游 50 mm 截面上的脉动量经过调节以后重新叠加到入口,进而生成超声速湍流边界层。对于下游的超声速出口,无需提任何边界条件,边界上的值可由内部参数插值得到。射流入口速度、温度和密度等可根据实验数据直接给定。其余边界均按照绝热、无滑移、无穿透的壁面条件处理,温度梯度和速度值为 0。

实验研究表明最佳的点火位置位于凹腔中间,激光能量强弱明显影响点火成功的概率。凹腔内的流动环境,包括速度、压力和局部当量比等因素对初始火核的发展影响很大。仅依靠有限的定性实验数据,难以从本质上理解非稳态乙烯火焰的建立过程,特别是主导火核运动的动力学机制。下面,首先讨论点火之前无反应流场的混合特性。

燃料通过位于凹腔上游 10 mm 的圆形喷孔垂直进入燃烧室,图 7.27 所示为瞬时流向速度的乙烯质量分数等值面。由前面分析可知,射流受到超声速气流的剪切作用,导致了迎风面上出现 KH 不稳定,在射流出口附近最开始产生大尺度拟序结构,向下游输运过程中逐渐破碎。尽管射流迎风剪切涡增强了燃料与主流空气的掺混,但是较大的局部速度意味着燃料在迎风面驻留的时间极短。当地静温一般低于 1 000 K,乙烯的点火延迟时间大约为 10 ms 的量级,因此很难像氢气一样在射流迎风面发生自点火。一小部分燃料流入凹腔并与空气充分混合,而且流向速度小于 0,表明凹腔内存在回流。

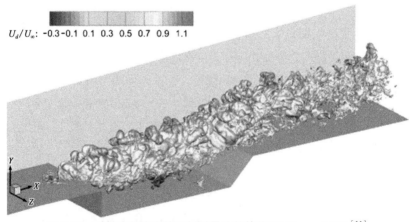

U_d/U_∞: -0.3 -0.1 0.1 0.3 0.5 0.7 0.9 1.1

图 7.27 瞬时流向速度的乙烯质量分数等值面($Y_{C_2H_4} = 0.11$)[11]

激光点火实验中,波长 532 nm 的片光经过透镜以后汇聚到凹腔中央、离底壁 5 mm 的位置,脉冲激光瞬间产生极高的温度,并诱导出大量的等离子体[19]。

通过纹影成像系统和高速摄影相机,同步记录了非定常流动以及初始火核的发展变化过程,如图 7.28 第 3 列和第 5 列所示。脉冲激光点火以后,首先在凹腔中央观察到一个稍微膨胀的初始火核,由成分十分复杂的高温等离子体组成。随着凹腔内的回流,火核逐渐向前运动;凹腔内流动的应变率较大,火核在向前运动过程中发生变形,同时火焰亮度变弱,火核能量逐渐降低。凹腔前缘相当于一个后向台阶,火核驻留在这个低速回流区内;随着初始能量的耗散,火焰的发光强度进一步降低。点火之前,一部分燃料被卷入凹腔与空气预先混合,特别是在凹腔后缘形成可燃预混气。前缘火焰基作为一个稳定的点火源,持续点燃下游未燃预混气体,因此湍流火焰逐渐向凹腔下游传播。直到最后,乙烯火焰充满整个凹腔及下游射流尾迹。纹影图像和火焰发光信号是时间同步的,可以看出火焰主要分布在凹腔内,只有到了凹腔下游射流尾迹内的燃料才被完全点着。

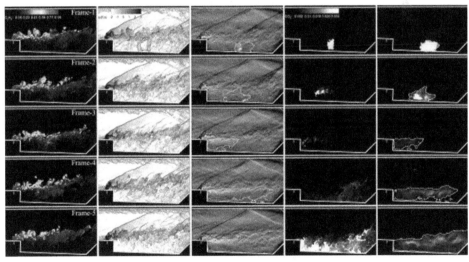

图 7.28　点火阶段瞬时反应流场结构演化(左至右:C_2H_4 质量分数、
密度梯度幅值、纹影图像、CO_2 质量分数、火焰发光图像)[11]

　　基于现有的实验测量手段,想要深入分析凹腔燃烧室内的点火机制仍然面临诸多挑战。非常有必要获得流向截面上的数据,进一步理解初始火核沿侧向的运动特性。此外,无论是纹影图像还是火焰发光信号都是定性信息,无法获得一些定量的规律。高精度的 LES 方法恰好弥补了这一不足,实验测量结合仿真分析是一个非常不错的选择。目前关于激光点火数值模拟的研究非常少,很难获得让人满意的结果。由于现有的实验技术无法准确提供初始火核的组成,因此计算中忽略了自由基的影响,单纯研究局部瞬时高温的作用。在凹腔内设置一个大小与实验接近的高温区模拟激光光源,得到 C_2H_4 质量分数、密度梯度幅值和反应生成的 CO_2 质量分数的瞬时云图如图 7.28(第 1、2、4 列)所示。虽然模拟的火核发展过程在时域上与实验图像无法一一对应,但定性的运动规律非常相似。LES 再现了实验观察到的非稳态点火过程,一定程度上验证了数值结果的合理性。光学观测和数值分析同时表明,初始火核向上游运动阶段主要受凹腔回流控制,化学反应不起主导作用。未反应燃料随回流持续得到补充,以抵消化学反应的消耗。火焰驻留在凹腔前缘的后向台阶下,以避免已经变弱的火核被吹熄。随着回流区内低速的火焰基底逐渐建立,化学反应放热并生成大量的中间产物。由于射流与凹腔的相互作用,凹腔内形成可燃预混气体。当地温度升高降低了点火延迟时间,邻近的预混气体持续被点燃,最终火焰传播到整个凹腔。根据以上分析可知,火焰传播阶段凹腔内预混燃烧占主导。

为了进一步揭示点火过程中燃烧的非定常特性,需要弄清楚混合分数空间下温度如何随时间变化。对于乙烯/空气反应,混合分数 Z 是一个守恒量,定义如下:

$$Z = \frac{2(E_C - E_{C,2})/M_C + (E_H - E_{H,2})/M_H - (E_O - E_{O,2})/M_O}{2(E_{C,1} - E_{C,2})/M_C + (E_{H,1} - E_{H,2})/M_H - (E_{O,1} - E_{O,2})/M_O} \quad (7.3)$$

第 j 个元素质量分数 E_j 是

$$E_j = \sum_{i=1}^{N_s} \frac{a_{ij} W_j}{W_i} Y_i \quad (7.4)$$

式中,a_{ij} 为组分 i 中第 j 元素的个数。在燃料一侧,混合分数为 1;氧化剂一侧的值为 0。混合分数在化学反应过程中不变,能够建立起流动与燃烧之间的关联。

点火以后的不同时刻温度随混合分数的散点分布如图 7.29 所示。四幅图分别对应从初始点火到火焰稳定的特征时刻。燃料与超声速气流的混合本质上是由对流和扩散过程控制。混合过程中,温度和流向速度随混合分数的增加而逐渐降低,在主流中尤其如此。凹腔内的流动速度通常较低,滞止作用导致动能转化为内能,因此凹腔内气体处于低速、高温状态。当在凹腔内设置一个点火区,温度足以导致预混气体发生快速自点火反应,化学反应放热导致部分流体温度升高。随着越来越多的预混气体被点燃,最终凹腔和一部分射流尾迹内的流体温度逐渐上升。从流向速度分布来看,化学反应主要集中在凹腔内及其下游区域。因此可以得出结论,凹腔稳定的湍流火焰最终主导了燃烧室内的化学反应。

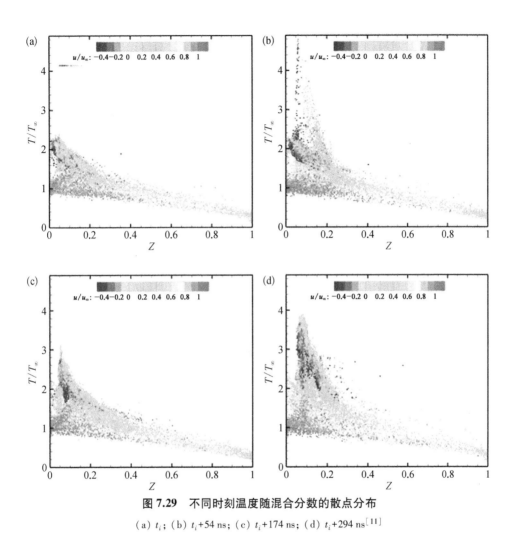

图 7.29　不同时刻温度随混合分数的散点分布

(a) t_i；(b) t_i+54 ns；(c) t_i+174 ns；(d) t_i+294 ns[11]

7.3.2.2　自点火特性

高熵超声速条件下的射流燃烧过程可能既包含自点火,同时也存在火焰。为了进一步理解其燃烧机制,非常有必要判断哪种燃烧类型占主导。火焰不同于自点火主要表现在化学反应和扩散效应都非常重要,而自点火过程中扩散率相对于化学反应速率可以忽略。

计算工况取自由来流马赫数 2.4,其滞止温度可达到 3 000 K,相应的静压和静温分别为 40 kPa 和 1 400 K。一个直径 2 mm 的圆形喷注器安装在距离平板前缘 64 mm 位置。氢气射流以声速垂直喷注到超声速流场中,其静压为 1 074.5 kPa、静温为 250 K。射流/自由来流的动压比 $J = 5$,其值决定了射流穿透深度和尾迹的演化特性。基于上游入口参数估算的单位自由来流雷诺数为 3.45×10^{6} m^{-1}；以射流参数和喷孔直径为特征长度计算的喷注位置附近雷诺数为 1.56×10^{5}。表 7.5 详细列出了自由来流和射流的参数信息。

表 7.5 自由来流和射流工况[11]

参　　数	自 由 来 流	射　　流
马赫数	2.4	1.0
温度/K	1 400	250
速度/(m/s)	1 524.7	1 206.2
压力/kPa	40	1 074.5
雷诺数	3.45×10^{6}	1.56×10^{5}

图 7.30(a)显示了计算模型示意图,包括二维(2D)RANS 区、三维(3D)LES 区以及下游缓冲区。远离喷注位置的上游流动一般对下游射流演化特征的影响较小,可以忽略扰动在展向方向的传播。因此,从 $x=-64$ mm 到-20 mm 开展了二维 RANS 计算。提取 $x=-20$ mm 的流动参数赋值到三维 LES 区域的入口,这里层流边界层的厚度为 1.2 mm。最后,在下游出口位置设置一个大的缓冲区,用网格耗散来抑制伪反射沿边界层向上游传播。图 7.30(b)描述了 LES 区的三维网格,从喷孔上游 20 mm 到下游 80 mm,法线方向和展向方向的尺度分别为 80 mm 和 24 mm。第一个网格点距离壁面小于 0.014 mm,以确保满足 $y^{+}\leqslant1$。为了捕捉精细的涡结

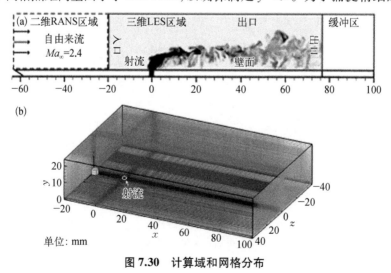

图 7.30　计算域和网格分布

(a) 试验构型的侧视图以及相应的求解方法;(b) LES 区域的三维网格(中等)[11]

构,网格需要在近壁区、喷嘴附近和射流迎风剪切层区内局部加密。

　　沿着 OH 基薄层的法向提取一条线上的参数进行一维燃烧特性分析。图 7.31(a)为组分的质量分数随混合分数的变化曲线,结果表明氢气浓度随混合分数单调递增,而氧气与之呈现相反趋势。中间产物 OH 基的质量分数先迅速增加,然后缓慢下降,峰值位于当量混合分数 Z_{st} 附近。曲线的分布规律从另一个角度说明在射流迎风剪切层内的反应呈扩散燃烧特性。氢气输运方程中的化学反应源项和扩散项随混合分数的分布如图 7.31(b)所示。当混合分数 $Z < 0.36$ 时,扩散项远远小于氢气质量生成速率;反应由自点火火核占主导,剧烈的化学反应发生在贫燃或者不是非常富燃情况下。当混合分数较大时,扩散项和反应源项处于相同数量级,但是反应强度较弱。根据以上分析可以推断自点火过程支配着整个反应区;由于化学反应速率远远大于扩散率,因此反应快慢实际上最终由混合扩散过程决定。

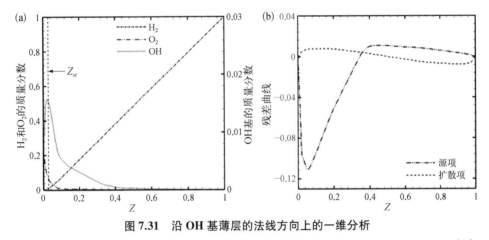

图 7.31　沿 OH 基薄层的法线方向上的一维分析

(a)重要组分的质量分数随混合分数的变化;(b)氢气输运方程中源项和扩散项随混合分数的分布[11]

　　对于非预混燃烧,燃料通过扩散作用与另一侧的氧化剂发生反应,因此流动参数与混合分数之间必然存在某种关联。为了从统计意义上揭示其依赖关系,图 7.32 画出了三个典型截面上的温度和水质量分数相对于混合分数的联合概率密度函数。当 $x/d = -2.9$,截面位于射流上游分离区,燃烧主要发生在壁面附近。如图 7.32(a)和(d)所示,化学反应最可能发生在混合分数很小的情况下,即 $Z < 0.2$。在靠近喷孔及下游区域处于两种模式共存状态,即射流剪切层燃烧模式和近壁燃烧模式(如图 7.32 所示)。尽管富燃燃烧发生的概率很大,但产物水的质量分数很小,并且当地温度很低。与传统的扩散火焰一样,燃烧产物水的质量分数先增加,然后迅速下降,但是其最大值明显大于当量混合分数 Z_{st}。随

着混合分数增加,温度单调下降,这是一种非常不寻常的现象。根据前面的讨论可知,射流燃烧过程以自点火效应为主。自点火的初期是一个吸热过程,随着反应的进行才逐渐放热,因此总的释热量很少,导致当地温度没有显著增加。

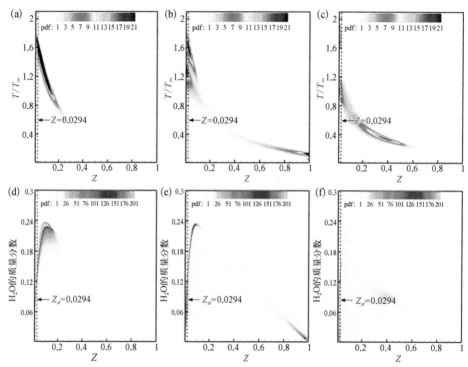

图7.32 不同截面上反应区内混合分数与温度和水质量分数的联合概率密度函数

(a)&(d):$x/d = -2.9$;(b)&(e):$x/d = 1.5$;(c)&(f):$x/d = 33.3$[11]

在高焓环境下,自点火效应是驱动湍流扩散燃烧实现稳定的内在机制。首先,定义 Damköhler 数为

$$Da = \frac{|\dot{\omega}_{H_2O}|}{|-\nabla(\rho Y_{H_2O} V_{\alpha, H_2O})|} \qquad (7.5)$$

此处,$\dot{\omega}_{H_2O}$、V_{α, H_2O} 分别为水的质量生成率和扩散速率。

图7.33显示了中心截面上的瞬时 lg Da 云图与 $Da = 1$ 等值线。Da 数是一个无量纲数,反映了当地扩散特征时间与化学反应特征时间之比。在 $Da = 1$ 等值线包围的反应区内,自点火占主导。该过程主要发生在迎风剪切层和近壁区,是射流能够维持燃烧稳定的本质原因。如果 $Da \geqslant 1$,化学反应的特征时间相对

于分子扩散很小,可以认为化学反应的快慢主要由混合过程控制。反应区内
$\lg Da$ 相对混合分数的条件平均值如图 7.34 所示。这个平均量首先迅速增加,然
后慢慢下降,最大值出现在 $Z = 0.09$ 左右。当混合分数大于 0.32 时,其值小于
0,这说明了自点火过程更倾向于贫燃或稍微富燃的环境。在非常富燃情况下,
化学反应特征时间比分子扩散的特征时间要长得多。在没有任何火焰稳定装置
情况下,高温自点火效应维持了这种富燃燃烧在超声速气流中不被吹熄。

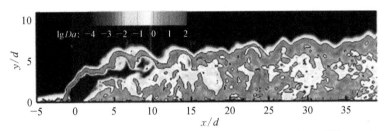

图 7.33　中心截面上瞬时 $\lg Da$ 云图以及 $Da = 1$ 等值线[11]

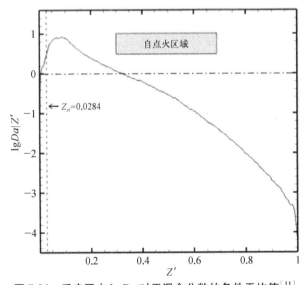

图 7.34　反应区内 $\lg Da$ 对于混合分数的条件平均值[11]

7.3.2.3　火焰闪回特性

本节依照崔兴达[20]实验数据,对超声速燃烧的火焰闪回过程进行数值模
拟,结合控制变量方法对火焰闪回的诱发因素进行了定量分析。

计算域如图 7.35 所示,实验中采用 200 mm 长隔离段以使得湍流边界层充
分发展,数值计算中为了减少计算量,入口采用湍流边界回收调节方法的同时展

向长度取 10 mm。为了研究火焰闪回机理的诱发因素,在上壁面设置两种边界条件(无滑移边界条件或滑移边界条件),计算域两侧采用周期性边界条件。燃烧室下壁面和凹腔壁均采用绝热、无滑移边界。在距离凹腔前缘 130 mm 和 110 mm 处设置两个直径 1 mm 的乙烯燃料喷口并与主流呈 $\varphi = 60°$ 角;喷注总压为 $P_0 = 2.7 \, \text{MPa}$,相应的全局当量比为 0.37。表 7.6 给出了所采用的三级网格分辨率并在下文对比了 Van‐Driest 变换速度曲线,下面计算结果均基于第三级网格。本小节对燃烧室边界层效应对火焰闪回现象的影响进行研究,表 7.7 给出了边界条件、扰动施加条件和火焰状态。

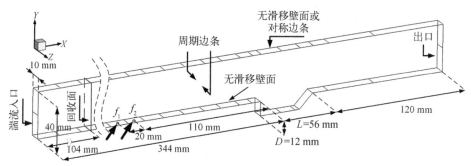

图 7.35 计算域和边界条件的示意图[21]

表 7.6 不同分辨率级别的网格分布[21]

级别	N_x	N_y	N_z	总网格量(百万)	Δx^+	Δy^+	Δz^+
				主流部分			
1	1 050	145	35	5.3	28	28	28
2	1 225	165	40	8.0	24	1~24	24
3	1 470	200	50	14.7	20	1~20	20
				凹腔部分			
1	200	75	35	0.53	28	28	28
2	235	85	40	0.80	24	1~24	24
3	280	100	50	1.47	20	1~20	20

表 7.7 不同边界条件方案的流动条件与结果[21]

方案	上壁面	下壁面	扰动条件	结 果
1	3 mm 湍流边界层	3 mm 湍流边界层	未施加扰动	火焰闪回
2	滑移边界层	3 mm 湍流边界层	未施加扰动	无火焰闪回

不同的湍流边界层条件会影响燃烧室中凹腔火焰稳定器的火焰闪回状态。从图 7.36 中可以清楚地看到,方案 1 的结果表现出剧烈的火焰闪回现象。由于上壁面采用 3 mm 湍流边界层,上下壁面分离边界层共同作用增强了对主流的压缩效应,火焰主要集中在凹腔下游边界层。当凹腔下游分离边界层内的燃烧不断增强,造成分离边界层不断增大,进一步占据主流通道形成热力喉道并诱发火焰闪回。当下游火焰传播至凹腔位置处与凹腔内的火焰共同作用并进一步加速向上游传播,直至到达喷口区域。

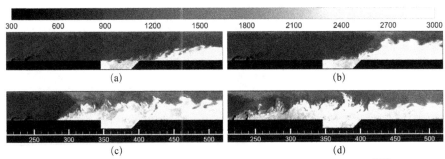

图 7.36　方案 1 的瞬时温度分布($\Delta t = 60 \times D/U_\infty$;温度单位 K)[21]

该算例中上下壁面施加湍流边界层入口条件会引起燃烧室内的火焰闪回现象,但是流场中的温度和压力等参量具有一定的关联性,因此引起火焰闪回现象的详细机制仍不清楚。为此,通过提取流场中沿程信息来提取敏感区域位置和敏感参数。图 7.37 显示了沿 x 轴不同 y-z 切片的平均压力和温度分布,很明显温度差异比压力更显著。图 7.38 显示了沿模型燃烧室下壁的无量纲温度分布,这也证实了凹腔下游的显著温度差异。因此,可以得出结论:凹腔下游是火焰

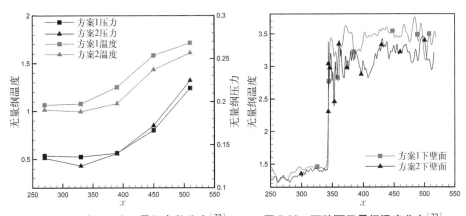

图 7.37　下壁面平均无量纲参数分布[22]　　图 7.38　下壁面无量纲温度分布[22]

闪回现象的敏感区域,火焰闪回敏感参数为温度而非压力。

图 7.39 中展向中心截面的密度梯度图直观地展示了火焰闪回过程中激波及热力喉道形成与发展过程。从温度的释热率等值面中可以发现高温区域主要集中在热力学喉道下游的火焰锋面上。当凹腔下游的火焰向上游传播至凹腔位置时,热力学喉道初步形成,激波下游区域形成有利于燃烧的高温高压低速区,释热得以大范围增大并继续提供火焰闪回的驱动力。图 7.40 展示了沿 x 方向 $\lambda_2 = -0.1$ 涡分布图。最初,火焰仅分布在凹腔剪切层和凹腔下游边界层亚声速区域内。在火焰闪回过程中,凹腔下游温度逐渐增加,火焰逐渐靠近声速线,在湍流和涡旋的强烈作用下,一部分火焰扩过声速线分布。形成的热力喉道加速火焰前锋向上游传播。从图 7.41 中可以明显看出,喷口附近的发夹涡比较有序,在它们发展到凹腔下游位置时会被拉伸破碎为更小的涡,由于上壁面采用滑

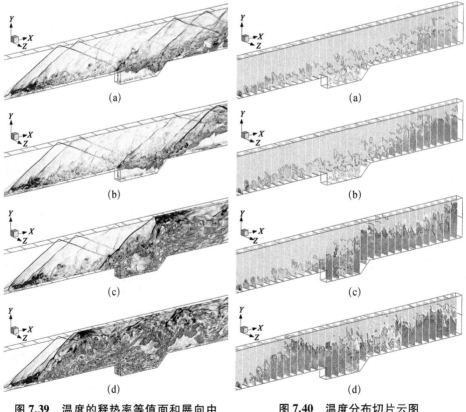

(a)

(b)

(c)

(d)

图 7.39　温度的释热率等值面和展向中心截面的密度梯度图($\Delta t = 80 \times D/U_\infty$)[21]

(a)

(b)

(c)

(d)

图 7.40　温度分布切片云图($\Delta t = 80 \times D/U_\infty$)[21]

移边界条件而没有涡结构。随着火焰闪回过程的进行,涡的拉伸与破碎过程得以加快。

7.3.2.4　喷雾蒸发及燃烧特性

鉴于液体碳氢燃料在超声速气流中的蒸发混合特性对后续的点火及燃烧过程存在非常关键的影响,故本节首先针对超声速燃烧室典型条件下液体煤油射流的雾化及蒸发混合特性进行数值模拟。依据 Li 等[23] 实验条件,模型燃烧室矩形入口宽为 50 mm,高为 40 mm。两个凹腔安装在模型燃烧室的底壁上,间距为 93 mm,如图 7.41 所示。两个凹腔具有相同的构型,深度 D = 11 mm,长度与深度比 L/D = 7,后壁倾角为 45°。四个直径 0.5 mm 的喷孔均匀布置在凹腔 C1 的前缘上游 30 mm 处。将室温煤油垂直喷入模型燃烧室,并通过氮气加压调节其质量流率,以提供所需的总当量比 ϕ。表 7.8 列出了超声速气流和液体燃料射流的详细特征参数。由于数值模拟所需计算资源较大,本节仅针对实验的喷注压力 1 MPa 和 2 MPa 两个工况开展数值模拟工作。

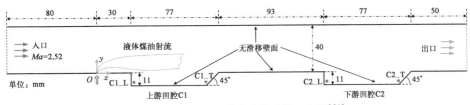

图 7.41　双凹腔燃烧室计算域的示意图[24]

表 7.8　超声速横向气流和喷射出口流动条件[24]

超声速来流参数		煤油横向射流参数		
Ma	2.52	算例	CA	CB
P_∞ /Pa	86 200	P_j /MPa	1.0	2.0
T_∞ /K	753.8	T_j /K	298	298
U_∞ /(m/s)	1 337.7	V_j /(m/s)	35.2	49.81
ρ_∞ /(kg/m³)	0.397 7	$\dot{m}_j$ /(g/s)	5.17	7.323
δ_∞ /mm	5.0	ϕ	0.30	0.430

计算域如图 7.41 所示。为了降低计算成本,展向上只考虑一个燃料喷孔,进而计算域的宽度减小到 10 mm,且展向边界采用周期性边界条件。考虑到实验的运行时间很短,可以忽略壁面热传导对液体射流喷雾的影响。因此,底壁和顶壁简化为绝热无滑移壁面条件。根据实验条件确定超声速来流的速度矢量、

静压和静温,并采用依据边界层厚度确定的 1/7 幂律速度剖面。通过计算域内部变量的二阶外推来获取出口参数。100 μm 的煤油大液滴从喷孔内的随机位置喷入计算域,喷入的大液滴在三个轴向上获得随机扰动速度,其幅度范围为喷注速度的 0 至 10% 之间的随机值。忽略液滴的旋转效应,且当液滴与壁面相互作用时仅考虑非弹性碰撞。网格在喷孔、近壁区和凹腔剪切层附近加密。流向、纵向和展向上的网格点数在矩形通道中为 1 026×161×91,在上游凹腔 C1 中为251×81×91,在下游凹腔 C2 中为 201×81×91,进而网格总数为 18 000 000。采用计算液滴的概念,真实液滴和计算液滴之间的权重系数 $\omega_{d,k}$ 可基于液体喷注的质量流率、喷注液滴的尺寸和液滴喷注的频率来确定。当前模拟中的权重系数$\omega_{d,k}$ 设定为约 20。

根据燃料喷雾的发展过程,本节将从三个方面分析喷雾场的空间分布和蒸发特征,即喷孔近场的瞬时结果,上游凹腔 C1 附近的瞬时结果,以及整个喷雾场的统计平均特性。

图 7.42 显示了喷孔近场区域液雾速度、液雾温度和煤油蒸汽的瞬时分布。其中液滴显示尺寸与液滴直径相关,但为了显示效果,液滴被放大处理。可以看出,液滴从喷孔喷出后,急剧加速并迅速雾化。在液体喷雾的上部和底部区域,

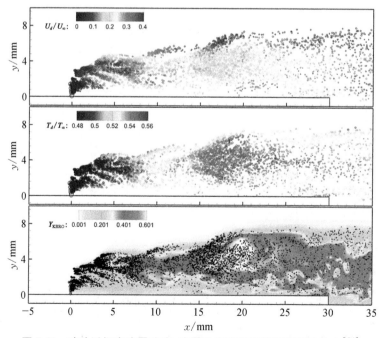

图 7.42 喷孔近场中液雾速度,液雾温度和煤油蒸汽的瞬时分布[24]

液滴速度增加最快,而在液雾核心区液滴速度缓慢增加。液滴从喷孔喷出后,其温度迅速升高,中心区域的液滴温度上升得更快,在 $x = 20$ mm 的位置达到 420 K 左右。在喷孔附近($x<5$ mm),由于液滴未完全破碎,液滴温度相对较低,煤油蒸汽质量分数也相对较低。此后,由于液滴迅速破碎,且液滴温度迅速上升,煤油蒸汽质量分数也迅速增加。煤油蒸汽质量分数的峰值位于 $x = 20$ mm 位置附近。

图 7.43 显示了上游凹腔 C1 附近的液雾速度、液雾温度和煤油蒸汽的瞬时分布。由于液滴的蒸发,液滴尺寸迅速减小。可以看出,液滴在主流中继续加速,并在凹腔 C1 后缘附近达到主流速度的 80% 左右。靠近主流的液滴具有较大的流向速度,而凹腔附近液滴的流向速度相对较小。仅有小部分液滴被卷吸进入凹腔内部。在向下游加速过程中,液滴温度略有下降,特别是位于液雾外缘的高速液滴。由于外边缘处的液滴具有较高的速度且液滴温度相对较低,因此这些液滴在单位距离内的蒸发消耗量小于近壁区域的液滴,故这些液滴可以存活更长的距离。在凹腔剪切层的作用下,煤油蒸汽逐渐卷吸进入凹腔,煤油蒸汽的质量分数在下游扩散和混合过程中逐渐减少。

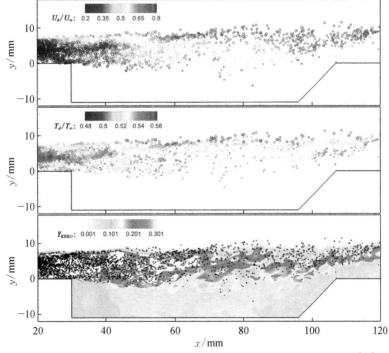

图 7.43　喷雾速度,喷雾温度和煤油蒸汽在凹腔 C1 附近的瞬时分布[24]

　　为了获得更一般性的结论,下面分析喷雾场的统计平均结果。图 7.44 显示了液滴的 SMD(sauter mean diameter),液滴速度和液滴温度的平均分布。黑线表示液相体积分数为 $1×10^{-5}$ 的等值线。液滴尺寸由于蒸发而迅速减小,且越靠近壁面区域,液滴尺寸越小。这是因为液滴在近壁区具有相对低的速度,导致液滴的驻留时间相对较长,同时近壁区域中的液滴温度相对较高。由于凹腔中液滴的温度相对较高,并且可以进入凹腔的液滴的直径相对较小,因此液滴在凹腔 C1 的剪切层和后缘处基本蒸发完毕,统计结果仅监测到极少部分具有负流向速度的液滴。在凹腔 C2 中几乎监测不到液滴的出现。在凹腔 C1 的下游,液相体积分数减小到 $1×10^{-5}$ 以下。可以认为大部分液滴在喷孔近场和凹腔 C1 附近蒸发完毕。部分液滴由于具有较高的速度而在下游存活较长距离。

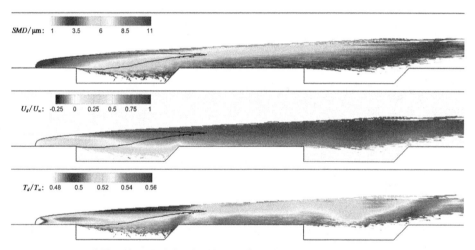

图 7.44　喷雾场的平均分布,从顶部到底部依次为 SMD,液滴速度,液滴温度,
黑线表示液相体积分数为 $1×10^{-5}$ 的等值线[24]

　　由于点火过程一般在凹腔内进行且火焰主要在凹腔附近稳定,因此有必要讨论凹腔附近的点火环境。这里主要分析液相和气相燃料的局部分布,局部温度和凹腔中的湍流特性。

　　图 7.45 显示了在两个喷注压力条件下凹腔附近煤油蒸汽的平均质量分数。可以发现,凹腔 C1 附近主流中煤油蒸汽的浓度远高于凹腔内部的浓度,而凹腔 C2 内部的煤油蒸汽浓度与凹腔当地主流区域中的浓度差别不大。基于煤油-PLIF 技术,Li 等[23]测量了凹腔 C2 附近的煤油穿透高度。对于 1 MPa 和 2 MPa 的喷注压力,平均穿透深度分别为 10.7 mm 和 13.6 mm。数值模拟结果给出了煤油蒸汽质量分数 $y=0.05$ 的等值线,与实验得到的穿透深度(图中用虚线标记)

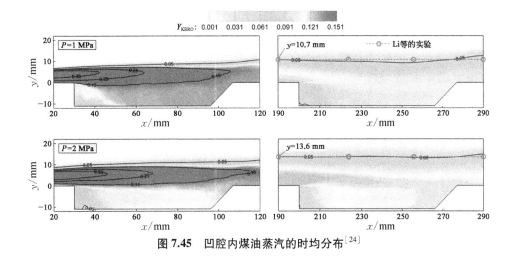

图 7.45　凹腔内煤油蒸汽的时均分布[24]

吻合良好,表明数值结果较为可靠。

　　由于在凹腔中存在低速回流区,因此通常在凹腔底壁处执行点火操作,并且火核随着回流朝凹腔前壁区域流动发展。火核路径上的局部当量比、气相温度和局部湍流特性对火核的存活和发展起着非常关键的作用。图 7.46 和图 7.47 分别显示了底壁附近($y = -8$ mm)凹腔前三分之二区域中的可反应燃料质量分数 Y_{fr},气相温度 T_g 和湍动能 TKE。

$$Y_{fr} = \begin{cases} Y_f & Y_f \leqslant Y_{f,\,st} \\ Y_{f,\,st}\left(\dfrac{1 - Y_f}{1 - Y_{f,\,st}}\right) & Y_f > Y_{f,\,st} \end{cases} \qquad (7.6)$$

$$TKE = \frac{1}{2}(\overline{u'^2} + \overline{v'^2} + \overline{w'^2}) \qquad (7.7)$$

其中,Y_f 为燃料质量分数;$Y_{f,\,st}$ 为化学计量条件下的燃料质量分数。u'、v' 和 w' 表示脉动速度。

　　可以发现,如果点火火核从凹腔底壁中后部位置随当地气流向凹腔前部位置移动,则可反应的燃料质量分数和气相温度在该路径上逐渐增大,同时气相的湍流动能逐渐减小,因此火核相对容易在这条路径上保持甚至发展得更大。对于凹腔 C1,$P_j = 2$ MPa 的情况比 $P_j = 1$ MPa 的情况具有更合适的燃料和温度条件。对于凹腔 C2,当喷注压力 $P_j = 1$ MPa 时,凹腔中的燃料和温度条件更适合火核的发展。湍动能的结果表明,凹腔 C1 中的湍动能明显弱于凹腔 C2 中的湍动能。

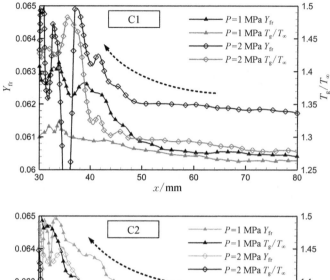

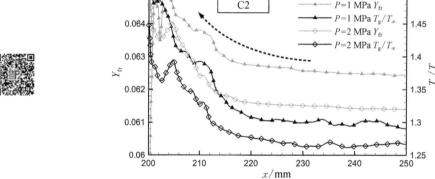

图 7.46　凹腔中火核预期发展路径上的煤油蒸汽
质量分数和气相温度的分布[24]

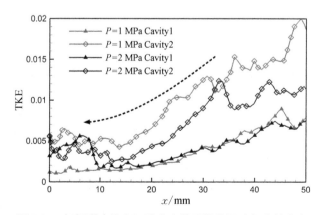

图 7.47　气相湍动能在凹腔内火核预期发展路径上的分布
（$x=0$ mm 位置表示凹腔前壁）[24]

　　在掌握了超声速气流中喷雾蒸发流场基本特性之后,进一步开展喷雾燃烧的数值模拟。计算构型与图 7.41 类似,仅修改凹腔 C2 下游计算域长度为 71 mm以保证与实验构型长度一致。李西鹏[25]的实验中四个直径 0.3 mm 的喷孔布置在凹腔 C1 上游 30 mm 位置处。数值模拟仅针对单个喷孔开展,计算域展向宽度为 10 mm,计算域两侧边界设置为周期性边界条件。网格在喷孔、近壁区和凹腔剪切层附近加密。流向、纵向和展向上的网格点数在矩形通道中为1 261×161×91,在凹腔 C1 中为 271×81×91,在凹腔 C2 中为 211×81×91,进而网格总数为 21 600 000。

　　数值模拟中用到的超声速气流和液体射流详细参数如表 7.9 所示。煤油蒸汽的热力学性质由 NASA 多项式参数描述。燃烧室底壁和顶壁均简化为绝热无滑动壁面条件。根据实验条件确定超声速来流的速度矢量、静压和静温,并采用依据边界层厚度确定的 1/7 幂律速度剖面。通过内部变量的二阶外推来获取出口参数。100 μm 的煤油大液滴从孔内的随机位置喷入计算域。为模拟喷嘴流动的湍流效应,注入的大液滴在三个轴向上获得随机扰动速度,其幅度范围为注射速度的 0 至 10% 之间的随机量。当前模拟仍然采用计算液滴的概念,且设置计算液滴的权重系数 $\omega_{d,k}$ 约为 9。

表 7.9　超声速横向气流和喷射出口流动条件[24]

高总温超声速来流参数		煤油横向射流参数		
Ma	2.52	算例	CA	CB
P_∞ /Pa	86 200	P_j /MPa	2.18	3.11
T_∞ /K	753.8	T_j /K	298	298
U_∞ /(m/s)	1 337.7	V_j /(m/s)	47.704 9	60.032 6
ρ_∞ /(kg/m³)	0.397 7	$\dot{m}_j$ /(g/s)	2.525	3.177 5
δ_∞ /mm	5.0	ϕ	0.149	0.187

　　李西鹏的实验结果显示当喷注压力 P_j = 2.18 MPa,煤油总体当量比 ϕ_j = 0.149 时,火焰主要稳定在下游凹腔附近,且燃烧室壁面压力仅有小幅升高,火焰表现为弱燃烧模式。当喷注压力 P_j = 3.11 MPa,煤油总体当量比 ϕ_j = 0.187 时,下游凹腔的火焰能够向上游传播至上游凹腔,并在射流与凹腔附近振荡,同时燃烧室壁面压力有较明显的升高,火焰表现为强燃烧模式。

　　图 7.48 为 ϕ_j = 0.149 工况对应的下游凹腔弱燃烧模式下的瞬时燃料及温度分布。作为对比,图中还给出了无反应蒸发流场的液雾及煤油蒸汽分布如

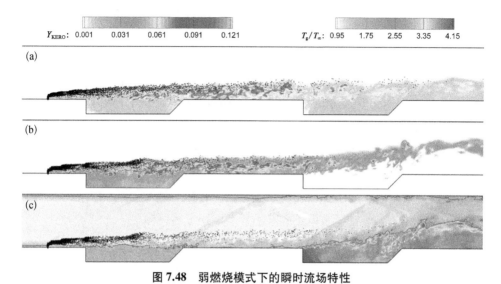

图7.48　弱燃烧模式下的瞬时流场特性

（a）无反应流场燃料分布；（b）反应流场燃料分布；（c）反应流场温度分布[24]

图 7.48（a）所示。图中黑点表示煤油液滴，图 7.48（c）中实线表示声速线。弱燃烧模式下，火焰稳定在下游凹腔内及凹腔剪切层附近。火焰区域对应的煤油蒸汽被消耗完，且凹腔 C2 下游区域的煤油蒸汽被抬升至主流区域。凹腔 C2 内的火焰未能逆传至上游凹腔。由于温度较低的煤油蒸汽卷吸进入凹腔 C1，凹腔 C1 内的温度仅为 1 200 K 左右。在当前工况条件下，凹腔 C2 上游的燃料分布几乎与无反应条件下的燃料分布一致。

　　在强燃烧模式下，火焰存在较强的不稳定特性，图 7.49 给出了强燃烧模式下四个典型时刻高温区显示的火焰演化过程，图中实线表示声速线。可发现随着反应的进行，燃烧释热引起的边界层分离产生一道较强激波。位于火焰前沿的激波逐渐往上游推移。激波后的低速回流区为燃烧反应提供了较好的温度及速度条件，进而火焰也逐渐往上游传播。当激波逆传至凹腔 C1 的尾部区域时，如 t1 时刻所示，火焰传播进入凹腔 C1 内部，此时凹腔内的燃烧较弱，凹腔 C1 附近的液体射流未受影响。当激波逆传至凹腔 C1 的上游并与射流引起的激波重合，如 t2 时刻所示，凹腔 C1 内部的燃烧得到增强，且凹腔内的高温区域向上游扩展。较强的激波以及凹腔 C1 内较强的燃烧过程引起射流朝主流区域运动，液体射流的穿透深度得到了极大的提高。当激波进一步往上游推移，上壁面的回流区得到增强，上壁面的反射激波作用在射流液雾上，如 t3 时刻所示。反射激波能够促使当地火焰得到增强且使得液滴蒸发过程加剧。该时刻液雾被压缩在高温区域的外边界,且液滴数目相比上一时刻迅速减少。在壁面回流区的影响下,$t4$ 时刻显示液雾朝向上游喷注,仅有极小部分液滴穿透回流区进入主流而朝下游运动。射流上游的回流区内存在明显的高温分布。随着火焰逐渐往上游推移,凹腔 C2 内的温度逐渐降低,表明主要的释热过程在上游进行。

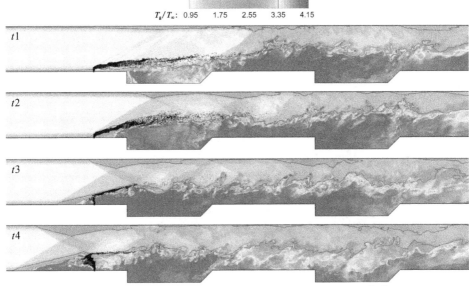

图 7.49　强燃烧模式下气相温度及液雾的瞬时分布特性[24]

图 7.50 对比了 $\phi_j = 0.187$ 工况无反应条件下以及火焰逆传至凹腔 C1 时的煤油燃料分布。当火焰逆传至凹腔 C1 甚至凹腔 C1 的上游时,液体燃料射流被显著抬升,相应蒸发出来的气相燃料也能够进入到主流区域。近壁燃烧区的气相煤油基本上被化学反应消耗完毕,仅有主流中的部分气相煤油朝下游输运。

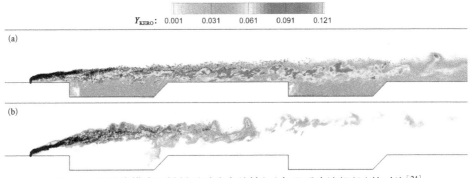

图 7.50　强燃烧模式下燃料瞬时分布特性(a)与无反应流场(b)的对比[24]

图 7.51 显示了李西鹏[25]通过高速摄影获得的弱燃烧模式下火焰平均分布,以及表示火焰脉动特性的方差分布。作为定性对照,图 7.52 给出了数值模拟获得的平均温度场及中间产物 CO 的分布。结果显示数值模拟获得的高温区分布在凹腔 C2 的内部及剪切层和凹腔 C2 的下游近壁区域。凹腔 C2 附近中间产物 CO 的分布首先出现在凹腔前沿壁面区域,且向下游沿高温区域外围呈带状分布。大量未燃尽的 CO 从出口处流出计算域。上游凹腔内部存在极小量的中间产物 CO,表明该区域进行着非常微弱的化学反应,但由于其温度较低,反应速率极慢,反应释热的能量不能积聚,故不能成功实现着火。数值模拟预测的火焰位置与实验结果基本保持一致。

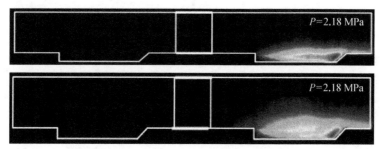

图 7.51 弱燃烧模式下实验测得的火焰平均分布及火焰方差分布[25]

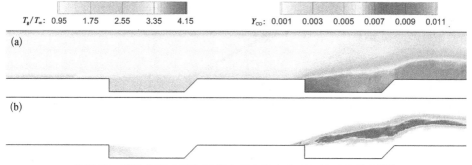

图 7.52 弱燃烧模式下气相温度及中间产物 CO 的时均分布[24]

图 7.53 显示了实验观测得到的强燃烧模式下火焰平均分布及火焰方差分布[32]。图 7.54 给出了数值模拟获得的强燃烧模式下气相平均温度及中间产物 CO 的分布。剧烈燃烧过程引起的高温区域分布在射流及两个凹腔附近的广泛区域里,温度最高的区域位于射流与凹腔 C1 之间。在射流喷孔附近,由于液体燃料的蒸发吸热效应,温度云图显示存在一个低温缺口,这与实验结果显示的火焰平均分布对应一致。中间产物 CO 主要分布在射流喷孔与凹腔 C1 的附近,表

明主要的燃烧过程在该区域附近发生。相比于弱燃烧模式,强燃烧模式下 CO 的浓度明显较高,且 CO 在向下游输运过程中基本消耗完毕。数值模拟显示的高温区及中间产物区域与实验观测的火焰位置吻合较好。

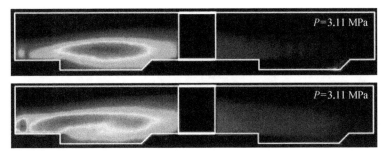

图 7.53　强燃烧模式下实验测得的火焰平均分布及火焰方差分布[25]

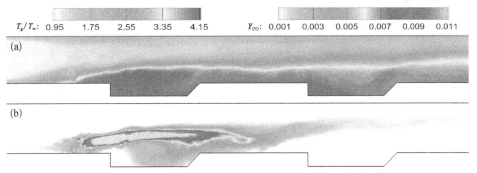

图 7.54　强燃烧模式下气相温度及中间产物 CO 的时均分布[24]

图 7.55 进一步给出了两个燃烧模式下壁面沿程压力分布与实验结果的对比。对于图 7.55(a)显示的弱燃烧模式,数值模拟的压力分布与实验结果基本吻合。实验结果仅观测到凹腔 C2 内的两个测点有压力的提升;计算结果显示压力从凹腔 C2 的前沿位置开始升高,在凹腔 C2 附近约为 200 kPa。图 7.55(a)中显示压力在 $x = 100$ mm 位置处的峰值是由于凹腔后缘的剧烈压缩导致的。对于图 7.55(b)显示的强燃烧模式,实验观测到凹腔 C1 内的两个测点压力也大幅提升,且燃烧区域的压力峰值在 290 kPa 左右。数值模拟的压力分布虽然在定量上存在些许差距,但其增长趋势与实验结果保持一致。

图 7.56 和图 7.57 分别给出了两个燃料喷注工况下燃烧效率以及总压恢复系数的沿程分布。$\phi_j = 0.149$ 对应的弱燃烧模式下,燃烧室的整体燃烧效率较低,燃烧室出口位置处的燃烧效率仅为 26.4%。$\phi_j = 0.187$ 对应的强燃烧模式下,燃

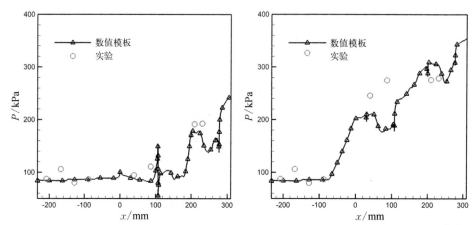

图 7.55 数值模拟得到的压力分布与实验结果对比:(a)弱燃烧模式;(b)强燃烧模式[24]

烧室的整体燃烧效率较高,燃烧室出口位置处的燃烧效率达到 75.4%。在强燃烧模式下,由于燃料被回流区携带进入射流喷孔上游区域并在当地发生化学反应生成 CO_2 和 H_2O,故燃烧效率显示射流喷孔上游区域也存在一个较小峰值。在弱燃烧模式下,燃烧室的压力恢复系数较大,燃烧室出口处为 0.79。从而导致燃烧室的压力恢复系数较小,燃烧室出口处仅为 0.55。而在强燃烧模式下,由于燃烧引起的回流区较大,且激波波系变得更加复杂。

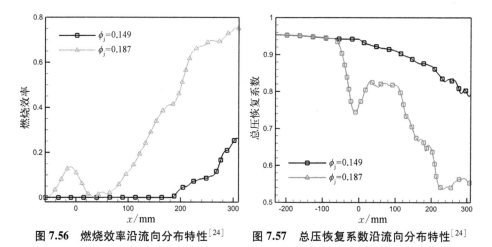

图 7.56 燃烧效率沿流向分布特性[24]   图 7.57 总压恢复系数沿流向分布特性[24]

7.3.3 内外流一体化数值模拟

本小节以类 X-51A 飞行器整机模型为研究对象,对发动机外流场的流动

　　与发动机内的流动燃烧过程开展了三维数值模拟。带化学反应的内外流耦合流场包括飞行器周围复杂的激波结构和激波边界层干扰、飞行器前体预压缩、进气道和隔离段内的复杂流动、燃烧室内的混合燃烧以及尾喷管的流动等。分别采用 RANS 和 LES 两种方法进行了数值仿真,模拟飞行高度 $H = 23 \text{ km}$,飞行马赫数 $Ma = 5$,模拟所用燃料为氢气。整个飞行器长约 4 m,计算网格量约 1.2 亿。

　　计算的整体三维 RANS 流场结果如图 7.58 所示。飞行器在飞行过程中,一部分气体从外流域流过,另一部分气体经过飞行器前体和进气道压缩进入到燃烧室并与燃料掺混燃烧,再从尾喷管膨胀加速喷出。外流方面,高速气流撞击到机体外表面,形成复杂的波系结构,局部区域产生高温高压,对飞行器造成阻力,同时也影响飞行器的结构安全及可靠控制。

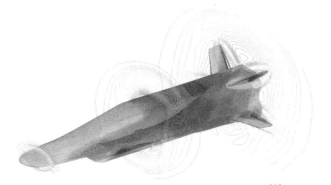

图 7.58　类 X-51A 飞行器内外流压力云图[9]

　　展向对称截面上的压力分布如图 7.59 所示,气流经飞行器前体压缩后进入进气道并产生复杂的波系结构。进气道唇口激波入射到壁面可引起边界层分

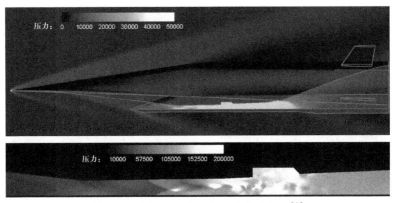

图 7.59　飞行器及发动机压力分布云图[9]

离,在近壁区形成一个分离泡,同时诱导出第一道反射激波。反射激波穿过流道再次入射到壁面,发生第二次反射,在边界层内形成尺度更大的分离泡。气流经过进气道压缩后,流动速度降低、压力温度升高,为空气进入燃烧室与燃料混合燃烧做好准备。空气来流与燃料部分混合后流经凹腔并形成一个低速回流区,该回流区能够增加气流驻留时间、促进混合并实现火焰稳定。

燃料射流沿垂直壁面方向喷注到高焓超声速气流中,会形成非常复杂的反应流场。射流与来流之间的强相互干扰诱导出一系列激波和湍流涡等结构,在此过程中燃料与热空气快速掺混并发生剧烈反应,随着燃料喷射和化学反应的进行,燃烧室凹腔以及附近区域静压再次上升并达到峰值,如图 7.60 所示。

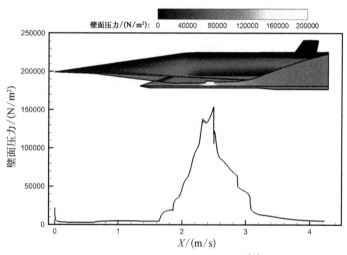

图 7.60　发动机壁面压力曲线图[9]

为了获取更精细的燃烧流动结构,可在 RANS 模拟的基础上开展 LES 计算。内外流一体 LES 计算的典型三维结果和对称面二维结果分别如图 7.61 和图 7.62 所示。可以看到,高精度 LES 捕捉到了射流及凹腔附近精细的湍流涡结构,有助于分析非定常流动、混合及燃烧,可以为深入理解发动机工作过程提供更加丰富的信息。高温区主要集中于凹腔内,而凹腔下游散布了诸多反应气团。凹腔回流区与其上方剪切层一同构成核心反应区,起到火焰稳定作用。凹腔回流区及剪切层空间结构特性改变与凹腔燃烧增强之间相互作用并可能形成一定的正反馈关系。燃烧释热引起的剪切层抬升将压缩高速来流并使得凹腔附近的速度条件变得更适宜火焰稳定,而稳定的火焰反过来又将进一步增强凹腔回流区及剪切层附近的燃烧释热,使得该区域内的气体压力显著升高,从而有助于回流区的扩张与剪切层的抬升。射流经过凹腔上方时未燃烧的过量燃料将在下游区域内与四周的空气发生扩散燃烧,进一步释放热量。当燃烧释放的能量足够大时,在燃烧室中会产生一个高压区并在发动机内造成显著的壅塞效应,此时可以明显看到燃烧流场的高温高压区向前移动,甚至到达射流上游位置。值得注意的是,如果该燃烧背压过大,高压区前传过多,可能堵塞进气道并使得发动机无法正常工作。在燃烧室后段,随着化学反应的减弱以及流道的扩张,气流减压增速;最后流经扩张喷管,进一步加速排出并产生推力。

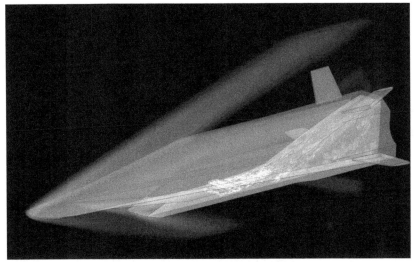

图 7.61　类 X‑51A 内外流一体计算结果[9]

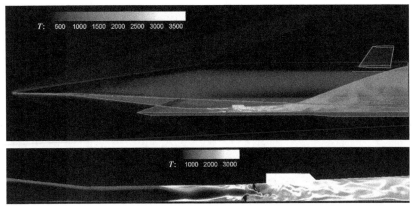

图 7.62　飞行器及发动机温度分布云图[9]

参考文献

[1] 杨越,游加平,孙明波.超声速燃烧数值模拟中的湍流与化学反应相互作用模型[J].航空学报,2015,36(1):261-273.

[2] Scott A, Klasky. Exact co-design center overview and plans[C]. Beijing:International Workshop on CO-DESIGN Peking University Beijing, 2012.

[3] Zhai J-D, Chen W-G. A vision of post-exascale programming[J]. Frontiers of Information Technology & Electronic Engineering, 2018, 19(10):1261-1266.

[4] Slotnick J, Khodadoust A, Alonso J. CFD vision 2030 study: A path to revolutionary computational aerosciences[C]. Virginia: Prepared for NASA Langley Research Center, 2013.

[5] Chen J H. Towards exascale simulation of turbulent combustion[C]. Wuxi: China HPC Co-Design Workshop, 2015.

[6] He X, Lee E, Wilcox L. A high-order-accurate GPU-based radiative transfer equation solver for combustion and propulsion applications[J]. Numerical Heat Transfer, Part B: Fundamentals, 2013, 63(6):457-484.

[7] Emmett M, Zhang W, Bell J B. High-order algorithms for compressible reacting flow with complex chemistry[J]. Combustion Theory and Modeling, 2014, 18(3):361-387.

[8] Che Y G, Yang M F, Xu C F. Petascale scramjet combustion simulation on the Tianhe-2 heterogeneous supercomputer[J]. Parallel Computing, 2018, 77:101-117.

[9] 孙明波,汪洪波,李佩波,等.2020年高超声速冲压发动机技术重点实验室基础研究报告[R].长沙:国防科技大学,2020.

[10] 赖剑奇,李桦,张冉.多GPU并行可压缩流求解器及其性能分析[J].航空学报,2018,39(9):121944.

[11] 刘朝阳.超声速气流中壁面燃料射流混合、点火及稳燃机制研究[D].长沙:国防科技大学,2019.

[12] Li P B, Li C Y, Wang H B. Distribution characteristics and mixing mechanism of a liquid jet injected into a cavity-based supersonic combustor[J]. Aerospace Science and Technology, 2019, 94:105401.

[13] Tsuji Y, Morikawa Y, Tanaka T. Numerical simulation of gas-liquid two-phase flow in a two-dimensional horizontal channel[J]. International Journal of Multiphase Flow, 1987, 13(5):671-684.

[14] Wang Z G, Wu L Y, Li Q L. Experimental investigation on structures and velocity of liquid jets in a supersonic crossflow[J]. Applied Physics Letters, 2014, 105(13):1-4.

[15] Ren Z X, Wang B, Xie Q F. Thermal auto-ignition in high-speed droplet-laden mixing layers [J]. Fuel, 2017, 191:176-189.

[16] Lin K-C, Kennedy P J, Jackson T A. Structures of water jets in a Mach 1.94 supersonic crossflow[C]. Reno: AIAA-2004-971, 42nd AIAA Aerospace Sciences Meeting and Exhibit, 2004.

[17] Ghenai C, Sapmaz H, Lin C-X. Penetration height correlations for non-aerated and aerated transverse liquid jets in supersonic cross flow[J]. Experiments in Fluids, 2009, 46(1):

121 – 129.

[18] Wu L Y, Chang Y, Zhang K L. Model for three-dimensional distribution of liquid fuel in supersonic crossflows[C]. Xiamen：AIAA – 2017 – 2419, 21st AIAA International Space Planes and Hypersonics Technologies Conference, 2017.

[19] Yang L C, An B, Liang J. Dual-pulse laser ignition of ethylene-air mixtures in a supersonic combustor[J]. Optics Express, 2018, 26(7)：7911 – 7919.

[20] 崔兴达.超声速气流中低频燃烧振荡问题研究[D].长沙：国防科技大学,2014.

[21] 赵国焱.超声速气流中火焰闪回诱发与火焰传播机制研究[D].长沙：国防科技大学,2019.

[22] Zhao G-Y, Sun M-B, Wu J-S, et al. Investigation of flame flashback phenomenon in a supersonic crossflow with ethylene injection upstream of cavity flameholder[J]. Aerospace Science and Technology, 2019, 87：190 – 206.

[23] Li X P, Liu W D, Pan Y. Characterization of kerosene distribution around the ignition cavity in a scramjet combustor[J]. Acta Astronautica, 2017, 134：11 – 16.

[24] 李佩波.超声速气流中横向喷雾的混合及燃烧过程数值模拟[D].长沙：国防科技大学,2019.

[25] 李西鹏.超声速气流中煤油喷注混合及点火过程研究[D].长沙：国防科技大学,2018.